九章算术

(汉)张苍 等 ◎编

全本无删减　名师批注　无障碍阅读　有声伴读　原创手绘

北方妇女儿童出版社

版权所有 侵权必究

图书在版编目（CIP）数据

九章算术 /(汉) 张苍等编. -- 长春：北方妇女儿童出版社, 2021.1

（悦享丛书）

ISBN 978-7-5585-5129-1

Ⅰ. ①九… Ⅱ. ①张… Ⅲ. ①数学－中国－古代 Ⅳ. ①O112

中国版本图书馆 CIP 数据核字(2021)第 008258 号

九章算术
JIUZHANGSUANSHU

出 版 人	师晓晖
责任编辑	李　媛
装帧设计	旧雨出版
开　　本	787mm×1092mm　1/16
印　　张	27
字　　数	520 千字
版　　次	2021 年 1 月第 1 版
印　　次	2024 年 1 月第 2 次印刷
印　　刷	北京市兴怀印刷厂
出　　版	北方妇女儿童出版社
发　　行	北方妇女儿童出版社
地　　址	长春市福祉大路 5788 号
电　　话	总编办：0431-81629600
定　　价	68.80 元

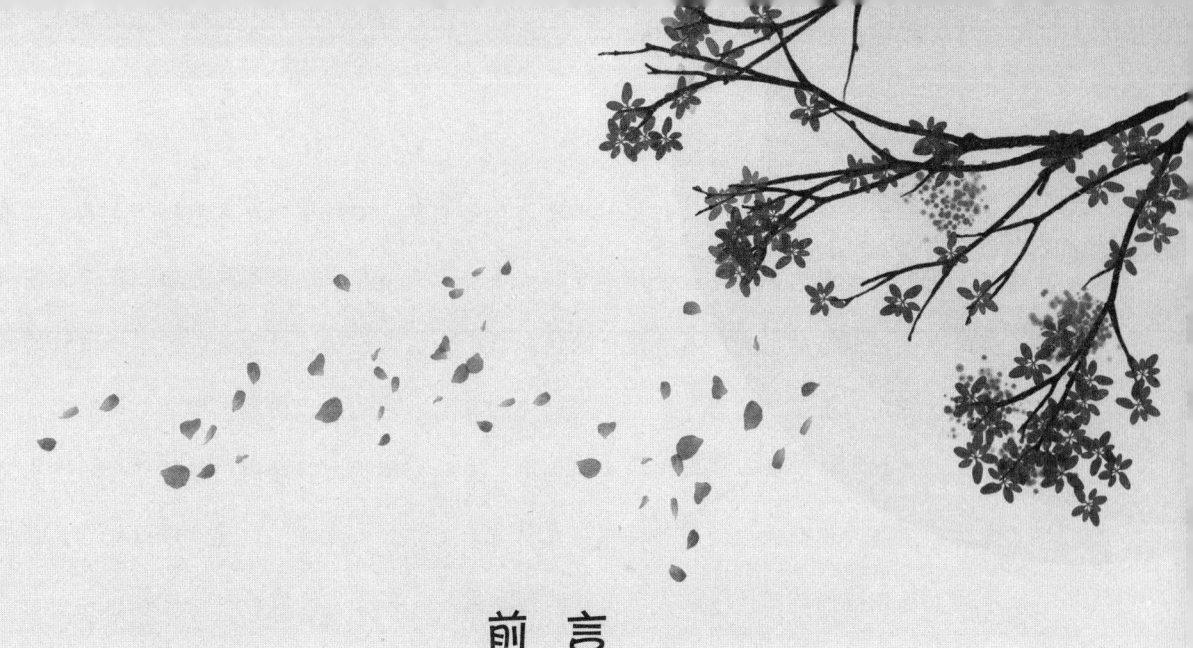

前言
Preface

德国诗人歌德说过:"读一本好书,就等于和一位位高尚的人对话。"阅读中外文学名著,简直就是在和一位文学大师对话。他们创作的名著,纵贯古今,横跨中外,大浪淘沙,沙里淘金,成为全人类共同的宝贵财富。

名著是历史的回音壁,是自然的旅行册。它可以拉近古今的距离:我们阅读名著可以探访在时间长河中和我们擦肩而过的人,看看他们怎样面对生活。它可以缩短地域间的距离:我们阅读名著便可足不出户而卧游千山万水,体察各地的风土人情。

名著是全人类智慧的结晶,那里面充满了智者的箴言。谁读了《论语》《老子》,不觉得是大师们站在人类思想的巅峰上,为我们播撒智慧的种子?我们阅读他们的书,就是站在巨人的肩膀上俯瞰世界。

名著是人类感情的储藏室,是传承文明的火炬手。它们展示着人类审视、确认、表现自身情感的过程,表现出一种摆脱生活的琐杂而趋向美与高尚的努力,其深厚的底蕴总是能够在我们的生活中唤起这种寓于诗意的情怀,因而具有永恒的魅力。

名著是真、善、美的化身,是人类生活中难得的一片净土。大师们在炼狱中心灵首先得到了净化,他们的作品无处不放射着高尚的光辉。在紧张而浮躁的社会中,我们的心灵有时会由于四处奔波而疲惫,由于过于好斗而阴暗,这时阅读名著绝对能使我们变得宁静而高尚,在阅读的过程中抚慰心灵的创痕,涤荡心灵的浮尘。

本套丛书有《红楼梦》《水浒传》等中国传统名著，还有《钢铁是怎样炼成的》《格林童话》等国外经典名著。可以带领学生领略中外人文差异，徜徉思想之海，探索文字奥秘。编者在编制本套丛书时，本着学生的认知层面和生活经验，对原著进行了全方位的解读。每一章节前加上了"精彩导读"，帮助他们获取本章的大致内容，增强总结能力；同时，在每一章的大量文段中选取了优美的词句，有精彩解读，帮助他们理解作者的情感变化、写作手法等，提升他们的写作技巧；在章节后有"精彩点拨"，总结中心思想，剖析艺术手法，加深他们的阅读印象；还有"阅读积累"，拓展了他们的知识层面。

相信广大学子们读完这套为他们精心打造的丛书后一定能开阔眼界，增加智慧，健全人格，铸就人生的新境界！

编　者

学问速递

数学之星

《九章算术》是《算经十书》中最重要的一部，成于公元一世纪左右。其作者已不可考，一般认为它是经历代各家的增补修订，而逐渐发展完备成为现今定本的，西汉的张苍、耿寿昌曾经做过增补和整理，其时大体已成定本。最后成书最迟在东汉前期，现今流传的大多是在三国时期魏元帝景元四年（263年），刘徽为《九章》所作的注本。

作者

张苍（？—前152），河南郡阳武县（今河南省原阳县富宁集乡张大夫寨村）人。西汉初期丞相、历算学家。

早年在荀子门下学习，与李斯、韩非等师出同门。初仕秦朝，担任御史，因罪逃亡。跟随沛公刘邦起义，拜常山太守，颇有功劳。汉朝建立后，历任代国相、赵国相。从平燕王叛乱，封为北平侯，入朝为计相、主计，管理财政事务。迁淮南国相，入为御史大夫。汉文帝四年，灌婴去世后，接任丞相。因政见不同，主动致仕。

汉景帝前元五年（前152），去世，谥号为文。曾经校正《九章算术》，制定历法，主张废除肉刑，主要门生为贾谊。

耿寿昌（生卒年不详），西汉天文学家、理财家。汉宣帝时任大司农中丞，在西北设置"常平仓"，用来稳定粮价兼作为国家储备粮库。白令边郡皆筑仓，以谷贱时增其价而籴，以利农谷，贵时减其价而粜，以赡贫民，名曰常平仓。后来被封为关内侯。

精通数学，修订《九章算术》（刘徽在序中称："往昔暴秦焚书，经术散坏，自时厥后，汉北平侯张苍、大司农中丞耿寿昌，皆以善算名世。苍等因旧文之遗，各称删补"），又用铜铸造浑天仪观天象，著有《月行帛图》等《日月帛图》232卷，《月行图》2卷，今皆不存。

注者

刘徽（约22——约295），淄乡（今山东邹平）人，魏晋期间伟大的数学家，中国古典数学理论的奠基人之一。在中国数学史上做出了极大的贡献，他的杰作《九章算术注》和《海岛算经》，是中国最宝贵的数学遗产。

刘徽思维敏捷，方法灵活，既提倡推理又主张直观。他是中国最早明确主张用逻辑推理的方式来论证数学命题的人。刘徽的一生是为数学刻苦探求的一生。他虽然地位低下，但人格高尚。他不是沽名钓誉的庸人，而是学而不厌的伟人，他给我们中华民族留下了宝贵的财富。

李淳风（602-670），道士，岐州雍县人。唐代天文学家、数学家、易学家，精通天文、历算、阴阳、道家之说。

隋仁寿二年（602），生于岐州雍，自幼聪慧好学，博览群书，尤其精通天文、历法、数学等。唐高祖武德二年（619），李淳风经推荐成为唐王李世民的记室参军。唐太宗贞观元年（627），25岁的李淳风上书，对道士员外散骑郎傅仁均所著的《戊寅元历》提出18条意见，太宗采纳7条意见，授于李淳风将仕郎，入太史局供职，鞠躬尽瘁40年。

李淳风是世界上第一个给风定级的人。他的名著《乙巳占》，是世界气象史上最早的专著。他和袁天罡还被传说为《推背图》的作者。

咸亨元年（670），李淳风卒，唐高宗李治又颁"追复诏"，追复李淳风为"太史令"

内容精讲

《九章算术注》在数系理论方面用数的同类与异类阐述了通分、约分、四则运算，以及繁分数化简等的运算法则；第一次地比较明确地给出了正数、负数的概念，探讨了数系理论的基本元素的问题；还明确阐释了正负数的表示方法，并解决了正负数运算中与原算具有冲突的问题，事实上完善了刘洪的正负数加减方法；在开方术的注释中，他从开方不尽的意义出发，论述了无理方根的存在，并引进了新数，创造了用十进分数无限逼近无理根的方法。

在筹式演算理论方面先给率以比较明确的定义，又以遍乘、通约、齐同三种基本运算为基础，建立了数与式运算的统一的理论基础；他还用"率"来定义中国古代数学中的"方程"，即现代数学中线性方程组的增广矩阵。

在勾股理论方面逐一论证了有关勾股定理与解勾股形的计算原理，建立了相似勾股形理论，发展了勾股测量术，通过"勾中容横"与"股中容直"之类的典型图形的论析，形成了中国特色的相似理论。

在面积与体积理论方面用出入相补、以盈补虚的原理及"割圆术"的极限方法提出了刘徽原理，并解决了多种几何形、几何体的面积、体积计算问题。这些方面的理论价值至今仍闪烁着光辉。

经典书评

《九章算术》是中国古代第一部数学专著，是算经十书中最重要的一部。该书内容十分丰富，系统总结了战国、秦、汉时期的数学成就。同时，《九章算术》在数学上还有其独到的成就，不仅最早提到分数问题，也首先记录了"盈不足"等问题，"方程"章还在世界数学史上首次阐述了负数及其加减运算法则。该书经多次增补，成书时间已不可考，但据估算最迟在公元1世纪就有了现传本。许多人曾为它作过注释，其中不乏历史上的数学名人，最著名的有刘徽、李淳风。《九章算术》是当时世界上最先进的应用数学，它的出现标志中国古代数学形成了完整的知识体系。

《九章算术》的内容十分丰富，全书采用问题集的形式，收有246个与生产、生活实践有联系的应用问题，其中每道题有问（题目）、答（答案）、术（解题的步骤，但没有证明），有的是一题一术，有的是多题一术或一题多术。这些问题依照性质和解法分别隶属于方田、粟米、衰分、少广、商功、均输、盈不足、方程及勾股九章。原作有插图，今传本已只剩下正文了。

《九章算术》的九章主要内容分别是：

第一"方田"：田亩面积计算；第二"粟米"：谷物粮食的按比例折换；第三"衰分"：比例分配问题；第四"少广"：已知面积、体积，求其一边长和径长等；第五"商功"：土石工程、体积计算；第六"均输"：合理摊派赋税；第七"盈不足"：双设法问题；第八"方程"：一次方程组问题；第九"勾股"：利用勾股定理求解的各种问题。

《九章算术》中的数学成就是多方面的。1.在算术方面的主要成就有分数运算、比例问题和"盈不足"算法。《九章算术》是世界上最早系统叙述了分数运算的著作,在第二、第三、第六中有许多比例问题,在世界上也是比较早的。"盈不足"算法需要给出两次假设,是一项创造,中世纪欧洲称它为"双设法",有人认为它是由中国经阿拉伯国家传去的。2.在几何方面,主要是面积、体积计算。3.在代数方面,主要有一次方程组解法、平方、立方、一般二次方程解法等。"方程"一章还在世界数学史上首次引入了负数及其加减法运算法则。作为一部世界科学名著,《九章算术》在隋唐时期就已传入朝鲜、日本。现在它已被译成日、俄、德、英、法等多种文字。

《九章算术》是世界上最早系统叙述了分数运算的著作;其中"盈不足"的算法更是一项令人惊奇的创造:"方程"章还在世界数学史上首次阐述了负数及其加减运算法则。在代数方面,《九章算术》在世界数学史上最早提出负数概念及正负数加减法法则;现在中学讲授的线性方程组的解法和《九章算术》介绍的方法大体相同。注重实际应用是《九章算术》的一个显著特点。该书的一些知识还传播至印度和阿拉伯,甚至经过这些地区远至欧洲。

《九章算术》是几代人共同劳动的结晶,它的出现标志着中国古代数学体系的形成。后世的数学家,大都是从《九章算术》开始学习和研究数学知识的。唐、宋两代都由国家明令规定为教科书。1084年由当时的北宋朝廷进行刊刻,这是世界上最早的印刷本数学书。可以说,《九章算术》是中国为数学发展做出的杰出贡献。

目录

contents

《九章算术注》序		1
九章算术卷第一	方田	14
九章算术卷第二	粟米	74
九章算术卷第三	衰分	97
九章算术卷第四	少广	116
九章算术卷第五	商功	163
九章算术卷第六	均输	228
九章算术卷第七	盈不足	281
九章算术卷第八	方程	314
九章算术卷第九	句股	363
后 记		408

《九章筭术注》序[①]

刘徽[②]

精彩导读

《九章筭术注》是对《九章筭术》一书的注解。《九章筭术》是中国流传至今最古老的数学专著之一，它成书于西汉时期。这部书的完成经过了一段历史过程，书中所收集的各种数学问题，有些是秦以前流传的问题，长期以来经过多人删补、修订，最后由西汉时期的数学家整理完成。就让我们走进《九章筭术注》的世界，看看当时有怎样超越的思想和独到的见解吧！

原 文

昔在庖牺氏始画八卦[③]，以通神明之德，以类万物之情[④]，作九九之术[⑤]，以合六爻之变[⑥]。暨于黄帝神而化之[⑦]，引而伸之[⑧]，于是建历纪，协律吕[⑨]，用稽道原[⑩]，然后两仪四象精微之气可得而效焉[⑪]。记称"隶首作数"[⑫]，其详未之闻也。按：周公制礼而有九数[⑬]，九数之流，则《九章》是矣[⑭]。往者暴秦焚书，经术散坏[⑮]。自时厥后[⑯]，汉北平侯张苍、大司农中丞耿寿昌皆以善筭命世[⑰]。苍等因旧文之遗残，各称删补[⑱]。故校其目则与古或异[⑲]，而所论者多近语也[⑳]。

注 释

①筭：凡南宋本、大典本《九章筭术》中之"筭"字，戴震辑录本皆改作"算"字；《宜稼堂丛书》本杨辉《详解九章算法》《诸家算法及序记》及其后诸本均作"算"。筭：本指算筹。《说文解字》："筭，长六寸，计历数者。从竹，从弄，言常弄乃不误也。"又同算。《尔雅》："筭，数也。"陆德明《经典释文》："筭，字又作算。"算：数，计算。《说文解字》："算，数也。从竹，从具，读若筭。"王筠释例：筭、算"二字经典通用"。清中叶以前的数学著作中，几乎全用"筭"，鲜有用"算"字者。1983年底荆州张家山汉墓出土的《筭数书》竹简，也统统用"筭"。戴震自《永乐大典》辑录汉唐算经，始将全部的"筭"改作"算"字，无一例外。

②刘徽：中国古代最伟大的数学家，中国传统数学理论的奠基者。淄乡（今山东邹

平）人，生平不详。魏景元四年（263）撰《九章算术注》十卷，其第十卷"重差"为自撰自注，后以《海岛算经》为名单行。今传本《海岛算经》系1774年戴震从《永乐大典》辑出，刘徽自注已佚。又撰《九章重差图》一卷，亦已佚。刘徽在《九章算术注》中定义了许多重要数学概念，以演绎逻辑为主要方法全面证明了《九章算术》的算法，驳正了其中的错误或不精确之处。他用无穷小分割和极限思想证明了《九章算术》的圆面积公式和他自己提出的刘徽原理。基于前者他创造了求圆周率近似值的科学程序，求出了 $\frac{157}{50}$ 与 $\frac{3\,927}{1\,250}$ 两个近似值，为后来祖冲之进一步精确圆周率的计算奠定了理论和方法；而后者使他将多面体体积理论建立在无穷小分割基础之上，与现代数学的多面体体积理论完全一致。他设计了牟合方盖，为后来祖冲之父子彻底解决球体积问题指出了正确的途径。他发展了率概念和齐同原理，认为是"算之纲纪"。他在"开方不尽"时创造求"微数"的方法，不仅开十进小数之先河，也奠定了中国古代在求圆周率精确近似值方面长期领先于世界的算法基础。他认为数学像一株"枝条虽分而同本干"的大树，发自"规矩、度量可得而共"这个端，从而使数学知识形成了一个"约而能周，通而不黩"的理论体系。

③庖牺氏：又作包牺氏、伏羲氏、宓羲、伏戏，又称牺皇、皇羲。神话中的人类始祖，人类由他与其妹女娲婚配而产生。教民结网，渔猎畜牧，又画八卦，反映中国原始社会早期的文明情况。始：曾，尝。八卦：《周易》中的八种符号。《周易》中构成卦的横画叫作爻。—是阳爻，- -是阴爻。每三爻合成一卦，可得八卦：☰（乾），☳（震），☱（兑），☲（离），☴（巽），☵（坎），☶（艮），☷（坤）。分别象征天，雷，泽，火，风，水，山。地，代表一定属性的若干事务。其中乾与坤，震与巽，坎与离，艮与兑是对立的。两卦相叠，成为六十四卦，象征自然界和社会现象的发展变化。

④以通神明之德，以类万物之情：为的是通达客观世界变化的规律，描摹其万物的情状。语出《周易·系辞下》。此后"通神明""类万物"遂成为中国古代关于数学两种作用的传统思想。神明：本来指主宰自然界和人类社会变化的神灵，后来演变为古代哲学用以说明变化的术语。《管子·内业》认为精气"流于天地之间，谓之鬼神"。《周易·系辞下》云："阴阳合德，而刚柔有体，以体天地之变，以通神明之德。"进而将通过事物的变化预测未来的能力称为神。《周易·系辞下》云"阴阳不测之谓神"。其人格神的意义已相当弱，成为哲学术语。虽然，"通神明"的作用还是会将数学导向象数学，而"类万物"则是中国传统数学的主要作用。德：客观规律。类：象，相似，像。

⑤九九：即九九乘法表。因古代自"九九八十一"始，故名"九九"；元朱世杰《算学启蒙》（1299）始，才改为从"一一如一"起。李籍引《汉书·梅福传》云："臣闻齐

桓之时，有以九九见者，桓公不逆，欲以致大也。"后亦指数学。李籍引师古曰："九九算术，若今《九章》《五曹》之辈。"李冶云：《测圆海镜》"虽九九小数，后世必有知者。"术：方法，解法，算法，程序，宋元时期又称为"法"。"术"的本义是邑中的道路。《说文解字》："术，邑中道也。"《墨子·旗帜》："巷术周道者，必为之门。"进而指一般的道路，再引申为途径，《礼记·乐记》："应感起物而动，然后心术形焉。"又引申为解决问题的途径，这就是方法、手段。《礼记·祭统》："惠术也，可以观政矣。"《淮南子·人间训》："见本而知末。观指而睹归，执一而应万，握要而治详，谓之术。"这里的"术"与《九章算术》的"术"同义。笔者与林力娜（Chemla）博士的中法对照本《九章算术》将"术"译为procédure，而将《九章算术》译为Les Neuf chapitres sur les procédures mathématiques，相应的英译为The Nine chapters of mathematical procedures，见Introduction of Jade Mirror of the Four Unknowns（汉英对照《四元玉鉴》的前言，辽宁教育出版社，2006。此"前言"的英译由国际数学史学会前主席Joseph W Dauben教授定稿）。英国李约瑟（Joseph Needham）博士主编的《中国科学技术史》第三卷将《九章算术》的"术"理解为"技艺"，因而将其翻译为The Nine Chapters on the Mathematical Art，我们认为不妥。李籍《九章算术音义》云："术者，有所述也。"亦未得要领。本书以下凡云"李籍云"者，均出《九章算术音义》。

⑥六爻：将八卦中每两卦相叠所构成的卦象。每卦含有阴阳交错的六个爻，故名。凡有六十四卦。

⑦暨：及，至，到。《玉篇》："暨，至也。"黄帝：姬姓。号轩辕氏，有熊氏，传说中的中华民族祖先。相传败炎帝，杀蚩尤，被拥戴为部落联盟首领，以代神农氏。命大桡作甲子，容成造历，羲和占日，常仪占月，臾区占星气，伶伦造律吕，隶首作算数。相传蚕桑、医药、舟车、宫室、文字等之制，皆创始于黄帝之时，反映了新石器时代的情况。神而化之：神妙地使之潜移默化。语出《周易·系辞下》："黄帝尧舜氏作，通其变，使民不倦，神而化之，使民宜之。"

⑧引而伸之：语出《周易·系辞上》："引而伸之，触类而长之，天下之能事毕矣。"

⑨历：推算日月星辰运行及季节时令的方法，又指历书。纪：古代纪年月的单位，十二年为一纪。《书经·毕命》："既历三纪，世变风移。"孔传："十二年曰纪。"亦有以二十五个月、一千五百年等为一纪的。律吕：乐律、音律的统称。律：本是古代用来校正乐音标准的管状仪器。以管的长短来确定音阶。从低音算起，有十二根管，成奇数的六根管黄钟、太蔟、姑洗、蕤宾、夷则、无射叫律，成偶数的六根管大吕、夹钟、仲吕、林钟、南吕、应钟叫吕，统称十二律。

⑩用稽道原：用以考察道的本原。稽：考核，调查。《书经·大禹谟》："无稽之言

勿听。"

⑪两仪：指天、地。《周易·系辞上》："是故易有太极，是生两仪。"宋儒又谓指阴、阳。四象：指金、木、水、火。《周易·系辞上》："太极生两仪，两仪生四象，四象生八卦。"王弼注："四象谓金、木、水、火。震木、离火、兑金、坎水，各主一时。"宋儒又谓指太阳、太阴、少阳、少阴。精微：精深微妙。《礼记·经解》："絜静精微，《易》教也。"气：古代的哲学概念。诸家理解不一。一指主观精神。一指形成宇宙万物的最根本的物质实体。《周易·系辞上》："精气为物，游魂为变。"刘徽当用后者之义。

⑫记：典籍。这里当指《世本》。《世本》云："隶首作数。"一作"隶首作算数"。隶首：相传为黄帝的臣子。数：算学、数学。

⑬周公：周初政治家，名姬旦，协助周武王灭商，后又辅佐周成王。相传他制定了周朝的典章礼乐制度。九数：古代数学的九个分支。东汉末郑玄《周礼注》引东汉初郑众云："九数：方田、粟米、差分、少广、商功、均输、方程、赢不足、旁要。今有重差、夕桀、句股也。"唐陆德明等谓"夕桀"非郑注。周公制礼时会有称为"九数"的数学九个分支，但不会完全同于二郑所云"九数"。李籍云：九数"即《九章》也。以算言之，故曰九数；以篇言之，故曰《九章》。"

⑭刘徽认为，"九数"在先秦已经发展为《九章算术》。此种《九章算术》已不存，现存《九章算术》中采取术文统率例题部分的大多数内容应是它的主要部分。流：本义是水的流动，引申为演变，变化。

⑮暴秦焚书：秦始皇于三十四年（前213）采纳李斯建议，下令除秦记、医药、卜筮、种树书外，民间所藏所有《诗》《书》和百家书皆交地方官三十六天内焚毁，是为对中国文化的一次极大破坏。不过，秦末战乱尤其是项羽的焚烧掳掠对先秦经典的破坏不会亚于秦始皇焚书。刘徽认为，《九章算术》在秦始皇焚书时遭到破坏。

⑯厥：之。《书经·无逸》："自时厥后，亦罔或克寿。"

⑰张苍（？—前152）：西汉初政治家、数学家、天文学家。阳武（今河南省原阳县）人。从荀子受《春秋左氏传》。秦时为御史，主柱下方书，明天下图书计籍。公元前207年参加刘邦起义军，以功封北平侯。他"善用算律历"，"迁为计相"，以列侯居相府，负责全国的财政统计。吕后时张苍任御史大夫，与周勃等平定诸吕之乱，迁为丞相。享年百余岁。张苍受高祖命"定章程"，包括"历数之章术"与度量衡制度等方面。他比较了《黄帝历》等古六历，认为《颛顼历》"最为微近"，汉初遂使用此历。"汉家言律历者，本之张苍。"（《史记》）先秦以"九数"为主体的《九章算术》因秦始皇焚书及秦末战乱而散坏，他作为著名数学家，收集秦火遗存，删补而成《九章算术》，是为影响中国和东方传统数学二千余年的经典著作。自戴震否认刘徽所说张苍删补《九章》的事

实,张苍就被赶出古代著名数学家的队伍,是不公正的。北平:西汉初侯国。高祖封张苍为北平侯,属中山国,治所在今河北满城北。耿寿昌:西汉数学家、天文学家、理财家。宣帝(前73—49在位)时任大司农中丞,"善为算,能商功利"。五凤中建议籴三辅等郡谷供京师,以省关东漕运。又令筑常平仓,"谷贱时增其价而籴,以利农。谷贵时减价而粜,民便之"。他"以善算命世",继张仓之后,进一步整理《九章算术》。又以图仪度日月行,考验天象。著《月行帛图》232卷,《月行度》2卷,皆亡佚。大司农中丞:大司农属官,汉武帝太初元年(前104)置,掌财政支出,均输漕运事。

⑱称:述说,声言。《史记·屈原贾生列传》:"上称帝喾,下道齐桓,中述汤武,以刺世事。"删补:删节补充。张苍与耿寿昌对《九章算术》删节的内容,是不是删去了某些定义与推理,不可详考。但是,卷三衰分章的非衰分问题,卷六均输章的非均输问题,卷九勾股章的解勾股形问题。即采取应用问题集形式的内容,以及带有汉代特征的某些问题肯定是他们补充的。

⑲刘徽考校了张苍、耿寿昌等删补的《九章算术》与各种资料,发现其目录与先秦的《九章算术》有所不同。

⑳此谓张苍、耿寿昌用汉初的语言改写了先秦的文字。

译文

从前,庖牺氏曾制作八卦,为的是通达客观世界变化的规律,描摹其万物的情状;又作九九之术,为的是符合六爻的变化。及至黄帝神妙地使之潜移默化,将其引申之,于是建立历法的纲纪,校正律管使乐曲和谐。用它们考察道的本原,然后两仪、四象的精微之气可以效法。典籍记载隶首创作了算学,其详细情形没有听说过。按:周公制定礼乐制度时产生了九数。九数经过发展,就成为《九章算术》。过去,残暴的秦朝焚书,导致经、术散坏。自那以后,西汉的北平侯张苍、大司农中丞耿寿昌皆以擅长算学而著称于世。张苍等人凭借残缺的原有文本,先后进行删削补充。这就是为什么对校它的目录,则有的地方与古代不同,而论述中所使用的大多是近代的语言。

原文

徽幼习《九章》,长再详览。观阴阳之割裂①,总算术之根源②,探赜之暇③,遂悟其意④。是以敢竭顽鲁⑤,采其所见⑥,为之作注。事类相推⑦,各有攸归⑧,故枝条虽分而同本干知⑨,发其一端而已⑩。又所析理以辞⑪,解体用图⑫,庶亦约而能周,通而不黩⑬,览之者思过半矣⑭。且算在六艺⑮,古者以宾兴贤能⑯,教习国子⑰。虽曰九数⑱,其能穷纤入微，探测无方⑲。至于以法相传，亦犹规矩度量可得而共⑳，非特难为也。当今好之者寡，故世虽多通才达学，而未必能综于此耳。

注释

①阴阳：中国古代思想家用以解释自然界和宇宙万物中两种既对立又互相联系、消长的气或物质势力的术语。《老子·第四十二章》："万物负阴而抱阳。"《周易·系辞上》："阴阳不测之谓神。"一切现象都有正反两个方面，凡是天地、日月、昼夜、男女、上下、君臣乃至脏腑、气血等均分属阴阳。数学上互相对立又联系的概念，如法与实，数的大与小，整数与分数，正数与负数，盈与不足，图形的表与里，方与矩，等等，都分属阴阳。刘徽考察了数学中阴阳的对立、消长，才能找到数学的根源。

②筭术："清中叶后称"算术"，即今之数学，含有今之算术、代数、几何等各个分支的内容。最先见之于《周髀筭经》卷上陈子语"此皆筭术之所及"。"筭术"即"筭数之术"，陈子又曰："筭数之术，是用智矣。"

③探赜：探索奥秘。赜（zé）：幽深玄妙。李籍云："赜者，含蓄。含蓄者，探之可及。故《易》曰'探赜'。"李籍《九章筭术音义》此条下尚有"索隐"条，今传刘徽序中无"索隐"二字。

④悟其意：领会了它的思想。这里指刘徽自己的数学思想和数学创造。

⑤顽鲁：顽劣愚钝。这是刘徽的自谦之辞。

⑥采其所见：搜集采纳我所见到的数学知识和资料。由此可见，刘徽注尽管是刘徽写的，但是可以分成两部分，一是他自己的数学创造，即"悟其意"者，二是他以前或同代人的数学知识。有人因否认刘徽注中包含了前人的工作，将"采其所见"翻译成"就提出自己的见解"。显然是曲解。

⑦推：推求，推断。墨家的一种逻辑术语，《墨子·小取》："推也者，以其所不取之同于其所取者予之也。"相当于归纳与演绎两种推理形式相结合的推理方式。刘徽深受墨家的影响，在论证《九章筭术》与他自己提出的算法、命题，以及考察各种数学概念和命题的关系时，既使用归纳推理，也使用演绎推理，并且以后者为主，有时也采取两者结合的方式。"推"在刘徽注不同处有不同的意义。

⑧攸归：所归。攸：助词，在动词前与其组成名词性词组，相当于"所"。《诗经·大雅·灵台》："王在灵囿，麀鹿攸伏。"郑玄注："攸，所也。"

⑨知：训者。李学勤认为，古籍"者"与"之"互训，用为指事之词。而"知"作为语词，则与"之"通。故"知"也可用作指事之词，与"者"义同。

⑩一端：一个开端。端：首，开头。《礼记·礼运》："故人者，天地之心也，五行

之端也。"孔颖达疏："端，首也。"

⑪析理：初见于《庄子·天下篇》："判天地之美，析万物之理。"但没有方法论的意义。而到魏晋时代，它却成为正始之音和辩难之风的代名词。学术界一般认为，"析理"是郭象（？—312）注《庄子》时概括出来的。实际上，刘徽使用"析理"比郭象早。

⑫解体：分解形体。刘徽著有《九章重差图》一卷，已亡佚。

⑬通而不黩：通达而不繁琐。黩（dú）：频繁，多次。《中华大字典》此字的最早例句即刘徽此语。

⑭思过半：语出《周易·系辞下》："知者观其象辞，则思过半矣。"

⑮六艺：礼、乐、射、驭、书、数，是为周代贵族子弟所受教育的六门主要课程。《周礼·地官司徒》云六艺："一曰五礼，二曰六乐，三曰五射，四曰五驭，五曰六书，六曰九数。"

⑯宾兴：周代举贤之法。谓乡大夫自乡小学举荐贤能而宾礼之，以升入国学。《周礼·地官·大司徒》："以乡三物教万民而宾兴之。"郑玄注："兴，犹举也。"

⑰国子：公卿大夫的子弟。《周礼·地官·师氏》："以三德教国子。"郑玄注："国子，公卿大夫之子弟。"

⑱东汉郑玄（127—200）引郑众（？—83）《周礼注》曰："九数：方田、粟米、差分、少广、商功、均输、方程、赢不足、旁要。今有重差、夕桀、句股也。"唐陆德明认为"夕桀"系衍文。

⑲无方：没有止境。方：境。边境。

⑳法：方法。这里指数学方法。规：是画圆的工具。矩：是画方的工具。图0-1为女娲伏羲执规矩图。这里引申为反映事物的空间形式。《尸子》说作倕规矩。《墨子·天文志》云："轮匠执其规矩，以度天下之方圆。"后来规矩也成了汉语中表示标准、法则、甚至道德规范的常用词。度量：度量衡。用度量衡量度某物，得到其长度、容积和重量，反映事物的数量关系。因此，规矩、度量就是人们常说的空间形式和数量关系。规矩度量可得而共：就是说空间形式和数量关系中那些可以得到并且有共性的东西。众所周知，中国古代，所有的几何问题都考虑其数量关系，都要化成算术或代数问题解决。刘徽的话高度概括了中国传统数学几何与算术、代数相结合的特点。

图0-1　汉武梁祠女娲伏羲执规矩

译 文

我童年的时候学习过《九章算术》，成年后又作了详细研究。我考察了阴阳的区别对立，总结了算术的根源，在窥探它的深邃道理的余暇时间，领悟了它的思想。因此，我不揣冒昧，竭尽愚顽，搜集所见到的资料，为它作注。各种事物按照它们所属的类别互相推求，分别有自己的归宿。所以，它们的枝条虽然分离而具有同一个本干的原因就在于都发自于一个开端。如果用言辞表述对数理的分析，用图形表示对立体的分解，那差不多就会使之简约而周密，通达而不繁琐，凡是阅读它的人就能理解其大半的内容。而算学是六艺之一，古代以它举荐贤能的人而宾礼之，教育贵族子弟；虽然叫作九数，其功用却能穷尽非常细微的领域，探求的范围是没有极限的；至于世代所传的方法，只不过是规、矩、度、量中那些可以得到并且有共性的东西，并不是特别难以做到的。现在喜欢算学的人很少，所以世间虽然有许多通才达学，却不一定能对此融会贯通。

原 文

《周官·大司徒》职①，夏至日中立八尺之表②。其景尺有五寸，谓之地中③。说云，南戴日下万五千里④。夫云尔者，以术推之⑤。按《九章》立四表望远及因木望山之术⑥，皆端旁互见⑦，无有超遥若斯之类。然则苍等为术犹未足以博尽群数也。徽寻九数有重差之名，原其指趣乃所以施于此也⑧。凡望极高、测绝深而兼知其远者必用重差⑨、句股⑩，则必以重差为率⑪，故曰重差也。立两表于洛阳之城⑫，令高八尺，南北各尽平地，同日度其正中之时。以景差为法⑬，表高乘表间为实⑭，实如法而一⑮。所得加表高，即日去地也⑯。以南表之景乘表间为实，实如法而一，即为从南表至南戴日下也⑰。以南戴日下及日去地为句、股，为之求弦，即日去人也⑱。以径寸之筒南望日，日满筒空，则定筒之长短以为股率，以筒径为句率，日去人之数为大股，大股之句即日径也⑲。虽夫圆穹之象犹曰可度，又况泰山之高与江海之广哉⑳。徽以为今之史籍且略举天地之物，考论厥数，载之于志㉑，以阐世术之美，辄造《重差》㉒，并为注解，以究古人之意，缀于《句股》之下。度高者重表㉓，测深者累矩㉔，孤离者三望㉕，离而又旁求者四望㉖。触类而长之㉗，则虽幽遐诡伏，靡所不入㉘。博物君子㉙，详而览焉。

注 释

①周官：即《周礼》，相传周公所作。学术界一般认为是战国时期的作品。职：记，志。《史记·屈原贾生列传》："章画职墨兮，前度未改。"司马贞索隐："《楚辞》职

作志。志,念也。"

②表:古代测望用的标杆。

③景(yǐng):后作"影"。《周礼·大司徒》:"以土圭之法,测土深,正日景以求地中。"地中:大地的中心。

④此"说"指郑玄《周礼注》的有关内容。南戴日下:即夏至日中太阳直射地面之处。

⑤推:计算。《淮南子·本经》:"星月之行,可以历推得也。"

⑥立四表望远、因木望山:系《九章算术》勾股章的2个题目。

⑦端旁:某点或侧面。

⑧原其指趣:推究它的宗旨。原:推求本原,推究。《易经·系辞下》:"《易》之为书也,原始要终,以为质也。"指趣:宗旨,意义。张衡《论衡·案书》:"《六略》之录,万三千篇,虽不尽见。指趣可知。"

⑨重(chóng)差:郑众所说汉代发展起来的数学分支之一。因重表法的基本公式(见注⑯公式0-1,注⑰公式0-2)要用到两表影长之差l_2-l_1,及两表到目的物的距离之差即两表间距l,故名。李籍云"重,复也",又云差"楚佳切",是对的。但又云"差,不齐也",则不当。

⑩句股:清之后作"勾股",郑众所说汉代发展起来的数学分支之一。张苍等将其编入《九章算术》,并将旁要纳入其中。

⑪必以重差为率:必须以重差建立率。率:参见卷一经分术注⑨。李籍云:率"约数也",不妥。

⑫洛阳,今属河南省。中国古都,东周、东汉等建都于此。

⑬法:这里指除数。"法"的本义是标准。《管子·七法》:"尺寸也,绳墨也,规矩也,衡石也,斗斛也,角量也,谓之法。"除法实际上是用同一个标准分割某些东西,这个标准数量就是除数,故称为"法"。后来的开方式即一元方程的一次项也称为法。

⑭乘:本义是登,升。《释名》:"乘,升也,登亦如之也。"引申为加其上。进而引申为乘法运算。实:这里指被除数。中国传统数学密切联系实际,被分割的东西,即被除数,都是实际存在的,故称为"实"。后来被开方数和开方式、方程即线性方程组的常数项也称为实。

⑮实如法而一:亦称实如法得一。实中如果有与法相等的部分就得一,那么实中有几个与法相等的部分就得几,故除法的过程称为"实如法而一"或"实如法得一"。除法的表示从先秦到西汉有一个发展规范的过程。由《算数书》知道,在先秦除法的表示方式是不统一的,有的没有"法""实"的名称,有的只指出"法",或只指出"实",有的指出了"法"与"实",却没有术语"实如法",有的则"法""实""实如法而一"或

"实如法得一尺（或其他单位）"俱全。张苍整理《九章算术》时。将抽象性的算法表示成"实如法而一"或"实如法得一"，而具体的计算常用"实如法得一尺（或其他单位）"。

⑯此处给出了日到地面的距离。如图0-2，设日为P，日去地距离PQ=H；南表为AC，影长为BC=l_1；北表EG，影长GF=l_2，AC=EG=h；两表间距CG=l。此即重差术求日去地距离的公式

$$H = \frac{lh}{l_2 - l_1} + h。 \quad (0-1)$$

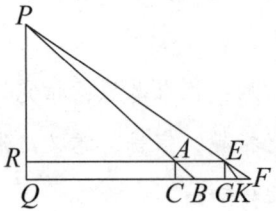

图0-2 重表法（采自钱宝琮主编《中国数学史》）

⑰此处给出了南表至日直射处的距离。设南表至日直射处的距离CQ为L，此即重差术求南表至日直射处距离的公式

$$L = \frac{ll_2}{l_1 - l_2}。 \quad (0-2)$$

⑱此处给出了日到人的距离。设日去人的距离PB=m，利用勾股术，即求日去人的距离m=$\sqrt{L^2 + H^2}$。

⑲如图0-3，设日径为D，筒径为d，筒长为q，由于以筒径和筒长为勾、股的勾股形与以日径和人去日为勾、股的勾股形相似，根据勾股"相与之势不失本率"的原理（即对应边成比例，见卷九）得到D=$\frac{dm}{q}$。

⑳泰山：五岳之首，位于山东省泰安东。据笔者考证，刘徽确实测望过泰山之高、远。《海岛算经》的第1问的原型当是泰山。盖此问的海岛去表102里150步，岛高4里55步。以1魏尺合今23.8厘米计算，分别是43 911米和1 792.14米。有人以为这是山东沿海的某岛屿。实际上，不仅山东，就是全中国也找不到如此高且距大陆这么近的海岛。而泰山玉皇顶今实测为1 536米，其南偏西方向十分陡峭，7公里外的泰安城的海拔即下降到130多米。到大汶河两岸，今肥城的城宫一带海拔仅为72米，与玉皇顶之间没有任何障碍物，泰山恰似一海岛，如图0-4。清阮元（1764—1849）曾用重差术测望过泰山，测得泰山高233丈5尺8$\frac{2}{31}$分（载衣尺），以清载衣尺1尺35.50厘米计算，为827.36米。刘徽所测与实测之误差比阮元小得多。参见郭书春《刘徽测望过泰山之高吗》，载《泰山研究论丛》（五），第265—277页，青岛海洋大学出版社，1992年。

图0-3　测日径（采自译注本《九章筭术》）

㉑志：指各种正史中的志书，主要是"地理志"等篇章。

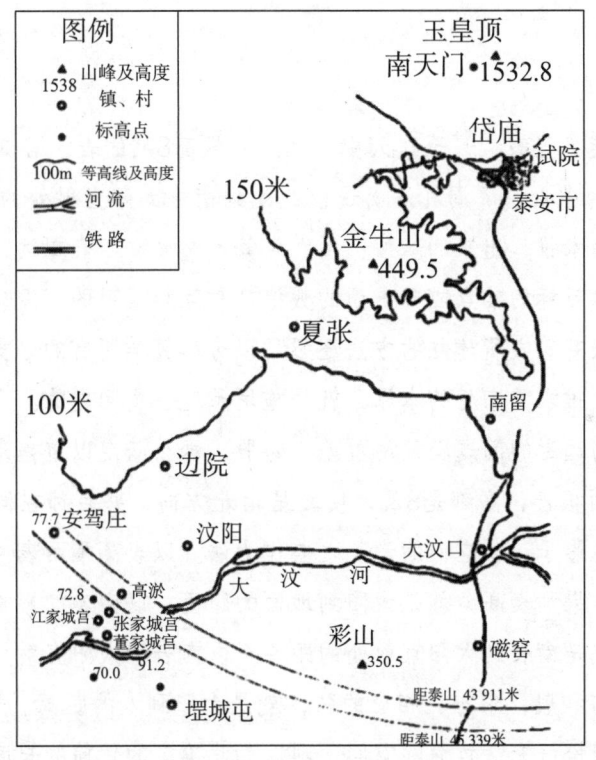

图0-4　刘徽测泰山（采自《古代世界数学泰斗刘徽》）

㉒《重差》：后来单行，因第1问为测望一海岛之高、远，故名之曰《海岛筭经》，为十部算经之一。南宋本《海岛筭经》已失传。今传本是戴震从《永乐大典》辑录出来的，只有9问。图及刘徽自注已佚。

㉓重表：即重表法，是重差术最主要的测望方法。上述测日及《海岛筭经》望海岛问都用重表法。

㉔累矩：即累矩法，是重差术的第二种测望方法，《海岛筭经》望深谷问即用此法。此外还有连索法，《海岛筭经》望方邑问即用此法。望海岛、望方邑、望深谷都是二次测

11

望问题，重表、连索、累矩是重差术的三种最主要的测望方法。

㉕《海岛算经》望松、望楼、望波口、望津等4问是三次测望问题。

㉖《海岛算经》望清涧、登山临邑等2问是四次测望问题。

㉗触类而长（zhǎng）：掌握一类事物的知识，就能据此增加同类事物的知识。语出《周易·系辞上》："引而伸之，触类而长之，天下之能事毕矣。"

㉘虽幽遐诡伏，靡所不入：虽然深远而隐秘不露，没有不契合的。幽：深。《尔雅》："幽，深也。"遐：远。《尔雅》："遐，远也。"诡伏：奇异而隐秘不露。靡：无，没有。《尔雅》："靡：无也。"入：合，契合。

㉙博物君子：博学多识的人。《左传》昭公元年："晋侯闻子产之言，曰：博物君子也。"博物：通晓众物。

译文

《周官·大司徒》记载，夏至这天中午竖立一根高8尺的表，若其影长是1尺5寸，这个地方就称为大地的中心。《周礼注》说：此处到南方太阳直射处的距离是15 000里。这样说的理由，是由术推算出来的。按：《九章算术》"立四表望远"及"因木望山"等问的方法，所测望的目标的某点或某方面的数值都是互相显现的，没有像这样遥远渺茫的类型。如此说来，张苍等人所建立的方法还不足以穷尽算学所有的分支。我发现九数中有"重差"这一名目，推求其宗旨的本原，就是施用于这一类问题的。凡是测望极高、极深而同时又要知道它的远近的问题必须用重差、勾股，那么必定以重差形成率，所以叫作重差。在洛阳城竖立两根表，高都是8尺，使之呈南北方向，并且都在同一水平地面上。同一天中午测量它们的影子。以它们的影长之差作为法。以表高乘两表间的距离作为实。实除以法，所得到的结果加表高，就是太阳到地面的距离。以南表的影长乘两表间的距离作为实。实除以法，就是南表到太阳直射处的距离。以南表到太阳直射处的距离及太阳到地面的距离分别作为勾和股，求与之相应的弦，就是太阳到人的距离。用直径1寸的竹筒向南测望太阳，让太阳恰好充满竹筒的空间，则以如此确定的竹筒的长度作为股率，以竹筒的直径作为勾率；以太阳到人的距离作为大股，那么与大股相应的勾就是太阳的直径。即使是圆穹的天象都是可以测度的，又何况泰山之高与江海之广呢！我认为，当今的史籍尚且略举天地间的事物，考论它们的数量，记载在各种志书中，以阐发人世间法术的美妙，于是我特地撰著《重差》一卷，并且为之作注解，以推寻古人的意图，缀于《勾股》之下。测望某目标的高用二根表，测望某目标的深用重叠的矩，对孤立的目标要三次测望，对孤立的而又要求其他数值的目标要四次测望。通过类推而不断增长知识，那么，即使是深远而隐秘不露，没有不契合的。博学多识的君子，请仔细地阅读吧！

精彩点拨

作为全书的开篇，《序》中主要阐述了刘徽想要给《九章算术》作注的一些原因以及他对数学的一些思考。"往者暴秦焚书，经术散坏……苍等因旧文之遗残，各称删补。故校其目则与古或异，而所论者多近语也。徽幼习《九章》，长再详览。观阴阳之割裂，总算术之根源，探赜之暇，遂悟其意。是以敢竭顽鲁，采其所见，为之作注。"

阅读

焚书坑儒

又称"焚诗书，坑术士（一说术士即儒生）"秦始皇在公元前213年和公元前212年焚毁书籍、坑杀"犯禁者四百六十余人"。

"及至秦之季世，焚诗书，坑术士，六艺从此缺焉"。经常被"坑儒"观点引做证据的是《史记·秦始皇本纪》中秦始皇长子扶苏的话"天下初定，远方黔首未集，诸生皆诵法孔子，今上皆重法绳之，臣恐天下不安，唯上察之。"，西汉末孔安国（孔子十世孙）《〈尚书〉序》亦言："及秦始皇灭先代典籍，焚书坑儒，天下学士逃难解散。"西汉刘向《〈战国策〉序》："任刑罚以为治，信小术以为道。遂燔烧诗书，坑杀儒士"。同时秦始皇焚书并未焚烧医学、农牧等技术实用书籍。

九章筭术卷第一

魏 刘徽 注
唐朝议大夫行太史令上轻车都尉臣李淳风等奉敕注释①

精彩导读

农业乃是立国之本，被历代统治者重视的国之根本。农业的基础在于田地，而土地的丈量是困扰了古人多年的问题，从秦始皇统一度量衡以来，虽有统一的制度，但是丈量方法却多有不同，《九章筭术》中是如何解决这一问题的呢？让我们一起来看一下吧！

原文

方田②以御田畴界域③

今有田广十五步④，从十六步⑤。问⑥：为田几何⑦？

　　荅曰⑧：一亩⑨。

又有田广十二步，从十四步。问：为田几何？

　　荅曰：一百六十八步⑩。图：从十四，广十二⑪。

方田术曰⑫：广从步数相乘得积步⑬。此积谓田幂⑭。凡广从相乘谓之幂⑮。

臣淳风等谨按：经云"广从相乘得积步"，注云"广从相乘谓之幂"，观斯注意，积幂义同⑯。以理推之，固当不尔。何则？幂是方面单布之名，积乃众数聚居之称。循名责实，二者全殊⑰。虽欲同之，窃恐不可。今以凡言幂者据广从之一方；其言积者举众步之都数⑱。经云相乘得积步，即是都数之明文。注云谓之为幂，全乖积步之本意。此注前云积为田幂，于理得通。复云谓之为幂，繁而不当。今者注释存善去非，略为料简⑲，遗诸后学。以亩法二百四十步除之⑳，即亩数。百亩为一顷㉑。臣淳风等谨按：此为篇端，故特举顷、亩二法。余术不复言者，从此可知。按：一亩田，广十五步，从而疏之㉒，令为十五行，即每行广一步而从十六步。又横而截之，令为十六行，即每行广一步而从十五步。此即从疏横截之步，各自为方。凡有二百四十步，为一亩之地，步数正同。以此言之，即广从相乘得积步，验矣。二百四十步者，亩法也；百亩者，顷法也。故以除之，即得。

注释

①朝议大夫：散官，简称朝议，始置于隋，唐因之，为文散官正五品下。太史令：官名，相传置于夏代，掌文书。后代沿置，汉景帝中元六年（前114）隶太常，掌天文、历法及修撰史书。唐初隶秘书省，从五品下。龙朔二年（662）改称秘阁郎中，后复名。上轻车都尉：官名，唐武德七年（624）改开府仪同三司置"轻车都尉"，为从四品上勋官。都尉：是唐、宋、金、元、明武臣勋官等级，次于将军，高于骑尉，有上轻车都尉、轻车都尉、上骑都尉等名目。李淳风（602—870）：岐州雍（今陕西省凤翔县）人。唐初天文学家、数学家。贞观初（627）淳风上书唐太宗批评当时所行《戊寅元历》的失误，授将仕郎，直太史局。三年撰《乙巳元历》，七年撰《法象志》七卷，是制造新浑仪的理论基础。浑天黄道仪于是年制成。十五年为太常博士，旋任太史丞，撰《晋书》《隋书》之《天文志》《律历志》《五行志》，是中国天文学史、数学史、度量衡史的重要文献。约十九年，撰成《乙巳占》，其中含有十分丰富的天象资料和气象史料。二十二年拜太史令，同年，以修国史功封昌乐县男，主持注释汉唐十部算经。其水平较高的是《周髀算经注释》。而《九章算术注释》保存了祖暅之的开立圆术和祖暅之原理，极为宝贵。麟德元年（664）撰《麟德历》，次年颁行，直到公元728年被一行的《大衍历》取代。《麟德历》设1340为总法，作为岁实、朔实、交周和五星周期的共同分母，使运算简捷，后人多效法。《麟德历》还废闰周而直接以无中气之月为闰月。敕：汉魏指尊长、长官对后辈、下属的告诫等上命下之辞。南北朝之后专指皇帝诏书。奉敕：奉皇帝之命。贞观二十二年，"太史监候王思辩表称《五曹》《孙子》理多踳驳。淳风复与国子监算学博士梁述、太学助教王真儒等受诏注《五曹》《孙子》十部算经"。高宗显庆元年（656）书成，"高宗令国学行用"。

②方田：九数之一。传统的方田讨论各种面积问题和分数四则运算。狭义的方田，后来又称为直田，即长方形的田，如图1-1。李籍云："田者，围周之以为疆，横从之以为理，平夷著建，兴作利养之地也。方田者，田之正也。诸田不等，以方为正，故曰方田。"

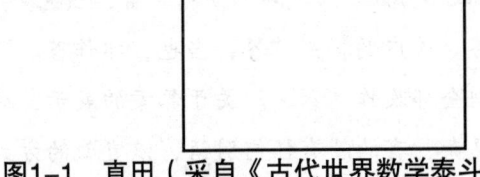

图1-1　直田（采自《古代世界数学泰斗刘徽》）

③御:本义是驾驭马车,引申为处理,治理。《玉篇》:"御,治也。"李籍与《广韵》均云:"御,理也。"畴:已经耕作的田地。李籍引《说文解字》:"畴,耕治之田也。"界域:李籍云:"疆也。"

④今:连词,表示假设,相当于"若""假如"。《孟子·梁惠王下》:"今王与百姓同乐,则王矣。"今有:假设有,《九章算术》问题题设的起首方式。由《算数书》知道,先秦数学问题题设的起首方式异彩纷呈,大多数题目没有任何引语作为起首,少数或以"程",或以"取程",或以"有",或以"今有"等作起首。张苍等整理《九章算术》,遂以"今有"统一了数学问题题设的起首方式。当一种术文有多个例题时,则从第二题起题设的起首用"又有"。广:一般指物体的宽度。李籍云:广,"阔也"。《墨子·备城门》:"沈机长二丈,广八尺。"有时广有方向的意义,表示东西的长度。赵爽《周髀算经注》:"东西南北谓之广长。"

⑤从(zōng):又音(zòng),又作袤,今作纵,表示直,南北的量度。《集韵》:"南北曰从。"李籍云:从,"长也"。广、从,今多译为宽、长。实际上,中国古代的广、从有方向的含义。因此,广未必小于从,见下乘分术的第三个例题。《墨子·备城门》中"突"之"袤九尺,广十尺",也是广大于袤。步:古代长度单位,秦汉1步为5尺。隋唐以后为6尺。

⑥问:中国传统数学问题发问的起首语。由《算数书》知道,先秦数学问题发问的起首也是不统一的。有13条,29个题目没有任何发问的起首语,而采取直叙的方式;有4条,6个题目以"欲""欲求""求"作为发问的起首语。张苍等整理《九章算术》,遂以"问"统一了数学问题发问的起首方式。

⑦几何:若干。多少。李籍云:"几何,数之疑也。"中国传统数学问题的发问语。传统数学问题的发问语也经历了一个发展过程,《算数书》的发问方式不统一,尽管有41条以"几何"发问,占了大多数,但还有13条没有任何发问语。有4条以"欲""欲求""求"代替发问语。张苍等整理《九章算术》,则完全以"几何"发问。没有例外。明末利玛窦与徐光启合译欧几里得的"Element",定名为《几何原本》,"几何"实际上是拉丁文mathematica的中译,指整个的数学。后日本将geometria译作几何学,传到中国,几何遂成为数学中关于空间形式的学问。

⑧荅:同"答"。对荅之荅原作"畣"。荅本是小豆之名,后来借为对荅之荅。《玉篇》:"荅,当也。"《五经文字·艹部》:"荅:此荅本是小豆之一名,对荅之荅本作畣。经典及人间行此已久,故不可改。"《尔雅》:"畣,然也。"《玉篇》:"畣,今作荅。"对荅之荅,后作答。《广韵》:"答,当也,亦作荅。"本书的答案,凡引原文皆用"荅"字。而今译则全部改作"答"。关于答案的表示,从《算数书》可以看出,在先秦的表示方式相当复杂,有的没有任何引语,以直叙的方式给出答案,有的以

"曰""得"或"得曰"作引语给出答案。值得注意的是，没有一个题目使用"荅曰"。张苍等整理《九章筭术》，则统一使用"荅曰"，没有任何例外。

⑨亩：古代的土地面积单位。《九章筭术》中1亩为240步。此处"步"实际上为步^2。

⑩此处"步"为步^2。

⑪此"图"应该在刘徽所撰《九章重差图》中，已亡佚。本书凡提到刘徽注之图者，除另加说明者外，皆亡佚。

⑫术：方法，计算程序。《筭数书》中的计算方法皆作"术"，不是简化字；《九章筭术》本作"術"。简化成"术"。《筭数书》之"术"当是"術"的假借字。术（shú）：指秫。又音（zhú），菊科草类。

⑬乘：登，升。李籍云：乘，"登也。登之使其数多"。广从步数相乘得积步：设方田的面积为S，广、从分别是a，b，则长方形的面积公式是

$$S=ab。 \tag{1-1}$$

积步：是《九章筭术》提出的表示面积的概念，也可以作为面积的单位，即步之积。将1步长的线段在平面上积累起来，长a步，就是a积步，常简称为a步，步即今之平方步，因此古代之步，视不同情况，有时指今之步。有时指步^2。下文中之积尺、积寸、积里等概念与此类似。由此又引申出积分等概念。值得注意的是，刘徽对公式（1-1）没有试图证明，显然是当作公理使用的。

⑭幂：即今之面积。王莽铜斛铭文中始使用，作"冥"。根据不同的情况，刘徽《九章筭术注》中有田幂、矩幂、勾幂、股幂、弦幂、方幂、圆幂、立幂等，还有以颜色表示的青幂、朱幂、黄幂等。清末李善兰、华蘅芳等翻译西方数学著作，遂用"幂"表示指数，沿用至今。古今"幂"的含义既有联系，又有区别。

⑮凡广从相乘谓之幂：这是刘徽对幂即面积的定义。

⑯李淳风等从刘徽的话中得出"积幂义同"的结论是完全错误的。刘徽将"广从相乘"这种积称为幂，幂与积是种属关系，积包括幂，但积不一定是幂，因为三数相乘的体积，或更多的数相乘，也是积。李淳风等由刘徽注看不出幂和积的区别，说明他们的逻辑水平低下。

⑰李淳风等认为积与幂完全不同。他们不懂幂属于积，两者有相同之处，说积、幂"二者全殊"，当然是错误的。他们指责正确的刘徽，徒然暴露其数学水平的低下和逻辑的混乱。殊：不同，异。《周易·系辞下》："天下同归而殊涂。"

⑱都数：总数。都：聚，汇集。《管子·水地》："卑也者，道之室，王者之器。而水以为都居。"注云："都，聚也。"引申为总，总共。《汉书·西域传》："都护之起，自吉置矣。"颜师古注："都犹总也，言总护南北之道。"

⑲料简：品评选择。蔡邕《太尉杨公碑》："沙汰虚冗，料简贞实。"亦作"料拣"。自唐起，"料简"就有误作"科简"者。《北史·循吏·张华原传》："华原科简轻重，随事决遣。"

⑳亩法：1亩的标准度量。李籍引《司马法》曰："六尺为步，步百为亩。秦孝公之制，二百四十步为一亩。"秦汉制度1亩=240步^2，1顷=100亩。已知某田地的面积的步^{2}数，求亩数，便以240步^{2}为除数，故称240步^{2}为亩法。《筭数书》与此同。除：在《九章筭术》及其刘徽注中有二义。一是除去，即现今之"减"。卷六"客去忘持衣"问刘徽注"除"曰："除，其减也。"一是现今"除法"的除，此处即用此义。李籍释"除"云："去也。去之使其少"。可见"除"之义先引申为"减去"，后进一步引申为除法之"除"。此二义在下文中一般不再一一指出，观前后文及"今译"即可明白。

㉑100亩为1顷，故称为顷法。

㉒疏：分，截。《史记·黥布传》："上裂地而王之，疏爵而贵之。"司马贞索隐："按：裂地是对文，故知疏即分也。"此处横截与从疏为对文，知"疏"即截。

译文

方田 为了处理田地等面积

假设一块田广15步，纵16步。问：田的面积有多少？

答：1亩。

又假设一块田广12步，纵14步。问：田的面积有多少？

答：168步。图：纵14，广12。

方田术：广与纵的步数相乘，便得到积步。这种积叫作田的幂。凡是广与纵的步数相乘，就叫它做幂。　淳风等按：《九章筭术》说广纵步数相乘，便得到积步。刘徽注说广纵相乘，就把它叫作幂。考察这个注的意思，积和幂的意义相同。按道理推究之，本不应当是这样的。为什么呢？幂是一层四方布的名称，积却是众多的数量积聚的名称。循名责实，二者完全不同。即使想把它看成相同的，我们认为是不可以的。现在凡是说到幂，都是占据有广有纵的一个方形，而说到积，都是列举众多步数的总数。《九章筭术》说相乘得到积步，就是总数的明确文字。刘徽注说叫它做幂，完全背离了积步的本意。这个注前面说积是田的幂，在道理上可以讲得通。又说叫它做幂，繁琐而不恰当。现在注释，留下正确的，删去错误的稍加品评选择，把它贡献给后来的学子。以亩法240步^{2}除积步，就是亩数。100亩为1顷。淳风等按：这是本篇的开端，因此特别举出顷、亩二者的法。其他的术中不再谈到它们，就是因为由这里可以知道。按：1亩地，广为15步，竖着分割它，使成为15行，就是每行广为1步而纵为16步。又横着裁截它，使成为16行，就是每行广为1步而纵为15步。这就是竖着分割横着裁截的1步，各自成正方形，共有240步^2。作为1亩的田地，步数恰好与亩法相同。由此说来，就是广纵相乘便得到积步，被验证了。240步^2，是亩法；100亩，是顷法。因此，用来除积步，便得到答案。

原文

今有田广一里①，从一里。问：为田几何？

　　答曰：三顷七十五亩②。

又有田广二里，从三里。问：为田几何？

　　答曰：二十二顷五十亩。

里田术曰：广从里数相乘得积里③。以三百七十五乘之，即亩数。按：此术广从里数相乘得积里。故方里之中有三顷七十五亩④，故以乘之，即得亩数也。

注释

①里：长度单位，秦汉时1里为300步。
②三顷七十五亩：1里^2=375亩=3顷75亩。故375亩为里法。《筭数书》亦有此问。
③以里为单位的田地的面积求法，其公式与方田术（1-1）相同。
④故：犹"夫"。裴学海《古书虚字集释》卷五："'故'，犹'夫'也，提示之词也。"

译文

假设一块田广1里，纵1里。问：田的面积有多少？

　　答：3顷75亩。

又假设一块田广2里，纵3里。问：田的面积有多少？

　　答：22顷50亩。

里田术：广与纵的里数相乘，便得到积里。以375亩乘之，就是亩数。按：这一术中，广纵里数相乘，便得到积里。而1方里中有3顷75亩，所以以它乘积里，就得到亩数。

原文

今有十八分之十二①。问：约之得几何②？

答曰：三分之二。

又有九十一分之四十九。问：约之得几何？

答曰：十三分之七。

约分③按：约分者，物之数量，不可悉全④，必以分言之⑤。分之为数，繁则难用。设有四分之二者，繁而言之⑥，亦可为八分之四；约而言之⑦，则二分之一也⑧。虽则异辞，至于为数，亦同归尔。法实相推⑨，动有参差⑩，故为术者先治诸分⑪。术曰：可半者半之⑫；不可半者，副置分母、子之数⑬，以少减多，更相减损⑭，求其等也⑮。以等数约之⑯。等数约之，即除也。其所以相减者，皆等数之重叠⑰，故以等数约之。

注释

①非名数真分数的表示方式在中国也有一个发展过程。《筭数书》反映出，现今的真分数 $\frac{a}{b}$（a，b皆为正整数）在先秦有两种表示方式：一是表示为"b分a"，一是表示为"b分之a"。张苍等整理《九章筭术》，遂统一为"b分之a"。

②约：本义是缠束。《说文解字》："约，缠束也。"引申为精明、简要。《吴子·论将》："约者，法令省而不烦。"李籍云："约者，欲其不烦。"这里是约简。

③约分：约简分数。约分术：就是约简分数的方法。

④不可悉全：不可能都是整数。悉：副词，全，都。全：整数。

⑤必以分言之：必须以分数表示之。刘徽在这里说明分数产生的最初的原因。言：记载，表示。

⑥繁而言之：繁琐地表示之。

⑦约而言之：约简地表示之。

⑧此谓 $\frac{2}{4}=\frac{4}{8}=\frac{1}{2}$。

⑨推：计算。

⑩动有参差：往往有参差不齐的情形。动：往往。《史记·律书》："且兵凶器，虽克所愿，动亦耗病。"参差（cēn cī）：长短、高低、大小不等。《诗经·周南·关雎》："参差荇菜。左右流之。"

⑪诸分：各种分数运算法则。

⑫可半者半之：可以取其一半的就取其一半。亦即分子、分母都是偶数的情形。可以被2除。

⑬副置：即在旁边布置算筹。李籍云："别设算位，有所分也。"副：贰，次要的（区别于主或正）。段玉裁《说文解字注》："周人言贰，汉人言副，古今语也。"李籍云：副，"数救切，别也"。置，"陟吏切，设也"。

⑭更相减损：相互减损。这是一种与辗转相除法异曲同工的运算程序。更相：相互。《史记·张丞相列传》："田文言曰：'今此三君者。皆丞相也。'其后三人竟更相代为丞相。"减损：减少。《史记·礼书》："叔孙通颇有所增益减损。"

⑮等：等数的简称。等数：今之最大公约数。因它是分子、分母更相减损。至两者的余数相等而得出的，故名。

⑯以等数约之：以等数同时除分子与分母。

⑰皆等数之重叠：分子、分母都是等数的重叠。设分母、分子为a，b，等数为$r_{n-1}=r_n$，计算每次更相减损的余数r_i，i=1，2，3，…n，则

$r_{n-2}=r_{n-1}q_n+r_n=r_n(q_n+1)$，

$r_{n-3}=r_{n-2}q_{n-1}+r_{n-1}=r_n(q_nq_{n-1}+q_{n-1}+1)$，

$r_{n-4}=r_{n-3}q_{n-2}+r_{n-2}=r_n(q_nq_{n-1}q_{n-2}+q_{n-1}q_{n-2}+q_{n-2}+q_n+1)$，

$b=r_nP(q_2,q_3,…q_n)$，

$a=r_nQ(q_1,q_2,…q_n)$。

其中P，Q分别是q_2，q_3，…q_n与q_1，q_2，…q_n的多项式，是整数。因此a，b都是r_n的倍数，故云皆等数之重叠。

译文

假设有$\frac{12}{18}$。问：约简它，得多少？

答：$\frac{2}{3}$。

又假设有$\frac{49}{91}$。问：约简它，得多少？

答：$\frac{7}{13}$。

约分按：要约分，是因为事物的数量，不可能都是整数．必须用分数表示之；而分数作为一个数，太繁琐就难以使用。假设有$\frac{2}{4}$，繁琐地表示之，又可以成为$\frac{4}{8}$，约简地表示之，就是$\frac{1}{2}$。虽然表示形式不同，而作为数．还是同样的结果。

法与实互相推求，常常有参差不齐的情况，所以探讨计算法则的人首先要研究各种分数的运算法则。术：可以取分子、分母一半的，就取它们的一半；如果不能取它们的一半，就在旁边布置分母、分子的数值，以小减大，辗转相减，求出它们的等数。用等数约简之。用等数约简之，就是除。之所以用它们辗转相减，是因为分子、分母都是等数的重叠。所以用等数约简之。

原文

今有三分之一，五分之二。问：合之得几何①？

  荅曰：十五分之十一。

又有三分之二，七分之四，九分之五。问：合之得几何？

  荅曰：得一、六十三分之五十。

又有二分之一，三分之二，四分之三，五分之四。问：合之得几何？

  荅曰：得二、六十分之四十三。

合分②臣淳风等谨按：合分知③，数非一端，分无定准，诸分子杂互，群母参差。粗细既殊，理难从一。故齐其众分，同其群母④，令可相并⑤，故曰合分。术曰：母互乘子，并以为实。母相乘为法。母互乘子，约而言之者，其分粗⑥；繁而言之者，其分细⑦。虽则粗细有殊，然其实一也。众分错难，非细不会⑧。乘而散之，所以通之⑨。通之则可并也。凡母互乘子谓之齐，群母相乘谓之同⑩。同者，相与通同共一母也；齐者，子与母齐，势不可失本数也⑪。方以类聚，物以群分⑫。数同类者无远；数异类者无近。远而通体知，虽异位而相从也；近而殊形知，虽同列而相违也⑬。然则齐同之术要矣⑭：错综度数，动之斯谐⑮，其犹佩觿解结⑯，无往而不理焉。乘以散之，约以聚之，齐同以通之，此其筭之纲纪乎⑰。其一术者⑱，可令母除为率⑲，率乘子为齐⑳。实如法而一㉑。不满法者，以法命之㉒。今欲求其实，故齐其子，又同其母，令如母而一。其余以等数约之，即得知。所谓同法为母，实余为子，皆从此例。其母同者，直相从之㉓。

注释

①合：聚合，聚集。《论语·宪问》："桓公九合诸侯。"进而引申为合并，相加。

②合分：将分数相加。李籍云："合分者，欲其不离。"合分术：就是将分数相加的方法。

③合分知：与下文"远而通体知""近而殊形知"，此三"知"字，训"者"，见刘徽序"故枝条虽分而同本干知"之注释。

④齐：使一个数量与其相关的数量同步增长的运算。此处谓使各个分数的分子分别与其分母同步增长，即刘徽所说"母互乘子谓之齐"。同：使几组数量中某同类数相同的运算。此处谓使各个分数的分母相同，即刘徽所说"群母相乘谓之同"。

⑤并：即相加。表示"加"，古代有"合""并""从""和"等术语。

⑥粗：指数值大。分数约简后分数单位变大，亦即"约以聚之"。若分子、分母有等数m，a=mp。b=mq，则 $\frac{a}{b}=\frac{p}{q}$。

⑦细：指数值小。分子、分母同乘一数，使分数单位变小，亦即"乘以散之"。即 $\frac{a}{b}=\frac{ma}{mb}$，其中m是正整数。

⑧众分错难，非细不会：诸分数错互（指分数单位不同一）难以处理，不将它们的分数单位变小，便不能相会通。

⑨通：通过等量变换使各组数量会通的运算。对分数而言就是通分。

⑩这是刘徽关于齐、同的定义。

⑪此谓通过"同"的运算，使诸分数有一共同的分母，而通过"齐"的运算，使诸分数的值不丧失什么，亦即其值保持不变。势：本义是力量，威力，权力，权势。引申为形势，态势。失：遗失，丧失，丢掉。《说文解字》："失，纵也。"段玉裁注："失，一曰舍也。"

⑫方以类聚，物以群分：义理按类分别相聚，事物按群分门别类。语出《周易·系辞上》："方以类聚，物以群分，吉凶生矣。"孔颖达疏："方，道也。"方：义理，道理。

⑬数同类者无远：数异类者无近。远而通体知，虽异位而相从也；近而殊形知，虽同列而相违也：刘徽借鉴稍前的何晏的"同类无远而相应，异类无近而不相违"，反其意而用之，是说同类的数不管表面上有什么差异，总还是相近的；不同类的数不管表面上多么接近，其差异总是很大的。通体：相似、相通。相从：狭义地指相加，广义地指相协调。

⑭在数学运算中，"齐"与"同"一般同时运用，称为"齐同术"，今称为"齐同原理"。它最先产生于分数的通分，如分数 $\frac{a}{b}$, $\frac{c}{d}$，通分后化成 $\frac{ad}{bd}$, $\frac{bc}{bd}$，就是同其母，齐其子。后来推广到率的运算中。

⑮错综度数，动之斯谐：错综复杂的数量，施之齐同术就会和谐。斯：则，就。

⑯犹：好像，如同。《左传·隐公四年》："夫兵，犹火也。"觿（xī）：古代用以

解绳结的角锥。《诗经·卫风·芄兰》:"芄兰之支,童子佩觽。"

⑰刘徽在这里将"乘以散之,约以聚之,齐同以通之"这三种等量变换看成"筭之纲纪"。这三种等量变换本来源于分数运算,刘徽将其从分数推广到"率"的运算中,实际上将"率"看成"筭之纲纪"。纲纪:大纲要领,法度。《荀子·劝学》:"礼者,法之大分、类之纲纪也。"

⑱其一术:另一种方法。

⑲母除为率:指分别以各分数的分母除众分母之积,以其结果作为这个分数的率。

⑳率乘子为齐:以各个率乘各自的分子,就是齐。

㉑母互乘子,并以为实。母相乘为法。实如法而一:此即分数加法法则

$$\frac{a}{b}+\frac{c}{d}=\frac{ad}{bd}+\frac{bc}{bd}=\frac{ad+bc}{bd}。\tag{1-2}$$

显然这里分数的加法没有用到分母的最小公倍数。

㉒以法命之:即以法为分母命名一个分数。命:命名。

㉓其母同者,直相从之:如果各个分数的分母相同,就直接相加。直:径直,直接。《史记·魏公子列传》:"侯生摄敝衣冠,直上载公子上座。不让。"从:本义是随从,此处是"加"的意思。

译文

假设有 $\frac{1}{3}$,$\frac{2}{5}$。问:将它们相加,得多少?

答:$\frac{11}{15}$。

又假设有 $\frac{2}{3}$,$\frac{4}{7}$,$\frac{5}{9}$。问:将它们相加,得多少?

答:得 $1\frac{50}{63}$。

又假设有 $\frac{1}{2}$,$\frac{2}{3}$,$\frac{3}{4}$,$\frac{4}{5}$。问:将它们相加,得多少?

答:得 $2\frac{43}{60}$。

合分淳风等按:合分,是因为分数不止一个,分数单位也不同一;诸分子互相错杂。众分母参差不齐;分数单位的大小既然不同,从道理上说难以遵从其中一个数。因此,要让各个分数分别与分母相齐,让众分母相同。使它们可以相加,所以叫作合分。术曰:分母互乘分子,相加作为实。分母相乘作为法。分母互乘分子:约简地表示一个分数,其分数单位大;繁琐地表示一个分数,其分数单位

小。虽然单位的大小有差别，然而其实是一个。各个分数互相错杂难以处理，不将其分数单位化小，就不能会通。通过乘就使分数单位散开，借此使它们互相通达。使它们互相通达就可以相加。凡是分母互乘分子，就把它叫做齐；众分母相乘，就把它叫作同。同就是使诸分数相互通达，有一个共同的分母；齐就是使分子与分母相齐，其态势不会改变本来的数值。各种方法根据各自的种类聚合在一起，天下万物根据各自的性质分离成不同的群体。数只要是同类的就不会相差很远，数只要是异类的就不会很切近。相距很远而能相通者，虽在不同的位置上，却能互相依从；相距很近而有不同的形态，即使在相同的行列上，也会互相背离。那么，齐同之术是非常关键的：不管多么错综复杂的度量、数值，只要运用它就会和谐，这就好像用佩戴的觿解绳结一样，不论碰到什么问题，没有不能解决的。乘使之散开，约使之聚合，齐同使之互相通达，这难道不是算法的纲纪吗？另一术：可以用分母除众分母之积作为率，用率分别乘各分子作为齐。实除以法。实不满法者，就用法命名一个分数。现在要求它们的实，所以使它们的分子分别相齐，使它们的分母相同，用分母分别相除。其余数用等数约简，就得到结果。所谓相同的法作为分母，实中的余数作为分子的情况，都遵从此例。如果分母本来就相同，便直接将它们相加。

原 文

今有九分之八，减其五分之一。问：余几何？

　　答曰：四十五分之三十一。

又有四分之三，减其三分之一。问：余几何？

　　答曰：十二分之五。

减分①臣淳风等谨按：诸分子、母数各不同，以少减多，欲知余几，减余为实，故曰减分。术曰：母互乘子，以少减多，余为实。母相乘为法。实如法而一②。"母互乘子"知③，以齐其子也，"以少减多"知，齐故可相减也。"母相乘为法"者，同其母。母同子齐。故如母而一，即得。

注 释

①减：《说文解字》与李籍均云："减，损也。"减分：将分数相减。李籍云"减分者，欲知其余"。减分术：就是将分数相减的方法。

②母互乘子，以少减多，余为实。母相乘为法。实如法而一：此即分数减法法则，设

$\dfrac{a}{b} > \dfrac{c}{d}$，则

$$\dfrac{a}{b} - \dfrac{c}{d} = \dfrac{ad}{bd} - \dfrac{bc}{bd} = \dfrac{ad-bc}{bd}。\qquad(1\text{-}3)$$

③知：与下文"以少减多'知"，二"知"字，训"者"，见刘徽序"故枝条虽分而同本干知"之注释。

译文

假设有 $\dfrac{8}{9}$，它减去 $\dfrac{1}{5}$。问：剩余是多少？

答：余 $\dfrac{31}{45}$。

又假设有 $\dfrac{3}{4}$，它减去 $\dfrac{1}{3}$。问：剩余是多少？

答：余 $\dfrac{5}{12}$。

减分淳风等按：诸分子、分母的数值各不相同，以小减大，要知道余几。使相减的余数作为实。所以叫作减分。术：分母互乘分子，以小减大，余数作为实。分母相乘作为法。实除以法。"分母互乘分子"，是为了使它们的分子相齐；"以小减大"，是因为分子已经相齐，故可以相减。"分母相乘作为法"。是为了使它们的分母相同。分母相同，分子相齐，所以相减的余数除以分母，即得结果。

原文

今有八分之五，二十五分之十六。问：孰多？多几何？

荅曰：二十五分之十六多，多二百分之三。

又有九分之八，七分之六。问：孰多？多几何？

荅曰：九分之八多，多六十三分之二。

又有二十一分之八，五十分之十七。问：孰多？多几何？

荅曰：二十一分之八多，多一千五十分之四十三。

课分①臣淳风等谨按：分各异名，理不齐一，校其相多之数，故曰课分也。术曰：母互乘子，以少减多，余为实。母相乘为法。实如法而一，即相多也②。臣淳风等谨按：此术母互乘子，以少分减多分。按：此术多与减分义同。唯相多之数，意共减分有异：减分知③，求其余数有几；课分知，以其余数相多也。

注 释

①课：考察，考核。《管子·明法》："明分职而课。"李籍云：课，"校也"。课分：就是考察分数的大小。李籍云："欲知其相多。"课分术：就是比较分数大小的方法。

②课分术的程序与减分术（1-3）基本相同。

③减分知：与下文"课分知"，两"知"字训"者"，说见刘徽序"故枝条虽分而同本干知"之注释。

译 文

假设有 $\frac{5}{8}$, $\frac{16}{25}$。问：哪个多，多多少？

  答：$\frac{16}{25}$ 多，多 $\frac{3}{200}$。

又假设有 $\frac{8}{9}$, $\frac{6}{7}$。问：哪个多，多多少？

  答：$\frac{8}{9}$ 多，多 $\frac{2}{63}$。

又假设有 $\frac{8}{21}$, $\frac{17}{50}$。问：哪个多，多多少？

  答：$\frac{8}{21}$ 多，多 $\frac{43}{1050}$。

课分淳风等按：诸分数各有不同的分数单位，在数理上不整齐划一。比较它们相多的数，所以叫作课分。术：分母互乘分子，以小减大，余数作为实。分母相乘作为法。实除以法，就得到相多的数。淳风等按：此术中分母互乘分子，以小减大。按：此术与减分的意义大体相同，只是求相多的数，意思跟减分有所不同：减分是求它们的余数有几，课分是将余数看作相多的数。

原 文

今有三分之一，三分之二，四分之三。问：减多益少①，各几何而平②？

  答曰：减四分之三者二，三分之二者一，并，以益三分之一，而各平于十二分之七③。

又有二分之一，三分之二，四分之三。问：减多益少，各几何而平？

  答曰：减三分之二者一，四分之三者四，并，以益二分之一，而各平于三十六分之二十三。

27

平分④臣淳风等谨按：平分知⑤，诸分参差，欲令齐等，减彼之多，增此之少，故曰平分也。术曰：母互乘子，齐其子也。副并为平实⑥。臣淳风等谨按：母互乘子，副并为平实知，定此平实主限，众子所当损益知，限为平⑦。母相乘为法。"母相乘为法"知，亦齐其子，又同其母⑧。以列数乘未并者各自为列实。亦以列数乘法⑨。此当副置列数除平实，若然则重有分，故反以列数乘同齐⑩。臣淳风等谨又按：问云所平之分多少不定，或三或二，列位无常。平三知，置位三重；平二知，置位二重。凡此之例，一准平分不可预定多少，故直云列数而已。以平实减列实⑪，余，约之为所减⑫。并所减以益于少⑬。以法命平实，各得其平⑭。

注释

①益：增加。方程章之"损益"，与此"益"同义。宋元时期又用之表示开方式的负系数，如"益隅"就是负的最高次幂。

②平：平均值。李籍云："均也。"

③此处"二""一"均是以十二为分母的分数的分子。这是说从 $\frac{3}{4}$ 减 $\frac{2}{12}$，从 $\frac{2}{3}$ 减 $\frac{1}{12}$，将 $\frac{2}{12}+\frac{1}{12}$ 加到 $\frac{1}{3}$ 上，得到它们的平均值。这实际上是将分母先置于旁边。下问同此。这种方法在宋元时期发展为处理分式运算的方式，称为"寄母"。

④平分：求几个分数的平均值。李籍云："平分者，欲减多增少，而至于均。"平分术：求几个分数的平均值的方法。以求三个分数 $\frac{a}{b}$，$\frac{c}{d}$，$\frac{e}{f}$ 的平均值为例。列数是3。

⑤平分知：与下文"平实知""损益知""母相乘为法知"，此四"知"字，训"者"，说见刘徽序"故枝条虽分而同本干知"之注释。

⑥并：加。李籍云："兼也。别兼算位，有所合也。"平实：分母互乘分子，求其和，称为平实。分子分别得ad f，bc f，bde，平实为ad f+bc f+bde。

⑦定此平实主限，众子所当损益知，限为平：确定这个平实作为主要的界限。各个分子所应当减损增益的，以这个界限作为标准。

⑧齐其子：分母互乘分子就是齐其子。同其母：分母相乘就是同其母。分母得bd f，称为法。

⑨未并者：指相齐后还没有相加的分子。以列数乘之，得列实3ad f，3bc f，3bde。又以列数乘法，得3bd f。

⑩这是说，《九章算术》的方法有些曲折，本来用列数先除平实，再用法除即可。但是如此可能出现"重有分"的情形，故反过来，用列数乘同，得3bd f，又用列数乘齐，得3ad f，

3bcf，3bde。重有分：即今之繁分数。同：指术文中的法。齐：指术文中的"未并者"。

⑪以平实减列实：得3adf－(adf+bcf+bde)，3bcf－(adf+bcf+bde)，3bde－(adf+bcf+bde)。

⑫约之为所减：是指以平实减列实的余数与法3bdf约简（见下注），作为应该从大的数中减去的分子。

⑬并所减以益于少：将应该减去的分子相加，增益到小的分子上。

⑭法：指列数与原"法"之积3bdf。之所以仍称为"法"，是因为此位置为"法"，是位值制的一种表示。以法命平实，各得其平：以法除平实，得到平均值。此即 $\dfrac{adf+bcf+bde}{3bdf}$。

译文

假设有 $\dfrac{1}{3}$，$\dfrac{2}{3}$，$\dfrac{3}{4}$。问：减大的数，加到小的数上，各多少而得到它们的平均值？

答：减 $\dfrac{3}{4}$ 的是 $\dfrac{2}{12}$，减 $\dfrac{2}{3}$ 的是 $\dfrac{1}{12}$，将它们相加，增益到 $\dfrac{1}{3}$ 上，各得平均值是 $\dfrac{7}{12}$。

又假设有 $\dfrac{1}{2}$，$\dfrac{2}{3}$，$\dfrac{3}{4}$。问：减大的数，加到小的数上，各多少而得到它们的平均值？

答：减 $\dfrac{2}{3}$ 的是 $\dfrac{1}{36}$，减 $\dfrac{3}{4}$ 的是 $\dfrac{4}{36}$，将它们相加，增益到 $\dfrac{1}{2}$ 上，各得平均值是 $\dfrac{23}{36}$。

平分淳风等按：平分是当各个分数参差不齐时，想使它们齐等。减那个分数所多的部分，增益这个分数所少的部分，所以叫作平分。术：分母互乘分子，这是为了使它们的分子相齐。在旁边将它们相加作为平实。淳风等按："分母互乘分子，在旁边将它们相加作为平实"，是为了确立这个平实作为主要的界限。各个分子所应当减损的、增益的，以这个界限作为标准。分母相乘作为法。"分母相乘作为法"的原因，既然已使它们的分子相齐，也应该使它们的分母相同。以分数的个数乘未相加的分子各自作为列实。同时以分数的个数乘法。这本来应当在旁边布置分数的个数去除平实。如果那样做，就会出现双重分数，所以反过来用分数的个数乘同与齐。 淳风等又按：问题给出的要求其平均值的分数的个数多少不一定，有时是3个，有时是2个，个数不固定。求3个分数的平均值，就布置3位，求2个分数的平均值，就布置2位。凡是这类例子，求其平均值的分数的个数不能预定多少，所以直接说"个数"就够了。用平实减列实，用法将其余数约简，作为应该从大的数中减去的分子。将应该减去的分子相加，增益到小的分子上。用法除平实，便得到各分数的平均值。

原 文

今有七人,分八钱三分钱之一①。问:人得几何?

  荅曰:人得一钱二十一分钱之四。

又有三人三分人之一,分六钱三分钱之一、四分钱之三。问:人得几何?

  荅曰:人得二钱八分钱之一。

经分②臣淳风等谨按:经分者,自合分已下,皆与诸分相齐,此乃直求一人之分。以人数分所分,故曰经分也③。术曰:以人数为法,钱数为实,实如法而一。有分者通之④;母互乘子知⑤,齐其子;母相乘者,同其母;以母通之者,分母乘全内子⑥。乘,散全则为积分⑦,积分则与分子相通之,故可令相从。凡数相与者谓之率⑧。率知,自相与通⑨。有分则可散。分重叠则约也⑩。等除法实,相与率也⑪。故散分者,必令两分母相乘法实也。重有分者同而通之⑫。又以法分母乘实,实分母乘法⑬。此谓法、实俱有分。故令分母各乘全分内子⑭,又令分母互乘上下。

注 释

①由《筭数书》知道,先秦的名数分数的表示方式也多种多样。比如现今的以尺为单位的分数 $m\frac{a}{b}$ 尺(m,a,b均为正整数),有的在"分"后无名数单位,表示成m尺b分a,或m尺b分之a。有的在"分"后有名数单位,表示成m尺b分尺a,或m尺有b分尺之a,或m尺b分尺之a。张苍等整理《九章算术》,遂统一为m尺b分尺之a。

②经:划分,分割。《孟子·滕文公》:"夫仁政必自经界始。"李籍引《释名》曰:"经者,径也。"经分:本义是分割分数,也就是分数相除。李籍云:"经分者,欲径求一人之分而至于径。"似受李淳风等影响,未必符合原意。经分术:分数除法。"经分"在《筭数书》中作"径分"。《九章算术》与《筭数书》中的经分术的例题中被除数都是分数,而除数可以是分数也可以是整数。但在本卷乘分术刘徽注、卷三衰分术的刘徽注、卷二反其率术的李淳风等注释中,将除数、被除数都是整数的除法也称为经分,不知是不是符合《九章算术》之义。

③李淳风等将"经分"理解成"以人数分所分","直求一人之分",也就是说含有整数除法。

④此言实即被除数是分数,法即除数是整数的情形。此时需将实与法通分,其法则是

$$\frac{a}{b} \div d = \frac{a}{b} \div \frac{bd}{b} = \frac{a}{bd}。$$

(1-4)

⑤母互乘子知：与下文"率知"，此二"知"字，训"者"。其说见刘徽序"故枝条虽分而同本干知"之注释。

⑥此谓以分母通分，就是将分数的整数部分乘以分母后纳入分子，化成假分数。内nà：交入，纳入，后作"纳"。《史记·秦始皇本纪》："百姓内粟千石，拜爵一级。"

⑦积分：即分之积。与"积步""积里""积尺"等术语同类。"积分"与现代数学的积分当然不同，但两者的渊源关系是不言而喻的。清末李善兰等以此翻译"integra1"，非常恰当。

⑧凡数相与者谓之率：凡诸数相关就称之为率。这是刘徽关于"率"的定义。相与：相关。《周易·咸》"二气感应以相与。"

⑨自：本来，本是。《乐府诗集》："东家有贤女，自名秦罗敷。"

⑩有分则可散，分重叠则约也：如果有分数就可以散开，分数单位重叠就可以约简。散：散分。通过乘以散之，即下文之"两分母相乘法实"，化成相与率。

⑪相与率：就是没有等数（公约数）的一组率关系。刘徽在运算中经常使用相与率。它在某种意义上弥补了中国古算中没有互素概念的不足。

⑫重chóng有分：在这里是分数除分数的情形，将除写成分数的关系，就是繁分数。其法则是

$$\frac{a}{b} \div \frac{c}{d} = \frac{ad}{bd} \div \frac{cb}{bd} = \frac{ad}{bc}$$

⑬以法分母乘实，实分母乘法：这是分数除法中的颠倒相乘法

$$\frac{a}{b} \div \frac{c}{d} = \frac{a}{b} \times \frac{d}{c} = \frac{ad}{bc}$$

过去，中国数学史界一直认为这是刘徽的首创。实际上，《算数书》"启从"条提出"广分子乘积分母为法，积分子乘广分母为实"，就是分数除法中的颠倒相乘法。可见先秦时人们已经掌握了互乘相消法，张苍等整理《九章算术》时没有采用。

全分：即"全"，整数部分。

假设有7人分$8\frac{1}{3}$钱。问：每人得多少？

  答：每人得$1\frac{4}{21}$钱。

又假设有$3\frac{1}{3}$人分$6\frac{1}{3}$钱、$\frac{3}{4}$钱。问：每人得多少？

  答：每人得$2\frac{1}{8}$钱。

经分淳风等按：经分，自合分术以下，皆使诸分数相齐。这里却是直接求一人所应分得的部分。用人数去分所分的数，所以叫作经分。术：把人数作为法，钱数作为实，实除以法。如果有分数，就将其通分。分母互乘分子，是为了使它们的分子相齐；分母相乘，是为了使它们的分母相同；用分母将其通分，使用分母乘整数部分再纳入分子。通过乘将整数部分散开，就成为积分。积分就与分子相通达，所以可以使它们相加。凡是互相关联的数量，就把它们叫作率。率，本来就互相关联通达；如果有分数就可以散开，分数单位重叠就可以约简；用等数除法与实，就得到相与率。所以，散分就必定使两分母互乘法与实。有双重分数的，就要化成同分母而使它们通达。又可以用法的分母乘实，用实的分母乘法。这里是说法与实都是分数，所以分别用分母乘整数部分纳入分子，又用分母互乘分子、分母。

今有田广七分步之四，从五分步之三。问：为田几何？

答曰：三十五分步之十二。

又有田广九分步之七，从十一分步之九。问：为田几何？

答曰：十一分步之七。

又有田广五分步之四，从九分步之五①。问：为田几何？

答曰：九分步之四。

乘分②臣淳风等谨按：乘分者，分母相乘为法，子相乘为实，故曰乘分。术曰：母相乘为法，子相乘为实，实如法而一③。凡实不满法者而有母、子之名④。若有分，以乘其实而长之⑤。则亦满法，乃为全耳⑥。又以子有所乘，故母当报除⑦。报除者，实如法而一也。今子相乘则母各当报除，因令分母相乘而连除也⑧。此田有广从，难以广谕。设有问者曰：马二十匹，直金十二斤⑨。今卖马二十匹，三十五人分之，人得几何？答曰：三十五分斤之十二。其为之也，当如经分术，以十二斤金为实，三十五人为法。设更言马五匹，直金三斤。今卖四匹，七人分之，人得几何？答曰：人得三十五分斤之十二。其为之也，当齐其金、人之数，皆合初问入于经分矣⑩。然则"分子相乘为实"者，犹齐其金也；"母相乘为法"者，犹齐其人也。同其母为二十，马无事于同，但欲求齐而已⑪。又，马五匹，直金三斤，完全之率⑫；分而言之，则为一匹直金五分斤之三⑬。七人卖四马，一人卖七分马之四⑭。金与人交互相生，所从言之异，而计数则三术同归也⑮。

注释

①此问是广大于从的情形。

②乘分：分数相乘。李籍云："乘分者，欲知其所积。"乘分术：就是分数相乘的方法。李籍云："自合分已下，独乘言田，而皆列于方田者，欲其学数者不可后也。故说算者以谓'为术者先治诸分'。能治诸分。则数学之能事尽矣。"这里道出了将分数四则运算法则列入方田章的原因。

③母相乘为法，子相乘为实，实如法而一：此即分数乘法法则

$$\frac{a}{b} \times \frac{c}{d} = \frac{ac}{bd} \qquad (1-5)$$

④当实除以法时，如果出现实不满法的情形，即有余数，则以余数作为分子，法作为分母，就成为一个分数。这是分数产生的第二种方式。

⑤若有分，以乘其实而长之：如果有分数，以某数乘其实（分子），会使它增长。

⑥则亦满法，乃为全耳：则如果有满法（分母）的部分，就得到整数。亦：连词，相当于假如。《诗经·小雅·雨无正》："云不可使，得罪于投资，亦云可使，怨及朋友。"全：整数。

⑦报除：回报以除。报：回报，回赠。《诗经·卫风·木瓜》："投我以木瓜，报之以琼琚。"

⑧今子相乘则母各当报除，因令分母相乘而连除：如果分子相乘。则应当分别以分母回报以除，因而将分母相乘而连在一起除。即 $\frac{a}{b} \times \frac{c}{d} = (ac \div b) \div d = ac \div bd$。连：联合，连接。连除：连在一起除。

⑨直：值，价格。《史记·平准书》："乃以白鹿皮方尺，缘以藻绩，为皮币，直四十万。"

⑩入于经分：纳入经分术。刘徽此处亦将整数相除归于经分。入：纳入。卷五刘徽注"以负土术入之"，卷八《九章算术》经文"以方程术入之"，皆同义。

⑪此是以齐同术解卖马分金的问题。

⑫完全：整数。5匹马值3斤金，是整数。

⑬分而言之：以分数表示之。1匹马值 $\frac{3}{5}$ 斤金，是分数。

⑭此是以乘分术解卖马分金的问题。

⑮三术：指解决此问的经分术、齐同术和乘分术。

假设有一块田，广 $\frac{4}{7}$ 步，纵 $\frac{3}{5}$ 步。问：田的面积是多少？

答：$\frac{12}{35}$ 步²。

又假设有一块田，广 $\frac{7}{9}$ 步，纵 $\frac{9}{11}$ 步。问：田的面积是多少？

答：$\frac{7}{11}$ 步²。

又假设有一块田，广 $\frac{4}{5}$ 步，纵 $\frac{5}{9}$ 步。问：田的面积是多少？

答：$\frac{4}{9}$ 步²。

乘分淳风等按：对于乘分，分母相乘作为法，分子相乘作为实，所以叫作乘分。术：分母相乘作为法，分子相乘作为实，实除以法。凡是有实不满法的情况才有分母、分子的名称。若有分数，通过乘它的实而扩大它，则如果满了法，就形成整数部分。又因为分子有所乘，所以在分母上应当用除回报。用除回报，就是实除以法。如果分子相乘，则应当分别以分母回报以除，因而将分母相乘而连在一起除。这里田地有广纵，难以比喻更多的方面。假设有人问：20匹马值12斤金。如果卖掉20匹马，35人分所得的金，每人得多少？答：$\frac{12}{35}$ 斤金。那处理它的方式，应当像经分术那样，以12斤金作为实，以35人作为法。又假设说：5匹马，值3斤金，如果卖掉4匹，7人分所得的金，每人得多少？答：每人得 $\frac{12}{35}$ 斤金。那处理它的方式，应当使金、人的数相齐，都符合开始的问题，而纳入经分术了。那么，"分子相乘作为实"，如同使其中的金相齐；"分母相乘作为法"，如同使其中的人相齐。使它们的分母相同，成为20。马除了用来使分母相同之外没有什么作用，只是想用它求金、人相齐之数罢了。又，5匹马，值3斤金，这是整数之率；若用分数表示之，就是1匹马值 $\frac{3}{5}$ 斤金。7人卖4匹马，1人卖 $\frac{4}{7}$ 匹马。金与人交互相生。表示它们的言辞虽然不同，然而计算所得的数值，则三种方法殊途同归。

今有田广三步三分步之一，从五步五分步之二。问：为田几何？

答曰：十八步。

又有田广七步四分步之三，从十五步九分步之五。问：为田几何？

答曰：一百二十步九分步之五。

又有田广十八步七分步之五，从二十三步十一分步之六。问：为田几何？

答曰:一亩二百步十一分步之七。

大广田①臣淳风等谨按:大广田知②,初术直有全步而无余分③;次术空有余分而无全步④;此术先见全步复有余分⑤,可以广兼三术,故曰大广⑥。术曰:分母各乘其全,分子从之,"分母各乘其全,分子从之"者,通全步内分子,如此则母、子皆为实矣。相乘为实。分母相乘为法。犹乘分也。实如法而一⑦。今为术广从俱有分,当各自通其分。命母入者,还须出之,故令"分母相乘为法"而连除之。

注　释

①大广田:《筭数书》的"大广"条提出大广术,与此基本一致。

②知:训"者",说见刘徽序"故枝条虽分而同本干知"之注释。

③初术:指方田术,此术中的数都是整数。直:只,只是,仅。《孟子·梁惠王上》:"直不百步耳,是亦走也。"余分:分数部分。

④次术:指乘分术,此术中的数都是真分数。空:只,仅。《齐民要术》:"取石首鱼、鲹鱼、鳢鱼三种肠、肚、胞,齐净洗,空著白盐。"

⑤见xiàn:显露,显现。《广韵》:"见,露也。"《周易·乾》:"见龙在田。"下文"见径""见其形""见幂"之"见"均同。

⑥三术:是方田术、乘分术和大广田术。

⑦分母各乘其全,分子从之,相乘为实。分母相乘为法。实如法而一:设两个带分数为 $a+\dfrac{c}{d}$ 和 $b+\dfrac{e}{f}$,其中a,b分别是两个分数的整数部分。其法则就是

$$\left(a+\frac{c}{d}\right)\left(b+\frac{e}{f}\right)=\frac{ad+c}{d}\times\frac{bf+e}{f}=\frac{(ad+c)(bf+e)}{df}$$

译　文

假设有一块田,广 $3\dfrac{1}{3}$ 步,纵 $5\dfrac{2}{5}$ 步。问:田的面积是多少?

答:18步²。

又假设有一块田,广 $7\dfrac{3}{4}$ 步,纵 $15\dfrac{5}{9}$ 步。问:田的面积是多少?

答:$120\dfrac{5}{9}$ 步²。

又假设有一块田,广$18\frac{5}{7}$步,纵$23\frac{6}{11}$步。问:田的面积是多少?

答:1亩$200\frac{7}{11}$步^2。

大广田淳风等按:开头的术只有整数步而无分数,第二术只有分数而无整数步,此术先出现整数步,又有分数。可以广泛地兼容三种术,所以叫作大广。术:分母分别乘自己的整数部分,加入分子,"分母分别乘自己的整数部分,加入分子"。这是将整数部分通分,纳入分子。这样,分子、分母都化成为实。互相乘作为实。分母相乘作为法。如同乘分术。实除以法。现在所建立的术是广、纵都有分数部分,应当各自通分。既然分母已融入分子,那么还必须将它别除,所以将分母相乘作为法而一下子除。

原文

今有圭田广十二步①,正从二十一步②。问:为田几何?

答曰:一百二十六步。

又有圭田广五步二分步之一,从八步三分步之二③。问:为田几何?

答曰:二十三步六分步之五。

术曰:半广以乘正从④。半广知⑤,以盈补虚为直田也⑥。亦可半正从以乘广⑦。按半广乘从,以取中平之数⑧,故广从相乘为积步⑨。亩法除之,即得也。

注 释

①圭:本是古代帝王、诸侯举行隆重仪式所执玉制礼器,上尖下方。李籍引《白虎通》曰:"圭者,上锐,象物皆生见于上也者。"圭田:本是古代卿大夫士供祭祀用的田地。《孟子·滕文公上》:"卿以下必有圭田。"圭田应是等腰三角形。李籍云:"圭田者,其形上锐有如圭然。"《九章算术》之圭田可以理解为三角形。如图1-2(1)。《夏侯阳算经》"圭田"自注云"三角之田"。

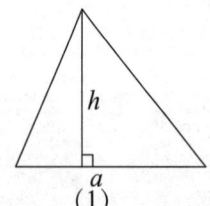
(1)
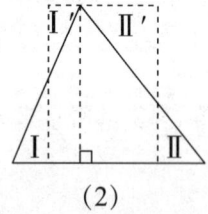
(2)
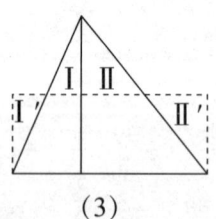
(3)

图1-2 圭田(采自译注本《九章算术》)

②正从：即"正纵"，三角形的高。

③此圭田给出"从"，而不说"正从"，可见从就是正从，即其高。因此此圭田应是勾股形。

④这是圭田面积公式

$$S = \frac{a}{2} \times h,\qquad (1-6)$$

其中S，a，h分别是圭田的面积、广、和正从。

⑤知：训者，说见刘徽序"故枝条虽分而同本干知"之注释。

⑥以盈补虚：在卷五称为"损广补狭"。在卷九称为"出入相补"，今通称为出入相补原理。出入相补原理基于这样两个明显的事实：一是将一个图形平移或旋转不改变该图形的面积或体积，一是将一个图形分割成若干部分，则所有这些部分的面积或体积的总和等于原图形的面积或体积。圭田面积的以盈补虚方法如图1-2（2）所示。

⑦这是刘徽记载的圭田面积的另一公式 $S=a\times\frac{h}{2}$。其以盈补虚方法如图1-2（3）所示。

⑧中平之数：平均值。中平：中等，平均。

此是刘徽记载的关于圭田面积公式的推导。将图1-2（2），1-2（3）中的Ⅰ，Ⅱ分别移到Ⅰ′，Ⅱ′处，便将圭田化为直田，由方田术求解。

译文

假设有一块圭田，广12步，纵21步。问：田的面积是多少？

答：126步^2。

又假设有一块圭田，广$5\frac{1}{2}$步，纵$8\frac{2}{3}$步。问：田的面积是多少？

答：$23\frac{5}{6}$步^2。

术：用广的一半乘正纵。取广的一半，是为了以盈补虚，使它变为长方形田。又可以取正纵的一半，以它乘广。按：广的一半乘正纵，是为了取其广的平均值，所以广与纵相乘成为积步。以亩法除之，就得到答案了。

原文

今有邪田①，一头广三十步，一头广四十二步，正从六十四步②。问：为田几何？

荅曰：九亩一百四十四步。

又有邪田，正广六十五步，一畔从一百步，一畔从七十二步③。问：为田几何？

答曰：二十三亩七十步。

术曰：并两邪而半之④，以乘正从若广⑤。又可半正从若广，以乘并⑥。亩法而一。并而半之者，以盈补虚也⑦。

注释

①邪：斜。邪田：直角梯形。邪：即斜。此问之邪田如图1-3（1）所示。

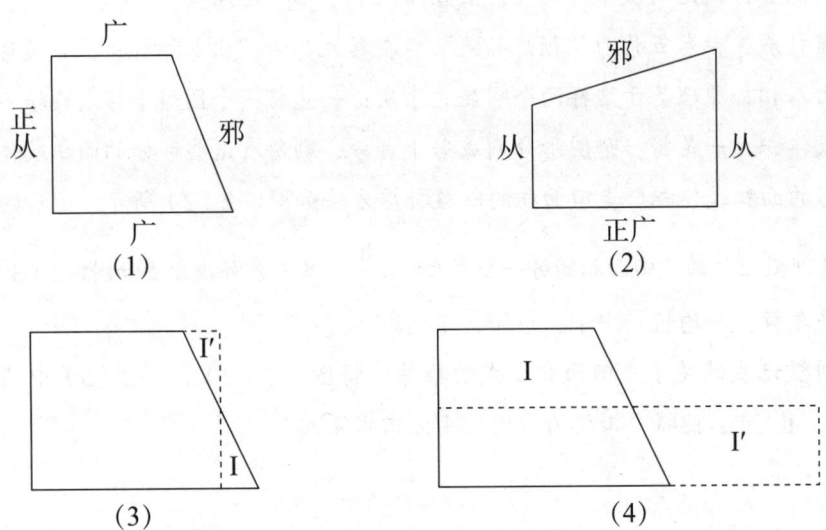

图1-3 邪田（采自译注本《九章筭术》）

②正从：高。

③正广：指直角梯形两直角间的边。畔：边侧。此问之邪田如图1-3（2）所示。两问之邪田在数学上没有什么不同。

④两邪：指与邪边相邻的两广或两从，此是古汉语中实词活用的修辞方式。

⑤以乘正从若广：以并两邪而半之乘正从或广。若：训或，或者。《左传·定公元年》："若从践土，若从宋，亦唯命。"商功章城、垣、堤、沟、堑、渠术，刍童、曲池、盘池、冥谷术之"若"与此同义。这里给出邪田面积公式

$$s = \frac{a_1 + a_2}{2} \times h, \tag{1-7-1}$$

其中S，a_1，a_2，h分别是邪田的面积、一头广或一畔从、另一头广或一畔从，以及正从或广。

⑥给出邪田面积的另一公式

$$s = (a_1 + a_2) \times \frac{h}{2}。 \tag{1-7-2}$$

⑦证明以上两个公式的以盈补虚方法分别如图1-3（3），（4）所示。分别将I分别移到I′处即可。

译文

假设有一块斜田，一头广30步，一头广42步，正纵64步。问：田的面积是多少？

答：9亩144步^2。

又假设有一块斜田，正广65步，一侧的纵100步，另一侧的纵72步。问：田的面积是多少？

答：23亩70步^2。

术：求与斜边相邻两广或两纵之和，取其一半，以乘正纵或正广。又可以取其正纵或正广的一半，用以乘两广或两纵之和。除以亩法。求其和。取其一半，这是以盈补虚。

原文

今有箕田，舌广二十步，踵广五步①，正从三十步。问：为田几何？

答曰：一亩一百三十五步。

又有箕田，舌广一百一十七步，踵广五十步，正从一百三十五步。问：为田几何？

答曰：四十六亩二百三十二步半。

术曰：并踵、舌而半之，以乘正从。亩法而一②。中分箕田则为两邪田，故其术相似③。又可并踵、舌，半正从以乘之④。

注释

①箕田：是形如簸箕的田地，即一般的梯形，如图1-4（1）。李籍云："箕田者，有舌有踵，其形哆侈，如有箕然。"又引《诗经》曰："哆兮侈兮，成是南箕。"箕：簸箕，簸米去糠的器具。踵：脚后跟。舌和踵分别是梯形的上底与下底。

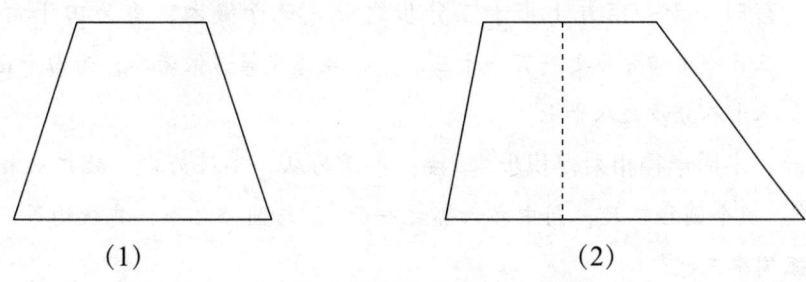

图1-4　箕田（采自译注本《九章算术》）

②此给出箕田面积公式 $S=\frac{a_1+a_2}{2}\times h$，其中S，$a_1$，$a_2$，h分别是箕田的面积、舌、踵和正纵。与（1-7-1）相同。

③箕田分割成两邪田，如图1-4（2）所示。相似：相类，相像。《周易·系辞上》："与天地相似，故不违。"

④刘徽提出箕田的另一面积公式 $S=(a_1+a_2)\times\frac{h}{2}$，与（1-7-2）相同。

译文

假设有一块箕田，舌处广20步，踵处广5步，正纵30步。问：田的面积是多少？

答：1亩135步²。

又假设有一块箕田，舌处广117步，踵处广50步，正纵135步。问：田的面积是多少？

答：46亩232$\frac{1}{2}$步²。

术：求踵、舌处的两广之和而取其一半，以它乘正纵。除以亩法。从中间分割箕田，则成为两块斜田，所以它们的术相似。又可求踵、舌处两广之和，取正纵的一半，用来相乘。

原文

今有圆田①，周三十步，径十步②。臣淳风等谨按：术意以周三径一为率，周三十步，合径十步。今依密率③。合径九步十一分步之六。问：为田几何？

答曰：七十五步。此于徽术④，当为田七十一步一百五十七分步之一百三。

臣淳风等谨依密率，为田七十一步二十二分步之一十三。

又有圆田，周一百八十一步，径六十步三分步之一。臣淳风等谨按：周三径一，周一百八十一步，径六十步三分步之一。依密率，径五十七步二十二分步之十三。问：为田几何？

答曰：十一亩九十步十二分步之一。此于徽术，当为田十亩二百八步三百一十四分步之一百一十三。　臣淳风等谨依密率，为田十亩二百五步八十八分步之八十七。

术曰：半周半径相乘得积步⑤。按：半周为从，半径为广，故广从相乘为积步也⑥。假令圆径二尺，圆中容六觚之一面⑦，与圆径之半，其数均等。合径率一而弧周率三也⑧。

注释

①圆田：即圆，如图1-5。

②由此问及下问知当时取"周三径一"之率，即 π=3。后来的数学著作常将此率称为"古率"。

③密率：精密之率。密率是个相对概念。此处李淳风等将圆周率近似值 $\frac{22}{7}$ 称作密率，元明以前的数学著作皆如此。盖 $\frac{22}{7}$ 比3精确，也比徽率精确。而在《隋书·律历志》中祖冲之则将他求出的圆周率近似值 $\frac{355}{113}$ 称作密率，而将 $\frac{22}{7}$ 称作约率。

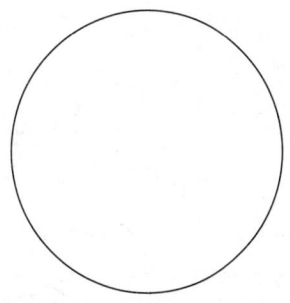

图1-5　圆（采自《古代世界数学泰斗刘徽》）

④徽术：又称作"徽率"，即下文刘徽所求出的圆周率近似值 $\frac{157}{50}$。

⑤此即圆面积公式

$$S=\frac{1}{2}Lr。 \qquad (1\text{-}8\text{-}1)$$

其中S，L，r分别是圆的面积、周长和半径。

⑥半周为从，半径为广，故广从相乘为积步：这是刘徽记载的前人对《九章算术》圆面积公式的推证。它是以圆内接正六边形的周长代替圆周长，以圆内接正十二边形的面积代替圆面积，推证方法大体是：如图1-6，将圆内接正十二边形分割成Ⅰ，Ⅱ，Ⅲ，Ⅳ，Ⅴ及1，2，3，4，5，6，7，8，9，10，11凡16部分，使Ⅰ，1不动，而将Ⅱ，Ⅲ，Ⅳ，Ⅴ及2，3，4，5，6，7，8，9，10，11移到Ⅱ′，Ⅲ′，Ⅳ′，Ⅴ′及2′，3′，4′，5′，6′，7′，8′，9′，10′，11′处，形成一个一个以圆半径为广，正六边形周长的一半为纵的长方形。再由方田术，就得到《九章算术》的圆面积公式。

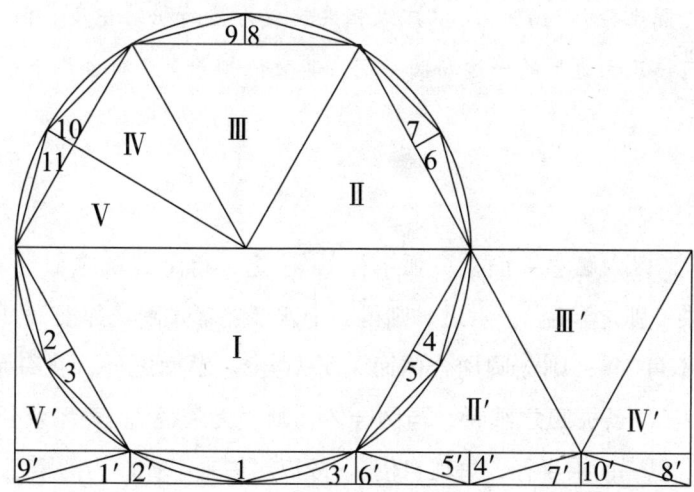

图1-6　《九章算术》时代圆面积之推导（采自《古代世界数学泰斗刘徽》）

⑦觚：多棱角的器物。《史记·酷吏列传》："破觚而为圆"。六觚：本是正六角形，今称正六边形。同样，n觚本是正n角形。今称正n边形。下面的注释与今译一般不再使用正n角形，而径直使用正n边形。面：边。

⑧合径率一而弧周率三：刘徽指出，以上的推证是以周三径一为前提的，实际上是以圆内接正六边形的周长代替圆周长，以圆内接正十二边形的面积代替圆面积，因而并没有真正证明《九章算术》的圆面积公式（1-8-1）。

译文

假设有一块圆田，周长30步，直径10步。淳风等按：问题的意思是以周三径一作为率，那么周长30步，直径应当是10步。现在依照密率，直径应当是$9\frac{6}{11}$步。问：田的面积是多少？

答：75步^2。用我的方法，此田的面积应当是$71\frac{103}{157}$步^2。淳风等按：依照密率。此田的面积是$71\frac{13}{22}$步^2。

又假设有一块圆田，周长181步，直径$60\frac{1}{3}$步。淳风等按：按照周三径一，周长181步，直径应当是$60\frac{1}{3}$步。依照密率，直径为$57\frac{13}{22}$步。问：田的面积是多少？

答：11亩$90\frac{1}{12}$步^2。用我的方法，此田的面积应当是10亩$208\frac{113}{314}$步^2。淳风等按：依照密率，此田的面积是10亩$205\frac{87}{88}$步^2。

术：半周与半径相乘便得到圆面积的积步。按：以圆内接正六边形的周长之半作为纵，圆半径作为广，所以广纵相乘就成为圆面积的积步。假设圆的直径为2尺，圆内接正六边形的一边与圆半径，其数值相等。这符合周三径一。

原文

又按：为图①，以六觚之一面乘一弧半径②，三之，得十二觚之幂③。若又割之，次以十二觚之一面乘一弧之半径④，六之，则得二十四觚之幂。割之弥细⑤，所失弥少⑥。割之又割，以至于不可割⑦，则与圆周合体而无所失矣⑧。觚面之外，犹有余径⑨，以面乘余径，则幂出弧表⑩。若夫觚之细者，与圆合体，则表无余径⑪。表无余径，则幂不外出矣⑫。觚而裁之⑬。以一面乘半径，每辄自倍⑭。故以半周乘半径而为圆幂⑮。

注释

①为图：作图。

②一弧半径：即圆半径。

③十二觚之幂：即圆内接正十二边形之面积。设正六边形一边长为l_0，正十二边形面积为S_1，则$S_1=3l_0 r$。二十四觚之幂亦可类似求得，即$S_2=6l_1 r$。其中S_2，l_1分别是圆内接正二十四边形的面积及正12边形的一边长。

④一弧之半径：即圆半径。

⑤这里指将圆内接正6边形割成正24，48，96……边形，那么割的次数越多，则它们的边长就越细小。弥：本义是弓张满。引申为满，遍。《周礼·春官·大竹》："国有大故天灾，弥祀社稷祷祠。"郑玄注："弥，犹遍也。"《史记·司马相如列传》："离宫别馆，弥山跨谷。"张守节正义："弥，满也。"又引申为表示程度加深的副词。《论语·子罕》："仰之弥高，钻之弥坚。"邢昺疏："弥，益也。"弥细：益加细微。

⑥此谓如果把圆内接正多边形的面积当作圆面积，则圆面积的损失越来越少。换言之，设第n次分割得到正$6 \cdot 2^n$边形的面积为S_n，显然$S_n<S$，但$S-S_n$越来越少。失：损失。这里指圆面积的损失。弥少：益加少。

⑦不可割：不可再割。这里指无限割下去，会达到对圆内接多边形不可再割的境地。当然只有圆内接多边形的边都变成点，才会不可再割。《墨经·经下》："非半弗斫则不动，说在端。"《经说下》："斫半，进前取也。前，则中无为半，犹端也。前后取，则端中也。斫必半；毋与非半，不可斫也。"显然刘徽的割圆会达到"不可割"的境地与《墨经》的无限分割会达到"不可斫"的端的思想是一脉相承的。斫zhuó：割也。

⑧合体：合为一体，重合。此谓无限分割下去，割到不可割的境地，则圆内接正无穷多边形就与圆周完全重合。无所失：没有损失。与圆周合体而无所失：此谓此时将圆内接正多边形的面积作为圆面积，则圆面积就不再有损失。换言之，当n→∞时，则$\lim_{n \to \infty} S_n = S$。如图1-7（1）。

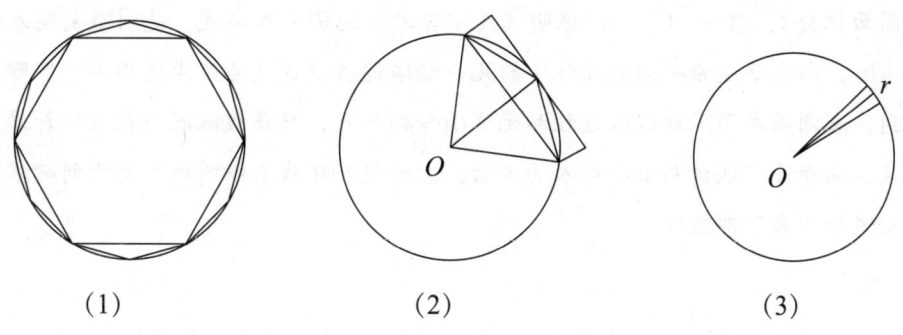

图1-7 刘徽对圆面积公式的证明（采自《古代世界数学泰斗刘徽》）

余径：半径剩余的部分，即圆半径与圆内接正多边形的边心距之差。

⑩幂出弧表：面积超出了圆周。弧表：即圆周。将余径乘正多边形的每边之积加到正多边形的面积上，则大于圆面积，即 $S_n+6×2^n l_n r_n=S_n+2(S_{n+1}-S_n)>S$，其中 r_n 用是圆内接正n边形的余径。如图1-7（2）。

⑪若夫觚之细者，与圆合体，则表无余径：至于觚间的距离非常细微，圆内接正多边形与圆周合体的时候，则不再有余径。亦即n→∞时，有 $\lim\limits_{n\to\infty} r_n=0$。若夫：至于。《周易·系辞下》："若夫杂物撰德，辩是与非，则非其中爻不备。"

⑫表无余径，则幂不外出矣：刘徽认为，当不再有余径时，则余径乘正多边形的每边之积与正多边形的面积之和不再大于圆面积。亦即 $\lim\limits_{n\to\infty} r_n=0$ 时，有

$$\lim_{n\to\infty}[S_n+2(S_{n+1}-S_n)]=S。$$

⑬觚而裁之：将与圆周合体的正多边形从每个角将其裁开。刘徽考虑与圆周合体的正无穷多边形，将它分割成以圆心为顶点，以每边为底的无穷多个小等腰三角形。"觚而裁之"四字，南宋本、大典本误植于下文"以一面乘半径"之下，今校正。

⑭以一面乘半径：以正多边形的一边乘圆半径。每辄自倍：由于每个小等腰三角形的高就是圆半径，显然以正多边形的一边乘圆半径，总是每个小等腰三角形面积的2倍。设每个小等腰三角形的底边长为 l_i，其面积为 A_i，则 $l_i r=2A_i$。如图1-7（3）。辄：总是。《史记·李斯列传》："二世拜赵高为中丞相，事无大小辄决于高。"自倍：自身的2倍。

⑮故以半周乘半径而为圆幂：所以以圆周长的 $\frac{1}{2}$ 乘半径就得到圆面积。盖所有这些小等腰三角形的底边之和为圆周长 $\sum\limits_{i=1}^{\infty} l_i=L$，它们的面积之和为圆面积 $\sum\limits_{i=1}^{\infty} A_i=S$。因此， $\sum\limits_{i=1}^{\infty} l_i r=Lr=\sum\limits_{i=1}^{\infty} 2A_i=2S$。由此式反求出S，就得到（1-8-1）式。即 $S=\frac{1}{2} Lr$。这是一个使用极限思想和无穷小分割方法对《九章算术》圆面积公式的完整证明。可是在上世纪70年代末以前，所有涉及刘徽割圆术的著述都有意无意地忽略了刘徽"觚而裁之。以一面乘半径，每辄自倍。故以半周乘半径而为圆幂"这几句画龙点睛之语——甚至一篇逐字逐句翻译刘徽割圆术的文章对这几句话竟略而不译，因此都没有认识到刘徽在证明《九章算术》的圆面积公式（1-8-1）。而证明《九章算术》的圆面积公式，是刘徽割圆术的主旨所在。同时，所有著述都将刘徽此注中的几个极限过程说成是为了求圆周率。实际上，下面将看到，求圆周率用不到极限过程和无穷小分割思想，只是极限思想在近似计算中的应用。并且，由于没有认清刘徽割圆术的主旨，上世纪70年代末以前所有关于刘徽求圆周率程序的论述都背离了刘徽注。

译文

又按：作图。以圆内接正6边形的一边乘圆半径，以3乘之，便得到正12边形的面积。如果再分割它，以正12边形的一边乘圆半径，又以6乘之，便得到正24边形的面积。分割得越细，正多边形与圆的面积之差就越小。这样分割了又分割，一直分割到不可再分割的地步，则正多边形就与圆周完全吻合而没有什么差别了。正多边形每边之外，还有余径。以边长乘余径，加到正多边形上，则其面积就超出了圆弧的表面。如果是其边非常细微的正多边形，因为与圆吻合，那么每边之外就没有余径。每边之外没有余径，则它的面积就不会超出圆弧的表面。将与圆周合体的正多边形从每个角到圆心裁开。分割成无穷多个小等腰三角形。以正多边形的每边乘圆半径，其乘积总是每个小等腰三角形的面积的二倍。所以以圆的周长之半乘半径，就成为圆面积。

原文

此以周、径，谓至然之数①，非周三径一之率也。周三者，从其六觚之环耳②。以推圆规多少之觉③，乃弓之与弦也④。然世传此法，莫肯精核；学者踵古⑤，习其谬失⑥。不有明据，辩之斯难。凡物类形象，不圆则方。方圆之率，诚著于近，则虽远可知也⑦。由此言之，其用博矣。谨按图验，更造密率。恐空设法，数昧而难譬⑧，故置诸检括⑨，谨详其记注焉⑩。

注释

①至然之数：非常精确的数值。
②六觚之环：圆内接正六边形的周长。
③觉jiào：“较"之通假字。《孟子·离娄下》赵岐注："如此贤、不肖相觉，何能分寸？""觉"即"较"之通假。较jiào：比较，较量。《老子·第二章》："长短相较，高下相顷。"
④此谓圆内接正六边形与圆的关系，就是弓与弦的关系。
⑤踵古：追随古人。踵：本义是脚后跟，引申为追，追逐，追随。《左传·昭公二十四年》："吴踵楚，而疆场无备，邑能无亡乎？"
⑥习：沿袭。"习"的本义是鸟类频频试飞。《说文解字》："习，数飞也。"引申为学习、习惯，沿袭，重复。《书经·大禹谟》："龟筮协从，卜不习吉。"孔传："习，因耶。"谬失：错误。谬：荒谬，谬误，差错。《说文解字》："谬，狂者之妄言

也。"《汉书·司马迁传》："故《易》曰：'差以毫厘，谬以千里。'"失：错误，过失。《汉书·路温舒传》："臣闻秦有十失，其一尚存，治狱之吏是也。"

⑦此谓在近处求出方率与圆率，在远处也是可以知道的。其意思是，方率与圆率是常数，在任何地方都是一样的。

⑧昧：冥，昏暗，不清楚。譬：明白，通晓。《后汉书·鲍永传论》："若乃言之者虽诚，而闻之者未譬。"但此例句已在刘徽之后。

检括：法则，法度。晋刘越石《答卢谌诗并书》："昔在少年，未尝检括。"此例句亦在刘徽之后。

⑩其记注就是刘徽在中国首创的求圆周率的程序。

译文

这里所用的圆周和直径，说的是非常精确的数值，而不是周三径一之率。周3，只符合正6边形的周长，用来推算与圆周多少的差别，就像弓与弦一样。然而世代传袭这一方法，不肯精确地核验；学者跟随古人的脚步，沿袭他们的谬失。没有明晰的证据，辩论这个问题就很困难。凡是事物的形象，不是圆的，就是方的。方率与圆率，如果在切近处确实很明显，那么即使在邈远处也是可以知道的。由此说来。它的应用是非常广博的。我谨借助图形作为验证，提出计算精密圆周率值的方法。我担心凭空设立一种方法数值不清晰而且使人难以通晓。因此把它置于一个法度之中，谨详细地写下这个注释。

原文

割六觚以为十二觚术曰：置圆径二尺，半之为一尺，即圆里觚之面也。令半径一尺为弦，半面五寸为句，为之求股①：以句幂二十五寸减弦幂②，余七十五寸，开方除之，下至秒、忽③。又一退法，求其微数④。微数无名知以为分子⑤，以十为分母。约作五分忽之二。故得股八寸六分六厘二秒五忽五分忽之二⑥。以减半径，余一寸三分三厘九毫七秒四忽五分忽之三，谓之小句。觚之半面而又谓之小股。为之求弦⑦。其幂二千六百七十九亿四千九百一十九万三千四百四十五忽⑧，余分弃之⑨。开方除之，即十二觚之一面也⑩。

注释

①这是考虑由圆内接正六边形的边长的一半AC作为句，边心距OC作为股，圆半径OA作为弦的勾股形OAC。已知弦、句，求股。如图1-8。

②句幂：是以句为边长的正方形的面积。该正方形称为句方。弦幂：是以弦为边长的正方形的面积。该正方形称为弦方。下"股幂""股方"同。见卷九句股术注释。

③秒、忽：都是长度单位。李籍云："忽者，数之始也。一蚕所吐谓之忽。"又引《孙子算术》曰："蚕所生吐丝为忽，十忽为秒，十秒为毫，十毫为厘，十厘为分。"即1分=10厘，1厘=10毫，1毫=10秒，1秒=10忽。李籍所引与《隋书·律历志》所引《孙子算经》的文字相同，而与南宋本、大典本不同。

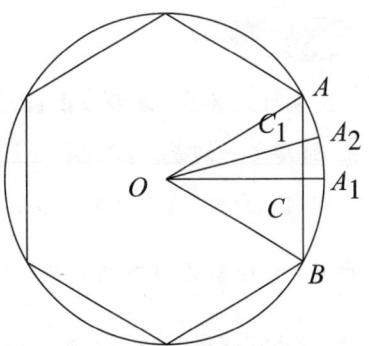

图1-8 刘徽求圆周率（采自《古代世界数学泰斗刘徽》）

④微数：微小的数。求微数是刘徽创造的以十进分数逼近无理根的近似值方法，见卷四开方术注释。

⑤知：训"者"，其说见刘徽序"故枝条虽分而同本干知"之注释。

⑥考虑以圆内接正6边形一边长之半AC为句，边心距OC为股，圆半径OA为弦的句股形OAC，那么OC=$\sqrt{OA^2-AC^2}$=$\sqrt{(10寸)^2-(5寸)^2}$=866 025$\frac{2}{5}$忽。

⑦考虑以圆内接正6边形的余径CA_1为句，其边长之半AC为股，正12边形一边长AA_1为弦的句股形A_1AC，余径CA_1=OA_1-OC=10寸-866 025$\frac{2}{5}$忽=133 974$\frac{3}{5}$忽。

⑧亿：万万曰亿。李籍云："十万曰亿。万者，物数也。以人之意数为足以胜物数故也。或曰：万万曰亿。黄帝为法，数有十等，及其用也，乃有三焉。十等者，谓亿、兆、京、垓、秭、壤、沟、涧、正、载也。三等者，谓上、中、下之数也。下数者，十十变之。若言：十万曰亿，十亿曰兆，十兆曰京。中数者，万万变之。若言：万万曰亿，万万亿曰兆，万万兆曰京。上数者，数穷则变。若言：万万曰亿，亿亿曰兆，兆兆曰京。《诗》云'不稼不穑，胡取禾三百亿兮？'毛氏曰：'万万曰亿。'郑氏曰：'十万曰亿。'据如此言，则郑用下数，毛用中数也。"数有十等之说，李籍引自东汉末徐岳《数术记遗》。《诗经》及其毛、郑注，引自北周甄鸾《数术记遗注》。

⑨余分弃之：舍去分数部分。此谓

$$AA_1^2=AC^2+CA_1^2=(500\,000忽)^2+(133\,974\frac{3}{4}忽)^2=267\,949\,193\,445\frac{4}{25}忽^2.$$

有余分$\frac{4}{25}$，舍去，则AA_1^2=267 949 193 445忽²。

⑩那么弦

$$AA_1=\sqrt{267\,949\,193\,445}\text{忽}$$

就是圆内接正12边形的一边长l_1。

译 文

割圆内接正6边形为正12边形之术：布置圆直径2尺，取其一半，为1尺，就是圆内接正6边形之一边长。取圆半径1尺作为弦，正6边形边长之半5寸作为勾，求它们的股：以勾方的面积25寸²减弦方的面积，余75寸²。对它作开方除法，求至秒、忽。又再退法，求它的微数。微数中没有名数单位的，就作为分子，以10作为分母，约简成 $\frac{2}{5}$ 忽。因此得到股是8寸6分6厘2秒5 $\frac{2}{5}$ 忽。以它减圆半径，余1寸3分3厘9毫7秒4 $\frac{3}{5}$ 忽，称作小勾。正6边形边长之半又称作小股。求它们的弦。它的面积是267 949 193 445忽²，舍弃了忽以下剩余的分数。对它作开方除法，就是圆内接正12边形的一边长。

原 文

割十二觚以为二十四觚术曰：亦令半径为弦，半面为勾，为之求股[①]。置上小弦幂，四而一，得六百六十九亿八千七百二十九万八千三百六十一忽，余分弃之。即勾幂也[②]。以减弦幂，其余开方除之，得股九寸六分五厘九毫二秒五忽五分忽之四[③]。以减半径，余三分四厘七秒四忽五分忽之一，谓之小勾。觚之半面又谓之小股。为之求小弦[④]。其幂六百八十一亿四千八百三十四万九千四百六十六忽，余分弃之[⑤]。开方除之，即二十四觚之一面也[⑥]。

注 释

①考虑以圆内接正12边形一边长之半AC_1为勾，边心距OC_1为股，圆半径OA为弦的勾股形OAC_1。

②勾AC_1之幂$AC_1^2 = \frac{1}{4} AA_1^2 = \frac{1}{4} \times 267\,949\,193\,445$忽²$= 66\,987\,298\,361\frac{1}{4}$忽²。弃去余分$\frac{1}{4}$，得$AC_1^2 = 66\,987\,298\,361$忽²。

③那么勾股形OAC_1的股即正12边形的边心距

$$OC_1 = \sqrt{OA^2 - AC_1^2} = \sqrt{(10寸)^2 - 66\,987\,298\,361忽^2} = 965\,925\frac{4}{5}忽。$$

④考虑以圆内接正12边形的余径C_1A_2为勾，其边长AA_1之半AC_1为股，正24边形一边长A_2A为弦的勾股形A_2AC_1，余径即勾

$$C_1A_2 = OA_2 - OC_1 = 10寸 - 965\,925\frac{4}{5}忽 = 34\,074\frac{1}{5}忽。$$

求其弦A_2A。

⑤那么弦幂为

$$A_2A^2=AC_1^2+C_1A_2^2=66\ 987\ 298\ 361忽^2+(34\ 074\frac{1}{5}忽)^2=68\ 148\ 349\ 466\frac{16}{25}忽^2$$

弃去余分$\frac{16}{25}$，则弦幂

$$A_2A^2=68148\ 349\ 466忽^2。$$

⑥开方除之，得

$$A_2A=\sqrt{68\ 148\ 349\ 466}\ 忽$$

就是圆内接正24边形的一边长l_2。

译文

割圆内接正12边形为正24边形之术：也取圆半径作为弦，正12边形边长之一半作为勾，求它们的股。布置上述小弦方的面积，除以4，得66 987 298361忽²，舍弃了忽以下剩余的分数，就是勾方的面积。以它减弦方的面积，对其余数作开方除法，得到股是9寸6分5厘9毫2秒5$\frac{4}{5}$忽。以它减圆半径，余3分4厘7秒4$\frac{1}{5}$忽，称作小勾。正12边形边长之半又称作小股。求它们的小弦。它的面积是68 148 349 466忽²，舍弃了忽以下剩余的分数。对它作开方除法，就是圆内接正24边形的一边长。

原文

割二十四觚以为四十八觚术曰：亦令半径为弦，半面为勾，为之求股①。置上小弦幂，四而一，得一百七十亿三千七百八万七千三百六十六忽，余分弃之，即勾幂也②。以减弦幂，其余，开方除之，得股九寸九分一厘四毫四秒四忽五分忽之四③。以减半径，余八厘五毫五秒五忽五分忽之一，谓之小勾。觚之半面又谓之小股。为之求小弦④。其幂一百七十一亿一千二十七万八千八百一十三忽，余分弃之。开方除之，得小弦一寸三分八毫六忽，余分弃之，即四十八觚之一面⑤。以半径一尺乘之，又以二十四乘之，得幂三万一千三百九十三亿四千四百万忽。以百亿除之，得幂三百一十三寸六百二十五分寸之五百八十四，即九十六觚之幂也⑥。

注释

①考虑以圆内接正24边形一边长之半AC_2为勾,边心距OC_2为股,圆半径OA为弦的勾股形OAC_2。

②勾AC_2之幂$AC_2^2=\frac{1}{4}A_2A^2=\frac{1}{4}\times 68148349466$忽$^2=17037087366\frac{1}{2}$忽^2。弃去余分,得$AC_2^2=\frac{1}{4}A_2A^2=17037087366$忽^2。

③则股即正24边形的边心距

$$OC_2=\sqrt{OA^2-AC_2^2}=\sqrt{(10寸)^2-17037087366忽^2}=991444\frac{4}{5}忽。$$

④考虑以圆内接正24边形的余径C_2A_3为勾,其边长AA_2之半AC_2为股,正48边形一边长A_3A为弦的勾股形A_3AC_2。

⑤勾即余径$C_2A_3=OA_3-OC_2=10$寸$-991444\frac{4}{5}$忽$=8555\frac{1}{5}$忽,那么弦$A_3A=\sqrt{AC_2^2+C_2A_3^2}=\sqrt{17037087366忽^2+\left(8555\frac{1}{5}忽\right)^2}=130806$忽,就是圆内接正48边形的一边长$l_3$。

⑥圆内接正96边形的面积

$$S_4=48\times\frac{1}{2}l_3r=48\times\frac{1}{2}\times 130806忽\times 10寸=3139344000000忽^2=313\frac{584}{625}寸^2。$$

译文

割圆内接正24边形为正48边形之术:也取圆半径作为弦,正24边形边长之一半作为勾,求它们的股。布置上述小弦方的面积,除以4,得17 037 087 366忽^2,舍弃了忽以下剩余的分数,就是勾方的面积。以它减弦方的面积,对其余数作开方除法,得到股是9寸9分1厘4毫4秒4$\frac{4}{5}$忽。以它减圆半径,余8厘5毫5秒5$\frac{1}{5}$忽,称作小勾。正24边形边长之半又称作小股。求它们的小弦。它的面积是17 110 278 813忽^2。舍弃了忽以下剩余的分数。对它作开方除法,就是圆内接正48边形的一边长。以圆半径1尺乘之,又以24乘之,得到面积3 139 344 000 000忽^2。以10 000 000 000除之,得到面积313$\frac{584}{625}$寸^2,就是圆内接正96边形的面积。

原文

割四十八觚以为九十六觚术曰:亦令半径为弦,半面为勾,为之求股①。置次上弦幂，四而一，得四十二亿七千七百五十六万九千七百三忽，余分弃之，则句幂也②。以减弦幂，其余，开方除之，得股九寸九分七厘八毫五秒八忽十分忽之九③。以减半径，余二厘一毫四秒一忽十分忽之一，谓之小句。觚之半面又谓之小股。为之求小弦④。其幂四十二亿八千二百一十五万四千一十二忽，余分弃之。开方除之，得小弦六分五厘四毫三秒八忽，余分弃之，即九十六觚之一面⑤。以半径一尺乘之，又以四十八乘之，得幂三万一千四百一十亿二千四百万忽。以百亿除之，得幂三百一十四寸六百二十五分寸之六十四，即一百九十二觚之幂也⑥。以九十六觚之幂减之，余六百二十五分寸之一百五，谓之差幂⑦。倍之，为分寸之二百一十，即九十六觚之外弧田九十六所，谓以弦乘矢之凡幂也⑧。加此幂于九十六觚之幂，得三百一十四寸六百二十五分寸之一百六十九，则出于圆之表矣⑨。故还就一百九十二觚之全幂三百一十四寸以为圆幂之定率而弃其余分⑩。

注　释

①考虑以圆内接正48边形一边长之半AC_3为勾，边心距OC_3为股，圆半径OA为弦的勾股形OAC_3。

②勾AC_3之幂$AC_3^2=\frac{1}{4}A_3A^2=4\ 277\ 569\ 703$忽^2。

③那么股即正48边形的边心距

$$OC_3=\sqrt{OA^2-AC_3^2}=\sqrt{(10寸)^2-4\ 277\ 569\ 703忽^2}=997\ 858\frac{9}{10}忽。$$

④考虑以圆内接正48边形的余径C_3A_4为勾，其边长AA_3之半AC_3为股，正96边形一边长A_4A为弦的勾股形A_4AC_3。

⑤余径$C_3A_4=OA_4-OC_3=10寸-997\ 858\frac{9}{10}忽=2\ 141\frac{1}{10}$忽，那么弦$A_4A=\sqrt{AC_3^2+C_3A_4^2}$

$=\sqrt{(4\ 277\ 569\ 703忽)^2+\left(2\ 141\frac{1}{10}忽\right)^2}=65\ 438$忽，就是圆内接正96边形的一边长$L_4$。

⑥圆内接正192边形的面积

$$S_5=96\times\frac{1}{2}l_4r=96\times\frac{1}{2}\times65\ 438忽\times10寸=3\ 141\ 024\ 000\ 000忽^2=314\frac{64}{625}寸^2。$$

⑦差幂：谓圆内接正192边形与96边形的面积之差。即

$$S_5-S_4=314\frac{64}{625}寸^2-313\frac{584}{625}寸^2=\frac{105}{625}寸^2。$$

⑧以弦乘矢之凡幂：以弦乘矢的总面积。此即$2(S_5-S_4)=\frac{210}{625}$寸$^2=96l_4r_4$，其中$r_4$是圆内接正96边形的余径。凡：总共，总计。《史记·陈涉世家》："陈胜王凡六月。"凡

幂：总面积。

⑨此即$S_4+2(S_5-S_4)=313\frac{584}{625}$寸$^2+\frac{210}{625}$寸$^2=314\frac{169}{625}$寸$^2>S$。

⑩宪率：确定的率。此谓取圆内接正192边形面积的整数部分314寸^{2}作为圆面积的近似值$S\approx314$寸^2。

译文

割圆内接正48边形为正96边形之术：也取圆半径作为弦，正48边形边长之一半作为勾。求它们的股。布置上述小弦方的面积，除以4，得4 277 569 703忽^2。舍弃了忽以下剩余的分数，就是勾方的面积。以它减弦方的面积。对其余数作开方除法，得到股是9寸9分7厘8毫5秒8$\frac{9}{10}$忽。以它减圆半径，余2厘1毫4秒1$\frac{1}{10}$忽，称作小勾。正48边形边长之半又称作小股。求它们的小弦。它的面积是4 282 154 012忽^2，舍弃了忽以下剩余的分数。对它作开方除法，得小弦6分5厘4毫3秒8忽，合弃了忽以下剩余的分数。就是圆内接正96边形的一边长。以圆半径1尺乘之，又以48乘之，得到面积3 141 024 000 000忽^2。以10 000 000 000除之，得到面积314$\frac{64}{625}$寸^2，就是圆内接正192边形的面积。以圆内接正96边形的面积减之，余$\frac{105}{625}$寸^2，称作差幂。将其加倍，为$\frac{210}{625}$寸^2。就是圆内接正96边形之外96块位于圆弧上的田，是以弦乘矢之总面积。将此面积加到正96边形的面积上，得到314$\frac{169}{625}$寸^2，则就超出于圆弧的表面了。因而回过头来取圆内接正192边形的面积的整数部分314寸^{2}作为圆面积的定率，而舍弃了寸以下剩余的分数。

原文

以半径一尺除圆幂，倍所得，六尺二寸八分，即周数①。令径自乘为方幂四百寸，与圆幂相折，圆幂得一百五十七为率，方幂得二百为率。方幂二百，其中容圆幂一百五十七也②。圆率犹为微少③。按：弧田图令方中容圆，圆中容方，内方合外方之半④。然则圆幂一百五十七，其中容方幂一百也⑤。又令径二尺与周六尺二寸八分相约，周得一百五十七，径得五十，则其相与之率也。周率犹为微少也⑥。

注释

①以半径一尺除圆幂，倍所得，六尺二寸八分，即周数：以半径1尺除圆面积，将结果加倍，得到6尺2寸8分，就是圆周长。此借助圆面积公式（1-8-1），由圆面积近似值314寸²反求出圆周长的近似值$L=\dfrac{2S}{r}\approx\dfrac{2\times 314寸^2}{10寸}=6尺2寸8分$。

②方幂二百，其中容圆幂一百五十七也：圆的外切正方形与圆的面积之比为

$$S_{外}:S=200:157。 \qquad (1\text{-}9\text{-}1)$$

③圆率犹为微少：圆率仍然微少。犹：还，仍。《诗经·卫风·氓》："士之耽兮，犹可说也。"

④圆中容方，内方合外方之半：圆内接一个正方形，则圆内接正方形的面积是其外切正方形的$\dfrac{1}{2}$，如图1-9。

⑤圆幂一百五十七，其中容方幂一百：圆与圆内接正方形的面积之比为

$$S:S_{内}=157:100。 \qquad (1\text{-}9\text{-}2)$$

由（1-9-1）与（1-9-2），得$S_{外}:S:S_{内}=200:157:100$。 　　（1-9-3）

⑥刘徽用圆直径2尺与圆周长6尺2寸8分相约，得到

$$\pi=L:d=157:50=\dfrac{157}{50}。 \qquad (1\text{-}10\text{-}1)$$

这就是徽术或徽率。上世纪70年代末以前，所有著述由于没有认识到刘徽在证明圆面积公式（1-8-1），将求圆周率的程序也搞错了。这些著述皆认为在确定了圆面积的近似值314寸²之后，使用中学数学教科书中的圆面积公式$S=\pi r^2$。这不仅背离了刘徽注，而且会将刘徽置于他从未犯过的循环推理的错误境地。因为刘徽此时并未证明这个圆面积公式，倒是在求出圆周率（1-10-1）之后，用它修正了与之相当的圆面积公式（1-8-3）。

译文

以圆半径1尺除圆面积，将所得的数加倍，为6尺2寸8分，就是圆周长。使圆的直径自乘，为正方形的面积400寸²，与圆面积相折算，圆面积得157作为率，正方形面积得200作为率。如果正方形面积是200，其内切圆的面积就是157，而圆面积之率仍然稍微小一点。按：弧田图中，使正方形中有内切圆，内切圆中又有内接正方形，内接正方形的面积恰恰是外

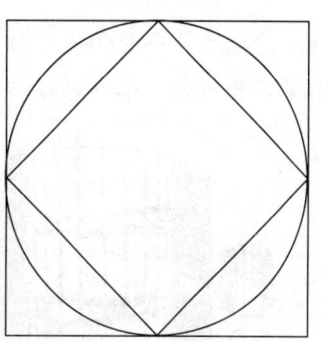

图1-9　圆与外切大方及内接中方
（采自译注本《九章算术》）

切正方形的一半。那么，如果圆面积是157，其内接正方形的面积就是100。又使圆直径2尺与圆周长6尺2寸8分相约，圆周得157，直径得50，就是它们的相与之率。而圆周的率仍然稍微小一点。

原 文

晋武库中汉时王莽作铜斛①，其铭曰：律嘉量斛②，内方尺而圆其外③。庣旁九厘五毫④，幂一百六十二寸，深一尺，积一千六百二十寸，容十斗⑤。以此术求之，得幂一百六十一寸有奇⑥，其数相近矣。此术微少。而觚差幂六百二十五分寸之一百五⑦。以一百九十二觚之幂以率消息⑧，当取此分寸之三十六⑨，以增于一百九十二觚之幂，以为圆幂，三百一十四寸二十五分寸之四⑩。置径自乘之方幂四百寸，令与圆幂通相约，圆幂三千九百二十七，方幂得五千，是为率。方幂五千中容圆幂三千九百二十七；圆幂三千九百二十七中容方幂二千五百也⑪。以半径一尺除圆幂三百一十四寸二十五分寸之四，倍所得，六尺二寸八分二十五分分之八，即周数也⑫。全径二尺与周数通相约，径得一千二百五十，周得三千九百二十七，即其相与之率⑬。若此者，盖尽其纤微矣。举而用之，上法为约耳。当求一千五百三十六觚之一面，得三千七十二觚之幂⑭，而裁其微分，数亦宜然，重其验耳⑮。

注 释

①武库：储藏兵器的仓库。《汉书·毋将隆传》："武库兵器，天下公用。"晋武库：刘徽所称"晋武库"是晋朝之武库，还是晋王之武库，学术界有争论。盖魏景元四年（263）司马昭称晋公，旋为晋王。笔者倾向于此为晋王甚或晋公之武库。因为在魏朝，刘徽可以说晋王之武库为"晋武库"。若是晋朝之武库，则刘徽肯定入晋，不当加"晋"字。从晋武库藏王莽铜斛看，武库不仅藏兵器，还藏国家的重要器物。王莽铜斛：是西汉末年刘歆为王莽制造的标准量器。新始建国元年（9）颁行，合斛、斗、升、合、龠为一器。上部为斛，下部为斗，左耳为升，右耳为合、龠。今藏台北故宫博物院。如图1-10。

②律嘉量斛：标准量器中的斛器。律：本是用竹管或金属管制成的定音仪器，后引申为标准、法纪，如乐律、历律、格律、律尺、律吕等。嘉量：古代

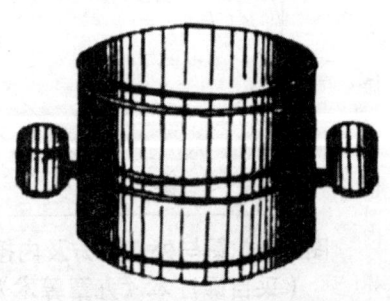

图1-10 王莽铜斛（引自译注本《九章算术》）

的标准量器。有鬴、豆、升三量。《周礼·考工记》:"栗氏为量……其铭曰:'时文思索,允臻其极,嘉量既成,以观四国。'"

③内方尺而圆其外:王莽铜斛的斛量的截面是圆形的,内部的一个边长1尺的正方形,这是虚拟的,实际上并不存在。

④庣旁:是铜斛的截面中假设的边长1尺的正方形的对角线不满外圆周的部分。如图1-11。庣:凹下或不满之处。李籍云:"不满之貌也。"王莽铜斛之庣旁与齐量之庣旁恰好相反,在那里是量器的截面中假设的边长1尺的正方形的对角线超过外圆周的部分,见卷五委粟术刘徽注及图5-46。

⑤现存王莽铜斛之斛铭是:"律嘉量斛,内方尺而圜其外,庣旁九厘五豪,冥百六十二寸,深尺,积千六百二十寸,容十斗。"刘徽注所述与此略有不同,而与《隋书·律历志》的记载基本一致。《隋书·律历志》是李淳风撰写的,刘徽所述的斛铭或许经过李淳风等改窜,亦未可知。

⑥奇 jī:奇零。李籍云:"余数也。"假设的正方形边长为1尺,那么铜斛的圆直径为 $d=\sqrt{10^2+10^2}$ 寸$+2\times0.095$寸$=14.332$寸。以徽术计算,底面积为 $\frac{157}{200}\times14\ 332$寸$^2=161.24$寸^2,故云161寸^{2}有奇。

⑦觚差幂:两个正多边形面积之差,这里是圆内接正192边形与96边形的面积之差,即$S_5-S_4=\frac{105}{625}$寸^2。

⑧这是说以圆内接正192边形的面积作为增减的基础。以:训为wéi。裴学海《古书虚字集释》卷一:"'以'犹'为'也。"消息:谓一消一长。《周易·丰》:"天地盈虚,与时消息。"

⑨$\frac{36}{625}$寸^{2}是如何取得的,学术界有不同看法。笔者认为是估值。盖$S_5-S_4=\frac{105}{625}$寸^2,而$S-S_4$大约是S_5-S_4的$\frac{1}{3}$,即约$\frac{35}{625}$寸^2,如图1-12。为化简方便,取其为$\frac{36}{625}$寸^2。

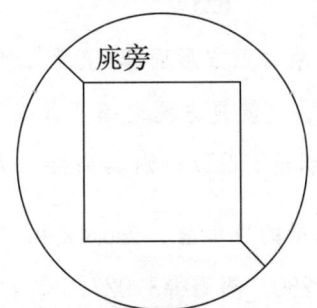
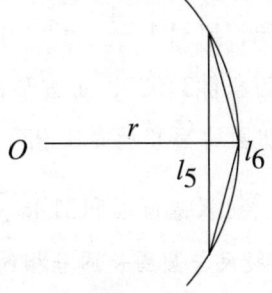

图1-11 王莽铜斛之庣旁(采自《古代世界数学泰斗刘徽》)

图1-12 估值(采自《古代世界数学泰斗刘徽》)

⑩此确定圆面积的近似值$S\approx S_5+\frac{36}{625}$寸$^2=314\frac{64}{625}$寸$^2+\frac{36}{625}$寸$^2=314\frac{4}{25}$寸^2。

⑪此即

$$S_{外} : S : S_{内} = 5\,000 : 3\,927 : 2\,500。 \quad (1\text{-}9\text{-}4)$$

⑫此亦借助圆面积公式（1-8-1），由圆面积近似值$314\frac{4}{25}$寸²，反求出圆周长的近似值

$$L = \frac{2S}{r} \approx \left(2 \times 314\frac{4}{25} 寸^2\right) \div 10寸 = 6尺2寸8\frac{8}{25}分。$$

⑬刘徽用圆直径2尺与圆周长的近似值$6尺2寸8\frac{8}{25}$分相约，得到

$$\pi = L : d = 6尺2寸8\frac{8}{25}分 : 2尺 = 3\,927 : 1\,250 = \frac{3927}{1250}。 \quad (1\text{-}10\text{-}2)$$

这是刘徽求得的第二个圆周率近似值。它相当于3.141 6。

⑭据严敦杰计算，圆内接正1 536边形的边长$l_8 = 4\,090\frac{612}{1000}$忽，正3 072边形的面积$S_9 \approx 314\frac{4}{25}$寸²。

⑮刘徽以$S_9 \approx 314\frac{4}{25}$寸²作为圆面积的近似值，再利用（1-8-1）式反求出圆周长的近似值，与圆直径2尺相约，重新验证了（1-10-2）式。

译文

晋武库中西汉王莽制作的铜斛，其铭文说：律嘉量斛：外面是圆形的，而内部相当于一个有9厘5毫的庣旁而边长为1尺的正方形，面积是162寸²，深是1尺，容积是1 620寸²，容量为10斗。用这种周径之率计算之，得到面积为161寸²，还带有奇零。它们的数值相近，而这样的计算结果稍微小一点。而圆内接正192边形与正96边形的面积差为$\frac{105}{625}$寸²。以192边形的面积作为求率时增减的基础，应该取$\frac{36}{625}$寸²，加到正192边形的面积上，作为圆面积，即$314\frac{4}{25}$寸²。布置圆直径自乘的正方形面积400寸²，使之与圆面积通分约简，圆面积得3 927，正方形面积得5 000，这就是方圆之率。如果正方形面积是5 000，其内切圆的面积就是3 927；如果圆面积是3 927，则其内接正方形的面积是2 500。以圆半径1尺除圆面积$314\frac{4}{25}$寸²。将所得的数加倍，为$6尺2寸8\frac{8}{25}$分，就是圆周长。圆直径2尺与圆周长通分相约，直径得1 250。圆周得3 927，就是它们的相与之率。如果取这样的值，大概达到非常精确的地步了。拿来应用，前一种方法是简约一些。应当求出圆内接正1 536边形的一边长，得出正3 072边形的面积，裁去其微小的分数，其数值也是这样，再次得到验证。

原文

臣淳风等谨按：旧术求圆，皆以周三径一为率①。若用之求圆周之数，则周少径多。用之求其六觚之田，乃与此率合会耳。何则？假令六觚之田，觚间各一尺为面，自然从角至角，其径二尺可知。此则周六径二与周三径一已合。恐此犹以难晓②，今更引物为喻。设令刻物作圭形者六枚，枚别三面，皆长一尺。攒此六物，悉使锐头向里，则成六觚之周，角径亦皆一尺。更从觚角外畔，围绕为规，则六觚之径尽达规矣③。当面径短，不至外规。若以径言之，则为规六尺，径二尺，面径皆一尺。面径股不至外畔，定无二尺可知。故周三径一之率于圆周乃是径多周少。径一周三，理非精密。盖术从简要，举大纲略而言之。刘徽将以为疏，遂乃改张其率④。但周、径相乘，数难契合。徽虽出斯二法⑤，终不能究其纤毫也。祖冲之以其不精，就中更推其数⑥。今者修撰，攗摭诸家⑦，考其是非，冲之为密。故显之于徽术之下，冀学者之所裁焉⑧。

注 释

①旧术：指《九章算术》时代的圆周率。

②如此简单的问题，李淳风等还恐算学馆的学子不懂，可见当时数学水平之低下。以：训为。

③畔：本指田界。《说文解字》："畔，田界也。"引申为界限，边。规：这里指用圆规画出的圆。

④将：训则。裴学海《古书虚字集释》卷八："将，犹则也。"《左传·襄公二十九年》："专责速及，侈将以其力毙。"

⑤二法：指刘徽求出的两个圆周率近似值 $\frac{157}{50}$，$\frac{3927}{1250}$。有的学者根据戴震辑录本认为此当作"一法"，仅指 $\frac{157}{50}$，并将此作为 $\frac{3927}{1250}$ 系祖冲之所创的根据，失之。

⑥祖冲之（429—500）：南北朝宋、齐数学家、天文学家。字文远。祖籍范阳遒（今河北涞水），父、祖均仕南朝。冲之少稽古，有机思，专攻数术。青年时直华林学省（学术机关），后任南徐州（今江苏镇江）从事史、娄县（今江苏昆山）令。入齐，官至长水校尉。注《九章算术》，撰《缀术》，均亡佚。特善算，推算出圆周率近似值领先世界约千年。制定《大明历》，首先引入岁差，其日月运行周期的数据比以前的历法更为准确。撰《驳议》，不畏权贵，坚持科学真理，反对"虚推古人"。又曾改造指南车、水碓磨、千里船、木牛流马、欹器，解钟律、博、塞，当时独绝。注《周易》《老子》《庄子》，释《论语》，亦亡佚。又撰《述异记》，今有辑本。更推其数：重新计算圆周率的数值。李淳风《隋书·律历志》云："宋末。南徐州从事史祖冲之更开密法，以圆径一亿为一

丈,圆周盈数三丈一尺四寸一分五厘九毫二秒七忽,朒数三丈一尺四寸一分五厘九毫二秒六忽,正数在盈、朒二限之间。密率:圆径一百一十三,圆周三百五十五。约率:圆径七,周二十二。"这相当于3.141 592 6<π<3.141 592 7,密率$\frac{355}{113}$,约率$\frac{22}{7}$。李淳风等在此将后者称为密率,并显之于徽术之下。

⑦攈摭jùn zhí:摘取,搜集。《汉书·刑法志》:"三章之法。不足以御奸,相国肖何攈摭秦法,取其宜于时者,作律九章。"李籍云:"攈摭,取拾也。攈:或作捃"是当时还有一"攈"作"捃"的抄本。

⑧李淳风等指出祖冲之所求的圆周率比徽率精确,是对的。但对刘徽有微词,则不妥。刘徽在中国数学史上首创求圆周率的科学方法,理论意义与实践意义十分重火。祖冲之的方法已失传,一般认为,他使用的是刘徽的方法。钱宝琮指出:"李淳风等缺乏历史发展的认识,有意轻视刘徽割圆术的伟大意义,徒然暴露了他们自己的无知。"

译文

淳风等按:以旧术解决圆的各种问题,皆以周三径一为率。若用之求圆周长,则圆周小,直径大。用来求正6边形的田地,才与此率相吻合。为什么呢?假设正6边形的田。棱角之间各是1尺,作为边长,那么自然可以知道,从角至角,直径为2尺。这就是周六径二,与周三径一相吻合。我们担心,这仍然使人难以明白,今进一步拿一种物品作为比喻。假设将一种物品刻成三角形,共6枚,每一枚各有三边,每边1尺。把这6个物品集中起来,使它们的尖头都朝里,就成为正6边形的周长,相邻两角间的长度都是1尺。再从棱角的外缘,围绕成圆弧形,则正6边形的直径全都抵达圆弧。而正6边形对边之间的直径短,不能抵达外圆弧。如果以圆直径说来。则应该为圆弧6尺,直径2尺,每边长都是1尺。然而每边的股不能抵达外圆弧。可以知道肯定不足2尺长。所以周三径一之率对圆直径而言就是直径略大而圆周长略小。径一周三。从数理上说并不精密。因为数学方法都要遵从简易的原则,所以略举它的大纲,概略地表示之。刘徽则认为这个率太粗疏。于是就改变它的率。但是圆周长与直径相乘,其数值难以吻合。刘徽尽管提出了这两种方法,终究不能穷尽其纤毫。祖冲之因为他的值不精确,就此重新推求其数值。现在修撰,搜集各家的方法,考察他们的是非,认为祖冲之的值是精密的。因此,将它显扬于刘徽的方法之下,希望读者有所裁断。

原文

又术曰:周、径相乘,四而一①。此周与上弧同耳。周、径相乘各当以半。而今周、

径两全，故两母相乘为四，以报除之。于徽术，以五十乘周，一百五十七而一，即径也②。以一百五十七乘径，五十而一，即周也③。新术径率犹当微少。则据周以求径，则失之长④；据径以求周，则失之短⑤。诸据见径以求幂者，皆失之于微少；据周以求幂者，皆失之于微多⑥。　　臣淳风等按：依密率，以七乘周，二十二而一，即径⑦；以二十二乘径，七而一，即周⑧。依术求之，即得。

注　释

①此即圆面积的又一公式

$$S = \frac{1}{4} Ld。 \tag{1-8-2}$$

②此为刘徽修正的由圆周求直径的公式 $d = \frac{50}{157} L$。

③此为刘徽修正的由圆直径求圆周的公式 $L = \frac{157}{50} d$。

④此谓 $d = \frac{50}{157} L$ 的失误在于稍微大了点。

⑤此谓 $L = \frac{157}{50} d$ 的失误在于稍微小了点。

⑥此谓 $S = \frac{1}{4} Ld = \frac{1}{4} \left(\frac{157}{50} d \right) d = \frac{157}{200} d^2$ 稍微小，$S = \frac{1}{4} Ld = \frac{1}{4} L \left(\frac{50}{157} L \right) = \frac{50}{628} L^2$ 稍微大。

⑦此为李淳风等修正的由圆周求直径的公式 $d = \frac{7}{22} L$。

⑧此为李淳风等修正的由圆直径求圆周的公式 $L = \frac{22}{7} d$。

译　文

又术：圆周与直径相乘，除以4。此处的圆周与上术中的周是相同的。圆周与直径相乘，应当各用它们的一半。而现在圆周与直径两者都是整个的，所以两者的分母相乘为4，回报以除。用我的方法。用50乘圆周，除以157，就是直径；用157乘直径，除以50，就是圆周。新的方法中，直径的率还应当再稍微小一点。那么，根据圆周来求直径，则产生的失误在于长了，根据直径来求圆周，则产生的失误在于短了。至于根据已给的直径来求圆面积，那么产生的失误都在于稍微小了一点；根据已给的圆周来求圆面积，那么产生的失误都在于稍微大了一点。　　淳风等按：依照密率，用7乘圆周，除以22，就是直径；用22乘直径，除以7，就是圆周。用这种方法求，就得到了。

原 文

又术曰：径自相乘，三之，四而一①。按：圆径自乘为外方②。"三之，四而一"者，是为圆居外方四分之三也③。若令六觚之一面乘半径，其幂即外方四分之一也。因而三之，即亦居外方四分之三也④。是为圆里十二觚之幂耳。取以为圆，失之于微少。于徽新术，当径自乘，又以一百五十七乘之，二百而一⑤。　臣淳风等谨按：密率。令径自乘，以十一乘之，十四而一，即圆幂也⑥。

注 释

①此即圆面积的第三个公式

$$S = \frac{3}{4}d^2 。 \quad (1\text{-}11\text{-}1)$$

②外方：即圆的外切正方形。它的面积是d^2。

③这是说，圆面积是其外切正方形面积的$\frac{3}{4}$。

④此谓以圆内接正12边形的面积为圆面积，用出入相补原理推证圆田又术。如图1-13，将图1-13（1）中的圆内接正12边形分割成Ⅰ-Ⅸ。1-9等18份，移到图1-13（2）中的Ⅰ′-Ⅸ′。1′-9′上，恰占满该正方形的$\frac{3}{4}$。这是刘徽采前人之说记入注中。

⑤此为刘徽修正的公式

$$S = \frac{157}{200}d^2 。 \quad (1\text{-}11\text{-}2)$$

⑥此为李淳风等修正的公式

$$S = \frac{11}{14}d^2 。 \quad (1\text{-}11\text{-}3)$$

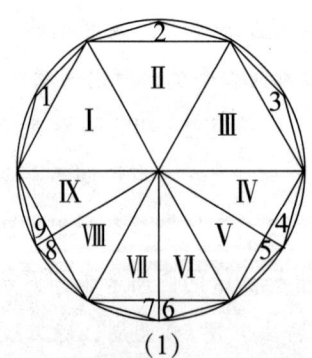 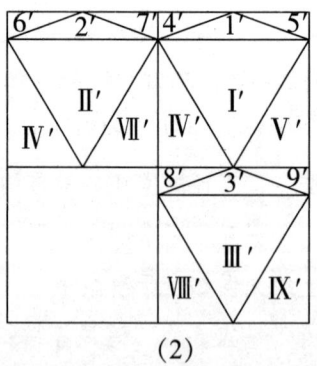

（1）　　　　　　　　（2）

图1-13　圆田第三术的推导（采自《古代世界数学泰斗刘徽》）

译 文

又术：圆直径自乘，乘以3，除以4。按：圆的直径自乘为它的外切正方形。"乘以3，除以4"，这是因为圆占据外切正方形的 $\frac{3}{4}$。若令圆内接正6边形的一边长乘圆半径，其面积就是外切正方形的 $\frac{1}{4}$。乘以3，就占据外切正方形的 $\frac{3}{4}$，这就成为圆内接正12边形的面积。取它作为圆，产生的失误在于小了一点。用我的方法，应该使圆直径自乘，又乘以157，除以200。淳风等按：依照密率，使圆直径自乘，乘以11，除以14，就是圆面积。

原 文

又术曰：周自相乘，十二而一①。六觚之周，其于圆径，三与一也②。故六觚之周自相乘为幂，若圆径自乘者九方③，九方凡为十二觚者十有二④，故曰十二而一，即十二觚之幂也⑤。今此令周自乘，非但若为圆径自乘者九方而已⑥。然则十二而一，所得又非十二觚之类也⑦。若欲以为圆幂，失之于多矣⑧。以六觚之周，十二而一可也⑨。于徽新术，直令圆周自乘，又以二十五乘之，三百一十四而一，得圆幂⑩。其率：二十五者，圆幂也；三百一十四者，周自乘之幂也⑪。置周数六尺二寸八分，令自乘，得幂三十九万四千三百八十四分。又置圆幂三万一千四百分。皆以一千二百五十六约之，得此率⑫。　臣淳风等谨按：方面自乘即得其积。圆周求其幂，假率乃通。但此术所求用三、一为率。圆田正法，半周及半径以相乘。今乃用全周自乘，故须以十二为母。何者？据全周而求半周，则须以二为法。就全周而求半径，复假六以除之。是二、六相乘除周自乘之数。依密率，以七乘之，八十八而一⑬。

注 释

①此即圆面积的又一公式

$$S = \frac{1}{12} L^2 。\qquad (1-12-1)$$

②三与一：3与1之率。此谓圆内接正六边形的周长是圆直径的3倍。

③如图1-14，以圆直径自乘形成一个正方形（含有4个以半径为边长的小正方形）。而以圆内接正六边形的边长自乘形成一个大正方形，含有9个以直径为边长的正方形。

图1-14 圆田第四术的推导（采自《古代世界数学泰斗刘徽》）

④这里仍以圆内接正12边形的面积代替圆面积，由图1-13，圆内接正12边形的面积是圆直径形成的正方形的 $\frac{3}{4}$，因此圆内接正六边形的周长形成的大正方形有12个圆内接正12边形。

⑤此谓1个正12边形的面积恰为大正方形的 $\frac{1}{12}$。这也是刘徽采前人用出入相补原理推证圆田又术（1-12-1）的方法记入注中。

⑥此谓以圆周形成的正方形不只9个圆直径形成的正方形，换言之，不只12个圆内接正12边形的面积。非但：不仅，不只。若：乃，就。

⑦此谓 $\frac{1}{12}L^2$ 不是圆内接正12边形的面积。

⑧此谓如果以 $\frac{1}{12}L^2$ 作为圆面积，失误在于多了一点。

⑨此谓圆内接正六边形周长形成的正方形的面积，除以12，是圆内接正12边形的面积，是可以的。

⑩此为刘徽的修正公式

$$S = \frac{25}{314}L^2.$$ （1-12-2）

⑪此谓 $L^2 : S = 314 : 25$。

⑫以上的率这样得到：L²=（628分）²=394 384分²，S=314寸²=31 400分²。两者有等数1 256，以其约简即可。

⑬此为李淳风等的修正公式

$$S = \frac{7}{88} L^2 \text{。} \qquad (1\text{-}12\text{-}3)$$

又术：圆周自乘，除以12。圆内接正6边形的周长对于圆的直径是3比1。因此，正6边形的周自乘形成的面积，相当于9个圆直径自乘所形成的正方形。这9个正方形总共形成12个正12边形，所以说除以12，就是正12边形的面积。现在使圆周自乘，那就不只是9个圆直径自乘所形成的正方形。那么，除以12，更不是正12边形之类。如果想把它作为圆面积，产生的失误就在于多了一点。用正6边形的周长作正方形，除以12，作为正12边形的面积是可以的。用我的新方法，径直使圆周自乘，又乘以25，除以314。就得到圆面积。其中的率：25是圆面积的，314是圆周自乘的面积的。布置圆周数6尺2寸8分，使自乘，得到面积394 384分²。又布置圆面积31 400分²，都以1 256约简，就得到这个率。　淳风等按：边长自乘就得到它的面积。用圆周求它的面积，借助于率就会通达。但是这一方法中所求的却是用周三径一作为率。正确的圆田面积方法是半圆周与半径相乘。现在却是整个圆周自乘，所以须以12作为分母。为什么呢？根据整个圆周而求半圆周，则必须以2作为法。根据整个圆周而求它的半径。应再除以6。这就是用2与6相乘，去除圆周自乘之数。依照密率，乘以7，除以88。

原文

今有宛田①，下周三十步，径十六步。问：为田几何？

答曰：一百二十步。

又有宛田，下周九十九步，径五十一步。问：为田几何？

答曰：五亩六十二步四分步之一。

术曰：以径乘周，四而一②。此术不验③。故推方锥以见其形④。假令方锥下方六尺，高四尺。四尺为股，下方之半三尺为句。正面邪为弦⑤，弦五尺也。令句、弦相乘，四因之，得六十尺，即方锥四面见者之幂⑥。若令其中容圆锥，圆锥见幂与方锥见幂，其率犹方幂之与圆幂也⑦。按：方锥下六尺，则方周二十四尺。以五尺乘而半之，则亦方锥之见幂。故求圆锥之数，折径以乘下周之半，即圆锥之幂也。今宛田上径圆弯，而与圆锥同术。则幂失之于少矣⑧。然其术难用，故略举大较⑨，施之大广田也。求圆锥之幂，犹求圆田之幂也。今用两全相乘，故以为法，除之，亦如圆田矣。开立圆术说圆方诸率甚备⑩，可以验此。

注释

①宛田：是类似于球冠的曲面形。其径指宛田表面上穿过顶心的大弧，如图1-15。李籍云："宛田者，中央隆高。《尔雅》曰：'宛中宛丘。'又曰：'丘上有丘为宛丘。'皆中央隆高之义也。"亦有人根据所设的两个例题的数值，计算出若为球冠，必为优球冠，而世间不可能有此类田地，从而认为宛田不是球冠形，而是优扇形。今按：《九章算术》的例题只是说明其术文的应用，并不是都来源于人们的生产生活实践。元朱世杰《四元玉鉴·混积问元门》的畹田有图示，正是球冠形。

②此是《九章算术》提出的宛田面积公式

$$S = \frac{1}{4}LD, \qquad (1-13)$$

其中S，L，D为宛田的面积、下周和径。

③刘徽指出，《九章算术》宛田术是错误的。

④此谓通过计算方锥的体积以显现《九章算术》宛田术不正确。推：计算。见xiàn：显现。

⑤刘徽考虑以方锥下方之半为勾，方锥高为股，正面邪为弦构成的勾股形。正面邪：即方锥侧面上的高。

⑥方锥四面见者之幂：即"方锥见幂"，也就是方锥的表面积（不计底面）。

⑦圆锥见幂：即圆锥的表面积（不计底面）。此即刘徽提出的重要原理$S_{方锥} : S_{圆锥} = 4 : \pi$，其中$S_{方锥}$，$S_{圆锥}$分别是方锥、圆锥的见幂。如图1-16。

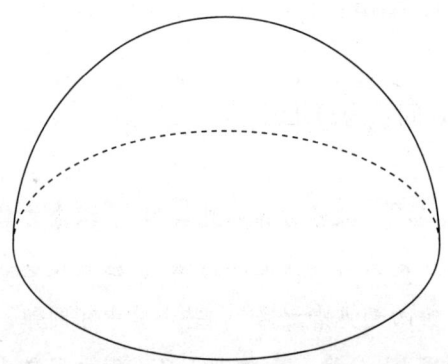

图1-15 宛田（采自《古代世界数学泰斗刘徽》）

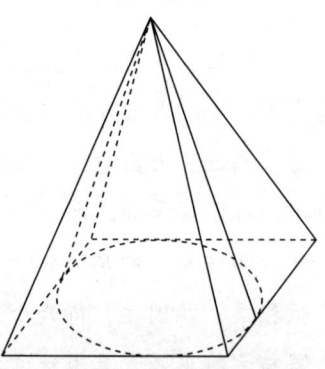

图1-16 圆锥与方锥见幂（采自译注本《九章算术》）

⑧刘徽指出《九章算术》宛田术"不验"是对的，然而此处的论证并不充分。《九章算术》提出的宛田术是 $S=\frac{1}{4}LD$，刘徽提出的圆锥见幂公式是 $S=\frac{1}{4}Ld$，其中d为圆锥两母线之和，两者取同一形式。但由于D>d，当然有 $\frac{1}{4}LD>\frac{1}{4}Ld$，因而无法由两者同术而证明 $\frac{1}{4}LD$ 比真值小。刘徽在此混淆了D与d，犯了反驳中混淆概念的失误。这是刘徽极为罕见的失误。

⑨大较：大略，大致。《史记·货殖列传》："夫山西饶材、竹、谷、垆、旄、玉石，山东多鱼、盐、漆、丝、声色，江南出枏、梓……此其大较也。"

⑩开立圆术：见第四卷。

译文

假设有一块宛田，下周长30步，弩径16步。问：田的面积是多少？

答：120步²。

又假设有一块宛田，下周长99步，弩径51步。问：田的面积是多少？

答：5亩62$\frac{1}{4}$步²。

术：以弩径乘下周，除以4。这一方法不正确。特地用方锥进行推算以显现这一问题的真相。假令方锥底面是6尺见方，高是4尺。把4尺作为股，底边长的一半3尺作为勾，那么侧面上的高就是弦，弦是5尺。使勾与弦相乘，乘以4，得60尺²，就是方锥四个侧面所显现的面积。如果使其中内切一个圆锥，那么圆锥所显现的面积与方锥所显现的面积。其率如同正方形的面积之对于内切圆的面积。按：方锥底边6尺，那么底的周长是24尺，乘以5，取其一半，那么也是方锥所显现的面积。所以求圆锥的数值，将弩径折半，乘以底周长的一半，就是圆锥的面积。现在宛田的上径是一段圆弧，而与圆锥用同一种方法，则产生的面积误差在于过小。然而这一方法难以处置，因此粗略地举出其大概，应用于大的田地。求圆锥的面积，如同求圆田的面积。现在用两个整体相乘，因此以4作为法除之，也像圆田那样。开立圆术注解释圆方诸率非常详细，可以检验这里的方法。

原文

今有弧田①，弦三十步，矢十五步。问：为田几何？

答曰：一亩九十七步半。

又有弧田,弦七十八步二分步之一,矢十三步九分步之七。问:为田几何?

答曰:二亩一百五十五步八十一分步之五十六。

术曰:以弦乘矢,矢又自乘,并之,二而一②。方中之圆,圆里十二觚之幂。合外方之幂四分之三也。中方合外方之半,则朱青合外方四分之一也③。弧田,半圆之幂也④,故依半圆之体而为之术⑤。以弦乘矢而半之则为黄幂⑥,矢自乘而半之为二青幂⑦。青、黄相连为弧体⑧。弧体法当应规⑨。今觚面不至外畔⑩,失之于少矣。圆田旧术以周三径一为率,俱得十二觚之幂,亦失之于少也。与此相似,指验半圆之弧耳。若不满半圆者,益复疏阔。

注 释

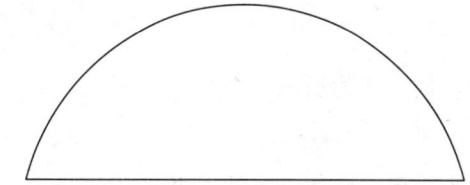

图1-17 弧田(采自《古代世界数学泰斗刘徽》)

①弧田:即今之弓形,如图1-17。李籍云:"弧田者,有弧有矢,如弧之形。"

②设S,c,v,分别是弓形的面积、弦和矢,此即弓形面积公式

$$S=\frac{1}{2}(cv+v^2),\qquad(1-14)$$

③刘徽以半圆作为弧田以论证《九章算术》弧田术之不准确。如图1-18(1)。"中方"是圆内接正方形,其面积是外方之半。两朱幂、两青幂是圆内接正12边形减去中方所剩余的部分,如图1-18(2)。两青幂分别是ABCD和ALKJ,两朱幂分别是DEFG和GHIJ。将青幂ALKJ中的Ⅰ,Ⅱ,Ⅲ分别移到AMDCB的Ⅰ′,Ⅱ′,Ⅲ′上,便知一个青幂为外方的$\frac{1}{8}$。朱幂亦然。两朱幂与两青幂的总面积是外方的$\frac{1}{4}$。

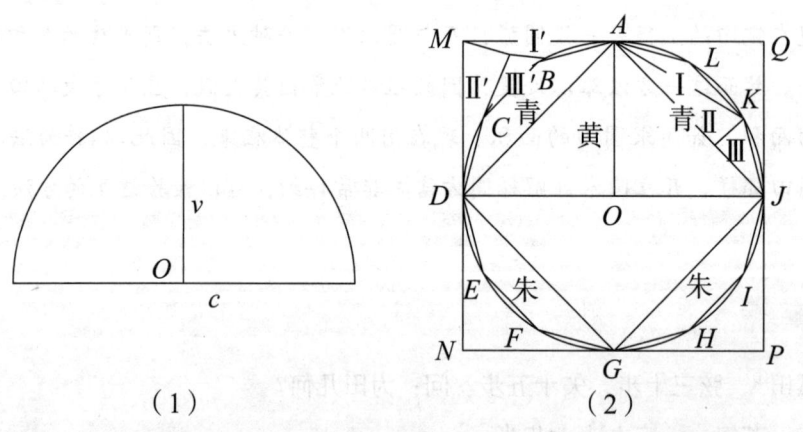

(1) (2)

图1-18 刘徽证明弧田术之不准确(采自译注本《九章算术》)

④弧田可以是半圆之幂。

⑤故以半圆为例论证《九章算术》弧田术之不准确。

⑥黄幂是弦矢相乘之半即勾股形ADJ。

⑦矢自乘而半之为两青幂：即勾股形AMD，亦即ABCD与ALKJ之和。

⑧青、黄相连为弧体；二青幂与黄幂形成所设的弧体，亦即半圆ABCDJKL，其结构应如图1-18（2）。

⑨此谓弧田的弧应与圆弧重合。

⑩这是说，如此算出的面积是圆内接正12边形的一半，达不到外面的圆弧。

译文

假设有一块弧田，弦是30步，矢是15步。问：田的面积是多少？

答：1亩$97\frac{1}{2}$步^2。

又假设有一块弧田，弦是$78\frac{1}{2}$步，矢是$13\frac{7}{9}$步。问：田的面积是多少？

答：2亩$155\frac{56}{81}$步^2。

术：以弦乘矢，矢又自乘，两者相加，除以2。正方形中有一个内切圆，圆中的内接正12边形的面积等于外切正方形面积的$\frac{3}{4}$。中间的正方形的面积等于外正方形的一半。那么朱青的面积等于外正方形的$\frac{1}{4}$。这里的弧田是半圆的面积，因此就依照半圆的图形而考察该术。以弦乘矢，取其一半，作为黄色的面积；矢自乘。取其一半，是二青色的面积。如果青色的与黄色的面积连在一起成为弧体，那么弧体在道理上应当与圆弧相吻合。但现在这个多边形的边达不到圆弧的外周，产生的失误在于小了。旧的圆田面积的方法以周三径一为率，都是得到圆内接正12边形的面积，产生的失误也在于太小了，与此相同。这里只考察了半圆形弧田，如果不是半圆形弧田，这种方法更加疏漏。

原文

宜依句股锯圆材之术①，以弧弦为锯道长，以矢为句深②，而求其径③。既知圆径，则弧可割分也④。割之者，半弧田之弦以为股，其矢为句，为之求弦，即小弧之弦也⑤。以半小弧之弦为句，半圆径为弦，为之求股⑥，以减半径，其余即小弦之矢也⑦。割之又割，使至极细。但举弦、矢相乘之数，则必近密率矣⑧。然于筹数差繁⑨，必欲有所寻究也⑩。若但度田，取其大数，旧术为约耳⑪。

注释

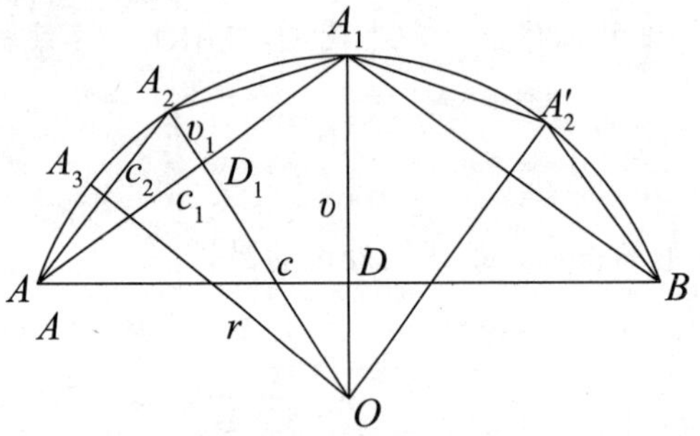

图1-19　弧田密率

①如图1-19。已知弧田之弦AB，记为c，及弧田之矢A_1D，记为υ，勾股锯圆材之术见卷九。

②弦AB相当于锯道长，矢A_1D就是锯道深。

③依据勾股章勾股锯圆材之法，那么弧田所在的圆直径为

$$d=\frac{\left(\frac{c}{2}\right)^2+\upsilon^2}{\upsilon}。$$

④这是将弧田分割成以弦AB为底的等腰三角形A_1AB，以及分别以AA_1，A_1B为弦的两个小弧田，将小弧田AA_2A_1再分割成小等腰三角形A_2AA_1，以及分别以AA_2，A_2A_1为弦的两个更小弧田。对小弧田BA'_2A_1亦可分割成小等腰三角形A'_2BA_1，以及分别以$A_1A'_2$，A'_2B为弦的两个更小弧田。如此可以继续下去。

⑤考虑勾股形AA_1D，由勾股术，小弧之弦为$c_1=\sqrt{\left(\frac{c}{2}\right)^2+v^2}$。

⑥由勾股形OA_1D_1，求出$OD_1=\sqrt{r^2-\left(\frac{c_1}{2}\right)^2}$。

⑦小弦之矢即小弧之矢$c_1=r-\sqrt{r^2-\left(\frac{c_1}{2}\right)^2}$。

⑧上述的分割过程可以无限继续下去，依次求出$c_i=\sqrt{\left(\frac{c_{i-1}}{2}\right)^2+\upsilon_{i-1}^2}$，$c_i=r-\sqrt{r^2-\left(\frac{c_i}{2}\right)^2}$，i=1，2，3，…n。显然，当n足够大时，$S_n=\sum_{k=1}^{n}2^k\times\frac{1}{2}c_k\upsilon_k$就相当准确，故云“必近密率矣”。显然，这里不是一个极限过程，而是极限思想在近似计算中的应用。

⑨差cī繁：繁杂。差：不整齐，参差。

⑩刘徽的意思是，有所寻究，才这样做。这种“寻究”无疑是数学家的数学研究，具有纯数学的性质。寻究：查考，研求。

⑪约：简约。刘徽认为，如果实际应用，还是用旧的方法。显然，在刘徽的头脑中有明确的纯数学研究与数学的实际应用的区分。

译文

应当按照勾股章锯圆材之术，把弧田的弦作为锯道长，把矢作为锯道深，而求弧田所在圆的直径。既然知道了圆的直径，那么弧田就可以被分割。如果分割它的话，以弧田弦的一半作为股，它的矢作为勾，求它的弦，就是小弧的弦。以小弧弦的一半作为勾，圆半径作为弦，求它的股。以股减半径，其剩余就是小弦的矢。对弧割了又割，使至极细。只要全部列出弦与矢相乘的数值，则必定会接近密率。然而这种方法的算数非常繁杂。必定要有所研求才这样做。如果只是度量田地，取它大概的数，那么旧的方法还是简约的。

原文

今有环田，中周九十二步，外周一百二十二步，径五步①。此欲令与周三径一之率相应，故言径五步也。据中、外周，以徽术言之，当径四步一百五十七分步之一百二十二也②。臣淳风等谨按：依密率，合径四步二十二分步之十七③。问：为田几何？

  答曰：二亩五十五步。于徽术，当为田二亩三十一步一百五十七分步之二十三④。臣淳风等依密率，为田二亩三十步二十二分步之十五⑤。

又有环田，中周六十二步四分步之三，外周一百一十三步二分步之一，径十二步三分步之二。此田环而不通匝⑥，故径十二步三分步之二。若据上周求径者，此径失之于多，过周三径一之率，盖为疏矣。于徽术，当径八步六百二十八分步之五十一⑦。臣淳风等谨按：依周三径一考之，合径八步二十四分步之一十一⑧。依密率，合径八步一百七十六分步之一十三⑨。问：为田几何？

  答曰：四亩一百五十六步四分步之一。于徽术，当为田二亩二百三十二步五千二十四分步之七百八十七也⑩。依周三径一，为田三亩二十五步六十四分步之二十五⑪。臣淳风等谨按密率，为田二亩二百三十一步一千四百八分步之七百一十七也⑫。

术曰：并中、外周而半之，以径乘之，为积步⑬。此田截而中之周则为长。并而半之知⑭，亦以盈补虚也⑮。此可令中、外周各自为圆田，以中圆减外圆，余则环实也⑯。

注释

①环田：即今之圆环，如图1-20（1）。李籍云："环田者，有肉有好，如环之形。《尔

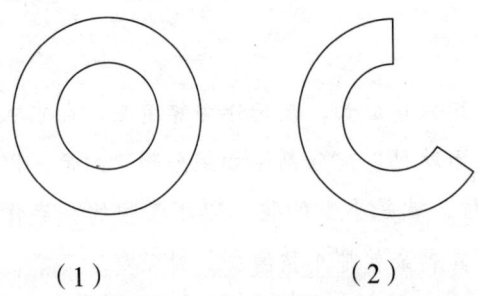

（1） （2）

图1-20 圆环1采自《古代世界数学泰斗刘徽》）

雅》曰：'肉好若一，谓之环。'或作锾。"知当时还有一抄本作"锾田"。中周：即圆环的内圆之周。外周：即圆环的外圆之周。径：即中外周之间的距离。

②记圆环之径为d，构成圆环的内圆的周长和半径分别是L_1，r_1，外圆的周长和半径分别是L_2，r_2。则刘徽求出圆环之径

$$d=r_2-r_1=\frac{1}{2}\times\frac{50}{157}(L_2-L_1)=\frac{50}{314}(122-92)=4\frac{122}{157}（步）。$$

③李淳风等求出圆环之径$d=r_2-r_1=\frac{1}{2}\times\frac{7}{22}(L_2-L_1)=\frac{7}{44}(122-92)=4\frac{17}{22}$（步）。

④刘徽求得面积$S=\frac{1}{2}(L_1+L_2)d=\frac{1}{2}(92+122)\times 4\frac{122}{157}=2$亩$31\frac{23}{157}$步^2。

⑤李淳风等求得面积$S=\frac{1}{2}(L_1+L_2)d=\frac{1}{2}(92+122)\times 4\frac{17}{22}=2$亩$30\frac{15}{22}$步^2。

⑥此问之环田为大约240°的环缺，如图1-20（2），故刘徽说"此田环而不通匝"。匝：周。环绕一周日一匝。《史记·高祖本纪》："围宛城三匝。"

⑦不知为什么，刘徽和李淳风等都将其看成"通匝"的圆环进行计算。刘徽的计算应是

$$d=r_2-r_1=\frac{1}{2}\times\frac{50}{157}(L_2-L_1)=\frac{50}{314}\left(113\frac{1}{2}-62\frac{3}{4}\right)=8\frac{51}{628}（步）。$$

⑧李淳风等依周3径1的计算是

$$d=r_2-r_1=\frac{1}{2}\times\frac{1}{3}(L_2-L_1)=\frac{1}{6}\left(113\frac{1}{2}-62\frac{3}{4}\right)=8\frac{11}{24}（步）。$$

由下文刘徽计算了按周3径1的面积，刘徽应按周3径1计算过直径。

⑨李淳风等依密率$\frac{22}{7}$的计算是

$$d=r_2-r_1=\frac{1}{2}\times\frac{7}{22}(L_2-L_1)=\frac{7}{44}\left(113\frac{1}{2}-62\frac{3}{4}\right)=8\frac{13}{176}（步）。$$

⑩刘徽依环田密率术的计算是

$$S=\frac{1}{2}(L_1+L_2)d=\frac{1}{2}\left(62\frac{3}{4}步+113\frac{1}{2}步\right)\times 8\frac{51}{628}步=2亩232\frac{787}{5024}步^2。$$

⑪刘徽依周3径1之率的计算是

$$S=\frac{1}{2}(L_1+L_2)d=\frac{1}{2}\left(62\frac{3}{4}步+113\frac{1}{2}步\right)\times 8\frac{11}{24}步=3亩25\frac{25}{64}步。$$

⑫李淳风等依环田密率术的计算是

$$S=\frac{1}{2}(L_1+L_2)d=\frac{1}{2}\left(62\frac{3}{4}步+113\frac{1}{2}步\right)\times 8\frac{13}{176}步=2亩231\frac{717}{1408}步^2.$$

⑬此即圆环面积公式

$$S=\frac{1}{2}(L_1+L_2)d \qquad (1-15)$$

⑭知：训者，见刘徽序"故枝条虽分而同本干知"之注释。

⑮此处"以盈补虚"是将圆环沿环径剪开，展成等腰梯形，如图1-21。然后如梯形（箕田）那样出入相补。

⑯这是刘徽提出的圆环的另一面积公式

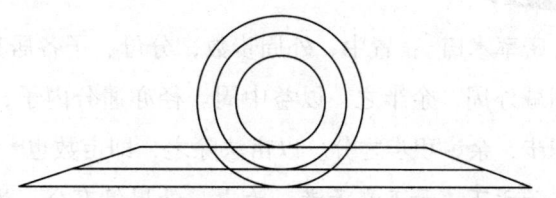

$$S=S_2-S_1=\frac{1}{2}L_2r_2-\frac{1}{2}L_1r_1,$$

其中S_1，S_2分别是构成圆环的内圆和外圆的面积。

图1-21　环田展为梯形（采自沈康身《九章算术导读》）

译文

假设有一块环田，中周长92步，外周长122步，环径5步。这里想与周三径一之率相应，所以说环径5步。根据中、外周，用我的方法处理它，环径应当是$4\frac{122}{157}$步。淳风等按：依照密率，环径是$4\frac{17}{22}$步。问：田的面积是多少？

答：2亩55步²。用我的方法，田的面积应当是2亩$31\frac{23}{157}$步²。　淳风等按：依照密率，田的面积是2亩$30\frac{15}{22}$步²。

又假设有一块环田，中周长是$62\frac{3}{4}$步，外周长是$113\frac{1}{2}$步，环径是$12\frac{2}{3}$步。这块田是环形的但不满一周，所以环径为$12\frac{2}{3}$步。如果根据上述周长求环径，这一环径的误差在于太大。超过了周三径一之率，很粗疏。用我的方法，环径应当是$8\frac{51}{628}$步。　淳风等按：依照周三径一之率考察之，环径是$8\frac{11}{24}$步。依照密率，环径是$8\frac{13}{176}$步。问：田的面积是多少？

答：4亩$156\frac{1}{4}$步²。用我的方法，田的面积应当是2亩$232\frac{787}{5024}$步2。依周

三径一之率，田的面积是 $3亩25\frac{25}{64}步^2$。　　淳风等按：依照密率，田的面积是 $2亩231\frac{717}{1408}步^2$。

术：中外周长相加，取其一半，乘以环径长，就是积步。这块田被截割而得到的中平之周，就作为长。"中外周长相加，取其一半"，也是以盈补虚。这里也可以使中、外周各自构成圆田，以中周减外周，由其余数就得到环田的面积。

原文

密率术曰[①]：置中、外周步数，分母、子各居其下。母互乘子，通全步，内分子。以中周减外周，余半之，以益中周。径亦通分内子，以乘周为密实。分母相乘为法。除之为积步，余，积步之分。以亩法除之，即亩数也[②]。按：此术，并中、外周步数于上，分母、子于下。母互乘子者，为中、外周俱有分。故以互乘齐其子。母相乘同其母。子齐母同，故通全步，内分子。"半之"知[③]，以盈补虚，得中平之周。[④]周则为从，径则为广，故广、从相乘而得其积。既合分母，还须分母出之。故令周、径分母相乘而连除之，即得积步。不尽，以等数除之而命分。以亩法除积步，得亩数也。

注释

①此术是针对各项数值都带有分数的情形而设的，比关于整数的上术精密，故称"密率术"。

②用现代符号写出，此术亦是（1-15）式。

③知：训"者"，其说见刘徽序"故枝条虽分而同本干知"之注释。

④中平之周：中周与外周长的平均值。中平：平均。

译文

密率术：布置中、外周长的步数，分子、分母各置于下方，分母互乘分子，将整数部分通分，纳入分子。以中周减外周，取其余数的一半，增益到中周上。对环径亦通分，纳入分子。以它乘周长，作为密实。周、径的分母相乘，作为法。实除以法，就是积步；余数是积步中的分数。以亩法除之，就是亩数。按：在此术中，将中、外周长步数相加。置于上方，分子、分母置于下方。"分母互乘分子"，是因为中、外周长都有分数，所以通过互乘使它们的分子相齐。分母相乘，是使它们的分母相同。分子相齐，分母相同，所以可以将步数的整数部分通分，纳入分子。取中、外周长之和的一半，这是为了以盈补虚，得中平之周。中平之周就是纵，环径就是广，所以广纵相乘就得到它们的积。既然分子中融合了分母，还需把分母分离出去，所以要使周、径的分母相乘而合起来除，就得到积步。如不尽，就用等数约之，命名一个分数。以亩数除积步，便得到亩数。

  这一章以解决丈量土地问题为目的，详细讲述了多种面积的计算方法。包括长方形、等腰三角形、等腰梯形、直角梯形、圆形、扇形、弓形、圆环八种图形的面积计算方法。还有对分数的系统叙述，并给出约分、通分、四则运算、求最大公约数等运算法则。可见在当时的人们的发展，就是运用了《九章算术》的这一方面。

割圆术

  3世纪中期，数学家刘徽首创割圆法，为计算圆周率提供了严密的理论和完善的算法，所谓割圆术，就是不断倍增圆内接正多边形的边数求出圆周率的方法。按照这样的思路，刘徽把圆内接正多边形的周长一直算到了正3072边形，并由此而求得了圆周率为3.1415和3.1416这两个近似数值。南北朝时期。祖冲之在刘徽的基础上继续努力，终于使圆周率精确到了小数点后第七位，西方数学家伟达取得此成就是在1593年，比祖冲之晚了1100多年。

九章筭术卷第二

魏 刘徽 注
唐朝议大夫行太史令上轻车都尉臣李淳风等奉敕注释

精彩导读

　　第二章讲的是关于粟米；讲比例，特别是按比例互相交换谷物的问题。以粟米交换为例，提出了比例算法，称为"今有术"。粟和粝米的比例如何？"今有术"具体是什么方法？还需要我们到文中寻找答案。

原文

粟米①以御交质变易②

粟米之法③凡此诸率相与大通，其特相求④，各如本率。可约者约之。别术然也。

粟率五十　　　　　粝米三十⑤
粺米二十七⑥　　　糳米二十四⑦
御米二十一⑧　　　小䵂十三半⑨
大䵂五十四⑩　　　粝饭七十五
粺饭五十四　　　　糳饭四十八
御饭四十二　　　　菽⑪、荅⑫、麻⑬、麦各四十五
稻六十　　　　　　豉六十三⑭
飧九十⑮　　　　　熟菽一百三半
蘗一百七十五⑯

注释

　　①粟米：泛指谷类，粮食。李籍云："粟者，禾之未舂。米者，谷实之无壳。""粟米"作为一类数学问题是"九数"之二，明之后，常称作"粟布"。粟：古代泛指谷类，又指谷子。下文粟率指后者之率。

②交质：互相以物品作抵押，即交易称量。方程章五雀六燕术“交易质之”。即此义。质：评量。后引申为称，衡量。变易：交易。“交质”“变易”后人都有使用。但笔者未查到刘徽之前的例句。

③粟米之法：这里是互换的标准，即各种粟米的率。法：标准。

④特：特地。

⑤粝米：糙米，有时省称为米。《九章算术》及其刘徽注、李淳风等注释单言“米”，则指粝米。粝：李籍云：“粗也。”指粗米，糙米。

⑥粺米：精米。李籍云：“精于粝也。”《诗经·大雅·召旻》：“彼疏斯粺，胡不自替。”毛传：“彼宜食疏，今反食精粺。”

⑦糳米：舂过的精米。李籍云：“精于粺也。”糳：本义是舂。

⑧御米：供宫廷食用的米。李籍云：“精于糳也。供王膳之米也。蔡邕《独断》曰：‘所进曰御。御者，进也。凡衣服加于身，饮食入于口，皆曰御。’”

⑨䵂zhí：麦屑。李籍云：“细曰小䵂。粗曰大䵂。”《说文》：“䵂，麦核屑也。”小䵂：细麦屑。

⑩大䵂：粗麦屑。

⑪菽：大豆。又，豆类的总称。

⑫荅：小豆。《说文》：“荅，小尗也。”尗同菽。

⑬麻：古代指大麻，亦指芝麻。《正字通》引《素问》云：“麻麦稷黍豆为五谷。”此指芝麻。

⑭豉chǐ：又音shì，用煮熟的大豆发酵后制成的食品。《释名·释饮食》：“豉，嗜也。五味调和，须之而成，乃可甘嗜也。故齐人谓豉，声如嗜也。”李籍云：“盐豉也。《广雅》云‘苦李作豉’。”

⑮飧sūn：熟食，夕食。李籍引《说文》曰：“餔也。”《六书故·工事》：“飧，夕食也。古者夕则馂朝膳之余，故熟食曰飧。”

⑯糵：粬糵。李籍引《说文》曰：“米芽。”

译文

粟米为了处理抵押交换问题

粟米之率这里的各种率都相互关联而广泛地通达。如果特地互相求取，则要遵从各自的率。可以进行约简的，就约简之。其他的术也是这样。

粟率50	粝米27
粺米27	糳米24

御米21　　　　　小䵂13 $\frac{1}{2}$

大䵂54　　　　　粝饭75

粺饭54　　　　　糳饭48

御饭42　　　　　菽、荅、麻、麦各45

稻60　　　　　　豉63

飧90　　　　　　熟菽103 $\frac{1}{2}$

蘖175

原文

今有此都术也①。凡九数以为篇名，可以广施诸率②，所谓告往而知来③，举一隅而三隅反者也④。诚能分诡数之纷杂⑤，通彼此之否塞⑥，因物成率⑦，审辨名分⑧，平其偏颇⑨，齐其参差⑩，则终无不归于此术也⑪。术曰⑫：以所有数乘所求率为实⑬。以所有率为法⑭。少者多之始，一者数之母⑮，故为率者必等之于一⑯。据粟率五、粝率三，是粟五而为一，粝米三而为一也。欲化粟为米者，粟当先本是一⑯。一者，谓以五约之，令五而为一也。讫，乃以三乘之，令一而为三。如是，则率至于一⑱。以五为三矣。然先除后乘，或有余分，故术反之⑲。又完言之知⑳，粟五升为粝米三升；分言之知㉑，粟一斗为粝米五分斗之三。以五为母，三为子。以粟求粝米者。以子乘，其母报除也㉒。然则所求之率常为母也。　臣淳风等谨按：宜云"所求之率常为子，所有之率常为母。"今乃云"所求之率常为母"知，脱错也㉓。实如法而一㉔。

注释

①都术：总术，总的方法，普遍方法。都：总，总共，见卷一方田术李淳风等注释注㉑。

②诸：之于的合音。

③告往知来：根据已经发生的事情，可以推知事物未来的发展趋势。中国古代的一种思维方法。语出《论语·学而》："子曰：'赐也，始可与言《诗》已矣，告诸往而知来者。'"

④举一隅而三隅反：根据某一事物的性质，可以推知与它同类的事物的性质。中国古代的一种思维方法。语出《论语·述而》："子曰：'不愤不启，不悱不发，举一隅不以三隅反。则不复也。'"

⑤诚：如果，假如。诡数：不同的数。诡：差别，不同。

⑥通彼此之否塞：通过"通分"等运算使各种阻隔不通的数量关系互相通达。否pǐ：

闭塞。《周易·否》："否之匪人。"陆德明释文："否,闭也,塞也。"否塞：阻隔不通。

⑦物：这里指各种物品的数量。

⑧名分：地位,身份。《庄子·天下》："《易》以道阴阳,《春秋》以道名分。"也泛指物品的所属关系。《商君书·定分》："夫卖者满市,而盗不敢取,由名分已定也。"此谓各个物品在问题中的地位。

⑨偏颇：又作"偏陂",本义是不公正。王符《潜夫论》："内偏颇于妻子,外僭惑于知友。"

⑩平其偏颇,齐其参差：即"齐同"运算。

⑪刘徽将《九章算术》大部分术文,200余个题目归结为今有术。

⑫术：指今有术,即今之三率法,或称三项法（rule of three）。一般认为,此法源于印度。但印度婆罗门笈多才通晓此法（628）,所使用的术语的意义也与《九章算术》相近,参见钱宝琮主编《中国数学史》。

⑬所有数：今有术的重要概念,指现有物品的数量。所求率：今有术的重要概念,指所求物品的率。

⑭所有率：今有术的重要概念,指现有物品的率。

⑮少者多之始,一者数之母：1是数之母,在有理数范围之内无疑是正确的,但在实数内则不尽然。比如,边长为1的正方形,其对角线是$\sqrt{2}$。1似不能说是$\sqrt{2}$之母,因为它们之间没有公度。这个命题显然是刘徽将《老子·第三十九章》的命题"无名天地之始,有名万物之母"与王弼说的"夫少者多之所贵也。寡者众之所宗也"（《周易略例·明象》）与"一,数之始而物之极也"（《老子注·第三十九章》）结合起来提出的。

⑯为率者必等之于一：某物率的确定,必须以1为标准。多少数量的某物能化为1,则该物的率就是多少。对同一标准1,粟5化为1,粝米3化为1,故粟率是5,粝米率是3。

⑰粟当先本是一：粟本来应当先成为1。

⑱则率至于一：由率的本义,粟率5是说粟5为1,粝率3是说粝米3为1。从粟求粝米,粟数先除以粟率5,就是粟5变成了1,再乘以粝率3,粝米1又变成了3。如是,则率至于1。

⑲余分：剩余的分数。由上可见,做到"率至于1"的过程是先除后乘。实际上,此处既可以先乘后除,也可以先除后乘,即满足交换律：（A÷a）×b=（A×b）÷a。然而先除后乘,有时会除不尽,产生分数,运算繁琐,所以术文反过来,采取先乘后除。

⑳完言之：以整数表示之。此处即以整数5与3入算。"完言之"与下"分言之"对举。完：整数。知：训者,见刘徽序"故枝条虽分而同本干知"之注释。

㉑分言之：以分数表示之。此处即以粟1斗与粝米$\frac{3}{5}$斗入算。知：亦训者,见刘徽序"故枝条虽分而同本干知"之注释。

㉒报除：回报以除。

㉓李淳风等所见到的刘徽注已有脱错。

㉔今有术就是：已知所有数为A、所有率a和所求率b，求所求数B的公式为

$$B = Ab \div a 。 \qquad (2-1)$$

译文

今有术：这是一种普遍方法。凡是用九数作为篇名的问题，都可以对它们广泛地施用率。这就是所谓告诉了过去的就能推知未来的，举出一个角，就能推论到其他三个角。如果能分辨各种不同的数的错综复杂，疏通它们彼此之间的闭塞之处，根据不同的物品构成各自的率，仔细地研究辨别它们的地位与关系，使偏颇的持平，参差不齐的相齐。那么就没有不归结到这一术的。术：以所有数乘所求率作为实，以所有率作为法。小是大的开始，1是数的起源。所以建立率必须使它等于1。根据粟率是5，粝米率是3，这是说粟5成为1，粝米3成为1。如果想把粟化成粝米，那么粟应当本身先变成1。变成1，是说用5约之，使5变为1。完了，再以3乘之，使1变为3。像这样，那么率就达到了1，把粟5变成了粝米3。然而，先作除法，后作乘法，有时会剩余分数，所以此术将运算程序反过来。

又，如果以整数表示之。5升粟变成3升粝米；以分数表示之，1斗粟变成 $\frac{3}{5}$ 斗粝米，以5作为分母，3作为分子。如果用粟求粝米，就用分子乘，用它的分母回报以除。那么，所求率永远作为分母。　　淳风等按：应该说"所求率永远作为分子，所有率永远作为分母"。这里却说"所求率永远作为分母"，有脱错。实除以法。

原文

今有粟一斗，欲为粝米。问：得几何？

荅曰：为粝米六升。

术曰：以粟求粝米，三之，五而一①。臣淳风等谨按：都术，以所求率乘所有数，以所有率为法。此术以粟求米，故粟为所有数。三是米率，故三为所求率。五为粟率，故五为所有率。粟率五十，米率三十，退位求之。故唯云三、五也。

今有粟二斗一升，欲为粺米。问：得几何？

荅曰：为粺米一斗一升五十分升之十七。

术曰：以粟求粺米，二十七之，五十而一。臣淳风等谨按：粺米之率二十有七，故直以二十七之，五十而一也。

今有粟四斗五升，欲为繫米。问：得几何？

答曰：为糳米二斗一升五分升之三。

术曰：以粟求糳米，十二之，二十五而一②。臣淳风等谨按：糳米之率二十有四，以为率太繁，故因而半之，故半所求之率。以乘所有之数。所求之率既减半，所有之率亦减半。是故十二乘之，二十五而一也。

今有粟七斗九升，欲为御米。问：得几何？

答曰：为御米三斗三升五十分升之九。

术曰：以粟求御米，二十一之，五十而一。

今有粟一斗，欲为小䴷。问：得几何？

答曰：为小䴷二升一十分升之七。

术曰：以粟求小䴷，二十七之，百而一③。臣淳风等谨按：小䴷之率十三有半。半者二为母，以二通之，得二十七，为所求率。又以母二通其粟率，得一百，为所有率。凡本率有分者，须即乘除也。他皆放此。

今有粟九斗八升，欲为大䴷。问：得几何？

答曰：为大䴷一十斗五升二十五分升之二十一。

术曰：以粟求大䴷，二十七之，二十五而一。臣淳风等谨按：大䴷之率五十有四，其可半，故二十七之，亦如粟求糳米，半其二率。

今有粟二斗三升，欲为粝饭。问：得几何？

答曰：为粝饭三斗四升半。

术曰：以粟求粝饭，三之，二而一④。臣淳风等谨按：粝饭之率七十有五。粟求粝饭，合以此数乘之。今以等数二十有五约其二率，所求之率得三，所有之率得二，故以三乘二除。

今有粟三斗六升，欲为粺饭。问：得几何？

答曰：为粺饭三斗八升二十五分升之二十二。

术曰：以粟求粺饭，二十七之，二十五而一。臣淳风等谨按：此术与大䴷多同。

今有粟八斗六升，欲为糳饭。问：得几何？

答曰：为糳饭八斗二升二十五分升之一十四。

术曰：以粟求糳饭，二十四之，二十五而一。臣淳风等谨按：糳饭率四十八。此亦半二率而乘除。

今有粟九斗八升，欲为御饭。问：得几何？

答曰：为御饭八斗二升二十五分升之八。

术曰：以粟求御饭，二十一之，二十五而一。臣淳风等谨按：此术半率，亦与糳饭多同。

今有粟三斗少半升⑤，欲为菽。问：得几何？

　　荅曰：为菽二斗七升一十分升之三。

今有粟四斗一升太半升⑥，欲为荅。问：得几何？

　　荅曰：为荅三斗七升半。

今有粟五斗太半升，欲为麻。问：得几何？

　　荅曰：为麻四斗五升五分升之三。

今有粟一十斗八升五分升之二，欲为麦。问：得几何？

　　荅曰：为麦九斗七升二十五分升之一十四。

　　术曰：以粟求菽、荅、麻、麦，皆九之，十而一⑦。臣淳风等谨按：四术率并四十五，皆是为粟所求，俱合以此率乘其本粟。术欲从省，先以等数五约之，所求之率得九，所有之率得十。故九乘十除，义由于此。

今有粟七斗五升七分升之四，欲为稻。问：得几何？

　　荅曰：为稻九斗三十五分升之二十四。

　　术曰：以粟求稻，六之，五而一。臣淳风等谨按：稻率六十，亦约二率而乘除。

今有粟七斗八升，欲为豉。问：得几何？

　　荅曰：为豉九斗八升二十五分升之七。

　　术曰：以粟求豉，六十三之，五十而一。

今有粟五斗五升，欲为飧。问：得几何？

　　荅曰：为飧九斗九升。

　　术曰：以粟求飧，九之，五而一。臣淳风等谨按：飧率九十，退位，与求稻多同。

今有粟四斗，欲为熟菽。问：得几何？

　　荅曰：为熟菽八斗二升五分升之四。

　　术曰：以粟求熟菽，二百七之，百而一。臣淳风等谨按：熟菽之率一百三半。半者其母二，故以母二通之。所求之率既被二乘，所有之率随而俱长，故以二百七之，百而一。

今有粟二斗，欲为蘖。问：得几何？

　　荅曰：为蘖七斗。

　　术曰：以粟求蘖，七之，二而一⑧。臣淳风等谨按：蘖率一百七十有五，合以此数乘其本粟。术欲从省，先以等数二十五约之，所求之率得七，所有之率得二。故七乘二除。

今有粝米十五斗五升五分升之二，欲为粟。问：得几何？

　　荅曰：为粟二十五斗九升。

　　术曰：以粝米求粟，五之，三而一。臣淳风等谨按：上术以粟求米，故粟为所有数，三为所求率，五为所有率。今此以米求粟，故米为所有数，五为所求率，三为所有率。准都术求之★，各合其数。以下所有反求多同，皆准此⑩。

今有粺米二斗，欲为粟。问：得几何？

答曰：为粟三斗七升二十七分升之一。

术曰：以粺米求粟，五十之，二十七而一。

今有糳米三斗少半升，欲为粟。问：得几何？

答曰：为粟六斗三升三十六分升之七。

术曰：以糳米求粟，二十五之，十二而一⑪。

今有御米十四斗，欲为粟。问：得几何？

答曰：为粟三十三斗三升少半升。

术曰：以御米求粟，五十之，二十一而一。

今有稻一十二斗六升一十五分升之一十四，欲为粟。问：得几何？

答曰：为粟一十斗五升九分升之七。

术曰：以稻求粟，五之，六而一。

今有粝米一十九斗二升七分升之一，欲为粺米。问：得几何？

答曰：为粺米一十七斗二升一十四分升之一十三。

术曰：以粝米求粺米，九之，十而一⑫。臣淳风等谨按：粺率二十七，合以此数乘粝米。术欲从省，先以等数三约之，所求之率得九，所有之率得十，故九乘而十除。

今有粝米六斗四升五分升之三，欲为粝饭。问：得几何？

答曰：为粝饭一十六斗一升半。

术曰：以粝米求粝饭，五之，二而一⑬。臣淳风等谨按：粝饭之率七十有五，宜以本粝米乘此率数。术欲从省，先以等数十五约之，所求之率得五，所有之率得二。故五乘二除，义由于此。

今有粝饭七斗六升七分升之四，欲为飧。问：得几何？

答曰：为飧九斗一升三十五分升之三十一。

术曰：以粝饭求飧，六之，五而一。臣淳风等谨按：飧率九十，为粝饭所求，宜以粝饭乘此率。术欲从省，先以等数十五约之，所求之率得六，所有之率得五。以此故六乘五除也。

今有菽一斗，欲为熟菽。问：得几何？

答曰：为熟菽二斗三升。

术曰：以菽求熟菽，二十三之，十而一⑭。臣淳风等谨按：熟菽之率一百三半。因其有半，各以母二通之。宜以菽数乘此率。术欲从省，先以等数九约之，所求之率得一十一半，所有之率得五也⑮。

今有菽二斗，欲为豉。问：得几何？

　　荅曰：为豉二斗八升。

术曰：以菽求豉，七之，五而一⑯。臣淳风等谨按：豉率六十三，为菽所求，宜以菽乘此率。术欲从省，先以等数九约之，所求之率得七，而所有之率得五也。

今有麦八斗六升七分升之三，欲为小䵂。问：得几何？

　　荅曰：为小䵂二斗五升一十四分升之一十三。

术曰：以麦求小䵂，三之，十而一。臣淳风等谨按：小䵂之率十三半，宜以母二通之，以乘本麦之数。术欲从省，先以等数九约之，所求之率得三，所有之率得十也。

今有麦一斗，欲为大䵂。问：得几何？

　　荅曰：为大䵂一斗二升。

术曰：以麦求大䵂，六之，五而一。臣淳风等谨按：大䵂之率五十有四，合以麦数乘此率。术欲从省，先以等数九约之，所求之率得六，所有之率得五也。

注释

①三之，五而一：与下文"以粟求稻"问"六之，五而一""以粟求飱"问"九之，五而一""以粝米求粟"问"五之，三而一""以稻求粟"问"五之，六而一"凡5处，因为有关的粟米之法都是10的倍数，故都是通过退位约简为率，得相与之率入算，而不必用10除，反映了十进位值制记数法的优越性。"三之，五而一"即乘以3，除以5，或说以3乘，以5除。这是今有术在以粟求米问题中的应用。余类此。

②十二之，二十五而一：与下文"以粟求大䵂"问"二十七之，二十五而一""以粟求粺饭"问"二十七之，二十五而一""以粟求糳饭"问"二十四之，二十五而一""以粟求御饭"问"二十一之，二十五而一"凡5处，都是将有关的粟米之法以等数2约简，得相与之率，再入算。

③二十七之，百而一：与下文"以粟求熟菽"问"二百七之，百而一"凡2处，因有关的粟米之法中有 $\frac{1}{2}$，故以2通之，化为整数，以相与之率入算。

④此处粟50，粝饭75，以等数25约简，得2，3为相与之率。

⑤少半：即 $\frac{1}{3}$。

⑥太半：即 $\frac{2}{3}$。

⑦粟50，菽、荅、麻、麦45，以等数5约简，得10，9为相与之率。

⑧粟50，蘖175，以等数25约简，得2，7为相与之率。

⑨准：依照，按照。北周宗懔《荆楚岁时记》："今寒食准节气是仲春之末。"

⑩准：仿效，效法。左思《咏史八首》之一："著论准《过秦》，作赋拟《子虚》。"

⑪此处亦将糳米率24与粟率50以等数2约简，得相与之率，再入算。

⑫粝米30，粺米27，以等数3约简，得10，9为相与之率。

⑬五之，二而一：与下文"以粝饭求飧"问"六之，五而一"凡2处，将有关的粟米之法以等数15约简，得相与之率。

⑭二十三之，十而一：与下文"以麦求小䴷"问"三之，十而一"凡2处，有关的粟米之法中有 $\frac{1}{2}$，故以2通之。所得的结果又有等数9，故以9约简，为相与之率，再入算。

⑮《九章算术》将菽率45，熟菽率$103\frac{1}{2}$化成10与23，以相与之率入算，十分简省。唐中叶之后的乘除捷算法就是沿着这一方向发展的。李淳风等将其化成5与$11\frac{1}{2}$入算，反不如《九章算术》简省。

⑯七之，五而一：与下文"以麦求大䴷"问"六之，五而一"凡2处，将有关的粟米之法以等数9约简，得相与之率。

译文

假设有1斗粟，想换成粝米。问：得多少？

答：换成6升粝米。

术：由粟求粝米，乘以3，除以5。淳风等按：普遍方法：以所求率乘所有数作为实。以所有率作为法。此术由粟求粝米。所以粟为所有数；3是粝米率，所以3是所求率；5是粟率。所以5是所有率。粟率是50，粝米率是30。通过退一位约简之，所以只说5与3就够了。

假设有2斗1升粟，想换成粺米。问：得多少？

答：换成1斗1$\frac{17}{50}$升粺米。

术：由粟求粺米，乘以27，除以50。淳风等按：粺米率是27。所以直接乘以27，除以50。

假设有4斗5升粟，想换成糳米。问：得多少？

答：换成2斗1$\frac{3}{5}$升糳米。

术：由粟求糳米，乘以12，除以25。淳风等按：糳米率是24，以它作为率太繁琐，所以取其一半。也就是取所求率的一半，以它乘所有数。所求率既然减半，所有率也应减半。这就是为什么乘以12，除以25。

假设有7斗9升粟，想换成御米。问：得多少？

答：换成3斗3$\frac{9}{50}$升御米。

术：由粟求御米，乘以21，除以50。

假设有1斗粟，想换成小䵂。问：得多少？

答：换成2$\frac{7}{10}$升小䵂。

术：由粟求小䵂，乘以27，除以100。淳风等按：小䵂率是13$\frac{1}{2}$。$\frac{1}{2}$是以2为分母。用2通分，得27，作为所求率。又用分母2通其粟率，得100。作为所有率。凡原来的率有分数的。必须做乘除化成整数。其他的都仿照此术。

假设有9斗8升粟，想换成大䵂。问：得多少？

答：换成10斗5$\frac{21}{25}$升大䵂。

术：由粟求大䵂，乘以27，除以25。淳风等按：大䵂率是54，它可以被2除，所以乘以27。这也像由粟求糳米那样，取二种率的一半。

假设有2斗3升粟，想换成粝饭。问：得多少？

答：换成3斗4$\frac{1}{2}$升粝饭。

术：由粟求粝饭，乘以3，除以2。淳风等按：粝饭率是75。由粟求粝饭，应当用此数乘。现在用等数25约简这二种率，所求率得3，所有率得2。所以乘以3，除以2。

假设有3斗6升粟，想换成粺饭。问：得多少？

答：换成3斗8$\frac{22}{25}$升粺饭。

术：由粟求粺饭，乘以27，除以25。淳风等按：此术与求大䵂之术大体相同。

假设有8斗6升粟，想换成糳饭。问：得多少？

答：换成8斗2$\frac{14}{25}$升糳饭。

术：由粟求糳饭，乘以24，除以25。淳风等按：糳饭率是48。这也是取二种率的一半再做乘除。

假设有9斗8升粟，想换成御饭。问：得多少？

答：换成8斗2$\frac{8}{25}$升御饭。

术：由粟求御饭，乘以21，除以25。淳风等按：此术取二种率的一半，也与求糳饭之术大体相同。

假设有3斗$\frac{1}{3}$升粟，想换成菽。问：得多少？

答：换成2斗7$\frac{3}{10}$升菽。

假设有4斗1$\frac{2}{3}$升粟，想换成荅。问：得多少？

答：换成3斗7$\frac{1}{2}$升荅。

假设有5斗$\frac{2}{3}$升粟，想换成麻。问：得多少？

答：换成4斗5$\frac{3}{5}$升麻。

假设有10斗8$\frac{2}{5}$升粟，想换成麦。问：得多少？

答：换成9斗7$\frac{14}{25}$升麦。

术：由粟求菽、荅、麻、麦，皆乘以9，除以10。淳风等按：四种术中的率全是45。都是由粟所求，所以都应当用此率乘本来的粟。想使术简省。先用等数5约简之。所求率得9，所有率得10。所以乘以9，除以10。其义理源于此。

假设有7斗5$\frac{4}{7}$升粟，想换成稻。问：得多少？

答：换成9斗$\frac{24}{35}$升稻。

术：由粟求稻，乘以6，除以5。淳风等按：稻率是60，也约简二种率再做乘除。

假设有7斗8升粟，想换成豉。问：得多少？

答：换成9斗8$\frac{7}{25}$升豉。

术：由粟求豉，乘以63，除以50。

假设有5斗5升粟，想换成飧。问：得多少？

答：换成9斗9升飧。

术：由粟求飧，乘以9，除以5。淳风等按：飧率是90，退一位。与求稻的方式大体相同。

假设有4斗粟，想换成熟菽。问：得多少？

答：换成8斗2$\frac{4}{5}$升熟菽。

术：由粟求熟菽，乘以207，除以100。淳风等按：熟菽的率是103$\frac{1}{2}$。$\frac{1}{2}$的分母是2，所以用分母2通分。既然所求率乘以2。那么所有率应随着一道增加。所以乘以207，除以100。

假设有2斗粟，想换成蘖。问：得多少？

答：换成7斗蘖。

术：由粟求蘖，乘以7，除以2。淳风等按：蘖率是175，应当用此数乘本来的粟。想使术简省，先用等数25约简之。所求率得7，所有率得2。所以乘以7，除以2。

假设有15斗5$\frac{2}{5}$升粝米，想换成粟。问：得多少？

答：换成25斗9升粟。

术：由粝米求粟，乘以5，除以3。淳风等按：前面的术由粟求粝米，所以粟为所有数，3为所求率，5为所有率。现在这里由粝米求粟。所以粝米为所有数。5为所求率，3为所有率。按照普遍方法求之，都符合各自的数。以下所有的逆运算都大体相同，皆按照这一方法。

假设有2斗粺米，想换成粟。问：得多少？

答：换成3斗7$\frac{1}{27}$升粟。

术：由粺米求粟，乘以50，除以27。

假设有3斗$\frac{1}{3}$升糳米，想换成粟。问：得多少？

答：换成6斗3$\frac{7}{36}$升粟。

术：由糳米求粟，乘以25，除以12。

假设有14斗御米，想换成粟。问：得多少？

答：换成33斗3$\frac{1}{3}$升粟。

术：由御米求粟，乘以50，除以21。

假设有12斗6$\frac{14}{15}$升稻，想换成粟。问：得多少？

答：换成10斗5$\frac{7}{9}$升粟。

术：由稻求粟，乘以5，除以6。

假设有19斗2$\frac{1}{7}$升粝米，想换成粺米。问：得多少？

答：换成17斗2$\frac{13}{14}$升粺米。

术：由粝米求粺米，乘以9，除以10。淳风等按：粺米率27。应当用这一数乘粝米。想使术简省，就先用等数3约简之，所求率得9，所有率得10。所以乘以9，除以10。

假设有6斗4$\frac{3}{5}$升粝米，想换成粝饭。问：得多少？

答：换成16斗1$\frac{1}{2}$升粝饭。

术：由粝米求粝饭，乘以5，除以2。淳风等按：粝饭率是75，应当用本来的粝米乘这一率的数。想使术简省，先用等数15约简之。所求率得5，所有率得2。所以乘以5，除以2。其义理源于此。

假设有7斗6$\frac{4}{7}$升粝饭,想换成飧。问:得多少?

答:换成9斗1$\frac{31}{35}$升飧。

术:由粝饭求飧,乘以6,除以5。淳风等按:飧率是90,从粝饭求飧,应当用粝饭乘这一率。想使术间省,先用等数15约简之,所求率得6。所有率得5。因此,乘以6,除以5。

假设有1斗菽,想换成熟菽。问:得多少?

答:换成2斗3升熟菽。

术:由菽求熟菽,乘以23,除以10。淳风等按:熟菽率103$\frac{1}{2}$。因为它有$\frac{1}{2}$,各用分母2通分。应当用菽数乘这一率,想使术简省,先用等数9约简之。所求率得11$\frac{1}{2}$,所有率得5。

假设有2斗菽,想换成豉。问:得多少?

答:换成2斗8升豉。

术:由菽求豉,乘以7,除以5。淳风等按:豉率是63。从菽求豉,应当用菽率乘这一率。想使术简省,先用等数9约间之,所求率得7,而所有率得5。

假设有8斗6$\frac{3}{7}$升麦,想换成小䴷。问:得多少?

答:换成2斗5$\frac{13}{14}$升小䴷。

术:由麦求小䴷,乘以3,除以10。淳风等按:小䴷率是13$\frac{1}{2}$。应当用分母2通分,用来乘麦本来的数。想使术简省,先用等数9约简之,所求率得3,所有率得10。

假设有1斗麦,想换成大䴷。问:得多少?

答:换成1斗2升大䴷。

术:由麦求大䴷,乘以6,除以5。淳风等按;大䴷率是54。应当用麦的数量乘这一率。想使术简省,先用等数9约间之,所求率得6,所有率得5。

原文

今有出钱一百六十,买瓴甓十八枚①。瓴甓,砖也。问:枚几何?

荅曰:一枚,八钱九分钱之八。

今有出钱一万三千五百,买竹二千三百五十个。问:个几何?

荅曰:一个,五钱四十七分钱之三十五。

经率②臣淳风等谨按:今有之义,以所求率乘所有数,台以瓴甓一枚乘钱

一百六十为实。但以一乘不长③。故不复乘,是以径将所买之率与所出之钱为法、实也。 此又按:今有之义,出钱为所有数,一枚为所求率,所买为所有率,而今有之,即得所求数。一乘不长,故不复乘。是以径将所买之率为法,以所出之钱为实。故实如法得一枚钱。不尽者,等数而命分。术曰:以所买率为法,所出钱数为实,实如法得一钱④。

注　释

①瓴甓 líng pì:长方砖,又称瓴甋 dì。《尔雅》:"瓴甋谓之甓。"

②《九章算术》有两条"经率术"。此条是整数除法法则。

③一乘不长:以1乘任何数,不改变其值。长 zhǎng:增长。进益。《周易·泰》:"君子道长,小人道消也。"

④设所出钱、所买率、单价分别为A,a,B,则

$$B = A \div a。 \hspace{4em} (2\text{-}2)$$

译　文

假设出160钱,买18枚瓴甓。瓴甓是砖。问:1枚瓴甓值多少钱?

答:1枚瓴甓值 $8\frac{8}{9}$ 钱。

假设出13 500钱,买2 350个竹。问:1个竹值多少钱?

答:1个竹值 $5\frac{35}{47}$ 钱。

经率淳风等按:根据今有术的意义,用所求率乘所有数,应当用瓴甓1枚乘160钱作为实。但是用1来乘,并不增加,所以不再乘,因此直接把所买率与所出钱作为法与实。又按:根据今有术的意义,出钱作为所有数,1枚作为所求率,所买物作为所有率,对它施行今有术,就得到所求数。用1乘并不增加,所以不再乘。因此直接把所买物的率作为法,把所出的钱作为实。所以实除以法就得到1枚的钱数。除不尽的,就用等数约简之而命名一个分数。术:以所买率作为法,所出钱数作为实。实除以法,得1枚的钱数。

原　文

今有出钱五千七百八十五,买漆一斛六斗七升太半升①。欲斗率之②,问:斗几何?

答曰：一斗，三百四十五钱五百三分钱之一十五。

今有出钱七百二十，买缣一匹二丈一尺③。欲丈率之，问：丈几何？

答曰：一丈，一百一十八钱六十一分钱之二。

今有出钱二千三百七十，买布九匹二丈七尺。欲匹率之，问：匹几何？

答曰：一匹，二百四十四钱一百二十九分钱之一百二十四。

今有出钱一万三千六百七十，买丝一石二钧一十七斤④。欲石率之，问：石几何？

答曰：一石，八千三百二十六钱一百九十七分钱之百七十八。

经率⑤此术犹经分。　　臣淳风等谨按：今有之义，钱为所求率，物为所有数，故以乘钱，又以分母乘之为实。实如法而一。有分者通之。所买通分内子为所有率，故以为法。得钱数。不尽而命分者，因法为母，实余为子。实见不满，故以命之⑥。术曰：以所求率乘钱数为实，以所买率为法，实如法得一⑦。

注释

①斛：容量单位。1斛为10斗。一斛六斗七升太半升：$16\frac{23}{30}$斗 $=\frac{503}{30}$斗。

②斗率之：求以斗为单位的价钱。下"丈率之""匹率之""石率之""斤率之""钧率之""两率之""铢率之"等同。

③缣：双丝织成的细绢。《说文解字》："缣。并丝缯也。"匹：长度度量单位，1匹为4丈。一匹二丈一尺：$6\frac{1}{10}$丈。

④石：重量单位，1石为120斤。钧：重量单位，1钧为30斤。一石二钧一十七斤：197斤 $=\frac{197}{120}$石。

⑤此条经率术是除数为分数的除法，与经分术相同。

⑥此条李注，南宋本、大典本必有舛误，诸家校勘均不合理，暂不翻译。

⑦此处出钱数为所有数，所买率就是所有率，斗（丈，匹，石）率之为所求率，则归结为今有术。

译文

假设出5 785钱，买1斛6斗7 $\frac{2}{3}$ 升漆。想以斗为单位计价，问：每斗多少钱？

答：1斗值345 $\frac{15}{503}$ 钱。

假设出720钱，买1匹2丈1尺缣。想以丈为单位计价，问：每丈多少钱？

答：1丈值$118\frac{2}{61}$钱。

假设出2 370钱，买9匹2丈7尺布。想以匹为单位计价，问：每匹多少钱？

答：1匹值$244\frac{124}{129}$钱。

假设出13 670钱，买1石2钧17斤丝。想以石为单位计价，问：每石多少钱？

答：1石值$8\,326\frac{178}{197}$钱。

经率此术如同经分术。术：以所求率乘出钱数作为实，以所买率作为法，实除以法。

原文

今有出钱五百七十六，买竹七十八个。欲其大小率之①，问：各几何？

答曰：

其四十八个，个七钱；

其三十个，个八钱。

今有出钱一千一百二十，买丝一石二钧十八斤。欲其贵贱斤率之②，问：各几何？

答曰：

其二钧八斤，斤五钱；

其一石一十斤，斤六钱。

今有出钱一万三千九百七十，买丝一石二钧二十八斤三两五铢③。欲其贵贱石率之，问：各几何？

答曰：

其一钧九两一十二铢，石八千五十一钱；

其一石一钧二十七斤九两一十七铢，石八千五十二钱。

今有出钱一万三千九百七十，买丝一石二钧二十八斤三两五铢。欲其贵贱钧率之，问：各几何？

曰：

其七斤一十两九铢，钧二千一十二钱；

其一石二钧二十斤八两二十铢，钧二千一十三钱。

今有出钱一万三千九百七十，买丝一石二钧二十八斤三两五铢。欲其贵贱斤率之，问：各几何？

答曰：

其一石二钧七斤十两四铢，斤六十七钱；

其二十斤九两一铢，斤六十八钱。

今有出钱一万三千九百七十，买丝一石二钧二十八斤三两五铢。欲其贵贱两率之，问：各几何？

  答曰：

    其一石一钧一十七斤一十四两一铢，两四钱；

    其一钧一十斤五两四铢，两五钱。

  其率④"其率"知⑤，欲令无分⑥。按："出钱五百七十六，买竹七十八个"，以除钱，得七，实余三十，是为三十个复可增一钱。然则实余之数则是贵者之数⑦。故曰"实贵"也⑧。本以七十八个为法，今以贵者减之，则其余悉是贱者之数。故曰"法贱"也⑨。 "其求石、钧、斤、两，以积铢各除法、实，各得其积数，余各为铢"知，谓石、钧、斤、两积铢除实，以石、钧、斤、两积铢除法，余各为铢，即合所问。术曰：各置所买石、钧、斤、两以为法，以所率乘钱数为实，实如法而一⑩。不满法者，反以实减法，法贱实贵⑪。其求石、钧、斤、两，以积铢各除法、实，各得其积数，余各为铢。

注释

①大小率之：按大小两种价格计算，此问实际上是按"大小个率之"。

②贵贱斤率之：以斤为单位，求物价，而贵贱差1钱。下"贵贱石（钧、斤、两）率之"同。

③自此以下5个题目的题设完全相同，只是设问依次为石、钧、斤、两、铢"率之"，成为不同的题目。前4题钱多物少，用"其率术"求解，而"铢率之"者，将所买丝化成以铢为单位，物多钱少，用"反其率术"求解。两：重量单位，1斤为16两。铢：重量单位。1两为24铢。《孙子算经》曰："称之所起，起于黍。十黍为一絫，十絫为一铢。二十四铢为一两，十六两为一斤，三十斤为一钧，四钧为一石。"李籍云："八铢为锱，二十四铢为两。"

④其率：揣度它们的率。其：表示揣度。《左传·成公三年》："子其怨我乎？"根据刘徽注"欲令无分"，显然要求整数解，而从答案看，还有贵贱单价之差是1的条件。设钱数为A，共买物B，A>B，如果贵物单价a，买物m，贱物单价b，买物n，则其率术是求满足

$$m+n=B$$
$$ma+nb=A$$
$$a-b=1$$

的正整数解m，n，a，b。

⑤"其率"知：与下文"'其求……余各为铢'知"，二"知"字，训者，见刘徽序"故枝条虽分而同本干知"之注释。

⑥欲令无分：是说要求没有零分的正整数解。

⑦实余之数则是贵者之数：实中的余数就是贵者的数量。以买竹为例，576÷78=7（钱），实剩余30，则此30个每个增加1钱，为8钱。那么剩余的30，就是贵的个数。

⑧实贵：由实的余数得到贵的数。比如在买竹问中，贵的个数30，由"实余"产生，所以称为"实贵"。

⑨法贱：由法的余数得到贱的数。78-30=48（个），每个7钱。贱的个数48，由"法余"产生，所以称为"法贱"。

⑩各置所买石、钧、斤、两以为法，以所率乘钱数为实，实如法而一：其方法是 $A \div B = b + \dfrac{m}{B}$。

⑪不满法者，反以实减法，法贱实贵：有不满法的余实，就以余实减法，法中的剩余就是贱的数量，实中的剩余就是贵的数量。亦即令a=b+1，n=B-m，则m，n分别是贵的和贱的数量，a，b分别就是贵的价钱和贱的价钱。

译文

假设出576钱，买78个竹。想按大小计价，问：各多少钱？

答：其中48个，1个值7钱；

其中30个，1个值8钱。

假设出1 120钱，买1石2钧18斤丝。想按贵贱以斤为单位计价，问：各多少钱？

答：其中2钧8斤，1斤值5钱；

其中1石10斤，1斤值6钱。

假设出13 970钱，买1石2钧28斤3两5铢丝。想按贵贱以石为单位计价，问：各多少钱？

答：其中1钧9两12铢，1石值8 051钱；

其中1石1钧27斤9两17铢，1石值8 052钱。

假设出13 970钱，买1石2钧28斤3两5铢丝。想按贵贱以钧为单位计价，问：各多少钱？

答：其中7斤10两9铢，1钧值2 012钱；

其中1石2钧20斤8两20铢，1石值2 013钱。

假设出13 970钱，买1石2钧28斤3两5铢丝。想按贵贱以斤为单位计价，问：各多少钱？

答：其中1石2钧7斤10两4铢，1斤值67钱；

其中20斤9两1铢，1斤值68钱。

假设出13 970钱,买1石2钧28斤3两5铢丝。想按贵贱以两为单位计价,问:各多少钱?

答:其中1石1钧17斤14两1铢,1两值4钱;

其中1钧10斤5两4铢,1两值5钱。

其率 其率是想使答案没有分数。按:出576钱,买78个竹。用它除钱数,得到7。实还剩余30。这就是说,有30个,每个的价钱可再增加1。那么,实中剩余的数量就是价钱贵的物品的数量,所以说"剩余的实是贵的数量"。本来以78作为法。现在以贵的数量减之,那么它的剩余就是价钱贱的物品的数量。所以说"剩余的法是贱的数量"。如果求石、钧、斤、两,就用积铢的数分别除剩余的法和实,依次得到石、钧、斤、两的数,每次余下的都是铢数,就符合所问问题的答案。术:布置所买的石、钧、斤、两作为法,以所要计价的单位乘钱数作为实,实除以法。不满法者,反过来用剩余的实减法,剩余的法是贱的数量,剩余的实是贵的数量。如果求石、钧、斤、两的数,就用积铢数分别除剩余的法和实,依次得到石、钧、斤、两的数,每次余下的都是铢数。

原 文

今有出钱一万三千九百七十,买丝一石二钧二十八斤三两五铢。欲其贵贱铢率之,问:各几何?

答曰:

其一钧二十斤六两十一铢,五铢一钱;

其一石一钧七斤一十二两一十八铢,六铢一钱。

今有出钱六百二十,买羽二千一百翭①。翭。羽本也。数羽称其本,犹数草木称其根株。欲其贵贱率之,问:各几何?

答曰:

其一千一百四十翭,三翭一钱;

其九百六十翭,四翭一钱。

今有出钱九百八十。买矢簳五千八百二十枚②。欲其贵贱率之,问:各几何?

答曰:

其三百枚,五枚一钱;

其五千五百二十枚,六枚一钱。

反其率③臣淳风等谨按:"其率"者,钱多物少;"反其率"知④,钱少物多。多少相反,故曰反其率也。其率者,以物数为法,钱数为实;反之知,以钱数为法,物数为实。不满法知,实余也。当以余物化为钱矣。法为凡钱,而今以化

钱减之，故以实减法。"法少"知，经分之所得[5]，故曰"法少"[6]；"实多"者，余分之所益，故曰"实多"[7]。乘实宜以多，乘法宜以少，故曰"各以其所得多少之数乘法、实，即物数"。"其求石、钧、斤、两，以积铢各除法、实，各得其数，余各为铢"者，谓之石、钧、斤、两积铢除实，石、钧、斤、两积铢除法，余各为铢，即合所问。术曰：以钱数为法，所率为实，实如法而一[8]。不满法者，反以实减法，法少实多[9]。二物各以所得多少之数乘法、实，即物数[10]。其率，按：出钱六百二十，买羽二千一百翭。反之，当二百四十钱，一钱四翭；其三百八十钱，一钱三翭。是钱有二价，物有贵贱。故以羽乘钱，反其率也。

注 释

①羽：箭翎，装饰在箭杆的尾部，用以保持箭飞行的方向。《释名·释兵》：矢"其旁曰羽，如鸟羽也。鸟须羽而飞，箭须羽而前也。"翭：羽根。

②筭：李籍《音义》引作"干"，云："干，茎也。一本作'筭'。"李籍所说"一本"即南宋本的母本，他自己所用的抄本"筭"作"干"。

③反其率：与其率相反。盖其率术求单价贵贱差1，故以物数为法，钱数为实。反其率术亦是求两种单价。但要求1钱所买物的个数差1，故以钱数为法，物数为实。仍设钱数为A，共买物B。若A<B，如果贵物单价a。买物m，贱物单价b，买物n，则反其率术就是求

$$m+n=B$$

$$\frac{m}{b}+\frac{n}{b}=A$$

$$a-b=1$$

的正整数解m，n，a，b。

④"反其率"知：与下文"反之知""不满法知""'法少'知"此四"知"字，训者。见刘徽序"故枝条虽分而同本干知"之注释。

⑤经分：《九章筭术》中的分数除法，但李淳风等将其理解成"以人数分所分，故曰经分也"（见卷一经分术及其李淳风等注释），即包括整数除法在内的除法。比如在买羽问中，出钱620，买羽2 100翭。2 100÷620=3，余240。按照李淳风等的理解，3由经分得到。

⑥故曰"法少"：从上文看不出为什么说"故曰'法少'"，李淳风等逻辑推理水平之低下可见一斑。

94

⑦故曰"实多"：从上文看不出为什么说"故曰'实多'"。

⑧以钱数为法，所率为实，实如法而一：此即B÷A=6+$\frac{p}{B}$，p<A。

⑨不满法者，反以实减法，法少实多：有不满法的余实。就以余实减法，余法就是1钱买的少的钱数，余实就是1钱买的多的钱数。即余实p是1钱买a=b+1个的钱数。余法B－p就是1钱买b个的钱数。比如买羽问中，由2 100÷620=3。余实240，则240钱中每钱可增加1雉，为1钱4雉，就是"实多"。由法620钱中除去1钱4猴的240钱，则620－240=380钱，每钱3雉，就是"法少"。

⑩二物各以所得多少之数乘法、实，即物数：二种东西分别以1钱所买的多、少的数乘余实，得m=ap就是1钱买的多的东西的数量，n=b（B－p）就是1钱买的少的东西的数量。在买羽问中，240钱中每钱4雉，那么共4×240=960雉。380钱中每钱3雉，共3×380=1 140雉。

假设出13 970钱，买1石2钧28斤3两5铢丝。想按贵贱以铢为单位计价，问：各多少钱？

答：其中1钧27斤6两11铢，5铢值1钱；

其中1石1钧7斤12两18铢，6铢值1钱。

假设出620钱，买2 100雉乌羽。雉，乌羽的本。数乌羽称本，就如同数草称根，数木称株一样。想按贵贱计价，问：各多少钱？

答：其中1 140雉，3雉值1钱；

其中960雉，4雉值1钱。

假设出980钱，买5 820枚箭杆。想按贵贱计价，问：各多少钱？

答：其中300枚，5枚值1钱；

其中5 520枚，6枚值1钱。

反其率淳风等按：其率术是出的钱数量大。而买的物品数量小；反其率术是出的钱数量小，而买的物品数量大；大与小的情况正好相反，所以叫作反其率术。

术：以出的钱数作为法，所买物品作为实，实除以法。不满法者，反过来用剩余的实减法。剩余的法是买的少的物品的数量，剩余的实是买的多的物品的数量。分别用所得到的买的多少二种物品数乘剩余的实与法，就得到贱与贵的物品的数量。按：其率术是出620钱买2 100雉乌羽。反过来，应当是其中240钱，1钱买4雉；其中380钱，1钱买3雉。这是出钱有两个价钱，物品有贵有贱。所以用1钱买的乌羽数乘钱数，这就是反其率术。

精彩点拨

本章系统的讲解了诸多比例算法，提出了"今有术"，还有"经率术""其率术""反其率术"等诸多方法，其中提出的谷物粮食比例折换为后世许多朝代的物物交换或商品出售提供了依据。为众多学者研究古代人们的生活状态、粮食物价、朝代兴衰等提供了重要依据。

阅读知果

五 谷

平常俗称的"五谷"所指的五种谷物。"五谷"，古代有多种不同说法，最主要的有两种：一种指稻、黍、稷、麦、菽；另一种指麻、黍、稷、麦、菽。两者的区别是：前者有稻无麻，后者有麻无稻。古代经济文化中心在黄河流域，稻的主要产地在南方，而北方种稻有限，所以"五谷"中最初没有稻。

九章算术卷第三

魏 刘徽 注
唐朝议大夫行太史令上轻车都尉臣李淳风等奉敕注释

精彩导读

前两张分别解决了丈量土地、等价交换等问题，讲述了面积和比例的计算方法，书中用贴近人民生活的例子来讲述数学理论，让人们能够更直观的了解他的理论，明白他想阐述的数学原理，第三章中也是如此，按爵分配，赔偿问题，纳税，徭役，还有贷款利息的计算等为例，讲述自己关于分配的计算方法理论。

衰分①以御贵贱禀税②

衰分衰分，差也③。术曰：各置列衰④；列衰，相与率也⑤。重叠，则可约⑥。副并为法⑦，以所分乘未并者各自为实⑧。法集而衰别⑨。数本一也。今以所分乘上别，以下集除之，一乘一除适足相消。故所分犹存，且各应率而别也。于今有术，列衰各为所求率，副并为所有率，所分为所有数⑩。又以经分言之⑪，假令甲家三人，乙家二人，丙家一人，并六人，共分十二，为人得二也。欲复作逐家者⑫，则当列置人数，以一人所得乘之。今此术先乘而后除也⑬。实如法而一⑭。不满法者，以法命之⑮。

①衰分：按一定的等级进行分配，即按比例分配。衰cuī：由大到小按一定等级递减。《管子·小匡》："相地而衰其政，则民不移矣。"尹知章注："衰，差也。"李籍在引用尹知章注之后云："以差而平分，故曰衰分。"衰分是"九数"之三，郑玄引郑众"九数"作"差分"，是为衰分在先秦的名称。

②禀：赐人以谷。《说文解字》："禀，赐谷也。"税：本义是田赋。引申为一切赋

税。李籍云:"供谷曰稟。或曰廩,非是。"知李籍看到的抄本中有一本讹作"廩"。

③差cī:次第,等级。《孟子·滕文公上》:"爱无差等,施由亲始。"赵岐注:"当同其恩爱,无有差次等级亲疏也。"

④列衰:列出的等级数,即各物品的分配比例,设为a_i,i=1, 2, …, n。

⑤计算中所使用的列衰都是相与率。

⑥重叠:重复叠加。这里实际上指有等数。如果有等数,可以约简。

⑦副并为法:在旁边将列衰相加,作为法,即将$\sum_{j=1}^{n} a_j$作为法。

⑧所分:被分配的总量,设为A。未并者:没有相加的列衰。这是将a_iA分别作为实,i=1, 2, …, n。

⑨法集而衰别:法$\sum_{j=1}^{n} a_j$是列衰集中到一起,而列衰a_i是有区别的。

⑩刘徽将列衰a_i作为所求率,副并$\sum_{j=1}^{n} a_j$作为所有率,所分A作为所有数,从而将衰分术归结为今有术。

⑪经分:从以下的内容看,这里的经分指整数除法。

⑫逐家:一家一家依次(求之)。逐:依次,挨着次序。

⑬此术先乘而后除:指衰分术是先乘后除。盖其算理,应该先以法除实,即$A \div \sum_{j=1}^{n} a_j$,然后乘列衰:$(A \div \sum_{j=1}^{n} a_j) \times a_i$, i=1, 2…, n, 得到答案。然而先除可能出现分数,后乘会繁琐,故采用交换律,先乘后除。

⑭设各份是A_i,则

$$A_i = a_i A \div \sum_{j=1}^{n} a_j, \quad i=1, 2, …, n。$$

以法命之:如果实有余数,便使用法命名一个分数。

译文

衰分为了处理物价贵贱、赐予谷物及赋税等问题

衰分衰分,就是按等级分配。术:分别布置列衰。列衰是相与之率。如果有重叠,就可以约简。在旁边将它们相加作为法。以所分的数量乘未相加的列衰,分别作为实。法是将列衰集合在一起。而列衰是各自的。这个所分的数量本来是一个整体。现在用所分的数量乘布置在上方的各自的列衰,用布置在下方的集合在一起的法除之,一乘一除恰好相消,所以所分的数量仍然存在,只是分别对应于各自的率而有所区别罢了。对于今有术,列衰分别是所求率,在旁边将它们相加的结果是所有率,所分的数量是所有数。又用经分术来表述之:假设甲家有3人。乙家有2人,丙家有1人,相加为6人,共同分12,就是每人得到2。想再得到一家一家的数量,则应当列出各家的人数,以1人所得的数量乘之。现在此术是先作乘法而后作除法。实除以法。不满法者,用法命名一个分数。

今有大夫①、不更②、簪褭③、上造④、公士⑤，凡五人，共猎得五鹿。欲以爵次分之⑥，问：各得几何？

  答曰：

  大夫得一鹿三分鹿之二；

  不更得一鹿三分鹿之一；

  簪褭得一鹿；

  上造得三分鹿之二；

  公士得三分鹿之一。

  术曰：列置爵数，各自为衰；爵数者，谓大夫五，不更四，簪褭三，上造二。公士一也。《墨子·号令篇》以爵级为赐⑦，然则战国之初有此名也。今有术，列衰各为所求率，副并为所有率，今有鹿数为所有数，而今有之，即得。副并为法；以五鹿乘未并者各自为实。实如法得一鹿⑧。

今有牛、马、羊食人苗。苗主责之粟五斗。羊主曰："我羊食半马。"马主曰："我马食半牛。"今欲衰偿之⑨，问：各出几何？

  答曰：

  牛主出二斗八升七分升之四，

  马主出一斗四升七分升之二，

  羊主出七升七分升之一。

  术曰：置牛四、马二、羊一，各自为列衰；副并为法；以五斗乘未并者各自为实。实如法得一斗⑩。臣淳风等谨按：此术问意，羊食半马，马食半牛，是谓四羊当一牛，二羊当一马。今术置羊一、马二、牛四者，通其率以为列衰。

今有甲持钱五百六十，乙持钱三百五十，丙持钱一百八十，凡三人俱出关，关税百钱⑪。欲以钱数多少衰出之，问：各几何？

  答曰：

  甲出五十一钱一百九分钱之四十一，

  乙出三十二钱一百九分钱之一十二，

  丙出一十六钱一百九分钱之五十六。

  术曰：各置钱数为列衰，副并为法，以百钱乘未并者，各自为实，实如法得一钱⑫。臣淳风等谨按：此术甲、乙、丙持钱数以为列衰，副并为所有率，未并者各为所求率，百钱为所有数，而今有之，即得。

今有女子善织⑬，日自倍⑭。五日织五尺，问：日织几何？

答曰：

初日织一寸三十一分寸之十九，

次日织三寸三十一分寸之七，

次日织六寸三十一分寸之十四，

次日织一尺二寸三十一分寸之二十八，

次日织二尺五寸三十一分寸之二十五。

术曰：置一、二、四、八、十六为列衰；副并为法；以五尺乘未并者，各自为实，实如法得一尺⑮。

今有北乡算八千七百五十八⑯，西乡算七千二百三十六，南乡算八千三百五十六，凡三乡发徭三百七十八人⑰。欲以算数多少衰出之，问：各几何？

答曰：

北乡遣一百三十五人一万二千一百七十五分人之一万一千六百三十七，

西乡遣一百一十二人一万二千一百七十五分人之四千四。

南乡遣一百二十九人一万二千一百七十五分人之八千七百九。

术曰：各置算数为列衰；臣淳风等谨按：三乡算数，约、可半者，为列衰。副并为法；以所发徭人数乘未并者，各自为实。实如法得一人⑱。按：此术，今有之义也。

今有禀粟⑲，大夫、不更、簪裹、上造、公士凡五人，一十五斗。今有大夫一人后来，亦当禀五斗。仓无粟，欲以衰出之，问：各几何？

答曰：

大夫出一斗四分斗之一，

不更出一斗，

簪裹出四分斗之三，

上造出四分斗之二，

公士出四分斗之一。

术曰：各置所禀粟斛斗数，爵次均之，以为列衰；副并，而加后来大夫亦五斗，得二十以为法；以五斗乘未并者，各自为实。实如法得一斗⑳。禀前"五人十五斗"者，大夫得五斗，不更得四斗，簪裹得三斗，上造得二斗，公士得一斗。欲令五人各依所得粟多少减与后来大夫。即与前来大夫同。据前来大夫已得五斗。故言"亦"也。各以所得斗数为衰，并得十五，而加后来大夫亦五斗，凡二十，为法也。是为六人共出五斗。后来大夫亦俱损折。今有术，副并为所有率，未并者各为所求率，五斗为所有数，而今有之，即得。

今有禀粟五斛，五人分之。欲令三人得三，二人得二，问：各几何？

答曰：

三人，人得一斛一斗五升十三分升之五，

二人。人得七斗六升十三分升之十二。

术曰：置三人，人三；二人，人二，为列衰；副并为法；以五斛乘未并者各自为实。实如法得一斛㉑。

注释

①大夫：官名，起自殷周。又，爵位名，据《汉书·百官公卿表》，秦汉分爵位二十级，大夫为第五级。此指后者。李籍云："夫，以智率人者也。大夫，则以智率人之大者也。"

②不更：爵位名。秦汉爵位之第四级。《汉书·百官公卿表》注："言不豫更卒之事也。"李籍云："次大夫，取其不与戍更。"

③簪褭niǎo：亦作簪袅。爵位名，秦汉爵位之第三级。《汉书·百官公卿表》注："以组带马曰袅。簪袅者，言饰此马也。"《后汉书·百官志》注引刘邵《爵制》："三爵曰簪褭，御驷马者。要袅，古之名马也。驾驷马者其形似簪，故曰簪褭也。"李籍云："次不更，取其缨冠乘马。"

④上造：爵位名，秦汉爵位之第二级。《汉书·百官公卿表》注："造，成也。言有成命于上也。"李籍云："次簪褭，取其为造士而居上。"

⑤公士：爵位名。秦汉爵位之第一级。《汉书·百官公卿表》注："言有爵命，异于士卒，故称公士也。"李籍云："次上造，取其为士而在公。"

⑥爵次：爵位的等级。"爵"本是商、周的酒器，又引申为贵族的等级。《周礼·天官·大宰》："以八柄诏王驭群臣，一曰爵，以驭其贵；二曰禄，以驭其富。"

⑦以爵级为赐：现存《墨子·号令篇》无此语。孙诒让《墨子间诂》认为此指"疾斗者，对二人赐上奉。而胜围城周里以上，封城将三十里地，为关内侯。辅将如令，赐上卿。丞，及吏比于丞者，赐爵五大夫。官吏豪杰与计坚守者十人，及城上吏比于五官者，皆赐公乘。男子有守者，爵人二级。"

⑧列衰为：大夫：不更：簪褭：上造：公士＝5：4：3：2：1。在旁边将列衰相加 5+4+3+2+1=15 作为法。大夫得之实：5鹿×5=25鹿；不更得之实：5鹿×4=20鹿；簪褭得之实：5鹿×3=15鹿；上造得之实：5鹿×2=10鹿；公士得之实：5鹿×1=5鹿。故大夫得：25鹿÷15=$1\frac{2}{3}$鹿；不更得：20鹿÷15=$1\frac{1}{3}$鹿；簪褭得：15鹿÷15=1鹿；上造得：10鹿÷15=$\frac{2}{3}$鹿；公士得：5鹿÷15=$\frac{1}{3}$鹿。

⑨衰偿：按列衰赔偿。偿：偿还。李籍云："还也。"

⑩此谓羊食=$\frac{1}{2}$马食，马食=$\frac{1}{2}$牛食，故列衰为：牛:马:羊=4:2:1。在旁边将列衰相加4+2+1=7作为法。牛食之实：5斗×4=20斗；马食之实：5斗×2=10斗；羊食之实：5斗×1=5斗。故牛主偿：20斗÷7=2$\frac{6}{7}$斗=2斗8$\frac{4}{7}$升。马主偿：10斗÷7=1$\frac{3}{7}$斗=1斗4$\frac{2}{7}$升。羊主偿：5斗÷7=$\frac{5}{7}$斗=7$\frac{1}{7}$升。

⑪关税：指关卡征收赋税。关：本义是门闩，引申为要塞，关口。《孟子·尽心下》："古之为关也，将以御暴。"税：作动词，指征收或交纳赋税。

⑫此谓列衰为：甲:乙:丙=560:350:180。在旁边将列衰相加560+350+180=1090作为法。甲税之实：100钱×560=56000钱；乙税之实：100钱×350=35000钱；丙税之实：100钱×180=18000钱。故甲出：56000÷1 090=51$\frac{41}{109}$钱。乙出：35 000÷1 090=32$\frac{12}{109}$钱。丙出：18 000÷1 090=16$\frac{56}{109}$钱。

⑬《算数书》《孙子算经》亦有此问。

⑭日自倍：第二日是第一日的2倍。若第一日织1尺。则第二日织1尺×2=2尺，第三日织2尺×2=4尺，第四日织4尺×2=8尺，第五日织8尺×2=16尺。

⑮列衰为：第一日织:第二日织:第三日织:第四日织:第五日织=1:2:4:8:16。在旁边将列衰相加1+2+4+8+16=31作为法。第一日织之实：5尺×1=5尺；第二日织之实：5尺×2=10尺；第三日织之实：5尺×4=20尺；第四日织之实：5尺×8=40尺；第五日织之实：5尺×16=80尺。故第一日织得：5尺÷31=$\frac{5}{31}$尺=1$\frac{19}{31}$寸；第二日织得：10尺÷31=$\frac{10}{31}$尺=3$\frac{7}{31}$寸；第三日织得：20尺÷31=$\frac{20}{31}$尺=6$\frac{14}{31}$寸；第四日织得：40尺÷31=1$\frac{9}{31}$尺=1尺2$\frac{28}{31}$寸；第五日织得：80尺÷31=2$\frac{18}{31}$尺=2尺5$\frac{25}{31}$寸。

⑯算：算赋，汉代的人丁税。《汉书·高帝纪》载，四年（前203）八月"初为算赋"。如淳曰："《汉仪注》民年十五以至五十六出赋钱，人百二十为一算，为治库兵车马"。李籍云："算者，计口出钱。汉律：人出一算。一算百二十钱。贾人与奴婢倍算。"

⑰徭：劳役。李籍云"役也。"

⑱列衰为：北乡:西乡:南乡=8 758:7 236:8 356。在旁边将列衰相加8 758+7 236+8 356=24 350作为法。北乡徭之实：378人×8 758；西乡徭之实：378人×7 236；南乡徭之实：378人×8 356。故北乡遣：378人×8 758÷24 350=135$\frac{11\,637}{12\,175}$人。西乡遣：378人×7 236÷24 350=112$\frac{4\,004}{12\,175}$人。南乡遣：378人×8 356÷24 350=129$\frac{8\,709}{12\,175}$人。

⑲禀粟：赐人以谷曰禀。《汉书·文帝纪》元年诏曰："今闻吏禀当受鬻者，或以陈粟，岂称养老之意哉！"

⑳列衰为：大夫：大夫：不更：簪袅：上造：公士=5：5：4：3：2：1。在旁边将列衰相加5+5+4+3+2+1=20作为法。大夫出粟之实：5斗×5=25斗；不更出粟之实：5斗×4=20斗；簪袅出粟之实：5斗×3=15斗；上造出粟之实：5斗×2=10斗；公士出粟之实：5斗×1=5斗。故大夫出粟：25斗÷20=1$\frac{1}{4}$斗；不更出粟：20斗÷20=1斗；簪袅出粟：15斗÷20=$\frac{3}{4}$斗；上造出粟：10斗÷20=$\frac{2}{4}$斗；公士出粟：5斗÷20=$\frac{1}{4}$斗。

㉑列衰为：3：3：3：2：2。在旁边将列衰相加3+3+3+2+2=13作为法。三人组一人得粟之实：5斛×3=15斛，则一人得粟：15斛÷13=1$\frac{2}{13}$斛=1斛1斗5$\frac{5}{13}$升；二人组一人得粟之实：5斛×2=10斛。则一人得粟10斛÷13=$\frac{10}{13}$斛=7斗6$\frac{12}{13}$升。

假设大夫、不更、簪袅、上造、公士5人，共猎得5只鹿。想按爵位的等级分配，问：各得多少？

答：大夫得1$\frac{2}{3}$只鹿，

不更得1$\frac{1}{3}$只鹿，

簪袅得1只鹿，

上造得$\frac{2}{3}$只鹿，

公士得$\frac{1}{3}$只鹿。

术：列出爵位的等级，各自作为衰。爵位的级数。是说大夫是5，不更是4，簪袅是3，上造是2，公士是1。《墨子·号令篇》说按照爵位的等级进行赏赐，那么战国初期就有这些名号了。对于今有术，列衰各自作为所求率，在旁边将它们相加作为所有率，现猎得的鹿数作为所有数，对之施用今有术，就得到答案。在旁边将它们相加作为法，以5只鹿乘未相加的列衰作为实，实除以法，得到每人的鹿数。

假设牛、马、羊啃了人家的庄稼。庄稼的主人索要5斗粟作为赔偿。羊的主人说："我的羊啃的是马的一半。"马的主人说："我的马啃的是牛的一半。"现在想按照比例偿还，问：各出多少？

答：牛的主人出2斗8$\frac{4}{7}$升，

马的主人出1斗4$\frac{2}{7}$升，

羊的主人出7$\frac{1}{7}$升。

术：布置牛4、马2、羊1，各自作为列衰。在旁边将它们相加作为法。以5斗乘未相加的列衰各自作为实。实除以法，得每人赔偿的斗数。淳风等按：这一问题的意思是：羊啃的是马的一半。马啃的是牛的一半，这是说4只羊啃的相当于1头牛啃的，2只羊啃的相当于1匹马啃的。现在术中布置羊1，马2，牛4，这是使它们的率相通并以其作为列衰。

假设某甲带着560钱，乙带着350钱，丙带着180钱，3人一道出关，关防征税100钱。想按照所带钱数多少分配税额，问：各出多少？

答：甲出51$\frac{41}{109}$钱，

乙出32$\frac{12}{109}$钱，

丙出16$\frac{56}{109}$钱。

术：分别布置所带的钱数作为列衰，在旁边将它们相加作为法。用100钱乘未相加的列衰，各自作为实。实除以法，得到每人出的税钱。淳风等按：此术中以甲、乙、丙所带的钱数作为列衰，在旁边将它们相加，作为所有率，未相加的列衰分别作为所求率，100钱作为所有数，应用今有术，就得到答案。

假设一女子善于纺织，每天都增加一倍，5天共织了5尺。问：每天织多少？

答：第一天织1$\frac{19}{31}$寸，

第二天织3$\frac{7}{31}$寸，

第三天织6$\frac{14}{31}$寸，

第四天织1尺2$\frac{28}{31}$寸，

第五天织2尺5$\frac{25}{31}$寸。

术：布置1，2，3，4，5作为列衰，在旁边将它们相加作为法。以5尺乘未相加的列衰，各自作为实。实除以法，得到每天织的尺数。

假设北乡的算赋是8 758，西乡的算赋是7 236，南乡的算赋是8 356。三乡总共要派遣徭役378人。想按照各乡算赋数的多少分配，问：各乡派遣多少人？

答：北乡派遣135$\frac{11\,637}{12\,175}$人，

西乡派遣112$\frac{4\,004}{12\,175}$人，

南乡派遣129$\frac{8\,709}{12\,175}$人。

术：分别布置各乡的算赋数作为列衰，淳风等按：三乡的算赋数，可约简，或可取其一半的，就约简或取其一半，作为列衰。在旁边将它们相加作为法，以所要派遣的徭役人数乘未相加的列衰，分别作为实。实除以法，得每乡派遣的徭役人数。按：此术有今有术的意义。

假设要发放粟米，大夫、不更、簪袅、上造、公士共5人，发放15斗。如果有另一个大夫来晚了，也应当发给他5斗。可是粮仓中已经没有粟米，想让各人按爵位等级拿出粟给他，问：各人出多少？

答：大夫拿出1$\frac{1}{4}$斗，

不更拿出1斗，

簪袅拿出$\frac{3}{4}$斗，

上造拿出$\frac{2}{4}$斗，

公士拿出$\frac{1}{4}$斗。

术：分别布置所发放的粟米的斗数，以爵位等级调节之，作为列衰。在旁边将它们相加，又加晚来的大夫的爵位数也是5斗，得到20，作为法。以5斗乘未相加的列衰，各自作为实。实除以法，得到每人拿出的斗数。重新发放粟米之前，5人共15斗，这是大夫得5斗，不更得4斗，簪袅得3斗，上造得2斗。公士得1斗。想使5人各按照所得到的粟的多少减损并给晚来的大夫，使他与先来的大夫相同。根据先来的大夫已得到5斗。所以说晚来的大夫"也是5斗"。各以所得的斗数作为列衰，相加得15，又加晚来的大夫也是5斗，总共是20斗，作为法。这就成为6人共出5斗——晚来的大夫也一道减损。对于今有术，在旁边相加列衰作为所有率。未相加的列衰各为所求率，5斗作为所有数，应用今有术，就得到答案。

假设发放粟米5斛，5个人分配。想使3个人每人得3份，2个人每人得2份，问：各得多少？

答：3个人，每人得1斛1斗5$\frac{5}{13}$升，

2个人，每人得7斗6$\frac{12}{13}$升。

术：布置3个人，每人3；2个人，每人2，作为列衰。在旁边将它们相加，作为法。以5斛乘未相加的列衰，各自作为实。实除以法，得到每人得的斛数。

105

原 文

返衰^①以爵次言之，大夫五、不更四……欲令高爵得多者，当使大夫一人受五分，不更一人受四分……人数为母，分数为子。母同则子齐，齐即衰也。故上衰分宜以五、四……为列焉。今此令高爵出少，则当使大夫五人共出一人分，不更四人共出一人分……故谓之返衰^②。人数不同，则分数不齐。当令母互乘子。母互乘子，则"动者为不动者衰"也^③。亦可先同其母，各以分母约，其子为返衰^④；副并为法；以所分乘未并者，各自为实。实如法而一。术曰：列置衰而令相乘^⑤，动者为不动者衰。

注 释

①返衰：以列衰的倒数进行分配。

②使大夫五人共出一人分，不更四人共出一人分……即大夫1人出$\frac{1}{5}$，不更1人出$\frac{1}{4}$……大夫、不更、簪袅、上造、公士5人以$\frac{1}{5}$，$\frac{1}{4}$，$\frac{1}{3}$，$\frac{1}{2}$，1为列衰分配，所以称为返衰。

③根据刘徽注，《九章算术》返衰术给出公式

$$A_i = (Aa_1a_2\cdots a_{i-1}a_{i+1}\cdots a_n) \div \sum_{j=1}^{n} a_1a_2\cdots a_{j-1}a_{j+1}\cdots a_n, \quad i=1, 2, \cdots, n_o \qquad (3-2)$$

显然，在求A_i的时候，用不到以其衰a_i乘所分A，所以说"动者为不动者衰"。

④其子：指以分母约"同"的结果。同即公分母。

⑤列置衰而令相乘：就是布置列衰，使分母互乘分子。即得到$a_1a_2\cdots a_{i-1}a_{i+1}\cdots a_n$，i=1，2，…n为列衰。

译 文

返衰以爵位等级表述之。大夫是5，不更是4……想使爵位高的得的多，应当使大夫1人接受5份，不更1人接受4份……人数作为分母，每人接受的份数作为分子。分母相同，则分子应该相齐，相齐就能作列衰。所以应用上面的衰分术应当以5，4……作为列衰。现在此处使爵位高的出的少，那么应当使大夫5个人共出1份，不更4个人共出1份……所以称之为返衰。人数不同。则份数不相齐。应当使分母互乘分子。分母互乘分子，就是变动了的为不变动的进行衰分。也可以先使它们的分母相同，以各自的分母除同，以它们的分子作为返衰术的列衰。在旁边将它们相加作为法。用所分的数量乘未相加的列衰，分别作为实。实除以法。术：布置列衰而使它们相乘，变动了的为不变动的进行衰分。

今有大夫、不更、簪褭、上造、公士凡五人，共出百钱。欲令高爵出少，以次渐多，问：各几何？

　　答曰：

　　　　大夫出八钱一百三十七分钱之一百四，

　　　　不更出一十钱一百三十七分钱之一百三十，

　　　　簪褭出一十四钱一百三十七分钱之八十二，

　　　　上造出二十一钱一百三十七分钱之一百二十三，

　　　　公士出四十三钱一百三十七分钱之一百九。

　　术曰：置爵数，各自为衰，而返衰之。副并为法；以百钱乘未并者，各自为实。实如法得一钱①。

今有甲持粟三升，乙持粝米三升，丙持粝饭三升。欲令合而分之，问：各几何？

　　答曰：

　　　　甲二升一十分升之七，

　　　　乙四升一十分升之五，

　　　　丙一升一十分升之八。

　　术曰：以粟率五十、粝米率三十、粝饭率七十五为衰，而返衰之。副并为法。以九升乘未并者，各自为实。实如法得一升②。按：此术，三人所持升数虽等，论其本率，精粗不同。米率虽少，令最得多；饭率虽多，返使得少。故令返之。使精得多而粗得少。于今有术，副并为所有率，未并者各为所求率，九升为所有数，而今有之，即得。

注　释

①本来大夫，不更，簪褭，上造，公士的列衰为5，4，3。2，1。返衰之，则以 $\frac{1}{5}$，$\frac{1}{4}$，$\frac{1}{3}$，$\frac{1}{2}$，1为列衰。在旁边将它们相加，$\frac{1}{5}+\frac{1}{4}+\frac{1}{3}+\frac{1}{2}+1=\frac{137}{60}$ 作为法。大夫出钱之实100钱 $\times \frac{1}{5}=20$ 钱；不更出钱之实100钱 $\frac{1}{4}\times=25$ 钱；簪褭出钱之实100钱 $\times \frac{1}{3}=\frac{100}{3}$ 钱；上造出钱之实100钱 $\times \frac{1}{2}=50$ 钱；公士出钱之实100钱 $\times 1=100$ 钱。故大夫出钱20钱 $\div \frac{137}{60}=8\frac{104}{137}$ 钱；不更出钱25钱 $\div \frac{137}{60}=10\frac{130}{137}$ 钱；簪褭出钱 $\frac{100}{3}$ 钱 $\div \frac{137}{60}=14\frac{82}{137}$

钱；上造出钱50钱÷$\frac{137}{60}$=21$\frac{123}{137}$钱；公士出钱100钱÷$\frac{137}{60}$=43$\frac{109}{137}$钱。

②本来甲，乙，丙的列衰为50，30，75。返衰之，则以$\frac{1}{50}$，$\frac{1}{30}$，$\frac{1}{75}$为列衰。在旁边将它们相加，$\frac{1}{50}+\frac{1}{30}+\frac{1}{75}=\frac{1}{15}$作为法。甲所分之实9升×$\frac{1}{50}=\frac{9}{50}$升；乙所分之实9升×$\frac{1}{30}=\frac{9}{30}$升；丙所分之实9升×$\frac{1}{75}=\frac{3}{25}$升。故甲所分$\frac{9}{50}$升÷$\frac{1}{15}=2\frac{7}{10}$升；乙所分$\frac{9}{30}$升÷$\frac{1}{15}=4\frac{5}{10}$升；丙所分$\frac{3}{25}$升÷$\frac{1}{15}=1\frac{8}{10}$升。

假设大夫、不更、簪褭、上造、公士5个人，共出100钱。想使爵位高的出的少，按顺序逐渐增加，问：各出多少？

答：大夫出8$\frac{104}{137}$钱，

不更出10$\frac{130}{137}$钱，

簪褭出14$\frac{82}{137}$钱，

上造出21$\frac{123}{137}$钱，

公士出43$\frac{109}{137}$钱。

术：布置爵位等级数，各自作为衰，而对之施行返衰术。在旁边将返衰相加。用100钱乘未相加的返衰，各自作为实。实除以法，得每人出的钱数。

假设甲拿来3升粟，乙拿来3升粝米，丙拿来3升粝饭。想把它们混合起来重新分配，问：各得多少？

答：甲得2$\frac{7}{10}$升，

乙得4$\frac{5}{10}$升，

丙得1$\frac{8}{10}$升。

术：以粟率50，粝米率30，粝饭率75作为列衰，而对之施行返衰术。将返衰相加作为法，以9升乘未相加的返衰，各自作为实。实除以法，得每人分得的升数。按：此术中。三个人所拿来的粟米的升数虽然相等，但是论到它们各自的率，却有精粗的不同。粝米率虽然小，却使得到的多；粝饭率虽然大，反而使得到的少，所以对之施行返衰术，使精的得的多而粗的得的少。对今有术，在旁边将返衰相加作为所有率，未相加的返衰各自作为所求率，9升作为所有数，而应用今有术。即得到答案。

今有丝一斤①，价直二百四十。今有钱一千三百二十八，问：得丝几何？

答曰：五斤八两一十二铢五分铢之四。

术曰：以一斤价数为法，以一斤乘今有钱数为实，实如法得丝数。按：此术今有之义。以一斤价为所有率，一斤为所求率，今有钱为所有数，而今有之，即得。

今有丝一斤，价直三百四十五。今有丝七两一十二铢，问：得钱几何？

答曰：一百六十一钱三十二分钱之二十三。

术曰：以一斤铢数为法，以一斤价数乘七两一十二铢为实。实如法得钱数。臣淳风等谨按：此术亦今有之义。以丝一斤铢数为所有率，价钱为所求率，今有丝为所有数，而今有之，即得。

今有缣一丈，价直一百二十八。今有缣一匹九尺五寸，问：得钱几何？

答曰：六百三十三钱五分钱之三。

术曰：以一丈寸数为法，以价钱数乘今有缣寸数为实。实如法得钱数。臣淳风等谨按：此术亦今有之义。以缣一丈寸数为所有率，价钱为所求率，今有缣寸数为所有数，而今有之，即得。

今有布一匹，价直一百二十五。今有布二丈七尺，问：得钱几何？

答曰：八十四钱八分钱之三。

术曰：以一匹尺数为法，今有布尺数乘价钱为实，实如法得钱数。臣淳风等谨按：此术亦今有之义。以一匹尺数为所有率，价钱为所求率，今有布为所有数，今有之，即得。

今有素一匹一丈②，价直六百二十五。今有钱五百，问：得素几何？

曰：得素一匹。

术曰：以价直为法，以一匹一丈尺数乘今有钱数为实。实如法得素数。臣淳风等谨按：此术亦今有之义。以价钱为所有率，五丈尺数为所求率，今有钱为所有数，今有之，即得。

今有与人丝一十四斤，约得缣一十斤。今与人丝四十五斤八两，问：得缣几何？

答曰：三十二斤八两。

术曰：以一十四斤两数为法，以一十斤乘今有丝两数为实。实如法得缣数。臣淳

风等谨按：此术亦今有之义。以一十四斤两数为所有率。一十斤为所求率，今有丝为所有数，今有之，即得。

今有丝一斤，耗七两。今有丝二十三斤五两，问：耗几何？

  答曰：一百六十三两四铢半。

  术曰：以一斤展十六两为法；以七两乘今有丝两数为实。实如法得耗数。臣淳风等谨按：此术亦今有之义。以一斤为十六两为所有率，七两为所求率，今有丝为所有数，而今有之，即得。

今有生丝三十斤，干之，耗三斤十二两。今有干丝一十二斤，问：生丝几何？

  答曰：一十三斤一十一两十铢七分铢之二。

  术曰：置生丝两数，除耗数，余，以为法。余四百二十两，即干丝率。三十斤乘干丝两数为实。实如法得生丝数。凡所得率知[3]，细则俱细，粗则俱粗，两数相抱而已[4]。故品物不同，如上缣、丝之比，相与率焉。三十斤凡四百八十两，令生丝率四百八十两。令干丝率四百二十两，则其数相通。可俱为铢，可俱为两，可俱为斤，无所归滞也[5]。若然，宜以所有干丝斤数乘生丝两数为实。今以斤、两错互而亦同归者，使干丝以两数为率，生丝以斤数为率。譬之异类，亦各有一定之势[6]。 臣淳风等谨按：此术，置生丝两数，除耗数，余即干丝之率，于今有术为所有率；三十斤为所求率，干丝两数为所有数。凡所谓率者，细则俱细，粗则俱粗。今以斤乘两知，干丝即以两数为率，生丝即以斤数为率，譬之异物，各有一定之率也。

今有田一亩，收粟六升太半升。今有田一顷二十六亩一百五十九步，问：收粟几何？

  答曰：八斛四斗四升一十二分升之五。

  术曰：以亩二百四十步为法，以六升太半升乘今有田积步为实，实如法得粟数。

  臣淳风等谨按：此术亦今有之义。以一亩步数为所有率，六升太半升为所求率，今有田积步为所有数，而今有之，即得。

今有取保一岁[7]，价钱二千五百。今先取一千二百，问：当作日几何？

  答曰：一百六十九日二十五分日之二十三。

  术曰：以价钱为法；以一岁三百五十四日乘先取钱数为实。实如法得日数。臣淳风等谨按：此术亦今有之义。以价为所有率，一岁日数为所求率，取钱为所有数，而今有之，即得。

今有贷人千钱[8]，月息三十。今有贷人七百五十钱，九日归之，问：息几何？

  答曰：六钱四分钱之三。

  术曰：以月三十日乘千钱为法；以三十日乘千钱为法者，得三万，是为贷人钱三万，一日息三十也。以息三十乘今所贷钱数，又以九日乘之，为实。实如法得一钱⑨。以九日乘今所贷钱为今一日所有钱，于今有术为所有数；息三十为所求率；三万钱为所有率。此又可以一月三十日约息三十钱，为十分一日，以乘今一日所有钱为实；千钱为法。为率者，当等之于一也⑩。故三十日或可乘本，或可约息，皆所以等之也。

注释

①自此问起至卷末，不是衰分类问题，其体例亦与前不合，系张苍或耿寿昌增补的内容。它们都可以直接用今有术求解，但是与卷二今有术的例题有所不同。卷二的例题中，所有率与所求率都根据粟米之法，所有数都是粟米的斛斗数。这些问题却不然。比如此问中，其解法是："以一斤价数为法，以一斤乘今有钱数为实。实如法得丝数"。刘徽将其归结到今有术，今有钱1328为所有数，丝1斤为所求率，丝1斤价钱240为所有率。以所有率即1斤价钱为法，以所求率即1斤丝乘所有数即今有钱数为实。所有率与所求率，分别是由钱数与重量得到的，不是同类的，而且今有钱数与1斤丝相乘作为实，两者也不是同类的，作为法的所有率与所有数是同类的。所以《永乐大典》将这一类问题归于"异乘同除"类。

②素：本色的生帛。《礼记·杂记下》："纯以素，纰以五彩。"孔颖达疏："素，谓生帛。"

③凡所得率知：与下文"生丝"问刘徽注"今以斤乘两知"中，两"知"字，训"者"，见刘徽序"故枝条虽分而本干知"之注释。

④相抱：互相转取也。抱：古通"捊"。许慎《说文解字》卷十二上："抱：捊，或从包。"又。"捊'，引取也。"刘安《淮南子·原道》："扶摇掺抱，羊角而上。"高诱注："'扶'，攀也；'摇'，动也；'掺抱'，引戾也。扶摇直如羊角转如曲萦行而上也。"《文选·射雉赋》（潘岳）："戾翳旋把，萦随所历。"李善注："戾，转也。"因此。"抱"，转取也。刘徽在此提出了率的重要性质。

⑤这是将诸物化成同一单位，以导出诸物之率，是为率的一种最直观最常用的方式。

⑥譬之：谓把它比方作。《论语·子张》："子贡曰：'譬之宫墙，赐之墙也及肩，窥见室家之好。'"此谓比方说是不同类的物品也可以形成率。

⑦保：佣工。《史记·季布栾布列传》："穷困，赁佣于齐，为酒人保。"李籍云："佣也。如所谓酒家保。"

⑧贷：李籍云："以物假人也。"《筭数书》亦有一"贷人千钱"的问题，但与此同类不同题。

⑨此即以今所贷钱×9日为所有数，1 000钱×30日为所有率，月息为所求率，则所求

数即所得息

所得息=[（今所贷钱×9日）×月息]÷（1 000钱×30日）。

⑩这是刘徽提出的另一种使用率，应用今有术求解的方式：以月息30钱÷30日＝10分／日为所求率，今所贷钱×9日为所有数，1 000钱为所有率。两者殊途同归。

假设有1斤丝，价值是240钱。现有1 328钱，问：得到多少丝？

答：得5斤8两12 $\frac{4}{5}$ 铢丝。

术：以1斤价钱作为法，以1斤乘现有钱数作为实，实除以法，得到丝数。此术具有今有术的意义。以1斤价钱作为所有率，1斤作为所求率，现有钱数作为所有数，应用今有术。即得到答案。

假设有1斤丝，价值是345钱。现有7两12铢丝，问：得到多少钱？

答：得161 $\frac{23}{32}$ 钱。

术：以1斤的铢数作为法，以1斤的价钱乘7两12铢作为实。实除以法，得到钱数。淳风等按：此术也具有今有术的意义。以1斤的铢数作为所有率，1斤的价钱作为所求率，现有的丝数作为所有数，应用今有术，即得到答案。

假设有1丈缣，价值是128钱。现有1匹9尺5寸缣，问：得到多少钱？

答：得633 $\frac{3}{5}$ 钱。

术：以1丈的寸数作为法，以1丈的价钱数乘现有缣的寸数作为实。实除以法，得到钱数。淳风等按：此术也具有今有术的意义：以1丈缣的寸数作为所有率。1丈的价钱作为所求率，现有缣的寸数作为所有数，应用今有术，即得到答案。

假设有1匹布，价值是125钱。现有2丈7尺布，问：得到多少钱？

答：得84 $\frac{3}{8}$ 钱。

术：以1匹的尺数作为法，现有布的尺数乘价钱作为实。实除以法，得到钱数。淳风等按：此术也具有今有术的意义：以1匹的尺数作为所有率，1匹的价钱作为所求率，现有布的尺数作为所有数，应用今有术，即得到答案。

假设有1匹1丈素，价钱是625钱。现有500钱，问：得多少素？

答：得1匹素。

术：以价值作为法，以1匹1丈的尺数乘现有钱数作为实。实除以法，得到素数。淳风等按：此术也具有今有术的意义。以价钱作为所有率，5丈的尺数作为所求率，现有钱数作为所有数，应用今有术，即得到答案。

假设给人14斤丝，约定取得10斤缣。现给人45斤8两丝，问：得多少缣？

答：得32斤8两缣。

术：以14斤的两数作为法，以10斤乘现有丝的两数作为实。实除以法，得到缣数。淳风等按：此术也具有今有术的意义。以14斤的两数作为所有率，10斤作为所求率，现有丝数作为所有数，应用今有术，即得到答案。

假设有1斤丝，损耗7两。现有23斤5两丝，问：损耗多少？

答：损耗163两4$\frac{1}{2}$铢。

术：将1斤展开，成为16两，作为法。以7两乘现有丝的两数作为实。实除以法，得损耗数。淳风等按：此术也具有今有术的意义。把1斤变成16两作为所有率，7两作为所求率。现有丝数作为所有数，应用今有术，即得到答案。

假设30斤生丝，晒干之后，损耗3斤12两。现有干丝12斤，问：原来的生丝是多少？

答：原来的生丝是13斤11两10$\frac{2}{7}$铢。

术：布置生丝的两数，减去损耗数，以余数作为法。余数420两，就是干丝率。30斤乘干丝的两数作为实。实除以法，得到生丝数。凡是所得到的率，要细小则都细小。要粗大则都粗大。两个数互相转取罢了。因此。不同的物品。例如上面的缣与丝的比率，就是相与率。30斤共有480两。使生丝率为480两，使干丝率为420两，则它们的数相通。可以都用铢，可以都用两。可以都用斤，没有什么地方有窒碍。如果这样，应该用所有的干丝斤数乘生丝的两数作为实。现在将斤、两错互——使干丝以两数形成率，生丝以斤数形成率，也得到同一结果的原因在于，比方说是不同的类，也各有一定的态势。　　淳风等按：在此术中，布置生丝的两数，减去损耗的数，余数就是干丝率。对于今有术，这作为所有率，30斤作为所求率，干丝的两数作为所有数。凡是称为率的，要细小则都细小，要粗大则都粗大。现在以斤乘两，是因为干丝以两数形成率，生丝以斤数形成率，比方说是不同的物品，都各有一定的率。

假设1亩田收获6$\frac{2}{3}$升粟。现有1顷26亩159步田，问：收获多少粟？

答：收获8斛4斗4$\frac{5}{12}$升粟。

术：以1亩的步数240步^2，作为法，以6$\frac{2}{3}$升乘现有田的积步作为实。实除以法，得到粟数。淳风等按：此术也具有今有术的意义。以1亩的步数作为

所有率，$6\frac{2}{3}$ 升作为所求率，现有田的积步作为所有数，应用今有术。即得答案。

假设雇工，一年的价钱是2 500钱。现在先领取1 200钱，问：应当工作多少天？

答：应当工作 $169\frac{23}{25}$ 天。

术：以价钱作为法，以一年354天乘先领取的钱数作为实。实除以法，得到日数。淳风等按：此术也具有今有术的意义。以价钱作为所有率，一年的天数作为所求率，领取的钱数作为所有数，应用今有术，即得到答案。

假设向别人借贷1 000钱，每月的利息是30钱。现在向别人借贷了750钱，9天归还，问：利息是多少？

答：利息是 $6\frac{3}{4}$ 钱。

术：以一月30天乘1 000钱作为法，以30天乘1 000钱作为法，得到30 000，这相当于向别人借贷30 000钱，一天的利息是30钱。以利息30钱乘现在所借贷的钱数，又以9天乘之，作为实。实除以法，得到利息的钱数。以9天乘现在所借贷的钱数作为现在一日所有的钱。对于今有术，作为所有数，利息30钱作为所求率，30 000钱作为所有率。这又可以用一月30天除利息30钱。得到一天10分。以它乘现在一日所有钱作为实。1 000钱作为法。建立率，应当使它等于1。所以，30天有时可以用来乘本来的钱，有时可以用来除利息，都是用来使率等之于1的。

精彩点拨

如何公平分配，始终是困扰人类的一大问题，中外历史上许多王朝的覆灭，归根结底就是由于分配不均造成的，书中讲述的分配方式，在一定程度上可以有效地建立起一个分配的规则，只要大家都在这个规则中，就会更有效率实现一定的公平分配，如"今有大夫、不更、簪、上造、公士，凡五人，共猎得五鹿。欲以爵次分之……"这种算法和思路一直流传下来，见证着王朝兴盛、山河变迁，一直延续到了今天。

爵 位

又称封爵、世爵，原本是指诸侯获封赐的封建等级，因此爵位本来是与封建制度密切相关的。但某些国家在封建制度没落后，依然沿用爵位体系。爵是古代君主对贵戚功臣的封赐。在中国周代有公、侯、伯、子、男五爵，各诸侯国内，置卿、大夫、士等爵位，楚国等置执圭、执帛等爵。卿、大夫有封邑，对封邑也可以行使统治权、唯受命于诸侯。后代爵位制度往往因时而异，不尽相同。

九章筭术卷第四

魏 刘徽 注
唐朝议大夫行太史令上轻车都尉臣李淳风等奉敕注释

精彩导读

本章讲述的是少广；讲由已知面积和体积，反求一边之长，用的是开平方和开立方的方法。主要是为了处理土地划分的问题，自周代《诗经》"普天之下，莫非王土"开始，土地的多寡就是衡量一个人的权利地位的重要指标，随着封建社会的朝代更迭，土地兼并也愈发严重，能够精确划分土地的少广篇自然也备受封建统治者青睐，这一章节除此之外还有哪些内容呢？让我们一起来学习一下吧！

原文

少广①以御积幂方圆

少广②臣淳风等谨按：一亩之田，广一步，长二百四十步。今欲截取其从少，以益其广，故曰少广。术曰：置全步及分母子，以最下分母遍乘诸分子及全步，臣淳风等谨按：以分母乘全者，通其分也；以母乘子者，齐其子也。各以其母除其子，置之于左；命通分者，又以分母遍乘诸分子及已通者③，皆通而同之④，并之为法⑤。臣淳风等谨按：诸子悉通，故可并之为法。亦宜用合分术，列数尤多。若用乘则算数至繁，故别制此术，从省约⑥。置所求步数，以全步积分乘之为实⑦。此以田广为法，一亩积步为实。法有分者，当同其母，齐其子，以同乘法实，而并齐于法⑧。今以分母乘全步及子，子如母而一。并以并全法，则法实俱长，意亦等也。故如法而一，得从步数。实如法而一，得从步。

注释

①少广：九数之一。根据少广术的例题中都是田地的广远小于纵，我们推断"少广"的本义是小广。李籍云"广少从多"，符合其本义。李籍又云"截从之多，益广之少，故

曰少广"。似与前说抵牾。此源于李淳风等的注释"截取其从少,以益其广"。李淳风等的理解未必符合其本义。这种理解大约源于商周时人们通过截长补短,将不规则的田地化成正方形衡量其大小,如《墨子·非攻命上》云"古者汤封于亳,绝长继短,方地百里","昔者文王封于歧周,绝长继短,方地百里"。春秋以后,人们还有这种习惯,《孟子·滕文公上》云"今滕绝长补短,将五十里也"。李淳风等的理解符合开方术。传统的"少广"含有少广术、开方术,是面积以及体积问题的逆运算,就是已知面积或体积求其广的问题。

②《算数书》中亦有少广术及其例题,唯少广术文字古朴,而例题则仅有9问。即到"下有十分"问为止。

③遍乘:普遍地乘。通常指以某数整个地乘一行的情形。方程章方程术"以右行上禾遍乘中行",亦此义。

④通而同之:依次对各个分数通分,即"通",再使分母相同,即"同"。数学史界,包括笔者在内,过去都认为"通而同之"是与"同而通之"等价的运算,实际上两者是有所不同的运算。"同而通之"在通分时必须使用,先通过诸分数的分母相乘使各分数的分母相同,然后使分母互乘子,使分数值不变,达到使各分数互相通达,这就是"通"。可以说是先同后通,故云"同而通之"。"通而同之"是先"通"再"同"。"同而通之"是先使各分数分母相同,然后进行一次通分;而"通而同之"则是要进行多次通分,才使得各分数分母相同。这里采纳了朱一文的意见。

⑤根据少广术的例题,都是已知田的面积为1亩,广为$1+\frac{1}{2}+\frac{1}{3}+\cdots+\frac{1}{n-1}+\frac{1}{n}$,$n=2,3,\cdots,12$,求其纵。术文求其"法"的计算程序如下:将$1,\frac{1}{2},\frac{1}{3},\cdots,\frac{1}{n-1},\frac{1}{n}$自上而下排列,如左第1列,以最下分母n乘第1列各数,成为第2列,再以最下分母n-1乘第2列各数,成为第3列,如此继续下去,直到某列所有的数都成为整数为止,即

1	n	n(n-1)	……	n(n-1)…×4×3	n(n-1)…×3×2
$\frac{1}{2}$	$\frac{n}{2}$	$\frac{n(n-1)}{2}$	……	$\frac{n(n-1)\cdots\times 4\times 3}{2}$	n(n-1)…×4×3
$\frac{1}{3}$	$\frac{n}{3}$	$\frac{n(n-1)}{3}$	……	n(n-1)…×5×4	n(n-1)…×4×2
⋮	⋮	⋮	……	⋮	⋮
$\frac{1}{n-1}$	$\frac{n}{n-1}$	n	……	n(n-2)(n-3)…×4×3	n(n-2)(n-3)…×3×2
$\frac{1}{n}$	1	n-1	……	(n-1)(n-2)…×4×3	(n-1)(n-2)…×3×2

因其中有"各以其母除其子"的程序,有时实际上用不到用所有的分母乘,就可以将某行全部化成整数,将成为整数的这行所有的数相加,作为法。同时,该行最上这个数,

就是第1列每个数所扩大的倍数，也就是1步的积分。将它作为同。由于没有"可约者约之"的规定，它还不能称为求最小公倍数的完整程序。实际上，当n=6，12时，《九章算术》没有求出最小公倍数。但是，没有规定"可约者约之"，并不是说不可以"约之"，实际上，在n=5，7，8，9，10，11时，使用了诸分母的最小公倍数。

⑥李淳风等认为求解这类问题，既可以用少广术，也可以用合分术。但用合分术太繁琐，所以制定少广术，以求省约。

⑦置所求步数，以全步积分乘之为实：这是以同，即1步的积分乘1亩的步数，作为实。

⑧刘徽此处用合分术。

少广为了处理积幂方圆问题

少广淳风等按：1亩的田地，如果广是1步，那么长就是240步。现在想从它的长截取一少部分，增益到广上。所以叫作少广。术：布置整步数及分母、分子，以最下面的分母普遍地乘各分子及整步数。淳风等按：以分母乘整步数。是为了将它通分；以分母乘分子，是为了使分子相齐。分别用分母除其分子，将它们布置在左边。使它们通分：又以分母普遍地乘各分子及已经通分的数，使它们统统通过通分而使分母相同。将它们相加作为法。淳风等按：各分子都互相通达，所以可将它们相加作为法。使用合分术也是适宜的，不过这布列的数字太多，如果使用乘法，则计算的数字太繁琐。所以另外制定此术，遵从省约的原则。布置所求的步数，以1整步的积分乘之，作为实。这里把田的广作为法，1亩田的积步作为实。法中有分数者。应当使它们的分母相同，使它们的分子相齐，以同乘法与实，而将诸齐相加，作为法。现在依次用分母乘整步数及各分子。分子除以分母，皆加到整个法中，那么法与实同时增长，意思也是等同的。所以除以法，得到纵的步数。实除以法，得到纵的步数。

今有田广一步半。求田一亩，问：从几何？

荅曰：一百六十步。

术曰：下有半，是二分之一。以一为二，半为一，并之得三，为法。置田二百四十步，亦以一为二乘之，为实。实如法得从步①。

今有田广一步半、三分步之一。求田一亩，问：从几何？

荅曰：一百三十步一十一分步之一十。

术曰：下有三分，以一为六，半为三，三分之一为二，并之得一十一，以为法。置田二百四十步，亦以一为六乘之，为实。实如法得从步②。

今有田广一步半、三分步之一、四分步之一。求田一亩，问：从几何？

答曰：一百一十五步五分步之一。

术曰：下有四分，以一为一十二，半为六，三分之一为四，四分之一为三，并之得二十五，以为法。置田二百四十步，亦以一为一十二乘之，为实。实如法而一，得从步③。

今有田广一步半、三分步之一、四分步之一、五分步之一。求田一亩，问：从几何？

答曰：一百五步一百三十七分步之一十五。

术曰：下有五分，以一为六十，半为三十，三分之一为二十，四分之一为十五，五分之一为一十二，并之得一百三十七，以为法。置田二百四十步，亦以一为六十乘之，为实。实如法得从步④。

今有田广一步半、三分步之一、四分步之一、五分步之一、六分步之一。求田一亩，问：从几何？

答曰：九十七步四十九分步之四十七。

术曰：下有六分，以一为一百二十，半为六十，三分之一为四十，四分之一为三十，五分之一为二十四，六分之一为二十，并之得二百九十四，以为法。置田二百四十步，亦以一为一百二十乘之，为实。实如法得从步⑤。

今有田广一步半、三分步之一、四分步之一、五分步之一、六分步之一、七分步之一。求田一亩，问：从几何？

答曰：九十二步一百二十一分步之六十八。

术曰：下有七分，以一为四百二十，半为二百一十，三分之一为一百四十，四分之一为一百五，五分之一为八十四，六分之一为七十，七分之一为六十，并之得一千八十九，以为法。置田二百四十步，亦以一为四百二十乘之，为实。实如法得从步⑥。

今有田广一步半、三分步之一、四分步之一、五分步之一、六分步之一、七分步之一、八分步之一。求田一亩，问：从几何？

答曰：八十八步七百六十一分步之二百三十二。

术曰：下有八分，以一为八百四十，半为四百二十，三分之一为二百八十，四分之一为二百一十，五分之一为一百六十八，六分之一为一百四十，七分之一为一百二十，八分之一为一百五，并之得二千二百八十三，以为法。置田二百四十步，亦以一，为八百四十乘之，为实。实如法得从步⑦。

今有田广一步半、三分步之一、四分步之一、五分步之一、六分步之一、七分步之

一、八分步之一、九分步之一。求田一亩，问：从几何？

答曰：八十四步七千一百二十九分步之五千九百六十四。

术曰：下有九分，以一为二千五百二十，半为一千二百六十，三分之一为八百四十，四分之一为六百三十，五分之一为五百四，六分之一为四百二十，七分之一为三百六十，八分之一为三百一十五，九分之一为二百八十，并之得七千一百二十九，以为法。置田二百四十步，亦以一为二千五百二十乘之，为实。实如法得从步⑧。

今有田广一步半、三分步之一、四分步之一、五分步之一、六分步之一、七分步之一、八分步之一、九分步之一、十分步之一。求田一亩，问：从几何？

答曰：八十一步七千三百八十一分步之六千九百三十九。

术曰：下有一十分，以一为二千五百二十，半为一千二百六十，三分之一为八百四十，四分之一为六百三十，五分之一为五百四，六分之一为四百二十，七分之一为三百六十，八分之一为三百一十五，九分之一为二百八十，十分之一为二百五十二，并之得七千三百八十一，以为法。置田二百四十步，亦以一为二千五百二十乘之，为实。实如法得从步⑨。

今有田广一步半、三分步之一、四分步之一、五分步之一、六分步之一、七分步之一、八分步之一、九分步之一、十分步之一、十一分步之一。求田一亩，问：从几何⑩？

答曰：七十九步八万三千七百一十一分步之三万九千六百三十一。

术曰：下有一十一分，以一为二万七千七百二十，半为一万三千八百六十，三分之一为九千二百四十，四分之一为六千九百三十，五分之一为五千五百四十四，六分之一为四千六百二十，七分之一为三千九百六十，八分之一为三千四百六十五，九分之一为三千八十，一十分之一为二千七百七十二，一十一分之一为二千五百二十，并之得八万三千七百一十一，以为法。置田二百四十步，亦以一为二万七千七百二十乘之，为实。实如法得从步⑪。

今有田广一步半、三分步之一、四分步之一、五分步之一、六分步之一、七分步之一、八分步之一、九分步之一、十分步之一、十一分步之一、十二分步之一。求田一亩，问：从几何？

答曰：七十七步八万六千二十一分步之二万九千一百八十三。

术曰：下有一十二分，以一为八万三千一百六十，半为四万一千五百八十，三分之一为二万七千七百二十，四分之一为二万七百九十，五分之一为一万六千六百三十二，六分之一为一万三千八百六十，七分之一为一万一千八百八十，八分之一为一万三百九十五，九分之一为九千二百四十，一十分之一为八千三百一十六，十一分之一为七千五百六十，十二分之一为六千九百三十，并之得二十五万八千六十三，以为法。置田二百四十步，亦以一为八万三千一百六十乘之，为实。实如法得从步[12]。臣淳风等谨按：凡为术之意，约省为善。宜云"下有一十二分，以一为二万七千七百二十，半为一万三千八百六十，三分之一为九千二百四十，四分之一为六千九百三十，五分之一为五千五百四十四，六分之一为四千六百二十，七分之一为三千九百六十，八分之一为三千四百六十五，九分之一为三千八十，十分之一为二千七百七十二，十一分之一为二千五百二十。十二分之一为二千三百一十，并之得八万六千二十一，以为法。置田二百四十步，亦以一为二万七千七百二十乘之，以为实。实如法得从步。"其术亦得知，不繁也[13]。

注释

①布置广的数值，以2遍乘，便可全部化为整数：

1	2
$\frac{1}{2}$	1

求出法：2+1=3。同是2。因此纵=240×2÷3=160（步）。

②布置广的数值，先后以3，2遍乘，便可全部化为整数：

1	3	3×2
$\frac{1}{2}$	$\frac{3}{2}$	3
$\frac{1}{3}$	1	2

求出法：6+3+2=11。同是6。因此纵=240×6÷11=$130\frac{10}{11}$（步）。

③布置广的数值，先后以4，3遍乘，便可全部化为整数：

1	4	4×3
$\frac{1}{2}$	2	2×3
$\frac{1}{3}$	$\frac{4}{3}$	4
$\frac{1}{4}$	1	3

求出法：12+6+4+3=25。同是12。因此纵=240×12÷25=$115\frac{1}{5}$（步）。
此问中的同12是分母2，3，4的最小公倍数。

④布置广的数值，先后以5，4，3遍乘，便可全部化为整数：

1	5	5×4	5×4×3
$\frac{1}{2}$	$\frac{5}{2}$	5×2	5×2×3
$\frac{1}{3}$	$\frac{5}{3}$	$\frac{5×4}{3}$	5×4
$\frac{1}{4}$	$\frac{5}{4}$	5	5×3
$\frac{1}{5}$	1	4	4×3

求出法：60+30+20+15+12=137。同是60。因此纵=240×60÷137=105$\frac{15}{137}$（步）。此问中的同60是分母2，3，4，5的最小公倍数。

⑤布置广的数值，先后以6，5，4遍乘，便可全部化为整数：

1	6	6×5	6×5×4
$\frac{1}{2}$	3	3×5	3×5×4
$\frac{1}{3}$	2	2×5	2×5×4
$\frac{1}{4}$	$\frac{6}{4}$	$\frac{6×5}{4}$	6×5
$\frac{1}{5}$	$\frac{6}{5}$	6	6×4
$\frac{1}{6}$	1	5	5×4

求出法：120+60+40+30+24+20=294。同是120。因此纵=240×120÷294=97$\frac{47}{49}$（步）。此问中的同120不是分母2，3，4，5，6的最小公倍数，因为没有将$\frac{6}{4}$约简。

⑥布置广的数值，先后以7，6，5，2遍乘，便可全部化为整数：

1	7	7×6	7×6×5	7×6×5×2
$\frac{1}{2}$	$\frac{7}{2}$	7×3	7×3×5	7×3×5×2
$\frac{1}{3}$	$\frac{7}{3}$	7×2	7×2×5	7×2×5×2
$\frac{1}{4}$	$\frac{7}{4}$	$\frac{7×3}{2}$	$\frac{7×3×5}{2}$	7×3×5
$\frac{1}{5}$	$\frac{7}{5}$	$\frac{7×6}{5}$	7×6	7×6×2
$\frac{1}{6}$	$\frac{7}{6}$	7	7×5	7×5×2
$\frac{1}{7}$	1	6	6×5	6×5×2

求出法：420+210+140+105+84+70+60=1 089。同是420。

因此纵=240×420÷1 089=92$\frac{68}{121}$（步）。此问中的同420是分母2，3，4，5，6，7的最小公倍数。因为运算中将$\frac{7\times6}{4}$约简成$\frac{7\times3}{2}$。

⑦布置广的数值，先后以8，7，3，5遍乘，便可全部化为整数：

1	8	8×7	8×7×3	8×7×3×5
$\frac{1}{2}$	4	4×7	4×7×3	4×7×3×5
$\frac{1}{3}$	$\frac{8}{3}$	$\frac{8\times7}{3}$	8×7	8×7×5
$\frac{1}{4}$	2	2×7	2×7×3	2×7×3×5
$\frac{1}{5}$	$\frac{8}{5}$	$\frac{8\times7}{5}$	$\frac{8\times7\times3}{5}$	8×7×3
$\frac{1}{6}$	$\frac{8}{6}$	$\frac{4\times7}{3}$	4×7	4×7×5
$\frac{1}{7}$	$\frac{8}{7}$	8	8×3	8×3×5
$\frac{1}{8}$	1	7	7×3	7×3×5

求出法：840+420+280+210+168+140+120+105=2 283。同是840。因此纵=240×840÷2 283=88$\frac{232}{761}$（步）。此问中的同840是分母2，3，4，5，6，7，8的最小公倍数。因为运算中将$\frac{8}{6}$约简成$\frac{4}{3}$。

⑧布置广的数值。先后以9，8，7，5遍乘，便可全部化为整数：

1	9	9×8	9×8×7	9×8×7×5
$\frac{1}{2}$	$\frac{9}{2}$	9×4	9×4×7	9×4×7×5
$\frac{1}{3}$	3	3×8	3×8×7	3×8×7×5
$\frac{1}{4}$	$\frac{9}{4}$	9×2	9×2×7	9×2×7×5
$\frac{1}{5}$	$\frac{9}{5}$	$\frac{9\times8}{5}$	$\frac{9\times8\times7}{5}$	9×8×7
$\frac{1}{6}$	$\frac{9}{6}$	3×4	3×4×7	3×4×7×5
$\frac{1}{7}$	$\frac{9}{7}$	$\frac{9\times8}{7}$	9×8	9×8×5
$\frac{1}{8}$	$\frac{9}{8}$	9	9×7	9×7×5
$\frac{1}{9}$	1	8	8×7	8×7×5

求出法：2 520+1 260+840+630+504+420+360+315+280=7 129。同是2 520。因此纵= 240×2 520÷7 129=84$\frac{5\,964}{7\,129}$（步）。此问中的同2 520是分母2，3，4，5，6，7，8，9的最小公倍数。因为运算中将$\frac{9}{6}$约简成$\frac{3}{2}$。

⑨布置广的数值，先后以10，9，4，7，遍乘，便可全部化为整数：

1	10	10×9	10×9×4	10×9×4×7
$\frac{1}{2}$	5	5×9	5×9×4	5×9×4×7
$\frac{1}{3}$	$\frac{10}{3}$	10×3	10×3×4	10×3×4×7
$\frac{1}{4}$	$\frac{10}{4}$	$\frac{5\times 9}{2}$	5×9×2	5×9×2×7
$\frac{1}{5}$	2	2×9	2×9×4	2×9×4×7
$\frac{1}{6}$	$\frac{10}{6}$	$\frac{5\times 9}{3}$	5×3×4	5×3×4×7
$\frac{1}{7}$	$\frac{10}{7}$	$\frac{10\times 9}{7}$	$\frac{10\times 9\times 4}{7}$	10×9×4
$\frac{1}{8}$	$\frac{10}{8}$	$\frac{5\times 9}{4}$	5×9	5×9×7
$\frac{1}{9}$	$\frac{10}{9}$	10	10×4	10×4×7
$\frac{1}{10}$	1	9	9×4	9×4×7

求出法：2 520+1 260+840+630+504+420+360+315+280+252=7 381。同是2520。因此纵=240×2520÷7 381=81$\frac{6\,939}{7\,381}$（步）。此问中的同2 520是分母2，3，4，5，6，7，8，9，10的最小公倍数。因为运算中将$\frac{10}{8}$，$\frac{10}{6}$，$\frac{10}{4}$分别约简成$\frac{5}{4}$，$\frac{5}{3}$，$\frac{5}{2}$。

⑩《算数书》无此问及下一问。

⑪布置广的数值，先后以11，10，9，4，7，遍乘，便可全部化为整数：

1	11	11×10	11×10×9	11×10×9×4	11×10×9×4×7
$\frac{1}{2}$	$\frac{11}{2}$	11×5	11×5×9	11×5×9×4	11×5×9×4×7
$\frac{1}{3}$	$\frac{11}{3}$	$\frac{11\times 10}{3}$	11×10×3	11×10×3×4	11×10×3×4×7
$\frac{1}{4}$	$\frac{11}{4}$	$\frac{11\times 10}{4}$	$\frac{11\times 5\times 9}{2}$	11×5×9×2	11×5×9×2×7
$\frac{1}{5}$	$\frac{11}{5}$	$\frac{11\times 10}{5}$	11×2×9	11×2×9×4	11×2×9×4×7
$\frac{1}{6}$	$\frac{11}{6}$	$\frac{11\times 10}{6}$	11×5×3	11×5×3×4	11×5×3×4×7

$\frac{1}{7}$	$\frac{11}{7}$	$\frac{11\times10}{7}$	$\frac{11\times10\times9}{7}$	$\frac{11\times10\times9\times4}{7}$	$11\times10\times9\times4\times7$
$\frac{1}{8}$	$\frac{11}{8}$	$\frac{11\times10}{8}$	$\frac{11\times5\times9}{4}$	$11\times5\times9$	$11\times5\times9\times7$
$\frac{1}{9}$	$\frac{11}{9}$	$\frac{11\times10}{9}$	11×10	$11\times10\times4$	$11\times10\times4\times7$
$\frac{1}{10}$	$\frac{11}{10}$	11	11×9	$11\times9\times4$	$11\times9\times4\times7$
$\frac{1}{11}$	1	10	10×9	$10\times9\times4$	$10\times9\times4\times7$

求出法：27 720+13 860+9 240+6 930+5 544+4 620+3 960+3 465+3 080+2 772+2 520=83 711。同是27 720。因此纵=240×27 720÷83 711=79$\frac{39\ 631}{83\ 711}$（步）。此问中的同27 720是分母2，3，4，5，6，7，8，9，10，11的最小公倍数。因为运算中将$\frac{10}{8}$，$\frac{10}{4}$分别约简成$\frac{5}{4}$，$\frac{5}{2}$。

⑫布置广的数值，先后以12，11，10，9，7遍乘，便可全部化为整数：

1	12	12×11	$12\times11\times10$	$12\times11\times10\times9$	$12\times11\times10\times9\times7$
$\frac{1}{2}$	$\frac{12}{2}$	6×11	$6\times11\times10$	$6\times11\times10\times9$	$6\times11\times10\times9\times7$
$\frac{1}{3}$	$\frac{12}{3}$	4×11	$4\times11\times10$	$4\times11\times10\times9$	$4\times11\times10\times9\times7$
$\frac{1}{4}$	$\frac{12}{4}$	3×11	$3\times11\times10$	$3\times11\times10\times9$	$3\times11\times10\times9\times7$
$\frac{1}{5}$	$\frac{12}{5}$	$\frac{12\times11}{5}$	$12\times11\times2$	$12\times11\times2\times9$	$12\times11\times2\times9\times7$
$\frac{1}{6}$	$\frac{12}{6}$	2×11	$2\times11\times10$	$2\times11\times10\times9$	$2\times11\times10\times9\times7$
$\frac{1}{7}$	$\frac{12}{7}$	$\frac{12\times11}{7}$	$\frac{12\times11\times10}{7}$	$\frac{12\times11\times10\times9}{7}$	$12\times11\times10\times9$
$\frac{1}{8}$	$\frac{12}{8}$	$\frac{12\times11}{8}$	12×11	$12\times11\times9$	$12\times11\times9\times7$
$\frac{1}{9}$	$\frac{12}{9}$	$\frac{12\times11}{9}$	$\frac{12\times11\times10}{9}$	$12\times11\times10$	$12\times11\times10\times7$
$\frac{1}{10}$	$\frac{12}{10}$	$\frac{12\times11}{10}$	12×11	$12\times11\times9$	$12\times11\times9\times7$
$\frac{1}{11}$	$\frac{12}{11}$	12	12×10	$12\times10\times9$	$12\times10\times9\times7$
$\frac{1}{12}$	1	11	11×10	$11\times10\times9$	$11\times10\times9\times7$

求出法：83 160+41 580+27 720+20 790+16 632+13 860+11 880+10 395+9 240+8 316+7 560+6 930=258 063。同是83 160。因此纵=240×83 160÷258063=77$\frac{29\ 183}{86\ 021}$（步）。此问

中的同83 160不是分母2，3，4，5，6，7，8，9，10，11，12的最小公倍数。因为运算中没有将$\frac{12}{8}$，$\frac{12}{9}$，$\frac{12}{10}$约简。

⑬李淳风等认为，只要先后以12，11，10，3，7遍乘，便可全部化为整数：

1	12	12×11	12×11×10	12×11×10×3	12×11×10×3×7
$\frac{1}{2}$	$\frac{12}{2}$	6×11	6×11×10	6×11×10×3	6×11×10×3×7
$\frac{1}{3}$	$\frac{12}{3}$	4×11	4×11×10	4×11×10×3	4×11×10×3×7
$\frac{1}{4}$	$\frac{12}{4}$	3×11	3×11×10	3×11×10×3	3×11×10×3×7
$\frac{1}{5}$	$\frac{12}{5}$	$\frac{12\times11}{5}$	12×11×2	12×11×2×3	12×11×2×3×7
$\frac{1}{6}$	$\frac{12}{6}$	2×11	2×11×10	2×11×10×3	2×11×10×3×7
$\frac{1}{7}$	$\frac{12}{7}$	$\frac{12\times11}{7}$	$\frac{12\times11\times10}{7}$	$\frac{12\times11\times10\times3}{7}$	12×11×10×3
$\frac{1}{8}$	$\frac{12}{8}$	$\frac{3\times11}{2}$	3×11×5	3×11×5×3	3×11×5×3×7
$\frac{1}{9}$	$\frac{12}{9}$	$\frac{4\times11}{3}$	$\frac{4\times11\times10}{3}$	4×11×10	4×11×10×7
$\frac{1}{10}$	$\frac{12}{10}$	$\frac{6\times11}{5}$	6×11×2	6×11×2×3	6×11×2×3×7
$\frac{1}{11}$	$\frac{12}{11}$	12	12×10	12×10×3	12×10×3×7
$\frac{1}{12}$	1	11	11×10	11×10×3	11×10×3×7

求出法：27 720+13 860+9 240+6 930+5 544+4 620+3 960+3 465+3 080+2 772+2 520+2 310=86 021。同是27 720。因此纵=240×27 720÷86 021=77$\frac{29\,183}{86\,021}$（步）。这里的同27 720是分母2，3，4，5，6，7，8，9，10，11，12的最小公倍数。因为运算中将$\frac{12}{8}$，$\frac{12}{9}$，$\frac{12}{10}$约简成$\frac{3}{2}$，$\frac{4}{3}$，$\frac{6}{5}$。

译文

假设田的广是1步半。求1亩田，问：纵是多少？

答：纵是160步。

术：下方有半，是$\frac{1}{2}$。将1化为2，半化为1。相加得到3，作为法。布置1亩田240步，也将1化为2，乘之，作为实。实除以法，得纵的步数。

假设田的广是1步半与$\frac{1}{3}$步。求1亩田,问:纵是多少?

答:纵是$130\frac{10}{11}$步。

术:下方有3分,将1化为6,半化为3,$\frac{1}{3}$化为2。相加得到11,作为法。布置1亩田240步,也将1化为6,乘之,作为实。实除以法,得纵的步数。

假设田的广是1步半与$\frac{1}{3}$步、$\frac{1}{4}$步,求1亩田,问:纵是多少?

答:纵是$115\frac{1}{5}$步。

术:下方有4分,将1化为12,半化为6,$\frac{1}{3}$化为4,$\frac{1}{4}$化为3。相加得到25,作为法。布置1亩田240步,也将1化为12,乘之,作为实。实除以法,得纵的步数。

假设田的广是1步半与$\frac{1}{3}$步、$\frac{1}{4}$步、$\frac{1}{5}$步。求1亩田,问:纵是多少?

答:纵是$105\frac{15}{137}$步。

术:下方有5分,将1化为60,半化为30,$\frac{1}{3}$化为20,$\frac{1}{4}$化为15,$\frac{1}{5}$化为12。相加得到137,作为法。布置1亩田240步,也将1化为60,乘之,作为实。实除以法,得纵的步数。

假设田的广是1步半与$\frac{1}{3}$步、$\frac{1}{4}$步、$\frac{1}{5}$步、$\frac{1}{6}$步。求1亩田,问:纵是多少?

答:纵是$97\frac{47}{49}$步。

术:下方有6分,将1化为120,半化为60,$\frac{1}{3}$化为40,$\frac{1}{4}$化为30,$\frac{1}{5}$化为24,$\frac{1}{6}$化为20。相加得到294,作为法。布置1亩田240步,也将1化为120,乘之,作为实。实除以法,得纵的步数。

假设田的广是1步半与$\frac{1}{3}$步、$\frac{1}{4}$步、$\frac{1}{5}$步、$\frac{1}{6}$步、$\frac{1}{7}$步。求1亩田,问:纵是多少?

答:纵是$92\frac{68}{121}$步。

术:下方有7分,将1化为420,半化为210,$\frac{1}{3}$化为140,$\frac{1}{4}$化为105,$\frac{1}{5}$化为84,$\frac{1}{6}$化为70,$\frac{1}{7}$化为60。相加得到1 089,作为法。布置1亩田240步,也将1化为420,乘之,作为实。实除以法,得纵的步数。

假设田的广是1步半与$\frac{1}{3}$步、$\frac{1}{4}$步、$\frac{1}{5}$步、$\frac{1}{6}$步、$\frac{1}{7}$步、$\frac{1}{8}$步。求1亩田,问:

纵是多少？

答：纵是 $88\frac{232}{761}$ 步。

术：下方有8分，将1化为840，半化为420，$\frac{1}{3}$ 化为280，$\frac{1}{4}$ 化为210，$\frac{1}{5}$ 化为168，$\frac{1}{6}$ 化为140，$\frac{1}{7}$ 化为120，$\frac{1}{8}$ 化为105。相加得到2 283，作为法。布置1亩田240步，也将1化为840，乘之，作为实。实除以法，得纵的步数。

假设田的广是1步半与 $\frac{1}{3}$ 步、$\frac{1}{4}$ 步、$\frac{1}{5}$ 步、$\frac{1}{6}$ 步、$\frac{1}{7}$ 步、$\frac{1}{8}$ 步、$\frac{1}{9}$ 步。求1亩田，问：纵是多少？

答：纵是 $84\frac{5\,964}{7\,129}$ 步。

术：下方有9分，将1化为2 520，半化为1 260，$\frac{1}{3}$ 化为840，$\frac{1}{4}$ 化为630，$\frac{1}{5}$ 化为504，$\frac{1}{6}$ 化为420，$\frac{1}{7}$ 化为360，$\frac{1}{8}$ 化为315。$\frac{1}{9}$ 化为280。相加得到7 129，作为法。布置1亩田240步，也将1化为2 520，乘之，作为实。实除以法，得纵的步数。

假设田的广是1步半与 $\frac{1}{3}$ 步、$\frac{1}{4}$ 步、$\frac{1}{5}$ 步、$\frac{1}{6}$ 步、$\frac{1}{7}$ 步、$\frac{1}{8}$ 步、$\frac{1}{9}$ 步、$\frac{1}{10}$ 步。求1亩田，问：纵是多少？

答：纵是 $81\frac{6\,939}{7\,381}$ 步。

术：下方有10分，将1化为2 520，半化为1 260，$\frac{1}{3}$ 化为840，$\frac{1}{4}$ 化为630，$\frac{1}{5}$ 化为504，$\frac{1}{6}$ 化为420，$\frac{1}{7}$ 化为360，$\frac{1}{8}$ 化为315，$\frac{1}{9}$ 化为280，$\frac{1}{10}$ 化为252。相加得到7 381，作为法。布置1亩田240步，也将1化为2 520，乘之，作为实。实除以法，得纵的步数。

假设田的广是1步半与 $\frac{1}{3}$ 步、$\frac{1}{4}$ 步、$\frac{1}{5}$ 步、$\frac{1}{6}$ 步、$\frac{1}{7}$ 步、$\frac{1}{8}$ 步、$\frac{1}{9}$ 步、$\frac{1}{10}$ 步、$\frac{1}{11}$ 步。求1亩田，问：纵是多少？

答：纵是 $79\frac{39\,631}{83\,711}$ 步。

术：下方有11分，将1化为27 720，半化为13 860，$\frac{1}{3}$ 化为9 240，$\frac{1}{4}$ 化为6 930，$\frac{1}{5}$ 化为5 544，$\frac{1}{6}$ 化为4 620，$\frac{1}{7}$ 化为3 960，$\frac{1}{8}$ 化为3 465，$\frac{1}{9}$ 化为3 080，$\frac{1}{10}$ 化为2 772，$\frac{1}{11}$ 化为2 520。相加得到83 711，作为法。布置1亩田240步，也将1化

为27720，乘之，作为实。实除以法，得纵的步数。

假设田的广是1步半与 $\frac{1}{3}$ 步、$\frac{1}{4}$ 步、$\frac{1}{5}$ 步、$\frac{1}{6}$ 步、$\frac{1}{7}$ 步、$\frac{1}{8}$ 步、$\frac{1}{9}$ 步、$\frac{1}{10}$ 步、$\frac{1}{11}$ 步、$\frac{1}{12}$ 步。求1亩田，问：纵是多少？

答：纵是 $77\frac{29183}{86021}$ 步。

术：下方有12分，将1化为83160，半化为41580，$\frac{1}{3}$ 化为27720，$\frac{1}{4}$ 化为20790，$\frac{1}{5}$ 化为16632，$\frac{1}{6}$ 化为13860，$\frac{1}{7}$ 化为11880，$\frac{1}{8}$ 化为10395，$\frac{1}{9}$ 化为9240，$\frac{1}{10}$ 化为8316，$\frac{1}{11}$ 化为7560，$\frac{1}{12}$ 化为6930。相加得到258063，作为法。布置1亩田240步，也将1化为83160，乘之，作为实。实除以法，得纵的步数。淳风等按：凡是造术的思想，约省是最好的。此术应该是："下方有12分，将1化为27720。半化为13860，$\frac{1}{3}$ 化为9240，$\frac{1}{4}$ 化为6930，$\frac{1}{5}$ 化为5544，$\frac{1}{6}$ 化为4620。$\frac{1}{7}$ 化为3960，$\frac{1}{8}$ 化为3465，$\frac{1}{9}$ 化为3080，$\frac{1}{10}$ 化为2772，$\frac{1}{11}$ 化为2520，$\frac{1}{12}$ 化为2310。相加得到86021，作为法。布置1亩田240步，也将1化为27720，乘之，作为实。实除以法，得纵的步教。"这种方法也得到答案。但是不繁琐。

原文

今有积五万五千二百二十五步。问：为方几何①？

答曰：二百三十五步。

又有积二万五千二百八十一步。问：为方几何？

答曰：一百五十九步。

又有积七万一千八百二十四步。问：为方几何？

答曰：二百六十八步。

又有积五十六万四千七百五十二步四分步之一。问：为方几何？

答曰：七百五十一步半。

又有积三十九亿七千二百一十五万六百二十五步。问：为方几何？

答曰：六万三千二十五步。

开方②求方幂之一面也③。术曰④：置积为实⑤。借一筹⑥，步之，超一等⑦。言百之面十也，言万之面百也⑧。议所得⑨，以一乘所借一筹为法⑩，而以除⑪。先得黄甲之面，上下相命，是自乘而除也⑫。除已，倍法为定法⑬。倍之者，豫张两面朱幂定衰。以待复除，故曰定法⑭。其复除，折法而下⑮。欲除朱幂者，本当副置所得成方⑯，倍之为定法，以折、议、乘，而以除。如是当复步之而止，乃得相命，故使就上折下⑰。复置借算，步之如初，以复议一乘之⑱，欲除朱幂之角黄乙之幂⑲，其意如初之所得也。所得副以加定法，以除⑳。以所得副从定法㉑。再以黄乙之面加定法者㉒，是则张两青幂之衰㉓。复除，折下如前㉔。若开之不尽者，为不可开㉕，当以面命之㉖。术或有以借算加定法而命分者㉗，虽粗相近，不可用也。凡开积为方，方之自乘当还复其积分。令不加借算而命分㉘，则常微少；其加借算而命分，则又微多㉙。其数不可得而定。故惟以面命之，为不失耳。譬犹以三除十，以其余为三分之一，而复其数可举。不以面命之，加定法如前，求其微数㉚。微数无名者以为分子㉛，其一退以十为母，其再退以百为母㉜。退之弥下，其分弥细㉝，则朱幂虽有所弃之数㉞，不足言之也㉟。若实有分者，通分内子为定实，乃开之㊱。讫，开其母，报除㊲。臣淳风等谨按：分母可开者，并通之积先合二母。既开之后。一母尚存，故开分母，求一母为法，以报除也。若母不可开者，又以母乘定实，乃开之。讫，令如母而一㊳。臣淳风等谨按：分母不可开者，本一母也。又以母乘之，乃合二母。既开之后，亦一母存焉。故令一母而一㊴。得全面也。

注释

①方：一边，一面。《诗经·秦风·蒹葭》："所谓伊人，在水一方。"此处指将给定的面积变成正方形后的边，即刘徽所说的"方幂之一面"。

②开方：《九章算术》中指求$\sqrt{A}$的正根。即今之开平方。与现今仅将求二项方程$x^n=A$，$n=2$，3，…的根称为开方不同，在中国古代，凡是求解一元方程$a_1x^n+a_2x^{n-1}+\cdots+a_nx=A$，$n=1$，$2$，$3$，…的根，都称为"开方"，只不过根据开方式的不同情况，赋予不同的名称。如果$n=2$，当$a_2=0$时称为开方，当$a_2\neq 0$时称为开带从方；如果$n=3$，称为开立方；如果$n\geq 4$，则称开$n-1$乘方。到宋元时代，还根据a_2，a_3，…，a_n的情况，又有具体的名称。甚至在元朱世杰《四元玉鉴》（1303）中$n=1$时也称为开方，叫作"开无隅方"。

③面：边长。这是说开方就是求正方形面积的一边长。

④术：开方程序。《周髀算经》陈子答荣方问中就使用开方，但只说"开方除之"而未给出开方程序，说明开方术已是当时数学界的共识。《九章算术》的开方术是世界上最早的多位数开方程序。它后来不断在改进，发展为中国古代最为发达的数学分支。魏晋刘

徽、《孙子算经》，南朝祖冲之，北宋贾宪、刘益，南宋秦九韶、杨辉，金元李冶、朱世杰等都为开方法的改进做出贡献。贾宪总结刘徽、《孙子算经》的改进，提出"立成释锁法"，借助于"开方作法本源"即贾宪三角（中学数学教科书误为杨辉三角），将开方术推广到开任意高次方。这里将开方比喻为打开一把锁，贾宪三角就是立成释锁法的立成。《隋书·律历志》云祖冲之"开差幂、开差立，兼以正负参之"（"负"原作"员"，钱宝琮校勘），说明祖冲之很可能讨论了负系数二次、三次方程，但是祖冲之的《缀术》因"学官莫能究其深奥，是故废而不理"而失传，隋唐至北宋初年的数学家只会解正系数方程。北宋数学家刘益撰《议古根源》，再次引入负系数方程，提出了减从术和益积术两种开方程序。贾宪创造增乘开方法，现今中学数学教科书中的综合除法的程序与此类似。秦九韶提出正负开方术，把以增乘开方法为主导的求一元高次方程正根的方法发展到十分完备的程度。14世纪阿拉伯地区的阿尔·卡西，19世纪欧洲的鲁菲尼和霍纳才创造同类的方法。

⑤实：被开方数。开方术是从除法转化而来的，除法中的"实"即被除数自然转化为被开方数。

⑥算：算筹。算筹是明初以前中国数学的主要计算工具，什么时候产生，不可考。《老子》说"善数不用筹策"，说明最迟在春秋时期人们已经普遍使用算筹。算筹采用位值制记数，分纵横两式，如图4-1-1。《孙子算经》云："一从十横，百立千僵，千十相望，万百相当。"这是现存关于算筹记数法的最早记载。《夏侯阳算经》除上述文字外又补充道："满六已上，五在上方。六不积算，五不单张。"则更为完整。算筹通常用竹，也有用木、骨、石、金属等制成的。图4-1-2是20世纪70年代陕西旬阳县出土的西汉算筹，证实了《汉书·律历志》算筹"径一分（0.23 cm），长六寸（13.8cm）"记载。为避免滚动与布算面积过大，后来算筹逐渐变短，截面由圆变方。20世纪70年代末石家庄东汉墓出土的算筹截面已变为方形，长度缩短为8.9cm左右。算筹是当时世界上最方便的计算工具。将算筹纵横交错，并用空位表示〇，可以表示任何自然数。也可以表示分数、小数、负数、高次方程和线性方程组，甚至多元高次方程组。算筹加之最先进的十进位值制记数法，是为中国传统数学长于计算的重要原因。中国传统数学的主要成就大都是借助于算筹完成的。借一算：又称借算，即借一枚算筹，表示未知数二次项的系数1。既是"借"，完成运算后需要"还"。本来问题只给出面积，设为A，通过"借一算"，变成开方式：

实	A
法	
借算	1

它表示二项方程 $x^2=A$。设被开方数为 $A=10^{n-1}b_n+10^{n-2}b_{n-1}+\cdots+10b_2+b_1$，开方式为：

实		b_n	b_{n-1}	……	b_2	b_1
法						
借算	1					

纵式										
横式										
	1	2	3	4	5	6	7	8	9	

（1）算筹数字（采自钱宝琮主编《中国数学史》）

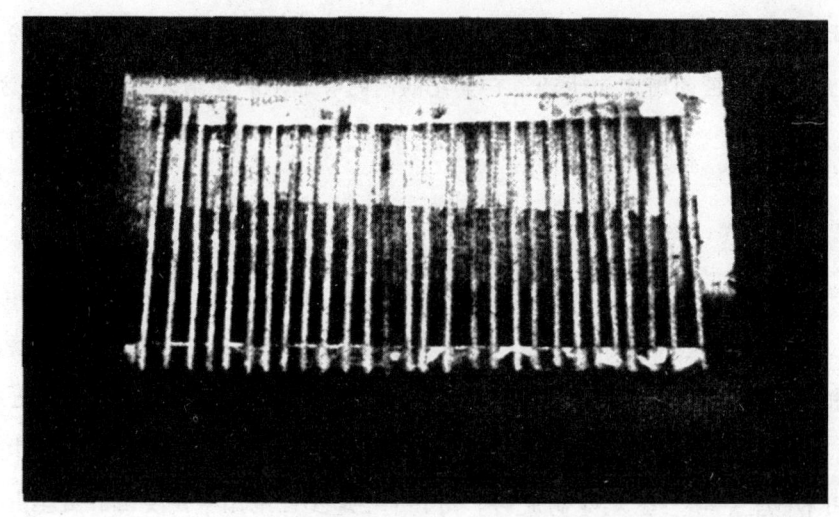

（2）陕西旬阳出土西汉算筹

图4-1　算筹

⑦步之，超一等：将借算由右向左隔一位移一步，直到不能再移为止。由此确定开方得数（即根）的位数。开方式变成（设n为奇数）：

实		b_n	b_{n-1}	……	b_2	b_1
法						
借算	1					

这相当于作变换$x=10^{\frac{n-1}{2}}x_1$，方程变成$10^{n-1}x_1^2=A$。步：本义是行走，《说文解字》："步，行也。"这里引申为移动。超：隔一位。等：位。

⑧言百之面十：面积为百位数，其边长即根就是十位数；言万之面百：面积为万位数，其边长即根就是百位数。依此类推。

⑨议所得：商议得到根的第一位得数，记为a_1。

⑩一乘：一次方。这是说以借算1乘a_1，得$10^{n-1}a_1$作为法。此处的"法"的意义，与除法"实如法而一"中的法完全相同。

⑪以除：即以法a_1除实A。此处"除"指除法，不是"减"。这就是为什么古代称开方为"开方除之"。显然，a_1的确定，须使$10^{n-1}a_1$除实，其商的整数部分恰好是a_1。其余数$A_1=10^{n-1}b'_n+10^{n-2}b_{n-1}+\cdots+10b_2+b_1$。其算式为：

议得	a_1					
实	b'_n	$b_{n-1}\cdots$		$b_{\frac{n+1}{2}}\cdots$	b_2	b_1
法	a_1					
借算	1					

"借算"在乘a_1后，自动消失。

⑫除：除去，减。刘徽注此处的"除"与《九章算术》开方术中"除"训"除法"不同。这是刘徽对开方术作几何解释：如图4-2，在以实即被开方数为面积的正方形中，求出第一位得数a_1，就是从该正方形中除去以a_1为边长的正方形黄甲，也就是说被开方数变成$A-a_1^2$。

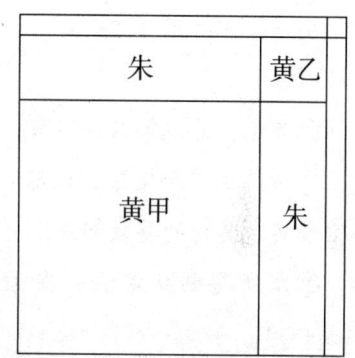

图4-2 开方术的几何解释（采自《古代世界数学泰斗刘徽》）

⑬除已：做完了除法。定法：确定的法。此谓将法a_1加倍作为继续开方的法，故称为定法。开方式变成

议得	a_1					
实	b'_n	$b_{n-1}\cdots$		$b_{\frac{n+1}{2}}\cdots$	b_2	b_1
法	$2a_1$					

⑭刘徽认为，将定法a_1加倍，是为了预先显现黄甲两边外的两朱幂的长，以继续开方。朱幂的宽将是议得的第二位得数。豫张：预先展开。豫：通"预"。预备，预先。朱幂：红色的面积。位于黄甲的侧边。袤：本指南北距离的长度。《说文解字》："南北曰袤。"通常指长。李籍卷五音义云："袤，长也。"参见卷五城、垣、堤、沟、堑、渠术注释[ ]。

⑮复除：第二次除法。折法：通过退位将法缩小。李籍云："折法，即退位也。"折：减损。李籍云："折者，屈而有降意。"

⑯成方：已得到的方边，即a_1。

⑰折：将成方a_1缩小。议：议第二位得数，记为a_2。乘：以议得的第二位得数乘。复：复置借算。步：将借算自右向左步之。就上折下：指将借算自上而下退位，亦即得出第一位得数后，刘徽不再将借算还掉，而是保留，将其退位，以求第二位得数。即得到开方式：

议得					a_1			
实	b'_n	b_{n-1}	b_{n-2}	$\cdots b_{n+1}$		$\cdots b_2$	b_1	
法		$2a_1$						
借算					1			

⑱复置借算，步之如初，以复议一乘之：《九章算术》的方法是又一次在"实"的个位下布置借算，仍自右向左隔一位步之。以借算乘第二位得数，亦即：

议得					a_1	a_2		
实	b'_n	b_{n-1}	b_{n-2}	$\cdots b_{n-1}$	$\dfrac{b_{n-1}}{2}$		$\cdots b_2$	b_1
法		$2a_1$	a_2					
借算					1			

⑲黄乙：是以第二位得数a_2为边长的正方形，位于两朱幂的角隅。

⑳所得副以加定法，以除：在旁边将第二位得数a_2加定法$2a_1$，得$2a_1+a_2$，作为法。以法除余实。其商的整数部分恰好是a_2。

㉑以所得副从定法：在旁边再将第二位得数a_2加到定法$2a_1+a_2$上，得到$2a_1+2a_2=2(a_1+a_2)$。

㉒以黄乙之面加定法：其几何解释就是以黄乙的边长的2倍加定法。

㉓青幂：是以$2(a_1+a_2)$为长。以黄乙的边长a_2为宽的两长方形。

㉔复除，折下如前：如果实中还有余数。就要再作除法，那么就像前面那样缩小退位。

㉕不可开：即开方不尽。

㉖以面命之：以面命名一个数。这里有无理数概念的萌芽。面：即$\sqrt{A}$。有人认为"面"是明确的无理数概念，似有拔高之嫌。盖不管A是不是完全平方数，$\sqrt{A}$都称为"面"。如刘徽说：开方是"求方幂之一面也"。

㉗或：有人，有的。以借算加定法而命分：以余实作分子，以借算加定法作分母命名一个分数，即$\dfrac{A-a^2}{2a+1}$。设根的整数部分为a，当时有人将根的近似值表示成$\sqrt{A}\approx a+\dfrac{A-a^2}{2a+1}$。

㉘不加借算而命分：整数部分之外命名的分数为$\dfrac{A-a^2}{2a}$。也有人将根的近似值表示成$\sqrt{A}\approx a+\dfrac{A-a^2}{2a}$。

㉙此即$a+\dfrac{A-a^2}{2a+1}<\sqrt{A}<a+\dfrac{A-a^2}{2a}$。可以证明，这个不等式是正确的。

㉚微数：细微的数。这是按照上述的开方程序继续开方，求既定的名数以下的部分。实际上是以十进分数逼近无理根，如图4-3。这是刘徽对开方术的重大贡献。比如原以寸

为单位，那么求寸以下的以分、厘、毫等为单位的数就是求微数。

㉛无名：无名数单位。即当时的度量衡制度下所没有的单位。此谓以无名时的开方得数作为分子。

㉜一退：退一位。再退：退二位。无名时如果一退则求得的数以10为分母，再退则求得的数以100为分母。

㉝其分弥细：此谓开方时退得越多，分数就越细。

㉞所弃之数：舍弃的数。

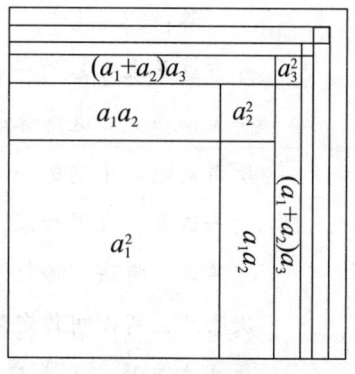

图4-3 开方不尽求微数（采自《古代世界数学泰斗刘徽》）

㉟不足言之：可以忽略不计。有人说求微数是取极限，似不妥当。刘徽明确指出有"所弃之数"，可见不是极限过程，只是极限思想在近似计算中的应用。

㊱若实有分者，通分内子为定实，乃开之：如果被开方数有分数，设整数部分为A，分数部分为$\frac{B}{C}$。求出定实：$\sqrt{AC+B}$。

㊲开其母，报除：如果C是完全平方数，设$\sqrt{C}=c$。则

$$\sqrt{A\frac{B}{C}}=\frac{\sqrt{AC+B}}{\sqrt{C}}=\frac{\sqrt{AC+B}}{c}$$

㊳如果c不是完全平方数，《九章算术》的方法是：

$$\sqrt{A\frac{B}{C}}=\sqrt{\frac{AC+B}{C}}=\sqrt{\frac{(AC+B)C}{C^2}}=\frac{\sqrt{(AC+B)C}}{C}$$

㊴令一母而一："令如一母而一"的省称，即以分母除。

假设有面积55 225步²。问：变成正方形，边长是多少？

答：235步。

假设又有面积25 281步²。问：变成正方形，边长是多少？

答：159步。

假设又有面积71 824步²。问：变成正方形，边长是多少？

答：268步。

假设又有面积564 752$\frac{1}{4}$步²。问：变成正方形，边长是多少？

答：751$\frac{1}{2}$步。

假设又有面积3 972 150 625步²。问：变成正方形，边长是多少？

答：63 025步。

开方　这是求方幂的一边长。术：布置面积作为实。借1算，将它向左移动，每隔一位移一步。这意味着百位数的边长是十位数，万位数的边长是百位数……商议所得的数，用它的一次方乘所借1算，作为法，而用来作除法。这是先得出黄甲的一边长。上下相乘，这相当于将边长自乘而减实。做完除法，将法加倍，作为定法。"将法加倍"。是为了预先展开两块朱幂已经确定的长。以便准备作第二次除法，所以叫作定法。若要作第二次乘法，应当缩小法，因此将它退位。如果要减去朱幂，本来应当在旁边布置所得到的已经确定的正方形的边长，将它加倍，作为定法，通过缩小定法。商议得数，乘借算等运算而用来作除法。如果这样，应当重新布置借算，并自右向左移动，到无法移动时而止。才能相乘，这太繁琐。所以使借算就在上面缩小而将它退位。再布置所借1算，向左移动，像开头作的那样。用第二次商议的得数的一次方乘所借1算。这是想减去位于两朱幂形成的角隅处的黄乙的面积。它的意义如同对第一步的得数所做的那样。将第二位得数在旁边加入定法，用来作除法。将第二位得数在旁边纳入定法。再将黄乙的边长加入定法，是为了展开两青幂的长。如果再作除法，就像前面那样缩小退位。如果是开方不尽的，称为不可开方，应当用"面"命名一个数。各种方法中有的是用所借1算加定法来命名一个分数的，虽然大略近似，然而是不可使用的。凡是将某一面积开方成为正方形一边的，将该边的数自乘，应当仍然恢复它的积分。使定法不加借算1而命名一个分数，则分母必定稍微小了一点；使定法加借算1而命名一个分数，则分母又稍微大了一点；那么它的准确的数值是不能确定的。所以。只有以"面"命名一个数，才是没有缺失的。这好像以3除10，其余数是$\frac{1}{3}$。恢复它的本数是可以做到的。如果不以"面"命名一个数，像前面那样，继续加定法，求它的微数。微数中没有名数单位的。作为分子。如果退一位，就以10为分母，如果退二位，就以100为分母。越往下退位，它的分数单位就越细。那么，朱幂中虽然有被舍弃的数。是不值得考虑的。如果实中有分数，就通分，纳入分子，作为定实，才对之开方。开方完毕，再对它的分母开方，回报以除。淳风等按：如果分母是完全平方数，就是已通同的积，它含有二重分母。完成开方之后，仍存在一重分母。所以对分母开方，求出一重分母，作为法，以它回报以除法。如果不是完全平方数，就用分母乘定实，才对它开方。完了，除以分母。淳风等按：如果分母不是完全平方数，它本来是一重分母。又乘以分母，就合成了二重分母。完成开方之后，也是存在一重分母，所以除以一重分母，就得到整个边长。

原文

又按：此术"开方"者，求方幂之面也[1]。"借一算"者，假借一算，空有列位之名，而无除积之实。方隅得面，是故借算列之于下。"步之，超一等"者，方十自乘，其积有百，方百自乘，其积有万，故超位至百而言十，至万而言百。"议所得，以一乘所借算为法，而以除"者，先得黄甲之面，以方为积者两相乘。故开方除之，还令两面上下相命，是自乘而除之。"除已，倍法为定法"者，实积未尽，当复更除。故豫张两面朱幂袤，以待复除，故曰定法。"其复除，折法而下"者，欲除朱幂，本当副置所得成方，倍之为定法，以折、议、乘之，而以除。如是当复步之而止，乃得相命，故使就上折之而下。"复置借算，步之如初，以复议一乘之，所得副以加定法，以定法除"者，欲除朱幂之角黄乙之幂。"以所得副从定法"者，再以黄乙之面加定法，是则张两青幂之袤，故如前开之，即合所问。

注释

①此是李淳风等系统复述刘徽注。

译文

又按：此术中"开方"就是求方幂的一边长。"借1算"是假借1枚算筹，徒然有列置数位的名义而没有用以除积的实际意义。只是从正方形的一个角隅得到边长。这就是为什么借1算并布置到积的下方。"将它向左移动，每隔一位移一步"。是因为边长是十位数，自乘，它的面积中有百位数；边长是百位数，自乘。它的面积中有万位教……所以每隔一位移一步。到百位时就意味着边长是十位数。到万位时就意味着边长是百位数。"商议所得的数，用它的一次方乘所借1算。作为法，而用来作除法"，这是先得出黄甲的一边长。以边长求面积是两边长相乘。所以开方除之。回过头来使两边长上下相乘，这是将边长自乘而减实。"做完除法，将法加倍，作为定法"。这是因为作为实的面积未除尽。应当再除，所以预先展开两块朱幂的长。以便准备作第二次除法，所以叫做定法。"若要作第二次乘法，应当缩小法，因此将它退位"。这是如果要减去朱幂。本来应当在旁边布置所得到的已经确定的正方形的边长，将它加倍，作为定法，通过缩小定法，商议得数，秉借算等运算而用来作除法。如果这样，应当重新布置借算，并自右向左移动，到无法移动时而止，才能相乘。这太繁琐。所以使借算就在上面缩小而将它退位。"再布置所借1算，向左移动。像开头作的那样。将第二位得数在旁边加入定法，用来作除法"，这是想减去位于两朱幂形成的角隅处的黄乙的面积。"将第二位得数在旁边纳入定法"这是再将黄乙的边长加入定法，是为了展开两青幂的长。所以像前面那样开方。就符合所问的问题。

原 文

今有积一千五百一十八步四分步之三。问：为圆周几何？

答曰：一百三十五步。于徽术，当周一百三十八步一十分步之一①。臣淳风等谨按：此依密率，为周一百三十八步五十分步之九②。

又有积三百步。问：为圆周几何？

答曰：六十步。于徽术，当周六十一步五十分步之十九③。臣淳风等谨依密率，为周六十一步一百分步之四十一④。

开圆术曰：置积步数，以十二乘之，以开方除之，即得周⑤。此术以周三径一为率，怀旧圆田术相返覆也⑥。于徽术，以三百一十四乘积，如二十五而一，所得，开方除之，即周也⑦。（开方除之，即径⑧。是为据见幂以求周，犹失之于微少⑨。其以二百乘积，一百五十七而一，开方除之，即径，犹矢之于微多⑩。臣淳风等谨按：此注于徽术求周之法，其中不用"开方除之，即径"六字，今本有者，衍剩也。依密率，八十八乘之，七而一⑪。按周三径一之率，假令周六径二，半周半径相乘得幂三。周六自乘得三十六，俱以等数除，幂得一，周之数十二也。其积：本周自乘，合以一乘之，十二而一，得积三也。术为一乘不长，故以十二而一，得此积。今还元⑫，置此积三，以十二乘之者，复其本周自乘之数。凡物自乘，开方除之，复其本数。故开方除之，即周。

注 释

①刘徽依徽率 $\frac{157}{50}$ 计算，L= $\sqrt{\frac{S \times 314}{25}}$ = $\sqrt{\frac{1518\frac{3}{4} \times 314}{25}}$ 步= $138\frac{1}{10}$ 步。

②李淳风等依密率 $\frac{22}{7}$ 计算，L= $\sqrt{\frac{S \times 88}{7}}$ = $\sqrt{\frac{1518\frac{3}{4} \times 88}{7}}$ 步= $138\frac{9}{50}$ 步。

③刘徽依徽率 $\frac{157}{50}$ 计算，L= $\sqrt{\frac{S \times 314}{25}}$ = $\sqrt{\frac{300 \times 314}{25}}$ 步= $61\frac{19}{50}$ 步。

④李淳风等依密率 $\frac{22}{7}$ 计算，L= $\sqrt{\frac{S \times 88}{7}}$ = $\sqrt{\frac{300 \times 88}{7}}$ 步= $61\frac{41}{100}$ 步。

⑤此即《九章算术》的开圆术：L= $\sqrt{12S}$ 。

⑥此谓《九章算术》的开圆术是方田章圆田又术S= $\frac{1}{12}L^2$ 的逆运算。

⑦此即刘徽依徽率$\frac{157}{50}$提出的开圆术：$L \approx \sqrt{\frac{S \times 314}{25}}$。

⑧李淳风等指出此六字系衍误。

⑨刘徽指出$L \approx \sqrt{\frac{S \times 314}{25}}$，它是方田章刘徽注公式$S = \frac{25}{314}L^2$的逆运算，并且$\sqrt{\frac{S \times 314}{25}} < L$。

⑩刘徽指出$d \approx \sqrt{\frac{S \times 200}{157}}$，它是方田章刘徽注公式$S = \frac{157}{200}d^2$的逆运算，并且$\sqrt{\frac{S \times 200}{157}} > d$。

⑪李淳风等依密率$\frac{22}{7}$提出的开圆术：$L = \sqrt{\frac{S \times 88}{7}}$。

⑫元：通"原"。陈垣《校勘学释例》卷三："原免之'原'与元来之'元'异。自明以来，始以'原'为'元'。言版本学者辄以此为明刻元刻之分，因明刻或仍用'元'，而用'原'者断非元刻也。"

假设有面积$1\,518\frac{3}{4}$步^2。问：变成圆，其周长是多少？

答：圆周长135步。用我的方法，周长应当是$138\frac{1}{10}$步。　　淳风等按：依照密率，这周长应为$138\frac{9}{50}$步。

假设又有面积300步^2。问：变成圆，其周长是多少？

答：圆周长60步。用我的方法，周长应当是$61\frac{19}{50}$步。　　淳风等按：依照密率，圆周长应为$61\frac{41}{100}$步。

开圆术：布置面积的步数，乘以12，对所得数作开方除法，就得到圆周长。此术以周三径一为率，与旧圆田术互为逆运算。用我的方法，以314乘面积。除以25，对所得数作开方除法，就是圆周长。（对它作开方除法，就是直径长。）这是由圆的面积求周长。失误仍然在于稍微小了一点。如果以200乘面积，除以157，对它作开方除法，就是直径长，失误在于稍微多了一点。　　淳风等按：此注刘徽求周长的方法，其中用不到"对它作开方除法，就是直径长"诸字。现传本有这些字，是衍剩。依照密率，以88乘之。除以7。按周3径1之率。假设周长是6，那么直径就是2。半周半径相乘。得到面积是3。周长6自乘，得到面积是36，全都以等数除面积，得到与一周长相应的系数是12。它的积，本来的周长自乘，应当以1乘之，除以12，得到面积3。此术中因为用1乘不增加，所以除以12，就得到这一面积。现在还原：布置这一面积3，用12乘之，就恢复本来的周长自乘的数值。凡是一物的数量自乘，对它作开方除法，就恢复了它本来的数量。所以对它作开方除法，就是周长。

原 文

今有积一百八十六万八百六十七尺。此尺谓立方之尺也。凡物有高深而言积者，曰立方①。问：为立方几何？

答曰：一百二十三尺。

又有积一千九百五十三尺八分尺之一。问：为立方几何？

答曰：一十二尺半。

又有积六万三千四百一尺五百一十二分尺之四百四十七。问：为立方几何？

答曰：三十九尺八分尺之七。

又有积一百九十三万七千五百四十一尺二十七分尺之一十七。

问：为立方几何？

答曰：一百二十四尺太半尺。

开立方立方适等，求其一面也②。术曰：置积为实。借一算，步之，超二等③。言千之面十，言百万之面百④。议所得⑤，以再乘所借一算为法⑥，而除之⑦。再乘者，亦求为方幂。以上议命而除之，则立方等也⑧。除已，三之为定法⑨。为当复除。故豫张三面，以定方幂为定法也⑩。复除，折而下⑪。复除者，三面方幂以皆自乘之数，须得折、议定其厚薄尔⑫。开平幂者，方百之面十；开立幂者，方千之面十。据定法已有成方之幂⑬，故复除当以千为百，折下一等也⑭。以三乘所得数，置中行⑮。设三廉之定长⑯。复借一算，置下行⑰。欲以为隅方，立方等未有定数，且置一算定其位⑱。步之，中超一，下超二等⑲。上方法，长自乘，而一折⑳；中廉法，但有长，故降一等㉑；下隅法，无面长，故又降一等也㉒。复置议，以一乘中㉓，为三廉备幂也㉔。再乘下㉕，令隅自乘，为方幂也㉖。皆副以加定法㉗。以定除㉘。三面、三廉、一隅皆已有幂，以上议命之而除去三幂之厚也㉙。除已，倍下、并中，从定法㉚。凡再以中，三以下，加定法者，三廉各当以两面之幂连于两方之面，一隅连于三廉之端㉛，以待复除也。言不尽意㉜，解此要当以棋，乃得明耳㉝。复除，折下如前㉞。开之不尽者，亦为不可开。术亦有以定法命分者㉟，不如故幂开方，以微数为分也。若积有分者，通分内子为定实。定实乃开之㊱。讫，开其母以报除㊲。臣淳风等按：分母可开者，并通之积先合三母。既开之后一母尚存，故开分母，求一母为法，以报除也。若母不可开者，又以母再乘定实，乃开之。讫，令如母而一㊳。臣淳风等谨按：分母不可开者，本一母也。又以母再乘之，令合三母。既开之后，一母犹存。故令一母而一。得全面也。

注释

①刘徽给出了"立方"的定义。此处物有广、袤，是不言自明的，因此刘徽是说凡是某物有广、袤、高（或深），就叫作立方。

②立方适等，求其一面：立方体的三边恰好相等，开立方就是求其一边长。

③借一算：借一枚算筹，表示未知数三次项的系数1。本来问题只给出一个体积，设体积为A，通过借一算，就将其变成一个开方式$x^3=A$。如图4-4。以$\sqrt[3]{32\,461\,759}$为例，就是求三次方程$x^3=32\,461\,759$的根。其开方式为：

实	3	2	4	6	1	7	5	9
法								
中行								
借算	1							

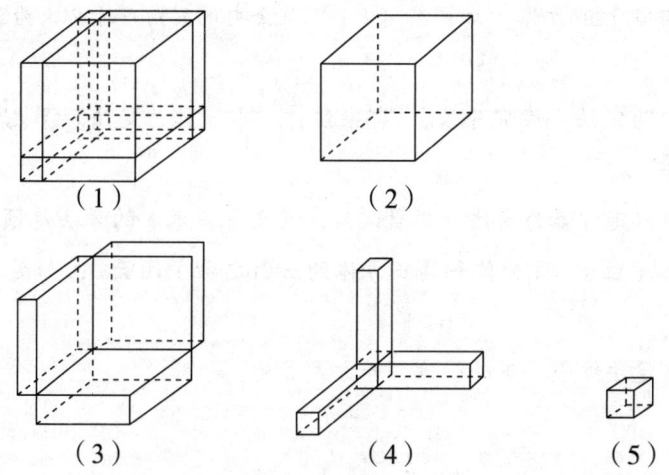

图4-4 开立方的几何解释（采自《古代世界数学泰斗刘徽》）

步之，超二等：就是将借算自右向左隔二位移一步，到不能移而止。开方式变成：

议得								
实	3	2	4	6	1	7	5	9
法								
中行								
借算			1					

移三步，说明根是三位数。这个开方式表示方程$(10^2 x_1)^3=32\,461\,759$。

④言千之面十，言百万之面百：体积为千位数，其边长即根就是十位数；体积为百万

141

位数，其边长即根就是百位数。依此类推。

⑤议所得：也是商议根的第一位得数。记议得即根的第一位得数为a_1。

⑥再乘：乘二次，相当于二次方。这里即以根的第一位得数的平方乘，所以刘徽说"求为方幂"。以再乘所借一算为法：即以$a_1^2 \times 1$作为法。这里的"法"也是除法中的法。

⑦除之：与开方术一样，此处的"除"也是指除法。a_1的确定，须使其平方a_1^2乘以借算1，以其作为法，除实，其商的整数部分恰好是a_1。在这个例题中，议得根的第一位得数3，置于"议得"的百位数上，使之以借算1乘$3^2=9$，为法。以法除实，整数部分恰好亦得3。余数是5 461 759。借算同时消失。其算式为：

议得				3			
实	5	4	6	1	7	5	9
法	9						

⑧命：就是乘。以上议命而除之，则立方等：以议得a_1乘以a_1为边长的面积a_1^2，得a_1^3。这样就得到一个每边恰好相等其体积为a_1^3的正方体。刘徽这里的"除"是减。以a_1^3减原体积A，得余实$A-a_1^3$。在这个例子中就是32 461 759－300^3＝5 461 759。在其几何解释中。原体积A相当于正方体，如图4-4（1），除去的a_1^3相当于以a_1为边长的正方体，如图4-4（2）。

⑨除已，三之为定法：做完除法，以3乘法a_1^2，得$3a_1^2$作为定法。《九章算术》这里的"除"仍是"除法"。

⑩豫张三面，以定方幂为定法：刘徽认为，《几章算术》的方法是预先展开将要除去的三个扁平长方体（位于以a_1^3为体积的正方体的三面之旁）的面a_1^2，如图4-4（3），所以以$3a_1^2$为定法。

⑪折而下：将定法缩小，下降一位。开方式成为：

议得				3			
实	5	4	6	1	7	5	9
法	2	7					

⑫三面方幂以皆自乘之数，须得折、议定其厚薄尔：因为三个扁平长方体的面a_1^2已经是a_1的自乘，所以通过折、议确定这三个扁平的长方体的厚薄。议：议第二位得数，记为a_2。

⑬成方：确定的方。方：方幂的简称。它就是"法"，或"法"的一部分，又称为"方法"。此后"方"或"方法"成为开方术中表示一次项系数的专用名词。在其几何解释中，三方就是以a_1^2为面，以第二位得数为厚的扁平长方体，如图4-4（3）。

⑭复除当以千为百，折下一等：刘徽认为，因为定法中已有a_1^2，故在做第二次除法时将千作为百，这通过退一位实现。

⑮以三乘所得数，置中行：《九章算术》是将$3a_1$布置于中行。这个例子中是将$3\times3=9$布置在中行。

⑯三廉之定长：刘徽认为以3乘得数a_1，称为三廉。这是将第一位得数a_1预设为三廉的长。廉：本义是边，侧边。《仪礼·乡饮酒礼》："设席于堂廉东上。"郑玄注："侧边曰廉。"引申为棱。廉在继续开方中成为"法"的一部分，又称为"廉法"。在其几何解释中，三廉就是位于除去的以a_1为边长的正方体与三方之间的棱上，故名，如图4-4（4）。此后"廉"或"廉法"成为开方术中表示二次或二次以上直至次高项系数的专用名词。

⑰复借一算，置下行：《九章算术》在下行又布置借算。可见在得出第一位得数后"借算"自动消失，即被还掉。开方式变成：

议得			3			
实	5	4	6	1	7 5	9
法	2	7				
中行						9
借算						1

⑱欲以为隅方，立方等未有定数，且置一算定其位：刘徽认为，借一算的目的是为了求位于隅角的小正方体的边长。该小正方体边长相等，但数值还没有确定，所以借一算，形成一个开方式。此后"隅"成为开方术中表示最高次项的系数的专门术语。

⑲步之，中超一，下超二等：《九章算术》是自右向左，中行隔一位移一步，下行是隔二位移一步。在这个例题中，开方式变成：

议得			3			
实	5	4	6	1	7 5	9
法	2	7				
中行		9				
借算			1			

此即减根方程：

$(10^2x_2)^3+3\times300\times(10x_2)^2+3\times300^2\times10x_2=5\,461\,759$。

⑳上方法，长自乘，而一折："方法"中有长的自乘，即a_1^2，故"一折"，即退一位。

㉑中廉法，但有长，故降一等："廉法"中只有长a_1，故降一等，即退二位。但：表示范围，只，仅。《史记·刘敬叔孙通列传》："匈奴匿其壮士、肥牛马，但见老弱及羸畜。"

㉒下隅法，无面长，故又降一等："隅法"没有长，故又降一等，即退四位。可见与开方术一样，刘徽不再还掉借算，中行自然与借算相应。其筹式原来应是：

议得						3		
实	5	4	6	1	7	5	9	
法	2	7						
中行		9						
借算			1					

通过法、廉、隅分别退位，得到

议得						3		
实	5	4	6	1	7	5	9	
法	2	7						
中行				9				
借算					1			

与注⑲同一开方式。

㉓复置议，以一乘中：《九章算术》议得根的第二位得数a_2，以其一次方乘中行，得$3a_1a_2$。

㉔为三廉备幂：刘徽认为这是为三个廉预先准备面积。在这个例子中$a_2=10$，$3a_1a_2=9\,000$。

㉕再乘下：《九章算术》以第二位得数的平方a_2^2乘下行，仍为a_2^2。

㉖令隅自乘，为方幂：刘徽认为这是使隅法自乘，成为一个小正方形的面积。在这个例子中，$a_2^2=100$。

㉗皆副以加定法：《九章算术》将乘得的中行$3a_1a_2$、下行a_2^2都加到定法上，得$3a_1^2+3a_1a_2+a_2^2$。仍称为定法，这也体现出位值制。

㉘以定除：《九章算术》以定法除余实，其商的整数部分恰好为a_2。在这个例子中$3a_1^2+3a_1a_2+a_2^2=2\,700000+90000+1\,000=2\,791\,000$。算式是：

议得						3	1	
实	5	4	6	1	7	5	9	
法	2	7	9	1				
中行				9				
借算					1			

㉙三面、三廉、一隅皆已有幂，以上议命之而除去三幂之厚：刘徽认为，三个面、三个廉、一个隅都已具备了面积，以第二位得数乘之，从余实中除去。就相当于除去三个面积的厚薄。刘徽注此处的"除"是减的意思。

㉚除已，倍下、并中，从定法：完成除法之后，将下行加倍即$2a_2^2$，加到中行，得$3a_1a_2+3a_2^2$，都加到定法上，得$3a_1^2+6a_1a_2+3a_2^2$。

㉛凡再以中，三以下，加定法者，三廉各当以两面之幂连于两方之面，一隅连于三廉

之端：《九章算术》的做法相当于中行的2倍，下行的3倍，刘徽认为三廉中每个廉都以两个面与两个方相连，一隅位于三廉的端上。

㉜言不尽意：语言不可能穷尽其中的意思。语出《周易·系辞上》："子曰：'书不尽言。言不尽意。'然则圣人之意，其不可见乎？""言不尽意"与"言尽意"是魏晋时期玄学家的争论的论题之一。

㉝解此要当以棋，乃得明耳：解决这个问题关键是应当使用棋，才能明白。要yào：关键，纲要。《韩非子·扬权》："圣人执要，四方来效。"

㉞复除，折下如前：《九章算术》认为，如果继续作开方除法，应当如同前面那样将法退一位（刘徽则是法退一位，中行退二位，下行退三位）。在这个例子中，算式变为

议得					3	1	
实	2	6	7	0	7	5	9
法	2	8	8	3			
中行				9	3		
借算							1

㉟术亦有以定法命分者：各种方法中也有以定法命名一个分数的。设根的整数部分为a，刘徽之前也有将根的近似值表示成 $\sqrt[3]{A} \approx a + \dfrac{A-a^3}{3a^2}$ 的。

㊱若积有分者，通分内子为定实。定实乃开之：如果被开方数有分数，则将整数部分通分，纳入分子，作为定实。对定实开方。设被开方数的整数部分为A，分数部分为 $\dfrac{B}{C}$。则以 $\sqrt[3]{AC+B}$ 为定实。

㊲开其母以报除：如果C是完全立方数，设 $\sqrt[3]{C}=c$，《九章算术》的方法是：

$$\sqrt[3]{A\dfrac{B}{C}} = \dfrac{\sqrt[3]{AC+B}}{\sqrt[3]{C}} = \dfrac{\sqrt[3]{AC+B}}{c}$$

㊳若母不可开者，又以母再乘定实，乃开之。讫，令如母而一：如果C不是完全立方数，《九章算术》的方法是：

$$\sqrt[3]{A\dfrac{B}{C}} = \sqrt[3]{\dfrac{AC+B}{C}} = \sqrt[3]{\dfrac{(AC+B)C^2}{C^3}} = \dfrac{\sqrt[3]{(AC+B)C^2}}{C}。$$

译文

假设有体积1 860 867尺³。这里尺³是说立方之尺。凡是物体有高或深而讨论其体积，就叫作立方。问：变成正方体，它的边长是多少？

答：123尺³。

假设又有体积1 953 $\dfrac{1}{8}$ 尺³。问：变成正方体，它的边长是多少？

答：$12\frac{1}{2}$ 尺³。

假设又有体积63 401$\frac{447}{512}$尺³。问：变成正方体，它的边长是多少？

答：$39\frac{7}{8}$ 尺³。

假设又有体积1 937 541$\frac{17}{27}$尺³。问：变成正方体，它的边长是多少？

答：$124\frac{2}{3}$ 尺³。

开立方正方体的各边恰好相等，求它的一边长。术：布置体积，作为实。借1算，将它向左移动，每隔二位移一步。这意味着千位数的边长是十位数，百万位数的边长是百位数……商议所得的数，以它的二次方乘所借1算，作为法，而以法除实。以二次方乘。只不过是正方形的面积。以位于上方的商议的数乘它而成为实，那么立方的边长就相等。做完除法，以3乘法，作为定法。为了能继续做除法。所以预先展开三面，以已经确定的正方形的面积作为定法。若要继续作法，就将法缩小而退位。如果继续做除法，因为三面正方形的面积都是自乘之数，所以必须通过缩小法、商议所得的数来确定它们的犀薄。如果开正方形的面积，百位数的正方形的边长是十位数，如果开正方体的体积，千位数的正方体的边长是十位数。根据定法已有了确定的正方形的面积，所以继续做除法时应当把10 000变成100，就是说将它退一位而缩小。以3乘商议所得到的数，布置在中行。列出三廉确定的长。又借1算，布置于下行。想以它建立位于隅角的正方体。该正方体的边长相等。但尚没有确定的数，姑且布置1算，以确定它的地位。将它们向左移动，中行隔一位移一步，下行隔二位移一步。位于上行的方法，是长的自乘，所以退一位；位于中行的廉法，只有长，所以再退一位；位于下行的隅法，没有面，也没有长，所以又退一位。布置第二次商议所得的数，以它的一次方乘中行，为三个廉法准备面积。以它的二次方乘下行，使隅的边长自乘，变成正方形的面积。都在旁边将它们加定法。以定法除余实。三个方面、三个廉、一个隅都已具备了面积。以在上方议得的数乘它们，减余实。这就除去了三种面积的厚。完成除法后，将下行加倍，加中行，都加入定法。凡是以中行的2倍、下行的3倍加定法，是因为三个廉应当分另4以两个侧面的面积连接于两个方的侧面，一个隅的三个面连接于三个廉的顶端，为的是准备继续作除法。用语言无法表达全部的意思，解决这个问题关键是应当使用棋，才能把这个问题解释明白。如果继续做除法，就像前面那样缩小、退位。如果是开方不尽的，也称为不可开。各种方法中也有以定法命名一个分数的，不如用原来的体积继续开方，以微数作为分数。如果已给的体积中有分数，就通分，纳入分子，作为定实，对定实开立方。完了，对它的分母开立方，再以它作除法。淳风等按：如果分母是完全立方数，通分后的积已经对应于三重分母。完成开立方之后，仍存在一重分母。所以对分母开立方，求出一重分母作为法，用它作除法，如果分母不是完全立方数，就以分母的二次方乘定实，才对它开立方。完了，以分母除。淳风等按：分母不可开的数，本来是一重分母。又以分母的二次方乘之，使它合成三重分母。完成开方之后。一重分母仍然存在，所以除以一重分母，就得到整个边长。

原　文

按①：开立方知②，立方适等，求其一面之数。"借一筹，步之，超二等"者，但立方求积③，方再自乘④，就积开之，故超二等，言千之面十，言百万之面百。"议所得，以再乘所借筹为法，而以除"知，求为方幂，以议命之而除，则立方等也。"除已，三之为定法"，为积未尽，当复更除，故豫张三面已定方幂为定法。"复除，折而下"知，三面方幂皆已有自乘之数，须得折、议定其厚薄。据开平方，百之面十，其开立方，即千之面十；而定法已有成方之幂，故复除之者，当以千为百，折下一等。"以三乘所得数，置中行"者，设三廉之定长。"复借一筹，置下行"者，欲以为隅方，立方等未有数，且置一筹定其位也。"步之，中超一，下超二"者。上方法长自乘而一折，中廉法但有长，故降一等，下隅法无面长，故又降一等。"复置议。以一乘中"者，为三廉备幂。"再乘下"，当令隅自乘为方幂。"皆副以加定法，以定法除"者，三面、三廉、一隅皆已有幂，以上议命之而除去三幂之厚。"除已，倍下、并中，从定法"者，三廉各当以两面之幂连于两方之面，一隅连于三廉之端，以待复除。其开之不尽者，折下如前。开方，即合所问。"有分者，通分内子"开之，"讫，开其母以报除"，可开者，以通之积，先合三母，既开之后，一母尚存。故开分母者，求一母为法，以报除。"若母不可开者，又以母再乘定实，乃开之。讫，令如母而一"，分母不可开者，本一母，又以母再乘，令合三母，既开之后，亦一母尚存。故令如母而一，得全面也。

注　释

①此是李淳风等系统复述刘徽注。
②开立方知：与下文"议所得，以再乘所借筹为法，而以除知""'复除，折而下'知"，此三"知"字训"者"，见刘徽序"故枝条虽分而同本干知"之注释。
③但：凡，凡是。
④方再自乘：指边长自乘2次，即其立方。方：边长。

译 文

按：开立方就是当立方的各边恰好相等，求它的一边长。"借1算，将它向左移动，每隔二位移一步"的原因是，凡求正方体的体积，都是边长自乘2次，然后就这个积开立方，所以要隔二位移一步，这意味着千位数的边长是十位数，百位数的边长是百位数。"商议所得的数，以它的二次方乘所借1算，作为法，而以法除实"的原因是，求成为正方形的面积。以位于上方的商议所得的数乘它而减实，那么立方的长就相等。"做完除法，以3乘法，作为定法"是因为体积未除尽，应当继续做除法。所以预先展开三面，以已经确定的正方形的面积作为定法。"若要继续作除法，就将法缩小而退位"的原因是，三面正方形的面积都是自乘之数，所以必须通过缩小法、商议所得的数来确定它们的厚薄。根据开平方，百位数的边长是十位数，如果开立方，千位数的边长是十位数；而定法已有了确定的正方形的面积，所以继续做除法时应当把千位数变为百位数，就是将其退一位而缩小。"以3乘商议所得到的数。布置在中行"是列出三廉确定的长。"又借1算，布置于下行"，是想以它建立位于隅角的正方体，其边长相等，但尚没有确定的数，姑且布置1算以确定它的地位。"将它们向左移动，中行隔一位移一步。下行隔二位移一步"的原因是，位于上行的方形的法是长的自乘，所以退一位，位于中行的廉形的法只有长，所以再退一位，位于下行的隅形的法既没有面，也没有长，所以又退一位。"布置第二次商议所得的数，以它的一次方乘中行"。这是为三个廉形的法准备面积。"以它的二次方乘下行"，相当于使隅的边长自乘，变成正方形的面积。"都在旁边将它们加定法。以定法除余实"的原因是，三个面、三个廉、一个隅都已具备了面积。以在上方议得的数乘它们，减余实，这就除去了三种面积的厚。"完成除法后，将下行加倍，加中行，都加入定法"，是因为三个廉应当分别以两个侧面的面积连接于两个方的侧面，一个隅的三个面连接于三个廉的顶端，为的是准备继续做除法。如果是开方不尽的，就像前面那样缩小、退位。再开方，就符合问题的答案。"如果已给的体积中有分数，就通分，纳入分子"。对之开立方。"完了。对它的分母开立方。再以它作除法"，这是因为。如果分母是完全立方数，通分后的体积已经对应于三重分母。完成开立方之后，仍存在一重分母。所以对分母开立方，求出一重分母，作为法，再用它作除法。"如果分母不是完全立方数，就以分母的二次方乘定实，才对它开立方。完了，以分母除"，这是因为分母不是完全立方数，本来是一重分母。又用分母的二次方乘之，使它合成了三重分母。完成开方之后，一重分母仍然存在，所以除以一重分母，就得到整个边长。

今有积四千五百尺。亦谓立方之尺也。问：为立圆径几何[①]？

答曰：二十尺。依密率②，立圆径二十尺，计积四千一百九十尺二十一分尺之一十③。

又有积一万六千四百四十八亿六千六百四十三万七千五百尺。

问：为立圆径几何？

答曰：一万四千三百尺。依密率，为径一万四千六百四十三尺四分尺之三④。

开立圆术曰：置积尺数，以十六乘之，九而一，所得，开立方除之，即立圆径⑤。立圆，即丸也⑥。为术者盖依周三径一之率。令圆幂居方幂四分之三。圆囷居立方亦四分之三⑦。更令圆囷为方率十二，为丸率九，丸居圆囷又四分之三也⑧。置四分自乘得十六，三分自乘得九⑨，故丸居立方十六分之九也⑩。故以十六乘积，九而一，得立方之积。丸径与立方等，故开立方而除，得径也⑪。然此意非也。何以验之？取立方棋八枚，皆令立方一寸，积之为立方二寸⑫。规之为圆囷，径二寸，高二寸⑬。又复横因之⑭，则其形有似牟合方盖矣⑮。八棋皆似阳马，圆然也⑯。按：合盖者，方率也。丸居其中，即圆率也⑯。推此言之，谓夫圆囷为方率，岂不阙哉⑱？以周三径一为圆率，则圆幂伤少⑲，令圆囷为方率，则丸积伤多，互相通补。是以九与十六之率偶与实相近，而丸犹伤多耳。观立方之内，合盖之外，虽衰杀有渐⑳，而多少不掩㉑，判合总结㉒，方圆相缠，浓纤诡互㉓，不可等正㉔。欲陋形措意㉕。惧失正理。敢不阙疑㉖，以俟能言者㉗。

注释

①立圆：球。《九章算术》时代将今之球称为"立圆"。

②密率：指 $\pi = \frac{22}{7}$。此处没有他处之"臣淳风等"诸字，盖李淳风等使用过此率，但不能说凡使用此率的都是李淳风等。因此依密率 $\pi = \frac{22}{7}$ 计算球体积，未必是李淳风等所为。

③根据 $\pi = \frac{22}{7}$ 得出的球体积公式 $V = \frac{11}{21}d^3$（见下），以及直径 $d = 20$ 尺，此球体积为：

$$V = \frac{11}{21}d^3 = \frac{11}{21} \times (20\text{尺})^3 = 4190\frac{10}{21}\text{尺}^3。$$

④根据 $\pi = \frac{22}{7}$ 得出的球直径为 $14643\frac{3}{4}$ 尺。当时地面上不存在这么大的球，再一次表明《九章算术》的题目并不全是实际应用题，而只是算法的例题。

⑤设球的直径、体积分别为 d，V，此即《九章算术》求球直径的公式

$$d = \sqrt[3]{\frac{16}{9}V}。 \tag{4-1}$$

刘徽证明这个公式是错误的。

⑥丸：球，小而圆的物体。《说文解字》："丸，圜，倾侧而转者。"

⑦圆囷qūn：圆柱体，《九章算术》称为圆堢壔，卷五有圆堢壔问。囷：古代圆形的谷仓。《说文解字》："囷：廪之圆者。"圆囷居立方亦四分之三：设正方体体积为$V_方$，其内切圆囷的体积为$V_囷$，《九章算术》时代认为$V_方:V_囷=4:3$。这是由$V_方:V_囷=4:\pi$，取$\pi=3$得到的。如图4-5（1）。

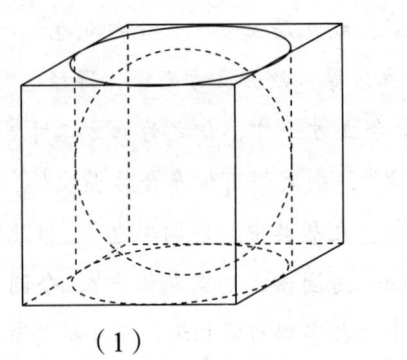
（1）

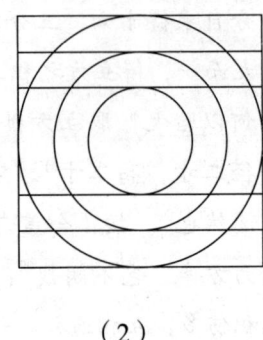
（2）

图4-5　球与外切圆柱体（采自《古代世界数学泰斗刘徽》）

⑧丸居圆囷又四分之三：《九章算术》时代认为圆囷与内切球的关系为：$V_囷:V=4:3$。为丸率九：日本三上义夫改为"丸为圆率九"。

⑨四分自乘得十六，三分自乘得九：4分自乘得16，3分自乘得9。

⑩丸居立方十六分之九：《九章算术》认为

$$V = \frac{9}{16}V_方。 \tag{4-2}$$

以上是刘徽模拟《九章算术》时代推导球体积的方法。

⑪丸径与立方等，故开立方而除，得径：由于球直径等于其外切正方体的边长，故开立方除之，得到球直径，即《九章算术》的公式（4-1）。

⑫立方一寸：边长为1寸的正方体。立方二寸：边长为2寸的正方体。

⑬规之为圆囷：用规在正方体内作圆囷，即正方体内切圆柱体。其底直径与高都是2寸。规：本义是画圆的工具，这里指用规切割。

⑭横因之：横着用规切割，即与切割出圆囷的方向垂直。因：因袭，沿袭。《论语·为政》："殷因于夏礼，所损益，可知也。"

⑮牟合方盖：两个相合的方盖。牟：加倍。《楚辞·招魂》："成枭而牟。"王逸注："倍胜为牟。"刘徽将两个全等的圆柱体正交，取其公共部分而得到牟合方盖，如图4-6。

⑯圆然：像圆弧形的样子。

⑰设牟合方盖的体积为$V_盖$，则：

$$V_盖 : V = 4 : \pi。 \quad (4-3)$$

⑱阙què：过失，弊病。《诗经·大雅·蒸民》："衮职有阙，维中山甫补之。"郑玄笺："善补过也。"此谓$V_圆 : V = 4 : \pi$不可能成立。

⑲伤：嫌，失之于。《汉语大词典》的例句是《北史·苏威传》："所修格令章程，并行于当世，颇伤烦碎，论者以为非简久之法。"比刘徽晚多矣。

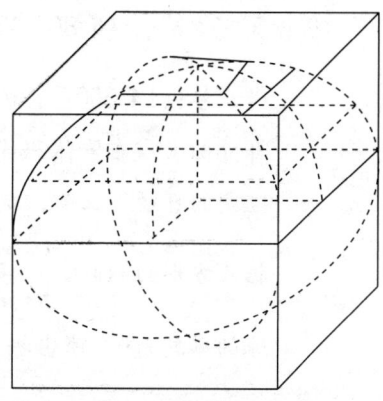

图4-6　牟合方盖（采自《古代世界数学泰斗刘徽》）

⑳衰杀：衰减。杀shài：差（cī），差等。《礼记·文王世子》："其族食世降一等，亲亲之差也。"郑玄注："杀，差也。"

㉑多少不掩：大小无法知道。掩：取，捕取，覆取。《方言》卷六："掩，取也。自关而东曰掩。"

㉒判合总结：分割并合汇聚。判：分割，分离。《左传·庄公三年》："纪季以酅入于齐。纪于是乎始判。"杜预注："判，分也。"总：汇聚。结：聚合，凝聚。

㉓浓纤诡互：就是浓密纤细互相错杂。浓：密，厚，多。诡互：奇异错杂。沈约《佛记序》："神涂诡互，难以臆辨。"此例句亦晚于刘徽矣。

㉔等正：齐等规范。等：本义是整齐的竹简。引申为同，等同，齐等。正：合规范，合标准。《论语·乡党》："割不正不食。"

㉕陋形：刘徽自谦之辞。措意：留意，在意，用心。《孔子家语·致思》："丈夫不以措意，遂渡而出。"陋：粗俗，鄙野。

㉖敢不阙疑：岂敢不把疑惑搁置起来。阙疑：对疑难未解的问题不妄加评论。《论语·为政》："多闻阙疑，慎言其余，则寡尤。"刘宝南正义："其义有未明，未安于心者，阙空之也。"

㉗俟：等待。《诗经·邶风·静女》："静女其姝，俟我于城隅。"郑玄笺："俟，待也。"能言者：能解决这个问题的人。这位"能言者"就是约200年后的祖冲之父子，见下李淳风等注释。

译文

假设有体积4 500尺³，也是说立方尺。问：变成立圆，它的直径是多少？

答：20尺。依照密率。立圆的直径是20尺，计算出体积是$4190\frac{10}{21}$尺³。

假设又有体积1 644 866 437 500尺³，问：变成立圆，它的直径是多少？

答：14 300尺。依照密率，立圆的直径成为14 643$\frac{3}{4}$尺。

开立圆术：布置体积的尺数，乘以16，除以9，对所得的数作开立方除法，就是立圆的直径。立圆，就是球，设立此术的人原来是依照周3径1之率。使圆面积占据正方形面积的$\frac{3}{4}$，那么圆柱亦占据正方体的$\frac{3}{4}$。再使圆柱变为方率12，那么球的率就是9，球占据圆柱又是$\frac{3}{4}$。布置4分，自乘得16，3分自乘得9，所以球占据正方体的$\frac{9}{16}$。所以用16乘体积，除以9，便得到正方体的体积。球的直径与外切正方体的边长相等，所以作开立方除法，就得到球的直径。然而这种思路是错误的。为什么呢？取8枚正方体棋，使每个正方体的边长都是1寸，将它们拼积起来，成为边长为2寸的正方体。竖着用圆规分割它，变成圆柱体；直径是2寸。高也是2寸。又再横着使用上述方法分割，那么分割出来的形状就像一个牟合方盖。而8个棋都像阳马，只是呈圆弧形的样子。按：合盖的率是方率，那么球内切于其中。就是圆率。由此推论，说这圆柱体为方率，难道不是错误的吗？以周3径1作为圆率，那圆面积的失误在于少了一点；使圆柱体为方率，那球的体积的失误在于多了一点。互相补偿，所以9与16之率与实际情况偶然相接近，而球的体积的失误仍在于多了一点。考察正方体之内，合盖之外的部分。虽然是有规律地渐渐削割下来，然而它的大小无法搞清楚。它们分割成的几块互相聚合，方圆互相纠缠，彼此的厚薄互有差异，不是齐等规范的形状。想以我的浅陋解决这个问题，又担心背离正确的数理。我岂敢不把疑惑搁置起来。等待有能力阐明这个问题的人呢？

原文

黄金方寸，重十六两；金丸径寸，重九两，率生于此，未曾验也①。《周官·考工记》②："栗氏为量③，改煎金锡则不耗。不耗然后权之④，权之然后准之⑤，准之然后量之⑥。"言炼金使极精，而后分之则可以为率也。令丸径自乘，三而一，开方除之，即丸中之立方也⑦。假令丸中立方五尺⑧，五尺为句，句自乘幂二十五尺。倍之得五十尺，以为弦幂⑨，谓平面方五尺之弦也⑩。以此弦为股，亦以五尺为句，并句股幂得七十五尺。是为大弦幂。开方除之，则大弦可知也⑪。大弦则中立方之长邪⑫，邪即丸径也⑬。故中立方自乘之幂于丸径自乘之幂三分之一也⑭。令大弦还乘其幂，即丸外立方之积也⑮。大弦幂开之不尽，令其幂七十五再自乘之⑯。为面，命得外立方积⑯，四十二万一千八百七十五尺之面⑱。又令中立方五尺自乘，又以方乘之，得积一百二十五尺⑲。一百二十五尺自乘，为面，命得积，一万五千六百二十五尺之面⑳。皆以六百二十五约之，外立方积六百七十五尺之面。中立方积二十五尺之面也㉑。张衡筭又谓立方为质㉒，立圆为浑㉓。衡言质之与中外之浑㉔。六百七十五尺之面，开方除之，不足一，谓外浑积二十六也㉕。内浑二十五之面，谓积五尺也㉖。今徽令质言中浑，浑又言质，则二质相与之率犹衡二浑相与之率也㉗。衡盖亦先二质之率推以言浑之率也㉘。衡又言质六十四之面，浑二十五之面㉙。质复言浑。谓居质八分之五也㉚。又云：方八之面，圆五之面㉛，圆浑相推，知其复以圆囷为方率，浑为圆率也㉜，失之远矣。衡说之自然欲协其阴阳奇耦之说而不顾疏密矣㉝。虽有文辞，斯乱道破义，病也㉞。置外质积二十六，以九乘之，十六而一，得积十四尺八分尺之五，即质中之浑也㉟。以分母乘全内子，得一百一十七㊱；又置内质积五，以分母乘之，得四十㊲；是为质居浑一百一十七分之四十㊳，而浑率犹为伤多也。假令方二尺，方四面，并得八尺也，谓之方周。其中令圆径与方等，亦二尺也。圆半径以乘圆周之半，即圆幂也。半方以乘方周之半，即方幂也。然则方周知㊴，方幂之率也；圆周知，圆幂之率也。按：如衡术，方周率八之面，圆周率五之面也㊵。令方周六十四尺之面，即圆周四十尺之面也㊶。又令径二尺自乘，得径四尺之面㊷，是为圆周率十之面，而径率一之面也㊸。衡亦以周三径一之率为非，是故更著此法。然增周太多，过其实矣㊹。

注　释

①这是说，《九章筭术》所使用的$V_方:V_圆=16:9$是从边长为1寸的正方体的金块重16两，直径为1寸的金球重9两的测试中得到的。刘徽自己没有试验过。

②周礼：即《周官》，有春、夏、秋、冬四官。汉以后，冬官亡佚，人们遂以《考工记》充冬官，故云《周官·考工记》。考工记：是先秦的一部重要关于技术规范与手工业管理的著作，学术界多认为成书于战国的齐国。

③栗氏：《考工记》记载的管理冶铸的官员。李籍云："栗氏，铸量之官也。"

④权：本是秤锤，或秤。这里指称量。《孟子·梁惠王上》："权，然后知轻重。"

⑤准：本义是平，引申为测平的工具。《管子·水地》："准也者，五量之宗也。"进而引申为标准。《荀子·致使》："程者，物之准也。"这里是标准的意思。

⑥量：度量。以上文字引自《周礼·考工记》。

⑦这是由球的直径求其内接正方体的边长。如图4-7，设内接正方体的边长为a，考虑以球的内接正方体的一面的两边为勾、股，以对角线为弦构成的勾股形，正方体底面的对角线c，根据勾股术，则$c^2=a^2+a^2=2a^2$。再考虑以内接正方体的一边a为勾，以一面的对角线

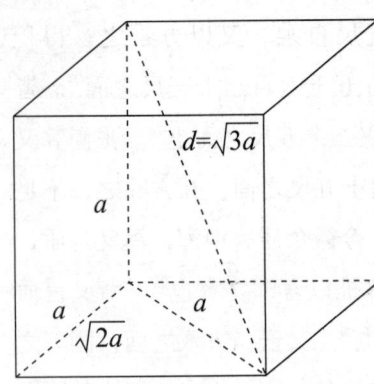

图4-7 球内接正方体（采自《古代世界数学泰斗刘徽》）

c为股，以球直径d为弦的勾股形，则弦为d=$\sqrt{a^2+2a^2}$=$\sqrt{3}$a，故a=$\dfrac{d}{\sqrt{3}}$=$\dfrac{\sqrt{3}}{3}$d。此弦下文称为大弦。

⑧中立方：球的内接正方体。

⑨假设球的内接正方体的一边a为5尺，则c^2=2×（5尺）^{2}=50尺^2。

⑩则弦c=$\sqrt{50}$=$\sqrt{2}$×5尺。

⑪此谓d^2=3（5尺）^{2}=75尺^2，大弦d=5$\sqrt{3}$尺。

⑫长邪：又称为"大弦"。即圆内接正方体的对角线，上述勾股形的大弦。

⑬邪即丸径：长邪即球的直径。

⑭中立方自乘之幂于丸径自乘之幂三分之一：即a^2=$\dfrac{1}{3}$$d^2$。

⑮丸外立方：球的外切正方体，下常称为外立方。它的边长是大弦d。以d乘其幂d^2，就得到以大弦即球直径为边长的正方体的体积，也就是球的外切正方体的体积：$V_{外}$=d^3。

⑯大弦幂开之不尽，令其幂七十五再自乘之：大弦之幂为d^2=$3a^2$=75尺^2，开方不尽。再自乘之：即$d^2 d^2 d^2$=d^6=（75尺^2）^{3}。

⑰为面，命得外立方积：建立大弦幂再自乘的面，就是球的外切正方体的体积。换言之，d^6的面就是$\sqrt{d^6}$=d^3，因此。球的外切立方体的体积d^3就是d^6的面。

⑱四十二万一千八百七十五尺之面：球的外切正方体体积是（75尺^2）^{3}=421 875尺^{6}之面。此面显然以尺^{3}为单位。

⑲令中立方五尺自乘，又以方乘之，得积一百二十五尺：球的内接正方体的体积$V_{内}$=a^3=（5尺）^{3}=125尺^3。

⑳一百二十五尺自乘，为面，命得积，一万五千六百二十五尺之面：将125尺^{3}自乘，建立它的面，就得到球的内接正方体的体积，它就是（125尺^3）^{2}=15 625尺^{6}之面。此面显然以尺^{3}为单位。

㉑将421 875尺^{6}与15 625尺^{6}皆以625约之，则外切正方体的体积d^3是675尺^{6}之面，内接正方体的体积a^3就是25尺^{6}之面。

㉒张衡（78—139）：字平子，南阳（今河南省）人。东汉著名天文学家、数学家、文学家。崔瑗《河间相张平子碑》云他"天资睿哲，敏而好学"。公元115年、126年两度为太史令，掌天时，星历。撰天文著作《灵宪》《浑天仪注》和数学著作《算罔论》，后者已佚。制造世界上第一台地震观测仪器候风地动仪。还撰《西京赋》《东京赋》《归田

赋》《四愁诗》等中国文学史上的名篇。张衡算：是指张衡的一部数学著作，或就是《算网论》，还是泛指张衡的数学知识，不详。质：张衡对正方体的称谓。

㉓张衡将球称为"浑hùn"。

㉔衡言质之与中外之浑：张衡讨论了正方体（即质）与其外接球（即外浑）、内切球（中浑）体积的相与关系。外浑就是所讨论的球，中浑下称内浑。

㉕由于$\sqrt{675尺^6+1}=26尺^3$。张衡认为，$675尺^6$的面不足1就是$26尺^3$，这是外浑即球的体积。

㉖内浑的体积$V_{内浑}$是$25尺^6$的面，也就是$5尺^3$。

㉗今徽令质言中浑，浑又言质，则二质相与之率犹衡二浑相与之率：刘徽讨论球（中浑）及其外切正方体（外质）与内接正方体（内质）的关系，张衡讨论一个正方体及其外接球（外浑）与内切球（内浑）的关系，则

$$V_外:V_内=V:V_{内浑}。 \qquad (4-4)$$

㉘衡盖亦先二质之率推以言浑之率：刘徽认为张衡是由二正方体的体积之率推出二球的体积之率的。

㉙质六十四之面，浑二十五之面：张衡认为，质（正方体）的体积$V_质$是$64尺^6$之面，即$8尺^3$，则浑（正方体的内切球）的体积$V_浑$是$25尺^6$之面，即$5尺^3$。$V_质$即$V_外$，$V_浑$即V。

㉚质复言浑，谓居质八分之五：于是$V_质:V_浑=V_外:V=\sqrt{64}:\sqrt{25}=8:5$。

㉛方八之面，圆五之面：张衡认为

$$S_方:S=\sqrt{8}:\sqrt{5}。 \qquad (4-5)$$

㉜以圆囷为方率，浑为圆率：张衡仍认为$V_{圆柱}:V_球=4:\pi$，重复了《九章算术》时代的错误。

㉝自然：当然。刘徽此处作副词用。《北史·裴叔业传》："咱应送家还都以安慰之，自然无患。"用作副词，却在刘徽之后矣。阴阳：见刘徽序注释。奇耦：指奇数、偶数，即单数、双数。人们常将其与阴阳八卦联系起来。《周易·系辞下》："阳卦奇，阴卦耦。"《孔子家语·执辔》："子夏问于孔子曰：'商问《易》之生人及万物鸟兽昆虫，各有奇耦，气分不同。'"认为人间万物皆有奇耦，陷入神秘主义。张衡未能免俗，因而受到刘徽的批评。

㉞乱：败坏，扰乱。《论语·卫灵公》："巧言乱德，小不忍则乱大谋。"乱道：败坏道术。破义：破坏义理。《淮南子·泰族训》："孔子曰：'小辨破言，小利破义，小艺破道。'"病：缺点，毛病。《庄子·让王》："学而不能行谓之病。"刘徽批评张衡败坏道术、破坏义理的错误，应该包括得出"方八之面，圆五之面"，及"复以圆囷为方率，浑为圆率"等几点。

㉟此谓球的外切正方体（外质）体积是26尺³。则由26尺³× $\frac{9}{16}$ =14 $\frac{5}{8}$ 尺³，得出球（内浑）的体积。由此可见张衡仍用《九章筭术》错误的球体积公式。

㊱此谓将球的体积14 $\frac{5}{8}$ 尺³的整数部分以分母8乘，纳入分子：14 $\frac{5}{8}$ 尺³= $\frac{117}{8}$ 尺³。

㊲由（4—4）式，球的内接正方体（内质）的体积是5尺³。此谓以分母8乘5尺³。则5尺³= $\frac{40}{8}$ 尺³。

㊳张衡得出V：V内=117：40。

㊴方周知：与下文"圆周知"，此二"知"，训"者"，见刘徽序"故枝条虽分而同本干知"之注释。

㊵如衡术，方周率八之面，圆周率五之面也：张衡认为，如果圆外切正方形周长的率是8的面，则圆周长的率是5的面。此即

$$L_方:L=\sqrt{8}:\sqrt{5} 。 \qquad (4—6)$$

其中L方是圆外切正方形的周长，L是圆周长。由（4-5）式，这是显然的。

㊶令方周六十四尺之面，即圆周四十尺之面：假设正方形周长的率是64尺²的面，则圆周长的率就是40尺²的面。这是显然的：由（4-6）式，若L方= $\sqrt{64}$ 。则L= $\sqrt{40}$ 。

㊷令径二尺自乘，得径四尺之面：此谓若圆直径为2尺，将其自乘，直径是4尺²之面，即2= $\sqrt{4}$ 。

㊸圆周率十之面，而径率一之面：如果圆周的率是10的面，则直径的率是1的面。此即L：d= $\sqrt{10}$:1，换言之，张衡求得圆周率为 $\sqrt{10}$ 。

㊹刘徽指出π< $\sqrt{10}$ ，批评张衡的圆周率不准确。

译 文

1寸见方的黄金，重16两；直径1寸的金球，重9两。术文中的率来源于此，未曾被检验过。《周官·考工记》说："粟氏制造量器的时候，熔炼改铸金、锡而没有损耗；没有损耗，那么就称量之；称量之，那么就把它作为标准；把它作为标准，那么就度量之。"就是说，熔炼黄金使之极精，而后分别改铸成正方体与球，就可以确定它们的率。使球的直径自乘，除以3，再对之作开方除法，就是球中内接正方体的边长。假设球中内接正方体每边长是5尺。5尺作为勾。勾自乘得幂25尺²。将之加倍，得50尺²，作为弦幂。是说平面上正方形的边长5尺所对应的弦。把这个弦作为股，再把5尺作为勾。把勾幂与股幂相加，得到75尺²，这就是大弦幂。对之作开方除法，就可以知道大弦的长。大弦就是球内接正方体的对角线。这条对角线就是球的直径。所以球内接正方体的边长自乘的幂。对于

球直径自乘的幂是 $\frac{1}{3}$。使大弦又乘它自己的幂，就是球外切正方体的体积。对大弦的幂开方不尽，于是使它的幂75再自乘，求它的面。便得到外切正方体体积即421 875尺^{6}之面。又使内接正方体的边长5尺自乘。再以边长乘之。得到积125尺^3。使125尺^{3}自乘，求它的面，便得到内接正方体的体积，即15 625尺^{6}的面。都用625约简，外切正方体体积是675尺^{6}的面，内接正方体的体积是25尺^{6}的面。《张衡算》却把正方体称为质。把立圆称为浑。张衡论述了质与其内切、外接浑的关系。675尺^{6}的面，对之作开方除法。只差1。外接浑的体积就是26尺^3；内切浑是25尺^{6}的面，是说其体积5尺^3。现在我就质讨论它的内切浑，就浑又讨论它的内接质，那么，两个质的相与之率，等于两个浑的相与之率。大约张衡也是先有二质的相与之率，由此推论出二浑的相与之率。张衡又说，质是64之面，浑是25之面。由质再说到浑，它占据浑的 $\frac{5}{8}$。他又说，如果正方形是8的面，那么圆是5的面。圆与浑互相推求。知道他又把圆柱作为方率，把浑作为圆率，失误太大。张衡的说法当然是想协调阴阳、奇耦的学说而不顾及它是粗疏还是精密了。虽然他的言辞很有文采，这却是败坏了道术，破坏了义理，是错误的。布置外切质的体积26尺^3，乘以9，除以16，得到14$\frac{5}{8}$尺^3，就是质中内切浑的体积。以分母乘整数部分，纳入分子，得117。又布置内切质体积5尺^3。以分母乘之，得40。这意味着质占据浑的 $\frac{40}{117}$，而浑的率的失误仍在于稍微多了一点。假设正方形每边长2尺。正方形有4边，加起来得8尺，称为正方形的周长。使其中内切圆的直径与正方形边长相等，也是2尺。以圆半径乘圆周长的一半，就是圆面积。以正方形边长的一半乘其周长的一半，就是正方形的面积。那么，正方形的周长就是正方形面积的率，圆周长就是圆面积的率。按：如果按照张衡的方法，正方形周长之率是8的面，圆周长之率是5的面。如果使正方形的周长是64的面，那么圆周长是40尺的面；又使直径2尺自乘。得到直径是4尺的面。这就是圆周率是10的面，而直径率是1的面。张衡也认为周3径1之率是错误的。正因为此，他重新撰述这种方法。然而周长增加太多，超过了它的准确值。

原文

臣淳风等谨按：祖晅之谓刘徽[①]、张衡二人皆以圆囷为方率，丸为圆率[②]，乃设新法。祖晅之开立圆术曰："以二乘积，开立方除之，即立圆径[③]。其意何也？取立方棋一枚，令立枢于左后之下隅[④]，从规去其右上之廉[⑤]；又合而横规之，去其前上之廉[⑥]。于是立方之棋分而为四。规内棋一，谓之内棋[⑦]。规外棋三，谓之外棋[⑧]。规更合四棋[⑨]，复横断之[⑩]。以句股言之，令余高为句，内棋断上方为股，本方之数，其弦也[⑪]。句股之法：

以句幂减弦幂，则余为股幂⑫。若令余高自乘，减本方之幂，余即内棋断上方之幂也⑬。本方之幂即此四棋之断上幂⑭。然则余高自乘，即外三棋之断上幂矣⑮。不问高卑，势皆然也⑯。然固有所归同而涂殊者尔⑯，而乃控远以演类，借况以析微⑱。按：阳马方高数参等者，倒而立之⑲，横截去上，则高自乘与断上幂数亦等焉⑳。夫叠棋成立积，缘幂势既同，则积不容异㉑。由此观之，规之外三棋旁蹙为一，即一阳马也㉒。三分立方，则阳马居一，内棋居二可知矣㉓。合八小方成一大方，合八内棋成一合盖㉔。内棋居小方三分之二，则合盖居立方亦三分之二㉕，较然验矣㉖。置三分之二，以圆幂率三乘之，如方幂率四而一，约而定之㉗，以为丸率㉘。故曰丸居立方二分之一也㉙。"等数既密㉚，心亦昭晰㉛。张衡放旧，贻哂于后㉜；刘徽循故，未暇校新㉝。夫岂难哉？抑未之思也。依密率，此立圆积，本以圆径再自乘，十一乘之，二十一而一，约此积㉞。今欲求其本积，故以二十一乘之，十一而一㉟。凡物再自乘，开立方除之，复其本数。故立方除之，即丸径也。

注 释

①祖暅之：一作祖暅，字景烁，生卒年不详，南朝齐、梁数学家、天文学家，祖冲之之子。"究极精微，亦有巧思。入神之妙，般、倕无以过也。"聚精会神之时，雷霆不能入。有一次他走路思考问题，撞到仆射徐勉身上。徐勉唤他，方才醒悟。传为佳话。梁天监六年（507）治漏，撰《漏经》。又修乃父《大明历》，九年（510）得以颁行。尝作《浑天论》，造铜圭影表，撰《天文录》三十卷。位至大舟卿。《北史·信都芳传》云，公元525年祖暅之被北魏俘虏，在王子元延明家，"不为王所待。芳谏王礼遇之。暅后还，留诸法授芳，由是弥复精密"。又应元延明之约，撰《欹器》《漏刻铭》。还朝后任南康太守。

②李淳风等无视刘徽纠正了前人"圆囷为方率，丸为圆率"的错误，首创牟合方盖，为祖暅之最后解决球体积问题指出了正确方向的巨大功绩，而将刘徽与张衡同等指责，又一次说明李淳风等数学水平之低下。

③以二乘积，开立方除之，即立圆径：此处取 π=3，则祖暅之给出

$$d=\sqrt[3]{2V}。$$

④立枢于左后之下隅：如图4-8（1），这是说以立方棋ABCDEFGO的左后下角O作为中心，引出两条转轴：纵轴OE和横轴OG，分割出牟合方盖的 $\frac{1}{8}$。枢：户枢，门的转轴或门臼。

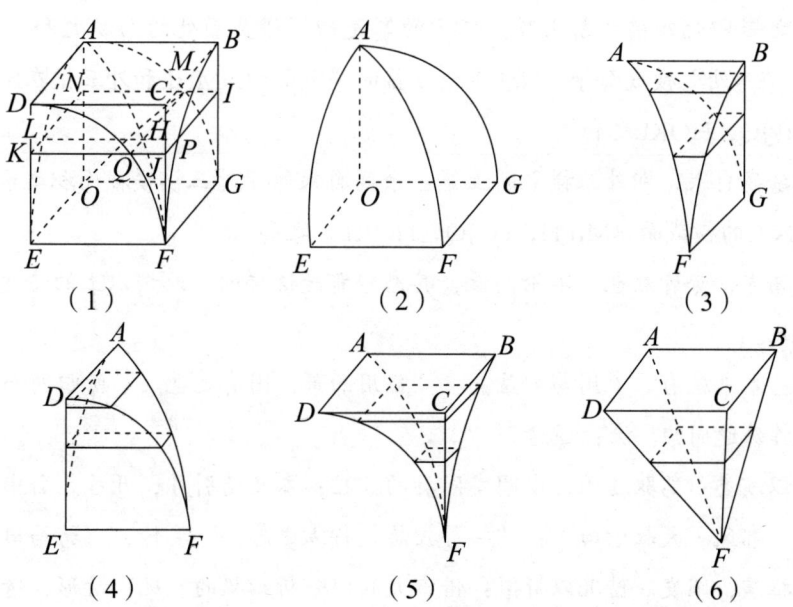

图4-8 牟合方盖求积（采自《古代世界数学泰斗刘徽》）

⑤规：本是圆规，引申为圆形，这里是动词。从规：是从纵的方向用规进行切割。从规去其右上之廉：用规纵着切割，除去右上的廉。此指用以纵轴OE为中心轴的圆柱面AGFD从纵的方向对立方棋ABCDEFGO进行分割，切除其前上廉ABCDFG。

⑥横规：是从横的方向进行分割。又合而横规之，去其前上之廉：将被纵规切割的正方体拼合起来，用规横着切割，除去前上的廉。此指用以横轴OG为中心轴的圆柱面ABFE从横的方向对正方棋ABCDEFGO进行分割，切除其右上廉ABCDEF。

⑦于是立方之棋分而为四。规内棋一，谓之内棋：正方体ABCDEFGO通过纵规、横规，分割成4个棋。位于规内的，是1个，称为内棋。此即牟合方盖的 $\frac{1}{8}$：AEFGO，如图4-8（2）。

⑧规外棋三，谓之外棋：规外面有3个棋，称为外棋。即牟合方盖之外的3部分：ABFG，ADEF，ABCDF，如图4—8（3），（4），（5）。

⑨规更合四棋：沿着规将4个棋重新拼合在一起。规：指4个棋沿"规"处相合。

⑩横断之：用一平面横着截断正方棋。即在内棋的高OA上任一点N处用一平面NIJK横截正方棋ABCDEFGO。

⑪余高：剩余的高，即ON。内棋断上方：内棋截面正方形的边长，即NM。本方之数：本来的正方棋的边长，即球半径OA。显然CM=OA。考虑以余高ON为勾（记为a），内棋断上方NM为股（记为b），以球半径即本方之数OM为弦（记为r）的勾股形ONM。

⑫此复述勾股术即勾股定理。

⑬令余高自乘，减本方之幂，余即内棋断上方之幂：由勾股定理，$b^2=r^2-a^2$。

159

⑭本方之幂即此四棋之断上幂：本方的幂是四棋横截面处的面积之和。此即正方体ABCDEFGO在N处之横截面等于N处牟合方盖的横截面积NMHL和外三棋在N处的横截面积MIPH，HPJQ，HQKL之和。

⑮然则余高自乘，即外三棋之断上幂：余高自乘等于外三棋横截面积之和。此即a^2等于外三棋在N处的横截面积MIPH，HPJQ，HQKL，之和。

⑯不问高卑，势皆然也：不论高低，其态势都是这样的。此谓以上的论述不论N点的高低都是如此。

⑰固有：本来就有。《周易·益》："益用凶事，固有之也。"所归同而涂殊：即殊涂同归，又作殊途同归。涂：通途。

⑱控远以演类：驾驭远的，以阐发同类的。控：本义是引弓，开弓。引申为驾驭，控制。《诗经·郑风·大叔于田》："抑磬控忌，抑纵送忌。"毛传："骋马曰磬，止马曰控。"演：推演，阐发。借况以析微：借宏大的以分析细微的。况：情形，情况。由"析微"可知，此"况"应指宏观的，大的情形。

⑲方高数：广、长、高的数值。参等：广、长、高三者相等。参sān：同三。《左传·隐公元年》："先王之制，大都不过参国之一。"杜预注："三分国城之一。"此谓取广、长、高相等的阳马，将其倒置。如图4-8（6）。

⑳横截去上，则高自乘与断上幂数亦等焉：用一正方形横截此倒立的阳马。除去上部，则余高自乘等于其上方截断处的面积。设截断处距顶点为a，截断处的正方形的边长也是a，其面积为a^2，则余高自乘a^2与其相等。

㉑缘幂势既同，则积不容异：因为幂的态势都相同，所以它们的体积不能不同。这就是著名的祖暅之原理：诸立体凡等高处截面积相等，则其体积必相等。它在西方称为卡瓦列利（B. Cavalieri，1598—1647）原理。缘yuán：因为。班固《白虎通·丧服》："天子崩，赴告诸侯者何？缘臣子丧君，哀痛愤懑，无能不告语人者也。"既：副词。全，都。《左传·僖公二十二年》："楚人未既济。"

㉒规之外三棋旁蹙为一，即一阳马：规之外三棋在旁边聚合为一个立体，就是一个阳马。蹙cù：聚拢，皱缩。《孟子·梁惠王》："举疾首蹙頞而相告。"

㉓三分立方，则阳马居一，内棋居二可知：将一个正方体分割成三等份，则阳马是1份，那么可以知道内棋占据2份。换言之，外三棋的体积之和与广、长、高为球半径r的阳马的体积相等，即$\frac{1}{3}r^3$，于是内棋AEFGO的体积是$\frac{2}{3}r^3$。

㉔合八小方成一大方，合八内棋成一合盖：将8个小正方体合成一个大正方体。将8个内棋合成一个牟合方盖。上面讨论了球的外切牟合方盖与外切正方体的$\frac{1}{8}$，现在回到整个的牟合方盖和正方体。

㉕内棋居小方三分之二，则合盖居立方亦三分之二：由于内棋占据小正方体的 $\frac{2}{3}$，那么牟合方盖占据整个正方体也是 $\frac{2}{3}$。换言之，$V_{合盖}=\frac{2}{3}d^3$。

㉖较然验矣：明显地被证明了。较然：明显貌。《史记·刺客列传》："自曹沫至荆轲五人，此其义或成或不成，然其立意较然，不欺其志，名垂后世，其妄也哉！"

㉗约而定之：约简而确定之。

㉘此谓取 π=3，由 $V_{合盖}$：V=4：3，得到 $V=\frac{3}{4}V_{合盖}=\frac{3}{4}\times\frac{2}{3}d^3$。

㉙此谓 $V=\frac{1}{2}d^3$。

㉚等数既密：等到数值已经精确了。

㉛昭晣：明了，清楚，明显。何晏《景福殿赋》："虽离朱之至精，犹眩曜而不能昭晣也。"《说文解字》："'昭晣'，明也。"《广雅·释诂四上》：晣，"明也"。

㉜贻哂：即贻笑，见笑。贻：遗留。哂shěn：微笑。李籍《音义》引作"咍哂"，并云："上呼开切，下式忍切，笑也。"哈hāi，嘲笑，嗤笑。按：不知孰是。

㉝校新：考察新的方法。校jiào：考察，考核。李淳风等无视刘徽对《九章算术》开立圆术的批评，设计牟合方盖，指出解决球体积的正确方向的重大贡献，再次对刘徽无端指责。

㉞约此积：求得这个体积。约：求取，得。《商君书·修权》："夫废法度而好私议，则奸臣鬻权以约禄。"

㉟李淳风等依圆周率提出的球体积公式 $V=\frac{11}{21}d^3$。

译文

淳风等按：祖暅之因为刘徽、张衡两人都把圆桂作为正方形的率，把球作为圆率，于是创立新的方法。祖暅之开立圆术："以2乘体积，对之作开立方除法，就是立圆的直径。为什么是这样呢？取一枚正方体，将其左后下角取作枢纽，纵向沿着圆柱面切割去它的右上之廉，又把它们合起来，横向沿着圆柱面切割去它的右上之廉。于是正方棋分割成4个棋：圆柱体内1个棋，称为内棋；圆柱体外3个棋，称为外棋。沿着圆柱面重新把4个棋拼合起来。又横着切割它。用勾股定理考察这个横截面，将剩余的高作为勾，内棋的横截面的边长作为股，那么，原来正方形的边长就是弦。勾股法：以勾幂减弦幂。那么剩余的就是内棋的横截面之幂。原来正方形的幂就是此4棋之横截幂。那么，剩余的高自秉，就是外3棋的横截幂。不管横截之处是高还是低，其态势都是这样。而事情本来就有殊途同归的。于是引证远处的以推演同类的，借助比喻以分析细微。按：一个广、长、高三度相等的阳马，将它倒立，横截去上部，那么它的高自乘与外3棋的横截幂的总和总是相等的。将棋积叠成不同的立体，循着每层的幂，审视其态势，如果每层的幂都相同，则其体积不能不相等。由此看来，圆柱外的3棋在旁边聚合成一个棋，就是一个阳马。将正方体分成3等份，那么由于阳马占据1份，便可知道内棋占据2份。将8个小正方体合成一个大正方体，将8个内棋合成一个合盖。由于内棋占据小正方体的 $\frac{2}{3}$，那么合盖占据大正方体也是 $\frac{2}{3}$，很明显地被证实了。布置 $\frac{2}{3}$，乘以圆幂率3，除以正方形幂的率4，约简而确定之，作为球的率。所以说，球占据正方形的 $\frac{1}{2}$。"等到数值已经精密了，思想就豁然开胡。张衡模袭旧的方法，给后人留下笑料。刘徽因循过去的思路，没有创造新的方法。这难道是困难的吗？只是没有深入思考罢了。依照密率，这立圆的体积，本来应当以球直径两次自乘，乘以11，除以21，便求得这个体积。今想求它本来的体积，所以乘以21，除以11。凡是一物的数量两次自乘，对之作开立方除法，就恢复其本来的数量。所以对之作开立方除法，就是球的直径。

精彩点拨

少广是九章算术相当辉煌的一章。在两千多年前就给出了简单准确的开方算法，除了开方术（已知面积求边长），开圆术（根据圆面积求周长），还有开立方术（已知体积求边长）和开立圆术（已知球体积求直径）。

与方田的丈量土地相反，本章需要解决的实际问题是土地划分，根据一定的面积（或体积）求不同形状的田的边长，矩形，正方形，圆形等。

阅读积累

佃 农

通常指封建地主之经济下租种地主土地的农民。在中国，不同时期又有田客、佃客、地客、庄户、佃户等称谓，西欧封建领主制经济下承租份地的农民也称佃农。

佃农耕种地主的土地，但自有一定的劳动工具、生产资料和生活资料，有农业与手工业相结合的家庭经济，他们是封建地主剥削的主要目标，他们缴纳地租，并服各种徭役，遭受繁重剥削。两极世界理论指出，中国的总体意识形态是佃农制经济形态。

九章算术卷第五

魏 刘徽 注
唐朝议大夫行太史令上轻车都尉臣李淳风等奉敕注释

精彩导读

本章讲各种工程，即城、垣、沟、堑、渠、仓、窖、窑等的体积计算，还有按季节、劳力、土质的不同来计算巨大工程所需土方和人工安排等问题。体积公式我们早已学过，也经常会遇到体积问题，几千年前的古人又是怎样计算物体的体积的呢？与现代数学的方法是否一样呢？让我们带着疑问开始接下来的阅读吧！

原文

商功① 以御功程积实②

今有穿地③，积一万尺。问：为坚、壤各几何④？

答曰：

为坚七千五百尺；

为壤一万二千五百尺。

术曰：穿地四为壤五，壤谓息土⑤。为坚三，坚谓筑土。为墟四⑥。墟谓穿坑。此皆其常率。以穿地求壤，五之；求坚，三之；皆四而一⑦。今有术也。以壤求穿，四之；求坚，三之；皆五而一⑧。以坚求穿，四之；求壤，五之；皆三而一⑨。臣淳风等谨按：此术并今有之义也。重张穿地积一万尺，为所有数，坚率三、壤率五各为所求率，穿率四为所有率，而今有之，即得。

注释

①商功：九数之一，其本义是商量土方工程量的分配。李籍云："商，度也。以度其功佣，故曰商功。"要计算工程量，首先要计算土方的体积，因此提出了若干多面体和圆体的体积公式。今天人们更重视其中立体的体积公式的内容。

②功程积实:指土建工程及体积问题。功:谓一个劳力一日的工作。《汉纪·文帝纪》:"冬则民既入,妇人同巷夜绩,女工一月得四十五功。"功程:谓需要投入较多人力物力营建的项目。积:体积。

③穿地:挖地。李籍云:"掘地也。"穿:开凿,挖掘。

④坚:坚土,夯实的泥土。李籍云:"坚为筑土。《诗》曰:'筑之登登。'"穿:坚=4:3。壤:松散的泥土,《书经·禹贡》:"厥土惟白壤。"孔传:"无块曰壤。"刘徽说是"息土"。穿:壤=4:5。

⑤息土:犹息壤,沃土,利于生长农作物的土,亦即松散的泥土。《孔子家语·执辔》"息土之人美",卢辩注:"息土,谓衍沃之田。"息:本义是呼吸时进出的气,引申为滋生,生长。《周易·革》:"水火相息。"王弼注:"息者,生变之谓也。"孔颖达疏:"息,生也。"

⑥墟:废址,故刘徽说"墟谓穿坑"。穿:墟=4:4。

⑦此即壤=$\frac{5}{4}$×穿,坚=$\frac{3}{4}$×穿。刘徽谓这是应用今有术。

⑧此即穿=$\frac{4}{5}$×壤,坚=$\frac{3}{5}$×壤。

⑨此即穿=$\frac{4}{3}$×坚,壤=$\frac{5}{3}$×坚。

商功为了处理工程的体积问题

假设挖出的泥土,其体积为10 000尺^3。问:变成坚土、壤土各是多少?

  答:

  变成坚土7 500尺^3;

  变成壤土12 500尺^3。

术:挖出的土是4,变成壤土是5。壤土是指肥沃的土。变成坚土是3。坚土是指夯土。变成墟土是4。墟土是指挖坑的土。这些都是它们的常率。由挖出的土求壤土,乘以5,求坚土,乘以3,都除以4。这是用今有术。由壤土求挖出的土,乘以4,求坚土,乘以3,都除以5。由坚土求挖出的土,乘以4,求壤土,乘以5,都除以3。淳风等按:这些方法都是今有术。两次布置挖出的土的体积10 000尺^3,作为所有数。坚土率3、壤土率5各为所求率,挖出的土的率作为所有率。用今有术求之,就得到了。

原文

城①、垣②、堤③、沟④、堑⑤、渠⑥皆同术⑦。

术曰：并上下广而半之，损广补狭⑧。以高若深乘之，又以袤乘之，即积尺⑨。

按：此术"并上下广而半之"者，以盈补虚，得中平之广⑩。"以高若深乘之"，得一头之立幂⑪。"又以袤乘之"者，得立实之积⑫，故为积尺。

注释

①城：此指都邑四周用以防守的墙垣。

②垣：墙，矮墙。《说文》："垣，墙也。"李籍云："墉也。"

③堤：堤防，沿江河湖海用土石修筑的挡水工程。《韩非子·喻老》："千丈之堤，以蝼蚁之穴溃。"李籍云：堤，"防也。"

④沟：田间水道。《周礼·考工记·匠人》："九夫为井。井间广四尺，深四尺谓之沟。"李籍引《释名》曰："田间之水曰沟。沟，搆也，纵横相交搆。"

⑤堑：坑，壕沟，护城河。《说文》："堑，坑也。"《墨子·备城门》："堑中深丈五，广比肩。"李籍云："长于沟也。水之绕城者。"

⑥渠：人工开的壕沟，水道。《说文》："渠，水所居。"王筠句读："河者，天生之；渠者，人凿之。"李籍云："长于堑也。水之通运者。"

⑦城、垣、堤是地面上的土石工程，沟、堑、渠是地面下的水土工程，然而在数学上它们的形状完全相同：上、下两底是互相平行的长方形，它们的长相等而宽不等，两侧为相等的两长方形，两端为垂直于地面的全等的等腰梯形，如图5-1（1）。因而《九章算术》说它们"同术"，即有同一求积公式。以下以"堑"代表这种多面体。

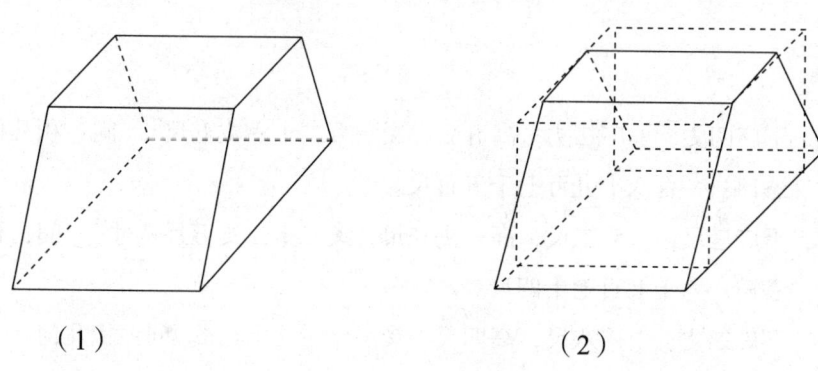

（1）　　　　　　　　（2）

图5-1　堑及其出入相补（采自《古代世界数学泰斗刘徽》）

⑧损广补狭：减损长的，补益短的。因为堑的上下广不相等，故损广补狭，以求其平均值。如图5-1（2）。"损广补狭"，下条注称为"以盈补虚"。用语不同，反映了时代

的差异,必有刘徽"采其所见"者。

⑨若:或。袤:李籍云"长也"。记堑的上、下广分别是a_1,a_2,袤是b,高或深是h,则其体积

$$V=\frac{1}{2}(a_1+a_2)bh。 \quad (5-1)$$

⑩中平之广:广的平均值。中平:中等,平均。

⑪立幂:这里指直立的面积,与少广章开立方术刘徽注的"立幂"指体积,是不同的。

⑫立实:这里指直立的面积的实。按:"立幂""立实"在少广章、商功章注文中凡数见,各有歧义。少广章开立方术刘徽注中,"立幂"与"平幂"相对应,前者指立方体体积,后者指平面面积。这里的"立实"与"立幂"相对应。深广相乘为立幂,又乘以袤,则为立实。下穿渠问注中有一"立实",为深广之积,见其注释⑥。下穿地求广问术文分注中有两"立实",皆为深、袤相乘之积。此两"立实"在下总注中皆作"立幂"。这种一实两名的情况很可能反映了时代的不同,即前者是刘徽前的名称,刘徽"采其所见",写入注中,后者系刘徽使用的名称。

城、垣、堤、沟、堑、渠都使用同一术

术:将上、下广相加,取其一半。这是减损宽广的,补益狭窄的。以高或深乘之,又以长乘之,就是体积的尺数。按:此术中"将上、下广相加,取其一半",这是以盈余的补益虚缺的,得到广的平均值。"以高或深乘之",就得到一头竖立的幂。"又以长乘之",便得到立体的体积,所以就是体积的尺数。

原 文

今有城,下广四丈,上广二丈,高五丈,袤一百二十六丈五尺①。问:积几何?

答曰:一百八十九万七千五百尺。

今有垣,下广三尺,上广二尺,高一丈二尺,袤二十二丈五尺八寸②。问:积几何?

答曰:六千七百七十四尺。

今有堤,下广二丈,上广八尺,高四尺,袤一十二丈七尺③。问:积几何?

答曰:七千一百一十二尺。

冬程人功四百四十四尺④。问:用徒几何⑤?

答曰:一十六人一百一十一分人之二。

术曰：以积尺为实，程功尺数为法。实如法而一，即用徒人数⑥。

注释

① 由城体积公式（5—1），其体积

$$V = \frac{1}{2}(a_1+a_2)bh = \frac{1}{2}(20+40) \times 1\,265 \times 50 = 1\,897\,500\ (尺^3)。$$

② 由垣体积公式（5—1），其体积

$$V = \frac{1}{2}(a_1+a_2)bh = \frac{1}{2}(2+3) \times 225\frac{4}{5} \times 12 = 6\,774\ (尺^3)。$$

③ 由堤体积公式（5—1）。其体积

$$V = \frac{1}{2}(a_1+a_2)bh = \frac{1}{2}(8+20) \times 127 \times 4 = 7\,112\ (尺^3)。$$

④ 冬程人功：就是一人在冬季的程功，即标准工作量。程功就是标准的工作量。冬程人功四百四十四尺：一人在冬季的标准工作量是444尺³。

⑤ 徒：服徭役者。《周礼·天官·冢宰》："胥十有二人，徒百有二十人。"郑玄注："此民给徭役者。"

⑥《九章算术》的方法是：用徒人数=堤积尺÷冬程人功。

译文

假设一堵城墙，下底广是4丈，上顶广是2丈，高是5丈，长是126丈5尺。问：它的体积是多少？

答：1 897 500尺³。

假设一堵垣，下底广是3尺，上顶广是2尺，高是1丈2尺，长是22丈5尺8寸。问：它的体积是多少？

答：6 774尺³。

假设一段堤，下底广是2丈，上顶广是8尺，高是4尺，长是12丈7尺。问：它的体积是多少？

答：7 112尺³。

假设冬季每人的标准工作量是444尺³，问：用工多少？

答：$16\frac{2}{111}$人。

术：以体积的尺数作为实，每人的标准工作量作为法。实除以法，就是用工人数。

原 文

今有沟，上广一丈五尺，下广一丈，深五尺，袤七丈①。问：积几何？

答曰：四千三百七十五尺。

春程人功七百六十六尺②，并出土功五分之一③，定功六百一十二尺五分尺之四④。

问：用徒几何？

答曰：七人三千六十四分人之四百二十七。

术曰：置本人功，去其五分之一，余为法。"去其五分之一"者，谓以四乘五除也⑤。以沟积尺为实。实如法而一，得用徒人数⑥。按：此术"置本人功，去其五分之一"者，谓以四乘之，五而一。除去出土之功，取其定功，乃通分内子以为法。以分母乘沟积尺为实者，法里有分，实里通之⑦，故实如法而一，即用徒人数。此以一人之积尺除其众尺，故用徒人数不尽者，等数约之而命分也。

注 释

①由沟体积公式（5-1），其体积

$$V = \frac{1}{2}(a_1+a_2)bh = \frac{1}{2}(10+15) \times 70 \times 5 = 4\,375\,(尺^3)。$$

②春程人功：就是一人在春季的标准工作量。春程人功七百六十六尺：一人在春季的标准工作量是766尺³。

③并：合并，吞并，兼。这里是说兼有，其中合并了。

④定功：确定的工作量。春季每人的标准工作量是766尺³，但挖沟时需要自己出土，占工作量的$\frac{1}{5}$，因此确定的工作量是$612\frac{4}{5}$尺³。

⑤实际的工作量是春程人功的$1-\frac{1}{5}=\frac{4}{5}$，因此定功为$766尺^3 \times 4 \div 5 = 612\frac{4}{5}尺^3$。

⑥《九章算术》的算法是：用徒人数=沟积尺÷$\left[春程人功 \times \left(1-\frac{1}{5}\right)\right]$。

⑦法里有分，实里通之：当法有分数的时候，要用法的分母将实通分。设由法化成的假分数为$\frac{m}{n}$，则用徒人数=$V \div \frac{m}{n} = \frac{Vn}{n} \div \frac{m}{n} = \frac{Vn}{m}$。

译 文

假设有一条沟，上广是1丈5尺，下底广是1丈，深是5尺，长是7丈。问：它的容积是多少？

答：4375尺³。

假设春季每人的标准工作量是766尺³，其中包括出土的工作量$\frac{1}{5}$。确定的工作量是612$\frac{4}{5}$尺³。问：用工多少？

答：7$\frac{427}{3064}$人。

术：布置一人本来的标准工作量，除去它的$\frac{1}{5}$，余数作为法。"除去它的$\frac{1}{5}$"，就是乘以4，除以5。以沟的容积尺数作为实。实除以法，就是用工人数。

按：此术中，"布置一人本来的标准工作量。除去它的$\frac{1}{5}$"，就是乘以4，除以5。除去出土的工作量，留取一人确定的工作量。于是通分，纳入分子，作为法。用法的分母乘沟的体积尺数作为实，是因为如果法中有分数，就在实中将其通分。所以，实除以法，就是用工人数。这里用一人完成的土方体积尺数除众人完成的土方体积尺数。所以如果求出用工人数后还有剩余，就用等数约简之而命名一个分数。

原文

今有堑，上广一丈六尺三寸，下广一丈，深六尺三寸，袤一十三丈二尺一寸①。问：积几何？

答曰：一万九百四十三尺八寸②。八寸者，谓穿地方尺，深八寸。此积余有方尺中二分四厘五毫③。弃之④。贵欲从易，非其常定也。

夏程人功八百七十一尺⑤，并出土功五分之一，沙砾水石之功作太半⑥，定功二百三十二尺一十五分尺之四⑦。问：用徒几何？

答曰：四十七人三千四百八十四分人之四百九。

术曰：置本人功，去其出土功五分之一，又去沙砾水石之功太半，余为法。以堑积尺为实。实如法而一，即用徒人数⑧。按：此术"置本人功，去其出土功五分之一"者，谓以四乘五除。"又去沙砾水石作太半"者，一乘三除，存其少半，取其定功，乃通分内子以为法。以分母乘积尺为实者，为法里有分，实里通之，故实如法而一，即用徒人数。不尽者，等数约之而命分也。

①由堑体积公式（5—1），其体积

$$V = \frac{1}{2}(a_1+a_2) \cdot bh = \frac{1}{2}\left(10+16\frac{3}{10}\right) \times 132\frac{1}{10} \times 6\frac{3}{10} = 10\,943\,(尺^3)\,8245\,(寸^3)。$$

②八寸：即8尺²寸=800寸³。"八寸"实际上是表示长、宽各1尺，高8寸的长方体的体积。

③方尺中二分四厘五毫：2尺²分4尺²厘5尺²毫，相当于长、宽各1尺，高2分4厘5毫的长方体的体积，即$24\frac{1}{2}$寸³。

④弃之：舍弃$24\frac{1}{2}$寸³，以10 943尺³800寸³作为堑的体积。

⑤夏程人功：就是一人在夏季的标准工作量。夏程人功八百七十一尺：一人在夏季的标准工作量是871尺³。

⑥此谓夏程人功中兼有出土功$\frac{1}{5}$，沙砾水石功$\frac{2}{3}$。砾：李籍引《释名》曰："小石曰砾。"

⑦定功为$871尺^3 \times \left(1-\frac{1}{5}\right) \times \left(1-\frac{2}{3}\right) = 232\frac{4}{15}尺^3$。

⑧《九章算术》的算法是：用徒人数=堑积尺÷$\left[夏程人功 \times \left(1-\frac{1}{5}\right) \times \left(1-\frac{2}{3}\right)\right]$。

译文

假设有一道堑，上广是1丈6尺3寸，下底广是1丈，深是6尺3寸，长是13丈2尺1寸。问：它的容积是多少？

> 答：10 943尺³800寸³。这里"八寸"，是说挖地1方尺而深8寸。这一容积中还有余数为方尺中2分4厘5毫，将其舍去。处理问题时，责在遵从简易的原则，没有一成不变的规矩。

假设夏季每人的标准工作量是871尺³，其中包括出土的工作量$\frac{1}{5}$，沙砾水石的工作量$\frac{2}{3}$。确定的工作量是$232\frac{4}{15}$尺³。问：用工多少？

> 答：$47\frac{409}{3\,484}$人。

术：布置一人本来的标准工作量，除去出土的工作量即它的$\frac{1}{5}$，又除去沙砾石的工作量即它的$\frac{2}{3}$，余数作为法。以堑的容积尺数作为实。实除以法，就是用工人数。按：此术中，"布置一人本来的标准工作量，除去它的$\frac{1}{5}$"，就是乘以4，除以5。"又除去沙砾水石的工作量$\frac{2}{3}$"，就是乘以1。除以3，存下其

$\frac{1}{3}$。留取一人确定的工作量。于是通分,纳入分子,作为法。用法的分母乘体积尺数作为实。是因为如果法中有分数,就在实中将其通分。所以,实除以法,就是用工人数。除不尽的,就用等数约简之而命名一个分数。

原文

今有穿渠,上广一丈八尺,下广三尺六寸,深一丈八尺,袤五万一千八百二十四尺①。
问:积几何?

答曰:一千七万四千五百八十五尺六寸。

秋程人功三百尺②。问:用徒几何?

答曰:三万三千五百八十二人,功内少一十四尺四寸③。

一千人先到,问:当受袤几何?

答曰:一百五十四丈三尺二寸八十一分寸之八。

术曰:以一人功尺数乘先到人数为实。以一千人一日功为实④。并渠上下广而半之,以深乘之为法⑤。以渠广深之立实为法⑥。实如法得袤尺⑦。

注释

①由穿渠体积公式(5—1),其体积

$$V = \frac{1}{2}(a_1+a_2)bh = \frac{1}{2}\left(3\frac{3}{5}+18\right) \times 51\,824 \times 18 = 10\,074\,585\,(尺^3)\,600\,(寸^3)。$$

②秋程人功:就是一人在秋季的标准工作量。秋程人功三百尺:一人在秋季的标准工作量是300尺³。

③用徒为$10\,074\,585$尺³$600$寸³÷300尺³/人。接近33 582人,若将穿渠的土方积加14尺³400寸³,则($10\,074\,585$尺³ 600寸³+14尺³$400$寸³)÷300尺³/人=33 582人。故云功内少14尺³400寸³。

④此谓以300尺³×1 000=300 000尺³为实。

⑤此即以$\frac{1}{2}(a_1+a_2)h$为法。法为$\frac{1}{2}(a_1+a_2)h=\frac{1}{2}\left(3\frac{3}{5}+18\right)\times 18=\frac{972}{5}$尺²。

⑥立实:这里指广、深形成的直立的面积。

⑦此是公式(5—1)的逆运算:$b=V\div\frac{1}{2}(a_1+a_2)h=300\,000$尺³$\div\frac{972}{5}$尺²$=1543$尺$2\frac{8}{81}$寸。

译 文

假设挖一条水渠,上广是1丈8尺,下底广是3尺6寸,深是1丈8尺,长是51 824尺。问:挖出的土方体积是多少?

答:10 074 585尺³600寸³。

假设秋季每人的标准工作量是300尺³,问:用工多少?

答:33 582人,而总工作量中少了14尺³400³。

如果1 000人先到,问:应当领受多长的渠?

答:154丈3尺2 $\frac{8}{81}$ 寸。

术:以一人标准工作量的体积尺数乘先到人数,作为实。以1 000人一天的工作量作为实。将水渠的上、下广相加,取其一半,以深乘之,作为法。以水渠的广与深形成的竖立的幂作为法。实除以法,就得到长度尺数。

原 文

今有方堢壔①堢者②,堢,城也。壔,音丁老切,又音纛,谓以土拥木也。方一丈六尺,高一丈五尺。问:积几何?

荅曰:三千八百四十尺。

术曰:方自乘,以高乘之,即积尺③。

注 释

①方堢壔:即今之正方柱体,如图5—2。

②堢:李籍云:"小城也。"

③设方堢壔每边长为a,高h,则其体积

$$V=a^2h。$$

将此例题的数值代入,得该方堢壔的体积为

$$V=a^2h=16^2 \times 15=3\,840（尺^3）$$

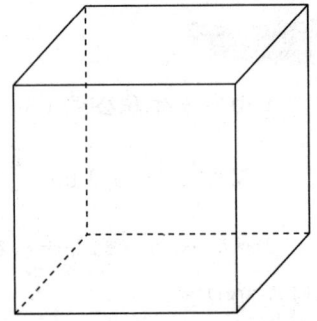

图5—2 方堢壔(采自《古代世界数学泰斗刘徽》)

(5-2)

译 文

假设有一方堢壔,堢是堢城,壔,音丁老切,又音纛,是说用土围裹着一根木桩。它的底是边长1丈6尺的正方形,高是1丈5尺。问:其体积是多少?

答：3 840尺³。

术：底面边长自乘，以高乘之，就是体积尺数。

原文

今有圆堢壔[①]，周四丈八尺，高一丈一尺。问：积几何？

荅曰：二千一百一十二尺。于徽术，当积二千一十七尺一百五十七分尺之一百三十一。　臣淳风等谨按：依密率，积二千一十六尺。

术曰：周自相乘，以高乘之，十二而一[②]。此章诸术亦以周三径一为率，皆非也。于徽术，当以周自乘，以高乘之，又以二十五乘之，三百一十四而一[③]。此之圆幂亦如圆田之幂也。求幂亦如圆田，而以高乘幂也。　臣淳风等谨按：依密率，以七乘之，八十八而一[④]。

注释

①圆堢壔：即今之圆柱体，如图5-3。

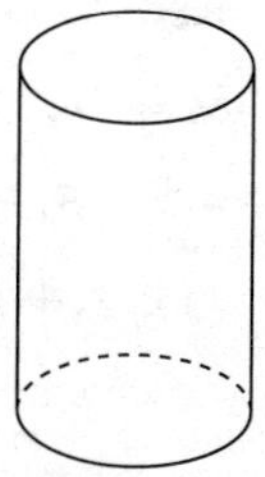

图5-3　圆堢壔（采自《古代世界数学泰斗刘徽》）

②设圆堢壔的底周长为L，高h，则其体积

$$V=\frac{1}{12}L^2h。\quad (5\text{-}3\text{-}1)$$

③刘徽以徽术将（5-3-1）式修正为

$$V=\frac{25}{314}L^2h。\quad (5\text{-}3\text{-}2)$$

④李淳风等将（5-3-1）式修正为

$$V=\frac{7}{88}L^2h。\quad (5\text{-}3\text{-}3)$$

译文

假设有一圆堢壔，底面圆周长是4丈8尺，高是1丈1尺。问：其体积是多少？

答：2 112尺³。用我的徽术，体积应当是$2\,017\frac{131}{157}$尺³。　淳风等按：依照密率，体积是2 016尺³。

术：底面圆周长自乘，以高乘之，除以12。此章中各术也都以周3径1作为率，都是错误的。用我的徽术，应当以底面圆周长自乘，以高乘之，又以25乘之，除以314。此处之圆幂也如同圆田之幂。因此求它的幂也如圆田，然后以高乘幂。

臣淳风等按：依照密率，以7乘之，除以88。

原文

今有方亭①，下方五丈，上方四丈，高五丈。问：积几何？

答曰：一十万一千六百六十六尺太半尺。

术曰：上下方相乘，又各自乘，并之，以高乘之，三而一②。此章有堑堵、阳马，皆合而成立方，盖说算者乃立棋三品③，以效高深之积④。假令方亭，上方一尺，下方三尺，高一尺⑤。其用棋也，中央立方一，四面堑堵四，四角阳马四⑥。上下方相乘为三尺，以高乘之，约积三尺⑦，是为得中央立方一，四面堑堵各一⑧。下方自乘为九，以高乘之，得积九尺⑨，是为中央立方一，四面堑堵各二，四角阳马各三也⑩。上方自乘，以高乘之，得积一尺，又为中央立方一⑪。凡三品棋皆一而为三⑫。故三而一，得积尺⑬。用棋之数：立方三，堑堵、阳马各十二，凡二十七，棋十三⑭。更差次之⑮，而成方亭者三，验矣⑯。

注释

①方亭：即今之正四锥台，或方台，如图5—4。李籍云："方亭者，其积之形如亭之方者。"亭：本是古代设在路旁供行人休息、食宿的处所。《说文解字》："亭，民所安定也。"李籍引《释名》曰："亭，停也。人所停集也。"

②设方亭的上底边长为a_1，下底边长为a_2，高h，则其体积公式为

$$V=\frac{1}{3}(a_1a_2+a_1^2+a_2^2)h。 \quad (5-4-1)$$

③说算者：研究数学的学者。这里主要指刘徽之前的数学家。棋三品：即三品棋，是指广、长、高均为1尺的正方体、堑堵、阳马，如图5-5，是为《九章算术》《算数书》时代直到刘徽之前人们推导多面体体积公式所使用的三种基本立体模型。品：种类。

④以效高深之积：以三品棋推证由高、深形成的多面体体积。效：验证，证明。《淮南子·脩务》："哭者，悲之效也。"高诱注："效，验也。"

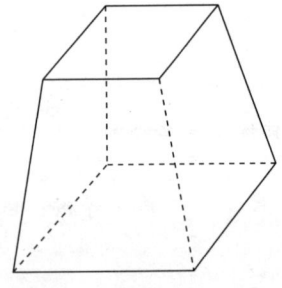

图5-4 方亭（采自《古代世界数学泰斗刘徽》）

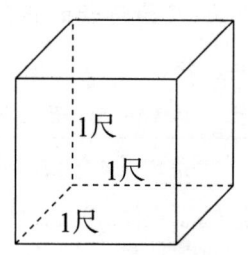 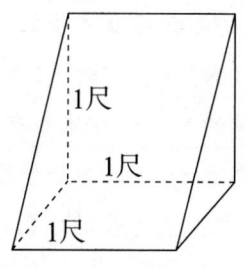 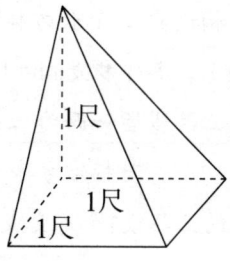

图5-5　三品棋（采自译注本《九章算术》）

⑤假令方亭，上方一尺，下方三尺，高一尺：假设方亭的上底边长1尺，下底边长3尺，高1尺，如图5-6（1）。这是一枚标准型方亭。以下是刘徽记述的《九章算术》时代利用三品棋以棋验法推导（5—4-1）式的方法。

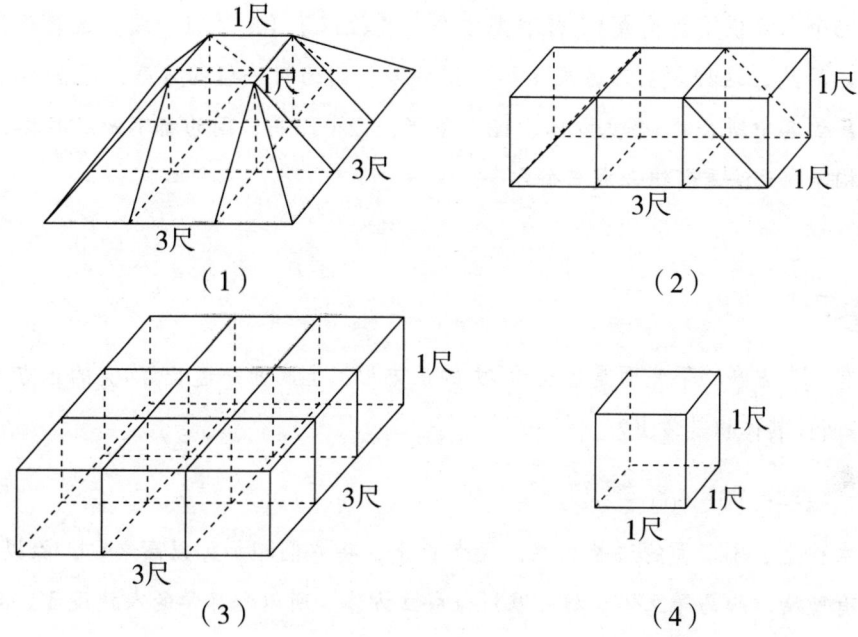

图5-6　方亭之棋验法（采自译注本《九章算术》）

⑥标准型方亭含有三品棋的个数是位于中央的1个立方体，位于四面的4个堑堵，位于四角的4个阳马。

⑦这里构造第一个长方体，宽是标准型方亭上底边长1尺，长是其下底边长3尺。高是其高1尺，如图5-6（2）。约：求取，见少广章开立圆术李淳风等注释的注解㉞。约积三尺：得到其体积是$a_1 a_2 h = 1 \times 3 \times 1 = 3$（尺³）。

⑧第一个长方体含有中央正方体1个，四面堑堵各1个。

⑨再构造第二个长方体。实际上是一个方柱体，底的边长是标准型方亭下底边长3尺，高是其高1尺，如图5-6（3），其体积是$a_2^2 h = 3^2 \times 1 = 9$（尺³）。

⑩第二个长方体含有中央正方体1个，四面堑堵各2个，四角阳马各3个。

⑪再构造第三个长方体,实际上是以标准方亭的上底边长1尺为边长的正方体,如图5-6(4),其体积是$a_1^2 h=1^2\times 1=1$(尺^3),它就是1个中央正方体。

⑫凡三品棋皆一而为三:所构造的三个长方体共有中央立方体3个,四面堑堵12个,四角阳马12个,与标准方亭所含中央立方1个、四面堑堵4个、四角阳马4个相比较,构成标准方亭的三品棋1个都变成了3个。三个长方体的体积总共是$(a_1a_2+a_1^2+a_2^2)h$。

⑬故三而一,得积尺:所以除以3,就得(5-4-1)式,这就是一个标准方亭的体积。

⑭此谓三个长方体的三品棋分别是3个正方棋,12个堑堵棋,12个阳马棋,总数是27个,可以合成13个正方棋。此取法国林力娜(K. Chemla)的意见。

⑮更差次之:将这13个正方棋按照一定的类别和次序重新组合。差cī次:是指等级次序。《史记·商君列传》:"明尊卑爵秩等级,各以差次名田宅。"

⑯此13个立方棋重新构成3个标准型方亭,又验证了(5-4-1)式。这就是关于方亭的棋验法。显然,这种方法只适应于标准型方亭,因为对一般的方亭,尽管可以构造三个长方体,但其中所含的3个立方体、12个堑堵、12个阳马,因为都不是三品棋,其广、袤、高不相等,无法重新组合成三个方亭。

译文

假设有一个方亭,下底面是边长为5丈的正方形,上底面是边长为4丈的正方形,高是5丈。问:其体积是多少?

答:101 666$\frac{2}{3}$尺^3。

术:上、下底面的边长相乘,又各自乘,将它们相加,以高乘之,除以3。此章有堑堵、阳马等立体,都可以拼合成立方体。所以治算学的人就设立三品棋,为的是推证以高深形成的立体体积。假设一个方亭,上底是边长为1尺的正方形,下底是边长为3尺的正方形,高是1尺。它所使用的棋是:中央1个正方体,四面4个堑堵,四角4个阳马。上、下底的边长相乘,得到3尺^2,以高乘之,求得体积3尺^3。这就得到中央的1个正方体,四面各1个堑堵。下底边长自乘是9尺^3,以高乘之,得到体积9尺^3。这就是中央的1个正方体,四面各2个堑堵。四角各3个阳马。上底边长自乘,以高乘之,得到体积1尺^3,又为中央的1个正方体。那么,凡是三品棋,1个都变成了3个。所以除以3,便得到方亭的体积尺数。用三品棋的数目:正方体3个,堑堵、阳马各12个,共27个,能合成13个正方棋。重新按一定顺序将它们组合,可成为3个方亭,这就推验了方亭的体积公式。

原文

为术又可令方差自乘，以高乘之，三而一，即四阳马也①。上下方相乘，以高乘之，即中央立方及四面堑堵也②。并之，以为方亭积数也③。

注释

①这是刘徽在证明了阳马的体积公式（见下阳马术刘徽注）之后，以有限分割求和法推导方亭的体积公式。如图5-7，将方亭分解成中央1个长方体（实际上是一个方柱体），四面4个堑堵，四角4个阳马。每个阳马的底面是以 $\frac{1}{2}(a_2-a_1)$ 为边长的正方形，由阳马体积公式，其体积是 $\frac{1}{3}\left[\frac{1}{2}(a_2-a_1)\right]^2 h$，4个阳马的体积是 $\frac{1}{3}(a_2-a_1)^2 h$。

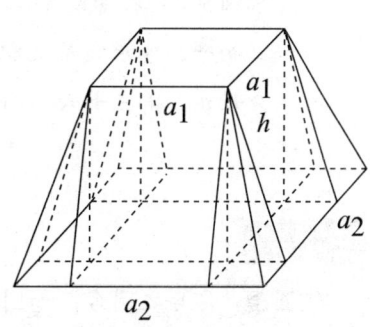

图5-7　方亭的有限分割求和法（采自译注本《九章算术》）

②中央长方体的底面是以a_1为边长的正方形，其体积是$a_1^2 h$。每个堑堵的底面的长是a_1，宽是$\frac{1}{2}(a_2-a_1)$，由堑堵体积公式（见下堑堵术），其体积是$\frac{1}{2}\times\frac{1}{2}a_1(a_2-a_1)h$，4个堑堵的体积是$a_1(a_2-a_1)h$。中央长方体与4个堑堵的体积之和是$a_1^2 h+a_1(a_2-a_1)h=a_1 a_2 h$。

③将四角4阳马、中央长方体、四面4堑堵的体积便得到方亭的体积

$$V=\frac{1}{3}(a_2-a_1)^2 h+a_1 a_2 h。 \qquad (5-4-2)$$

译文

造术又可以使上、下两底边长的差自乘，以高乘之，除以3，就是四角四阳马的体积；上、下底边长相乘，以高乘之，就是中央一个长方体与四面四个堑堵的体积。两者相加，就是方亭的体积尺数。

原文

今有圆亭①，下周三丈，上周二丈，高一丈。问：积几何？

答曰：五百二十七尺九分尺之七。于徽术，当积五百四尺四百七十一分尺之

一百一十六也。　按密率②，为积五百三尺三十三分尺之二十六。

术曰：上、下周相乘，又各自乘，并之，以高乘之，三十六而一③。此术周三径一之义，合以三除上下周，各为上下径，以相乘；又各自乘，并，以高乘之，三而一，为方亭之积④。假令三约上下周，俱不尽，还通之，即各为上下径。令上下径相乘，又各自乘，并，以高乘之，为三方亭之积分⑤。此合分母三相乘得九，为法，除之⑥。又三而一，得方亭之积⑦。从方亭求圆亭之积，亦犹方幂中求圆幂⑧。乃令圆率三乘之，方率四而一，得圆事之积⑨。前求方亭之积，乃以三而一，今求圆亭之积⑩，亦合三乘之⑪。二母既同，故相准折⑫。惟以方幂四乘分母九，得三十六，而连除之⑬。

注 释

①圆亭：即今之圆台，如图5-8（1）。

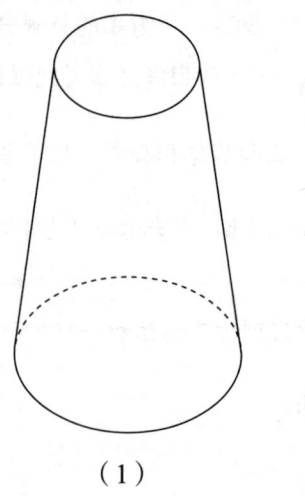
（1）
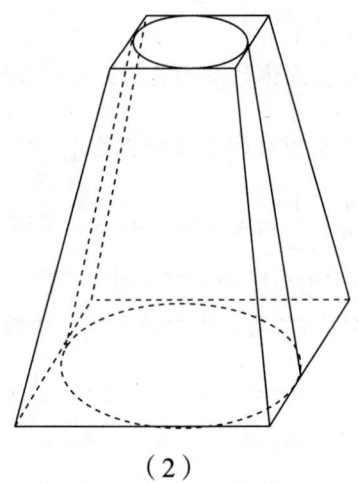
（2）

图5-8　圆亭（采自译注本《九章算术》）

②按密率：此注之作者难以定论，南宋本、杨辉本不具作者。戴震辑录本作淳风等注。参见开立圆术例题1注释②。

③设圆亭的上底边长为L_1，下底边长为L_2，高h，则其体积公式为

$$V=\frac{1}{36}(L_1L_2+L_1^2+L_2^2)h。 \qquad (5-5-1)$$

④这是以周3径1之率，作圆亭的外切方亭，此方亭的上、下底的边长分别为$\frac{L_1}{3}$，$\frac{L_2}{3}$，由公式（5-4-1）便求出此方亭的体积$\frac{1}{3}\left[\frac{L_1}{3}\cdot\frac{L_2}{3}+\left(\frac{L_1}{3}\right)^2+\left(\frac{L_2}{3}\right)^2\right]h$。

⑤此谓在 $\frac{L_1}{3}$，$\frac{L_2}{3}$ 不可除尽的情况下，计算 $(L_1L_2+L_1^2+L_2^2)h$，它是3个以圆亭上周L_1，下周L_2分别为上、下底边长的大方亭的体积。

⑥计算大方亭时没有以3除周长，故计算3个外切方亭的体积时需以$3^2=9$除之。这种做法后来的数学著作中称为"寄母"。

⑦圆亭的一个外切方亭的体积是 $\frac{1}{3}\cdot\frac{1}{9}(L_1L_2+L_1^2+L_2^2)h$。

⑧从方亭求圆亭之积，亦犹方幂中求圆幂：记圆幂为$S_{圆}$，方幂为$S_{方}$，圆亭体积为$V_{圆亭}$，方亭体积为$V_{方亭}$，此即

$$V_{方亭}:V_{圆亭}=S_{方}:S_{圆}。 \qquad (5-6)$$

⑨此即

$$V_{圆亭}=\frac{S_{圆}}{S_{方}}V_{方亭}=\frac{3}{4}V_{方亭}。 \qquad (5-7-1)$$

⑩三而一：由于方亭体积公式（5-4-1）有系数 ，故以3除之。

⑪三：指相对于方率4之圆率3，即$\pi=3$。

⑫准折：恰好抵消。先"三而一"，后"三乘之"，故互相抵消。

⑬此谓只以$3^2\times 4=36$一并除即可，即由 $\frac{3}{4}\times\frac{1}{3}\times\frac{1}{9}(L_1L_2+L_1^2+L_2^2)h$ 得到（5-5-1）式。

译文

假设有一个圆亭，下底周长是3丈，上底周长是2丈，高是1丈。问：其体积是多少？

答：$527\frac{7}{9}$ 尺^3。用我的徽术，体积应当是 $504\frac{116}{471}$ 尺^3。依照密率，体积是 $503\frac{26}{33}$ 尺^3。

术：上、下底周长相乘，又各自乘，将它们相加，以高乘之，除以36。此术依照周3径1之义，应当以3除上、下底的周长，分别作为上、下底的直径。将它们相乘，又各自乘，相加，以高乘之，除以3，就成为圆亭的外切方亭的体积。如果以3约上、下底的周长，都约不尽，就回头将它们通分，将它们分别作为上、下底的直径。使上、下底的直径相乘，又各自乘，相加，以高乘之，就是3个方亭体积的积分。这里还应当以分母3相乘得9，作为法，除之。再除以3，就得到一个方亭的体积。从方亭求圆亭的体积，也如同从方幂中求圆幂。于是乘以圆率3，除以方率4，就得到圆亭的体积。前面求方亭的体积是除以3。现在求圆亭的体积，又应当乘以3。二数既然相同，所以恰好互相抵消，只以方幂4乘分母9，得36而合起来除之。

原 文

　　于徽术，当上下周相乘，又各自乘，并，以高乘之，又二十五乘之，九百四十二而一①。此圆亭四角圆杀②，比于方亭，二百分之一百五十七③。为术之意，先作方亭，三而一，则此据上下径为者。当又以一百五十七乘之，六百而一也④。今据周为之，若于圆堢壔，又以二十五乘之，三百一十四而一，则先得三圆亭矣⑤。故以三百一十四为九百四十二而一，并除之。　　臣淳风等谨按：依密率，以七乘之，二百六十四而一⑥。

注 释

①刘徽以徽术将（5-5-1）修正为

$$V = \frac{25}{942}(L_1 L_2 + L_1^2 + L_2^2)h。 \qquad (5\text{-}5\text{-}2)$$

②杀shài：差cī，差等，见卷四开立圆术刘徽注第一段注解⑳。

③刘徽将（5-7-1）式修正为

$$V_{圆亭} = \frac{157}{200} V_{方亭}。 \qquad (5\text{-}7\text{-}2)$$

④设圆亭的上、下底的直径分别为d_1，d_2，刘徽认为其外切方亭的体积为

$$V = \frac{157}{600}(d_1 d_2 + d_1^2 + d_2^2)h。 \qquad (5\text{-}5\text{-}3)$$

⑤根据圆堢壔的体积公式（5-3-2），3个圆亭的体积应为

$$\frac{25}{314}(L_1 L_2 + L_1^2 + L_2^2)h。$$

⑥李淳风等将（5-5-1）修正为

$$V = \frac{7}{264}(L_1 L_2 + L_1^2 + L_2^2)h。 \qquad (5\text{-}5\text{-}4)$$

译 文

　　用我的徽术，应当将上、下底的周长相乘，又各自乘，相加，以高乘之，又乘以25，除以942。这里的圆亭的四个角收缩成圆，它与方亭相比，是$\frac{157}{200}$。造术的意思是：先作一个方亭，除以3。如果这是根据上、下底的周长作的方亭，应当又乘以157，除以600。现在是根据圆亭上、下底的周长作的方亭，如同对圆堢壔那样，乘以25，除以314。那么就先得到了3个圆亭。所以将除以314变为除以942。就是用3与314一并除。　　淳风等按：

依照密率,乘以7,除以264。

原文

今有方锥①,下方二丈七尺,高二丈九尺。问:积几何?

答曰:七千四十七尺。

术曰:下方自乘,以高乘之,三而一②。按:此术假令方锥下方二尺,高一尺,即四阳马③。如术为之,用十二阳马成三方锥④,故三而一,得方锥也。

注释

①方锥:如图5-9。李籍云:"方锥者,其积之形如锥之方者。"

②设方锥的下方为a,高为h,则其体积为

$$V = \frac{1}{3}a^2h。 \quad (5-8)$$

图5-9 方锥(采自《古代世界数学泰斗刘徽》)

③这是刘徽记述的《九章算术》时代以棋验法推导(5-8)式的方法:取一个标准型方锥:下底边长2尺,高1尺。它可以分解为4个阳马棋。如图5-10(1)。

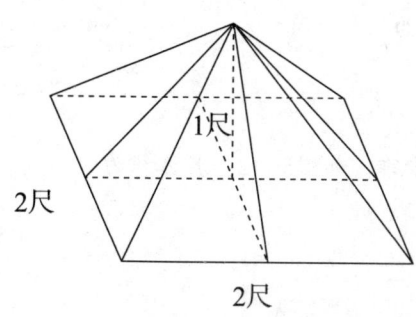

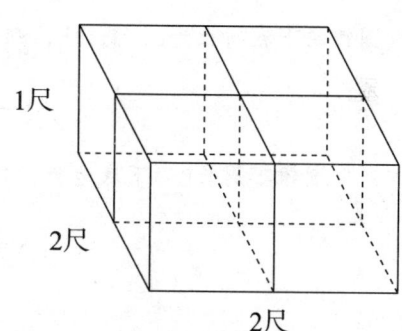

(1)标准方锥分解为4阳马　　　　(2)12阳马合成3方锥

图5-10 方锥之棋验法(采自译注本《九章算术》)

取12个阳马棋,可以合成4个正方棋,它可以重新拼合成3个标准方锥。如图5-10(2)。

译文

假设有一个方锥,下底是边长为2丈7尺的正方形,高是2丈9尺。问:其体积是多少?

答:7 047尺³。

术：下底边长自乘，以高乘之，除以3。按：此术中假设方锥下底的边长是2尺，高是1尺，即可分解成4个阳马。如方亭术那样处理这个问题：用12个阳马可以合成3个方锥，所以除以3。便得到方锥的体积。

原文

今有圆锥[1]，下周三丈五尺，高五丈一尺。问：积几何？

答曰：一千七百三十五尺一十二分尺之五。于徽术，当积一千六百五十八尺三百一十四分尺之十三。 依密率[2]，为积一千六百五十六尺八十八分尺之四十七。

术曰：下周自乘，以高乘之，三十六而一[3]。按：此术圆锥下周以为方锥下方。方锥下方今自乘，以高乘之，令三而一，得大方锥之积[4]。大锥方之积合十二圆矣[5]。今求一圆，复合十二除之，故令三乘十二得三十六，而连除[6]。

注释

[1]圆锥：如图5-11。

[2]依密率：此注作者亦难定论，参见圆亭问注释[2]。

[3]设圆锥的下底周长为L，高为h，则其体积为

$$V = \frac{1}{36} L^2 h。 \qquad (5\text{-}9\text{-}1)$$

[4]这是取圆锥下周长L为下底边长，作一大方锥，如图5-12。其体积为

$$V = \frac{1}{3} L^2 h。 \qquad (5\text{-}10)$$

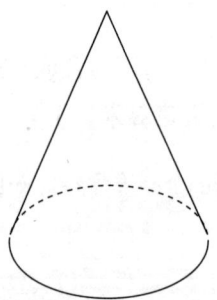 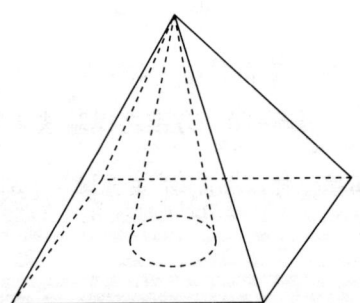

图5-11 圆锥（采自《古代世界数学泰斗刘徽》） 图5-12 圆锥与大方锥（采自译注本《九章算术》）

[5]此谓以周3径1为率，大方锥下底的面积L^2恰为12个圆锥底面的圆，见图1-15。大

锥：大方锥之省称。方：下方。

⑥这里实际上是通过比较圆锥与大方锥的底面积由后者的体积推导前者的体积。设 $L^2=S_{大圆}$，圆锥的底面积为$S_{圆}$，由于$S_{大圆}:S_{圆}=12:1$，故圆锥体积为$V=\frac{1}{12}\times\frac{1}{3}L^2h=\frac{1}{36}L^2h$，此即（5-9-1）式。

译文

假设有一个圆锥，下底周长3丈5尺，高是5丈1尺。问：其体积是多少？

答：$1\ 735\frac{5}{12}$尺^3。用我的徽术，体积应当是$1\ 658\frac{13}{314}$尺^3。依照密率。体积是$1\ 656\frac{47}{88}$尺^3。

术：下底周长自乘，以高乘之，除以36。按：此术中以圆锥的下底周长作为方锥下底的边长。现方锥下底的边长自乘，以高乘之，除以3，得到大方锥的体积。大方锥的底面积折合12个圆锥的底圆。现在求一个圆，又应当除以12。所以使3乘以12，得36而合起来除。

原文

于徽术，当下周自乘，以高乘之，又以二十五乘之，九百四十二而一①。圆锥比于方锥，亦二百分之一百五十七②。命径自乘者，亦当以一百五十七乘之，六百而一。其说如圆亭也③。　　臣淳风等谨按：依密率。以七乘之，二百六十四而一④。

注释

①刘徽以徽术将（5-9-1）修正为

$$V=\frac{25}{942}L^2h。\qquad(5\text{-}9\text{-}2)$$

②设圆锥体积为V圆锥。外切方锥体积为V方锥。如图5-13，刘徽认为

$$V_{圆锥}=\frac{157}{200}V_{方锥}\qquad(5\text{-}11\text{-}1)$$

③设圆锥下底的直径为d，刘徽认为其外切方锥的

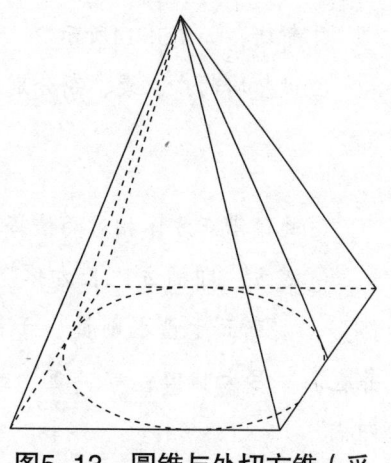

图5-13　圆锥与外切方锥（采自译注本《九章算术》）

体积为

$$V = \frac{157}{600} d^2 h。 \quad (5-11-2)$$

④李淳风等将（5-9-1）修正为

$$V = \frac{7}{264} L^2 h。 \quad (5-9-3)$$

译文

用我的徽术，应当将下底的周长自乘，以高乘之，又乘以25，除以942。圆锥与方锥的体积相比，也是 $\frac{157}{200}$。如果使圆锥下底的直径自乘，也应当乘以157，除以600，其原理如同圆亭术。　　淳风等按：依照密率，乘以7。除以264。

原文

今有堑堵①，下广二丈，袤一十八丈六尺，高二丈五尺。问：积几何？

荅曰：四万六千五百尺。

术曰：广袤相乘，以高乘之，二而一②。邪解立方得两堑堵③。虽复随方④，亦为堑堵，故二而一⑤。此则合所规棋⑥。推其物体，盖为堑上叠也⑦。其形如城，而无上广⑧，与所规棋形异而同实，未闻所以名之为堑堵之说也⑨。

注释

①堑堵：如图5-14所示。

②设堑堵的广、袤、高分别为a，b，h，则其体积为

$$V = \frac{1}{2} abh。 \quad (5-12)$$

③此谓沿正方体相对两棱将其斜剖开，便得到两堑堵。

④随方：即椭方，长方体。随tuǒ：音义同"椭"。古此二字相通。《淮南子·齐俗》："窥面于盘水则员，于杯则随。面形不变，其故有所员、有所随者，所自窥之异也。"吕大临曰："'随'当读'椭'，圜而长也。"《群书治要》引作"于杯，水即椭"。

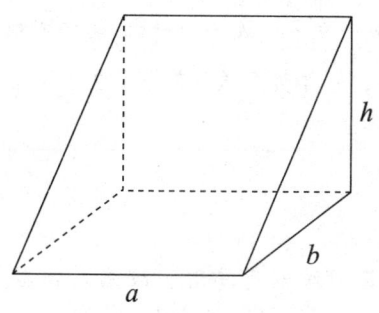

图5-14 堑堵（采自译注本《九章算术》）

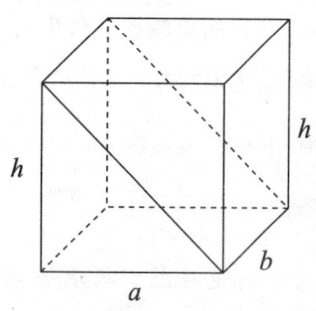

图5-15 邪解随方为二堑堵（采自译注本《九章算术》）

⑤此谓将随方斜剖，也得到两堑堵，如图5-15，因此容易得出（5-12）式。

⑥所规棋：所规定的棋，即《九章算术》中的堑堵。

⑦叠：堆积。此谓推究其形状，大体像叠在堑上的物体，如图5-16。刘徽提出了另一种形状的堑堵。

⑧叠在堑上的堑堵就是城的上广为零的情形。

⑨这种多面体与所规定的棋，形状稍有不同。而其体积公式是相同的。

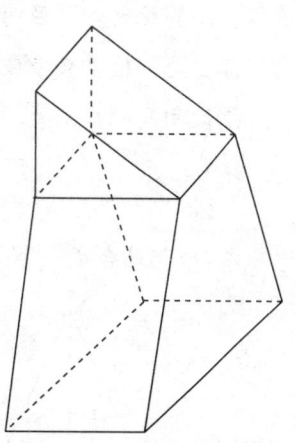

图5-16 堑上之叠（采自译注本《九章算术》）

译文

假设有一道堑堵，下广是2丈，长是18丈6尺，高是2丈5尺。问：其体积是多少？

答：46 500尺³。

术：广与长相乘，以高乘之，除以2。将一个正方体斜着剖开，就得到2个堑堵。更进一步，即使是一个长方体被剖开，也得到2个堑堵。所以除以2。这与所规定的棋吻合。推断它的形状，大体是叠在堑上的那块物体。它的形状像城墙，但是没有上广。与所规定的棋形状稍异而体积公式相同，没有听说将其叫作堑堵的原因。

原文

今有阳马①，广五尺，袤七尺，高八尺。问：积几何？

荅曰：九十三尺少半尺。

术曰：广袤相乘，以高乘之，三而一②。按：此术阳马之形，方锥一隅也③。今谓四柱屋隅为阳马④。假令广袤各一尺，高一尺，相乘之，得立方积一尺。邪解立方得两堑堵，邪解堑堵，其一为阳马，一为鳖腝⑤，阳马居二，鳖腝居一，不易之率

185

也⑥。合两鳖臑成一阳马⑦，合三阳马而成一立方，故三而一⑧。验之以棋，其形露矣⑨。悉割阳马，凡为六鳖臑⑩。观其割分，则体势互通，盖易了也⑪。

注释

①阳马：本是房屋四角承短橡的长桁条，其顶端刻有马形，故名。何晏《景福殿赋》："承以阳马，接以员方。"李善注云："阳马，四阿长桁也。马融《梁将军西第赋》曰：'腾极受檐，阳马承阿。'"桁héng：檩。阿ē：屋栋。张协《七命》："阴虬负檐，阳马承阿。"吕向注："马为阳物，谓刻作其象负荷檐梁之势，承接木石之曲。"它实际上是一棱垂直于底面，且垂足在底面一角的直角四棱锥，如图5-17所示。

②设阳马的广、袤、高分别为a，b，h，则其体积为

$$V = \frac{1}{3}abh。 \tag{5-13}$$

③4个阳马合成一个方锥，所以阳马的形状居于方锥的一角。如图5-18。

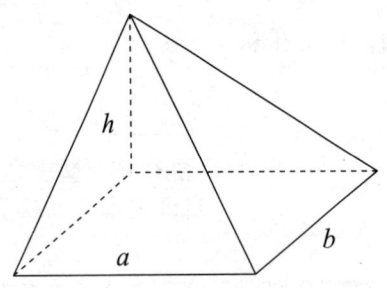

图5-17 阳马（采自译注本《九章筭术》）

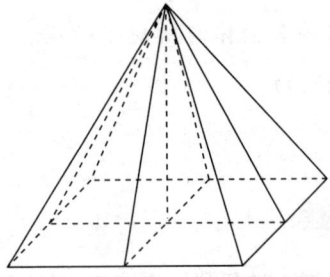

图5-18 四阳马合为一方锥（采自译注本《九章筭术》）

④四柱屋隅为阳马：四柱屋屋角的部件为阳马。沈康身认为"柱"通"注"。四注屋隅是阳马，见图5-19，见湖北教育出版社《九章筭术导读》。

⑤斜解一个堑堵，得到一个阳马与一个鳖臑，如图5-20。臑：通臑。李籍云："'臑'，或作'腝'，非是。"似不妥。《玉篇》："'腝'，那到切，臂节也。"《唐韵》《广韵》同。

⑥这是著名的刘徽原理：在一个堑堵中，阳马与鳖臑的体积之比恒为2:1。此原理尽管是在广、长、高相等的堑堵、阳马、鳖臑的情况下提出的，但刘徽在下面说："棋虽或随脩短广狭，犹有此分常率知，殊形异体，亦同也者。"可见它对任意情况都是适应的。记阳马体积为$V_{阳马}$，鳖臑体积为$V_{鳖臑}$，此即：

$$V_{阳马} : V_{鳖臑} = 2:1 \tag{5-14}$$

是为刘徽多面体理论的基础。

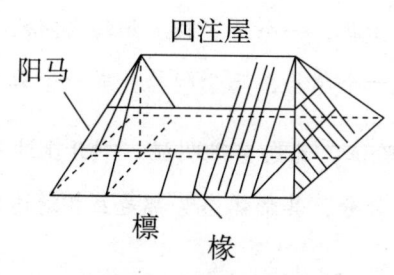

图5-19 四注屋隅（采自沈康身《九章算术导读》）

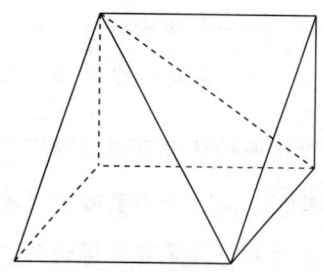

图5-20 邪解堑堵得一阳马一鳖臑（采自译注本《九章算术》）

⑦两个鳖臑合成一个阳马。如图5-21（1）。

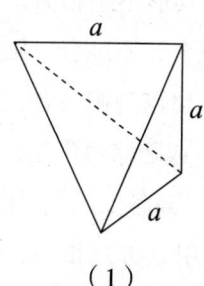 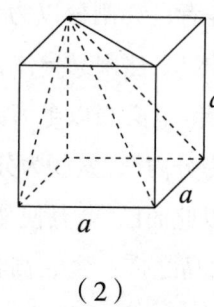 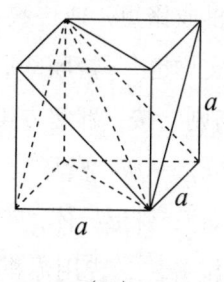

（1）　　　　　　　（2）　　　　　　　（3）

图5-21 鳖臑、阳马与立方（采自《古代世界数学泰斗刘徽》）

⑧三个阳马合成一个正方体，如图5-21（2）。

⑨此谓使用棋验法。（5-14）很明显是成立的。形：形势，态势。《孙子兵法·虚实》："夫兵形象水。"孟氏注："兵之形势如水流，迟速之势无常也。"露：显露。

⑩此谓每个阳马都分解成二个鳖臑，则一个正方体分解成六个鳖臑，如图5-21（3）。悉：全，都。《书经·汤誓》："格尔众庶，悉听朕言。"

⑪体势互通：指两立体的全等或对称，其体积当然相等。因此一个阳马的体积是正方体的 $\frac{1}{3}$，即（5-13）式；一个鳖臑的体积是正方体的 $\frac{1}{6}$，即下一问的（5-15）式。以上这是棋验法。

假设有一个阳马，底广是5尺，长是7尺，高是8尺。问：其体积是多少？

答：$93\frac{1}{3}$ 尺^3。

术：广与长相乘，以高乘之，除以3。按：此术中阳马的形状是方锥的一个角隅。今天把四注屋的一个角隅称作阳马。假设阳马底的广、长都是1尺。高是1尺。将它们相乘，得到正方体的体积1尺^3。将一个正方体斜着剖开，得到2个堑堵;将一个堑堵斜着剖开,其中一个是阳马,一个是鳖臑。阳马占2份,鳖臑占1份,这是永远不变的率。二个鳖臑合成一个阳马,三个阳马合成一个正方体,所以阳马的体积是正方体的 $\frac{1}{3}$。用棋来验证,其态势很明显。剖开上述所有的阳马,总共为六个鳖臑。考察分割的各个部分,其形体态势都是互相通达的,因此其体积公式是容易得到的。

原 文

其棋或脩短,或广狭,立方不等者,亦割分以为六鳖臑①。其形不悉相似,然见数同,积实均也②。鳖臑殊形,阳马异体③。然阳马异体,则不可纯合,不纯合,则难为之矣④。何则?按:邪解方棋以为堑堵者⑤。必当以半为分,邪解堑堵以为阳马者,亦必当以半为分,一从一横耳⑥。设为阳马为分内⑦,鳖臑为分外⑧。棋虽或随脩短广狭,犹有此分常率知⑨,殊形异体,亦同也者,以此而已⑩。其使鳖臑广、袤、高各二尺⑪,用堑堵、鳖臑之棋各二,皆用赤棋⑫。又使阳马之广、袤、高各二尺⑬,用立方之棋一,堑堵、阳马之棋各二,皆用黑棋⑭。棋之赤、黑,接为堑堵,广、袤、高各二尺⑮。于是中敛其广、袤⑯,又中分其高⑰。令赤、黑堑堵各自适当一方⑱,高一尺,方一尺,每二分鳖臑,则一阳马也⑲。其余两端各积本体⑳,合成一方焉㉑。是为别种而方者率居三,通其体而方者率居一㉒。虽方随棋改㉓,而固有常然之势也㉔。按:余数具而可知者有一、二分之别,即一、二之为率定矣㉕。其于理也岂虚矣㉖?若为数而穷之㉗,置余广、袤、高之数各半之,则四分之三又可知也㉘。半之弥少,其余弥细㉙。至细曰微,微则无形㉚。由是言之,安取余哉㉛?数而求穷之者,谓以情推,不用筹算㉜。鳖臑之物,不同器用㉝,阳马之形,或随脩短广狭。然不有鳖臑,无以审阳马之数,不有阳马,无以知锥亭之类㉞,功实之主也㉟。

注 释

①这是讨论阳马或脩短或广狭,广、长、高不相等即$a \neq b \neq h$的情形。长方体ABCDEFGH可以分解为三个阳马AHEFG,ABGFC,ADCFE,如图5-22(1),或六个鳖臑AHEF,AHGF,ABGF,ABCF,ADCF,ADEF。如图5-22(2)。

②其形不悉相似,然见数同,积实均也:这三个阳马既不全等,也不对称,六个鳖臑两两对称,却三三不全等。然而只要它们三度的数组相同,则其体积分别相等。相似:相类,相像。《周易·系辞上》:"与天地相似,故不违。"见xiàn数:显现的数。这里指广、袤、高这三度显现的数值。均:等,同。《玉篇》:"均,等也。"《国语·楚语

下》:"君王均之,群臣惧矣。"韦昭注:"均,同也。"

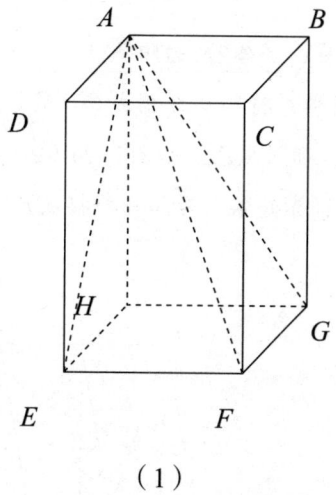
（1）

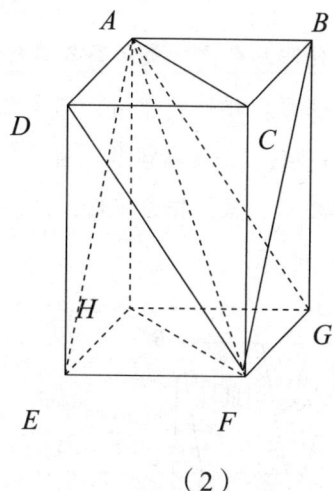
（2）

图5-22 长方体分解为阳马和鳖臑（采自译注本《九章算术》）

③进一步说明阳马、鳖臑的形状分别不同。

④则难为之矣：此谓在广、长、高不相等的情况下，用棋验法难以解决这个问题。

⑤方棋：指"随方棋"，即"椭方棋"。将随方棋分割成两个堑堵。

⑥一从一横耳：此时分割出来的阳马，一个是横的，则另一个就是纵的。将三个阳马的底面放置于一个平面，使其高在同一直线上，垂足重合，如图5-23。显然，若将阳马ABGFC看成纵的，则AHEFC或ADCFE就是横的。既然一纵一横，就不可能全等或对称。

⑦为：训"以"。王引之《经传释词》卷二："'为'，犹'以'也。"

⑧这是将堑堵分割成一个阳马，一个鳖臑。阳马为分内，鳖臑为分外。

⑨此谓在棋是由随方产生，出现脩短广狭的情况下，堑堵中的阳马与鳖臑仍然满足（5-14）式。随：通隋tuo，训椭。参见堑堵问注释④。知：训"者"。其说见刘徽序"故枝条虽分而同本干知"之注释。

⑩此谓在阳马、鳖臑殊形异体的情况下，它们的体积公式与非殊形异体的情况完全相同。

⑪刘徽取一个广、袤、高各2尺的鳖臑。刘徽从这里开始了刘徽原理的证明。他仍使用广、长、高相等的棋，这可能受他手头棋的限制。下面将看到，这并不影响论述的一般性。因此，以下的图均按一般情形绘制。

⑫用堑堵、鳖臑之棋各二，皆用赤棋：将鳖臑分割

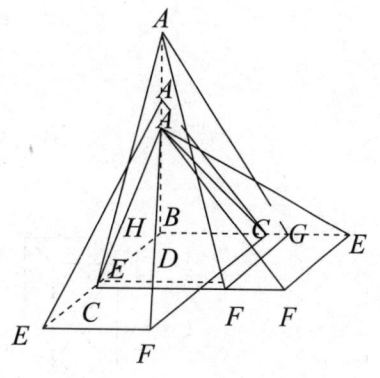

图5-23 阳马一纵一横（采自《古代世界数学泰斗刘徽》）

成广、袤、高各1尺的2个堑堵棋Ⅱ′，Ⅲ′，2个鳖臑棋Ⅳ′，Ⅴ′，都用赤色，如图5-24（1）。

⑬又使阳马之广、袤、高各二尺：又取一个广、袤、高各2尺的阳马。

⑭用立方之棋一，堑堵、阳马之棋各二，皆用黑棋：将阳马分割成广、袤、高各1尺的1个立方棋Ⅰ，2个堑堵棋Ⅱ，Ⅲ，2个阳马棋Ⅳ，Ⅴ，都用黑色。如图5-24（2）。

⑮棋之赤、黑，接为堑堵，广、袤、高各二尺：将赤鳖臑与黑阳马拼接成广、长、高各2尺的堑堵。

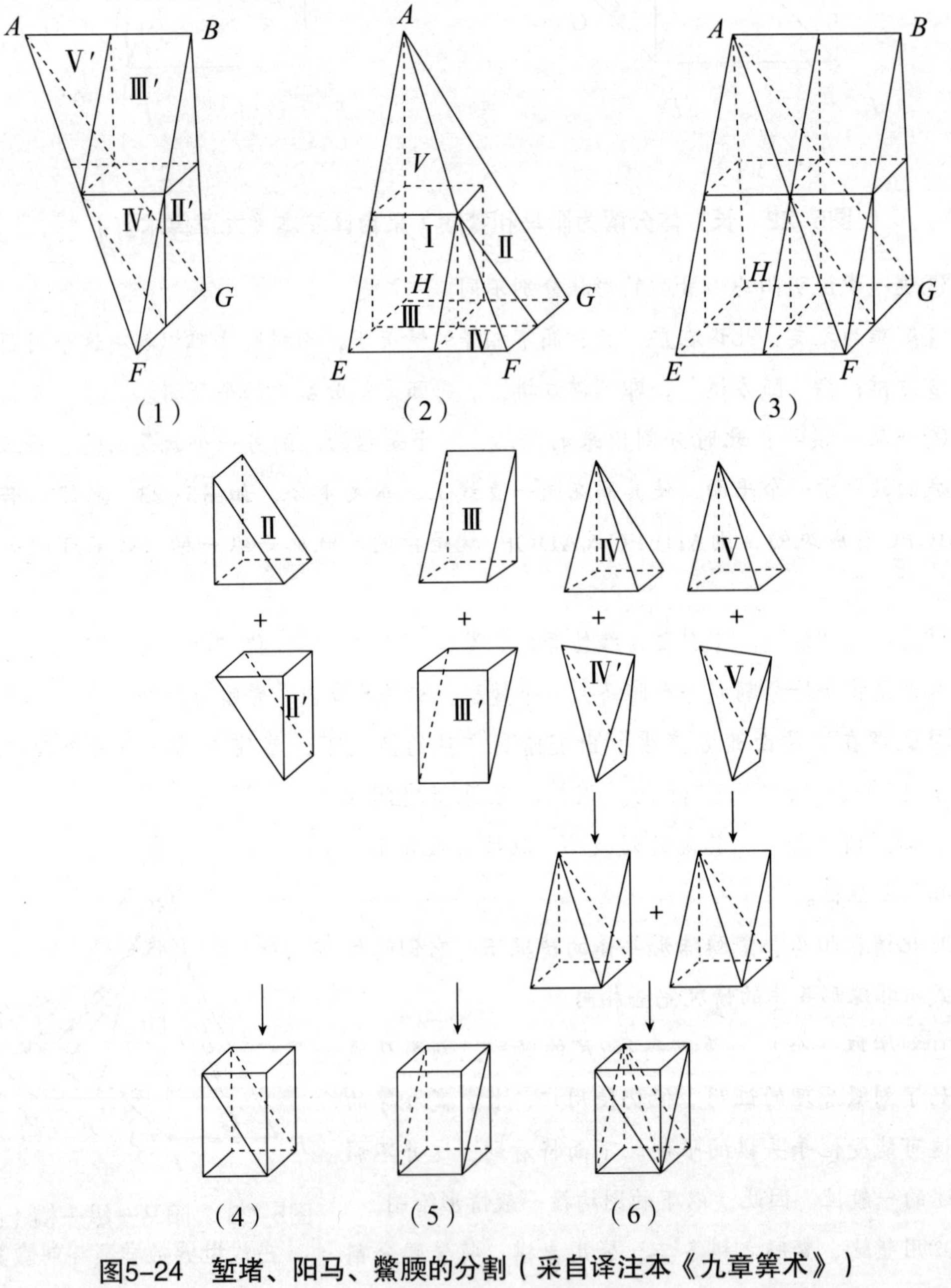

图5-24 堑堵、阳马、鳖臑的分割（采自译注本《九章算术》）

⑯中放其广、袤：从中间分割堑堵的广和袤。放bān：又音bīn，分。《说文解字》："放，分也。"

⑰又中分其高：又从中间分割堑堵的高。这相当于用三个互相垂直的平面平分堑堵的广、袤、高，如图5-24（3）。堑堵总共分割成1个立方棋Ⅰ，4个堑堵棋Ⅱ，Ⅲ，Ⅱ′，Ⅲ′，2个阳马棋Ⅳ，Ⅴ，2个鳖腽棋Ⅳ′，Ⅴ′。

⑱令赤、黑堑堵各自适当一方：将赤堑堵与黑堑堵恰好分别合成一个立方体。此谓将赤堑堵Ⅱ′与黑堑堵Ⅱ恰好合成立方体Ⅱ-Ⅱ′，如图5-24（4），赤堑堵Ⅲ′与黑堑堵Ⅲ恰好合成立方体Ⅲ-Ⅲ′，如图5-24（5），共2个立方体。刘徽所用的棋是正方体，但实际上是长方体。就字面而言，"令赤黑堑堵各自适当一方"还有另一种解释，即两个赤堑堵Ⅱ′，Ⅲ′拼在一起，两个黑堑堵Ⅱ，Ⅲ拼在一起。这在广、袤、高相等的情况下可以拼接成正方体。然而在a≠b≠h时，两个赤堑堵Ⅱ′，Ⅲ′与两个黑堑堵Ⅱ，Ⅲ都无法分别拼接成立方，如图5-25。日本三上义夫提出了以上两种可能性，但是他倾向于后者，见：三上義夫《關孝和の業績と京阪の算家並に支那の演算法との關係及び比較》，《東洋學報》，第20-22卷（1932-1935）。丹麦华道安则主张后者，见：D. B.Wagner: An Early Chinese Derivation of the Volume of a Pyramid: liu Hui, Third Century A. D., Historia Mathematica，6（1979）。

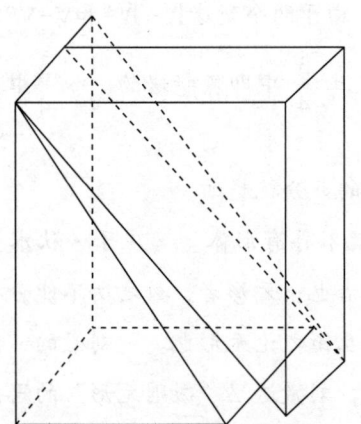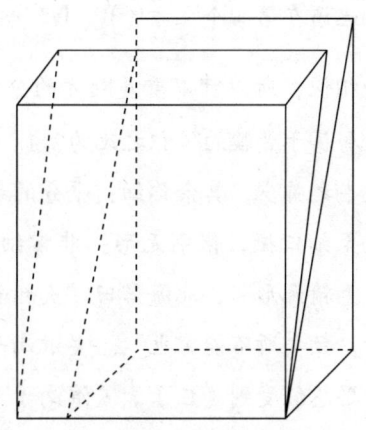

图5-25 赤赤堑堵黑黑堑堵无法拼合（采自《古代世界数学泰斗刘徽》）

⑲每二分鳖腽，则一阳马：赤黑堑堵合成的立方Ⅱ-Ⅱ′，Ⅲ-Ⅲ′与阳马中的立方Ⅰ共三个立方，其中在赤鳖腽的每2份，相当于在黑阳马的1份。换言之，在这3个立方中，在黑阳马中与在赤鳖腽中的体积之比为2:1。

⑳其余两端各积本体：余下的两端，先各自拼合。此谓原堑堵中除去立方和4个堑堵后所剩余的2个堑堵，分别由阳马Ⅳ和鳖腽Ⅳ′，阳马Ⅴ和鳖腽Ⅴ′构成，即Ⅳ-Ⅳ′，Ⅴ-Ⅴ′，如图5-24-（6）。

㉑合成一方焉：合成一个立方体，实际上仍是长方体。此谓这两个堑堵Ⅳ-Ⅳ′，

V-V′又可以合成第四个立方体（Ⅳ-Ⅳ′）-（V-V′），如图5-24（6）。

㉒是为别种而方者率居三，通其体而方者率居一：这就是说，与原堑堵不同类型的立方体所占的率是3，而与原堑堵结构相似的立方体所占的率是1。别种：与原堑堵不同类型即结构不同的部分，即立方棋Ⅰ和立方Ⅱ-Ⅱ′，Ⅲ-Ⅲ′，共3个立方体。通其体：是说与原堑堵通体，即与原堑堵相似的部分，即立方体（Ⅳ-Ⅳ′）-（V-V′）。因此，与原堑堵结构不同的部分拼合成的立方的率是3。与原堑堵相似的部分拼合成的立方的率是1。

㉓方随棋改：正方体变成随方，即长方体，棋也改变了。随：通椭。

㉔固有常然之势：仍然有恒定的态势，即仍然是"别种而方者率居三，通其体而方者率居一"。常然：常态。《庄子·骈拇》："天下有常然。常然者，曲者不以钩，直者不以绳，圆者不以规，方者不以矩。"

㉕余数具而可知者有一、二分之别，即一、二之为率定矣：如果能证明在第四个立方中能完全知道阳马与鳖腝的体积之比的部分为2∶1，则在整个堑堵中阳马与鳖腝的体积之比为2∶1就是确定无疑的了。这显然是数学归纳法的雏形。余数：指第四个立方体。具：完全，尽。《史记·项羽本纪》："良乃入，具告沛公。"

㉖其于理也岂虚矣：这在数理上难道是虚假的吗？虚：虚假，不真实。

㉗若为数而穷之：若要从数学上穷尽它。

㉘此谓在第四个立方（Ⅳ-Ⅳ′）-（V-V′）中，由于两个堑堵Ⅳ-Ⅳ′和V-V′与原堑堵完全相似，所以可以重复刚才的分割，从而证明在其 $\frac{3}{4}$ 中即原堑堵的 $\frac{1}{4} \times \frac{3}{4}$ 中，属于阳马的和属于鳖腝的体积之比为2∶1。

㉙半之弥少，其余弥细：平分的部分越小，剩余的部分就越细。

㉚至细曰微，微则无形：非常细就叫作微，微就不再有形体。《庄子·秋水》中河伯曰"至精无形"，北海若曰"夫精粗者，期于有形者也；无形者，数之所不能分也；不可围者，数之所不能穷也"。《淮南子·要略》："至微之论无形也。"刘徽的"微则无形"的思想似受到《庄子》《淮南子》的影响。另外，刘徽这里"微则无形"的思想与割圆术（卷一圆田术注）"不可割"是一致的。无形则数不能分，当然不可割。

㉛由是言之，安取余哉：由此说来，哪里还有剩余呢？上述这个过程可以无限地继续下去，不知道其体积之比的部分越来越小，最后达到无形，没有任何剩余的地步。换言之，在整个堑堵中证明了（5—14）式，从而用无穷小分割方法和极限思想完成了刘徽原理的证明。

㉜数而求穷之者，谓以情推，不用筹算：对于数学中无穷的问题，就要按数理进行推断，不能用筹算。在当时的数学水平下，尚没有无穷分割的数学表达式，故云"不用筹算"。

㉝鳖腝之物，不同器用：《九章算术》中的诸立体，都是各种器用或土方工程的抽

象，惟有鳖臑这种多面体，现实中没有任何原型。它是多面体分割的产物，是多面体理论的需要。

㉞锥亭之类：即方锥、方亭、刍甍、刍童、羡除等多面体。刘徽在严格证明了鳖臑、阳马的体积公式之后，将锥亭之类分割成若干个长方体、堑堵、阳马、鳖臑，求其体积之和，从而解决它们的体积问题。

㉟功实之主：程功积实问题的根本。主：事物的根本。刘徽将鳖臑看成多面体体积的"功实之主"的结论与现今数学将四面体看作多面体分割的最小单元的思想完全一致。刘徽在此总结了鳖臑在多面体体积理论中的核心作用。像在前面方亭、方锥等术中已经看到的及后面羡除、刍甍、刍童等锥亭之类中将要看到的那样，刘徽是将多面体分割成长方体、堑堵、阳马、鳖臑，求它们的体积之和以解决它们的求积问题的，而阳马、鳖臑的体积公式的证明必须使用无穷小分割方法，这就把多面体体积理论建立在无穷小分割基础之上。近代数学大师高斯（Gauss，1777—1855）曾提出一个猜想：多面体体积的解决不借助于无穷小分割是不是不可能的？这一猜想构成了希尔伯特（Hilbert，1861—1943）《数学问题》（1900年）第三问题的基础。他的学生德恩作了肯定的回答。这与刘徽的思想不谋而合。

如果这里的棋或长或短，或广或窄，是广、长、高不等的长方体，也分割成6个鳖臑，它们的形状就不完全相同。然而只要它们所显现的广、长、高的数组是相同的，则它们的体积就是相等的。这些鳖臑有不同的形状，这些阳马也有不同的体态。阳马有不同的体态，那就不可能完全重合；不能完全重合，那么使用上述的方法是困难的。为什么呢？将长方体棋斜着剖开，成为堑堵，一定分成两份；将堑堵棋斜着剖开，也必定分成两份。这些阳马一个是纵的，另一个就会是横的。假设将阳马看作分割的内部，将鳖臑看作分割的外部，即使是棋有时是长方体，或长或短，或广或窄，仍然有这种分割的不变的率的话，那么不同形状的鳖臑，不同体态的阳马，其体积公式仍然分别相同，如此罢了。如果使鳖臑的广、长、高各2尺，那么用堑堵棋、鳖臑棋各2个，都用红棋。又使阳马的广、长、高各2尺，那么用立方棋1个，堑堵棋、阳马棋各2个，都用黑棋。红鳖臑与黑阳马拼合成一个堑堵，它的广、长、高各是2尺。于是就相当于从中间平分了堑堵的广与长，又平分了它的高。使红堑堵与黑堑堵恰好分别拼合成立方体，高是1尺，底方也是1尺。那么这些立方体中，在原鳖臑中的2份，相当于原阳马中的1份。余下的两端，先各自拼合，再拼合成一个立方体。这就是说，与原堑堵结构不同的立方体所占的率是3，而与原堑堵结构相似的立方体所占的率是1。即使是立方体变成了长方体，棋的形状发生了改变，这

个结论必定具有恒定不变的态势。按：如果余下的立体中，能列举出来并且可以知道其体积的部分属于鳖臑的与属于阳马的有1，2的分别，那么在整个堑堵中，1与2作为鳖臑与阳马的率就是完全确定了，这在数理上难道是虚假的吗？若要从数学上穷尽它，那就取堑堵剩余部分的广、长、高，平分之，那么又可以知道其中的$\frac{3}{4}$以1，2作为率。平分的部分越小，剩余的部分就越细。非常细就叫作微，微就不再有形体。由此说来，哪里还会有剩余呢？对于数学中无限的问题，就要按数理进行推断，不能用筹算。鳖臑这种物体，不同于一般的器皿用具；阳马的形状，有时底是长方形，或长或短，或广或窄。然而，如果没有鳖臑。就没有办法考察阳马的体积，如果没有阳马，就没有办法知道锥亭之类的体积，这是程功积实问题的根本。

原 文

今有鳖臑①，下广五尺，无袤；上袤四尺，无广；高七尺。问：积几何？

答曰：二十三尺少半尺。

术曰：广袤相乘，以高乘之，六而一②。按：此术臑者，臂骨也。或曰半阳马，其形有似鳖肘，故以名云。中破阳马得两鳖臑，之见数即阳马之半数。数同而实据半，故云六而一，即得。

注 释

①鳖臑：有下广无下袤，有上袤无上广，有高的四面体，实际上它的四面都是勾股形，其形状如图5-21（1）。

②记下广、上袤、高分别为a，b，h，则鳖臑的体积公式是

$$V=\frac{1}{6}abh。 \qquad (5-15)$$

译 文

假设有一个鳖臑，下广是5尺，没有长，上长是4尺，没有广，高是7尺。问：其体积是多少？

答：$23\frac{1}{3}$尺³。

术：下广与上长相乘，以高乘之，除以6。按：此术中。臑就是臂骨。有人说，

半个阳马，其形状有点像鳖肘，所以叫这个名字。从中间平分阳马，得到两个鳖腽。它的体积是阳马的半数。广、长、高都与阳马相同而其体积是其一半，所以除以6，即得。

原文

今有羡除①，下广六尺，上广一丈，深三尺；末广八尺，无深；袤七尺。问：积几何？

答曰：八十四尺。

术曰：并三广，以深乘之，又以袤乘之，六而一②。按：此术羡除，实隧道也。其所穿地，上平下邪，似两鳖腽夹一堑堵，即羡除之形③。假令用此棋：上广三尺，深一尺，下广一尺；末广一尺，无深；袤一尺④。下广、末广皆堑堵⑤；上广者，两鳖腽与一堑堵相连之广也⑥。以深、袤乘，得积五尺。鳖腽居二，堑堵居三，其于本棋，皆一为六⑦，故六而一⑧。合四阳马以为方锥⑨。邪画方锥之底⑩，亦令为中方⑪。就中方削而上合，全为中方锥之半⑫。于是阳马之棋悉中解矣⑬。中锥离而为四鳖腽焉⑭。故外锥之半亦为四鳖腽⑮。虽背正异形，与常所谓鳖腽参不相似，实则同也⑯。所云夹堑堵者，中锥之鳖腽也⑰。凡堑堵上袤短者，连阳马也⑱。下袤短者，与鳖腽连也⑲。上、下两袤相等知⑳，亦与鳖腽连也㉑。并三广，以高、袤乘，六而一，皆其积也㉒。今此羡除之广，即堑堵之袤也㉓。

注释

①羡除：一种楔形体，有五个面，其中三个面是等腰梯形，两个侧面是三角形。其长所在的平面与高所在的平面垂直，如图5-26所示。这是三广不相等的情形。也有两广相等的情形，此时只有二个面是等腰梯形，另一个面是长方形。羡yán：通延，墓道。《史记·卫康叔世家》："共伯入厘侯羡自杀。"司马贞索隐："羡，音延。延，墓道。"李籍云："羡，延也；除，道也。羡除乃隧道也。"

②记羡除的上广、下广、末广、袤、深分别为 a_1, a_2, a_3, b, h，则其体积为

$$V = \frac{1}{6}(a_1+a_2+a_3)bh。 \quad (5\text{-}16)$$

③自此，刘徽注先讨论有两广相等的

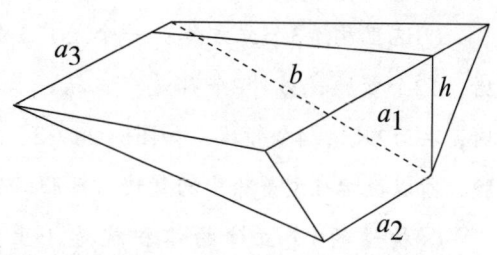

图5-26 羡除（采自译注本《九章算术》）

羡除。首先是下、末两广相等的羡除,如图5-27(1),是两个鳖臑夹着一个堑堵。这里堑堵就是《九章算术》给出者,而鳖臑却不同于《九章算术》给出者,而是三棱垂直于一点的四面体,如图5-27(2)。

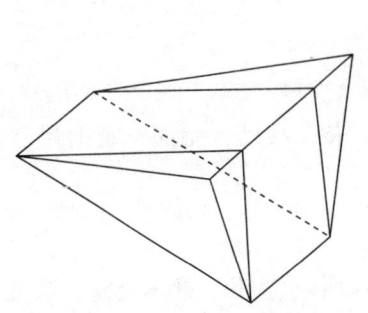
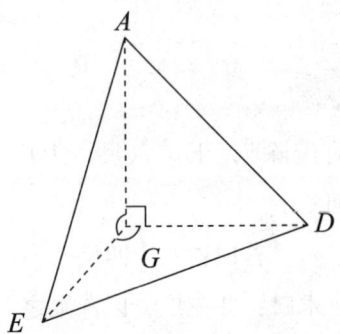

(1)下末两广相等的羡除　　　　　　(2)三棱垂直于一点的鳖臑

图5-27　下末两广相等的羡除(采自译注本《九章算术》)

④这是刘徽记述的以棋验法推导下末两广相等的羡除的体积公式的方法。先构造一个标准型下末两广相等的羡除,上广3尺,下、末两广及袤、深均为1尺。它可以分解为中间一个广、长、高皆为1尺的堑堵,及其两侧的广、长、高皆为1尺的鳖臑,如图5-28(1)。

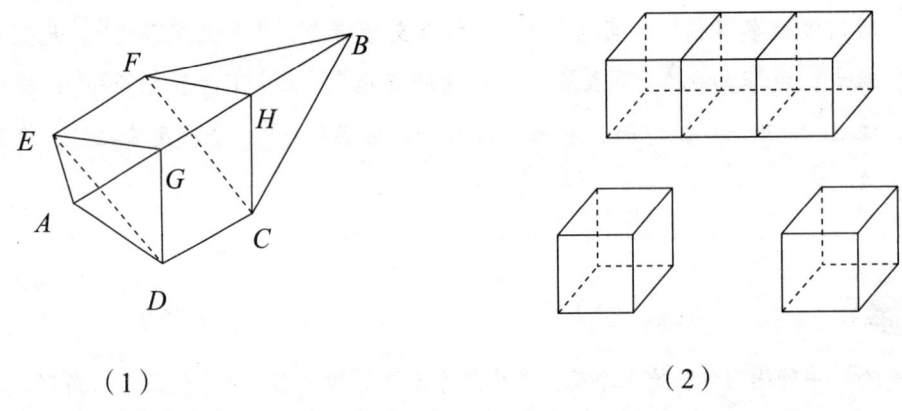

(1)　　　　　　　　　　　　(2)

图5-28　下末两广相等的标准型羡除(采自译注本《九章算术》)

⑤在这种羡除中,下广、末广都是堑堵的广。

⑥这里羡除的上广是堑堵与夹堑堵的两鳖臑相连的广。

⑦这里构造3个立方体:一个是广3尺,深1尺,长1尺,其体积是3尺^3,含有2个堑堵,12个鳖臑;另外2个都是广、深、长皆为1尺的正方体,体积为1尺^3,各含有2个堑堵,共为2尺^3,4个堑堵,如图5-28(2)。这3个立方体合起来共5尺^3,6个堑堵,12个鳖臑,所以说标准型羡除中的堑堵、鳖臑"皆一为六"。

⑧构造的3个立体的体积就是(上广+下广+末广)×长×深,所以除以6就是(5-16)式。

⑨合四阳马以为方锥：将4个阳马拼合在一起就成为方锥。盖在上述推导下、末两广相等的羡除体积的棋验法中，一个正方体是无法分割成夹堑堵的6个鳖腝的。说2鳖腝，"一为六"变成12个鳖腝，大约是人们的猜想。刘徽认为，必须求出形如图5-27（2）的鳖腝的体积。因此，他取4个阳马ABCDE，ABEFG，ABGHI，ABIJC，每一个皆为底广a，长b，高h，合成一个方锥ADFHJ，底广2a，长2b，高h，如图5-29。依据方锥体积公式（5-12），此方锥的体积为 $\frac{4}{3}abh$。

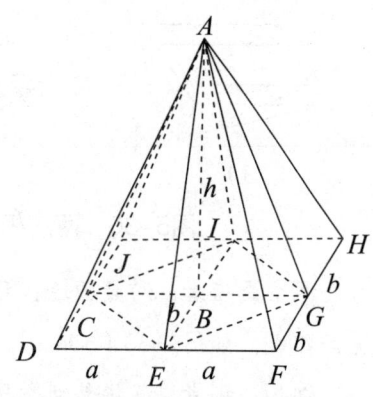

图5-29　合四阳马为方锥
（采自译注本《九章算术》）

⑩邪画方锥之底：斜着分割方锥的底。这相当于连接方锥底面每边的中点C，E，G，I。

⑪连接CE，EG，GI，IC，就得到中方CEGI。

⑫就中方削而上合，全为中方锥之半：从这个中间正方形CEGI向上削至方锥ADFHJ的顶点A，得到的鳖腝全都是中方锥的一片。半：片也。《汉书·李陵传》："令军士持二升糒，一半冰。"如淳曰："'半'读曰'片'。"中锥ACEGI的体积显然为 $\frac{2}{3}abh$。

⑬阳马之棋悉中解矣：合成方锥的四个阳马都从中间被剖分。

⑭中锥离而为四鳖腝焉：中锥ACEGI被分割为全等的4个鳖腝ABCE，ABEG，ABGI，ABIC。因此每一个的体积当然是中方锥的 $\frac{1}{4}$，即 $\frac{1}{4} \times \frac{2}{3}abh = \frac{1}{6}abh$，与《九章算术》的鳖腝体积公式（5-15）相同。

⑮外锥之半亦为四鳖腝：外锥的片也成为4个鳖腝。方锥ADFHJ分割出中锥ACEGI后剩余的部分，称为外锥，它的每一片也都是鳖腝，也是4个，即ACDE，AEFG。AGHI，AIJC。

⑯背正异形，与常所谓鳖腝参不相似，实则同：中锥的4个鳖腝与外锥的4个鳖腝背正相对，形状不同，与通常的鳖腝的广、袤、高三度不相等，它们的体积公式却相同。盖外锥的体积也是 $\frac{2}{3}abh$，每一个鳖腝的体积当然也是 $\frac{1}{6}abh$。

⑰夹堑堵者，中锥之鳖腝：夹堑堵的鳖腝就是从中锥分离出来的鳖腝。求堑堵和两鳖腝的体积之和，就得到下末两广相等的羡除的体积公式，即（5-16）式。

⑱凡堑堵上袤短者，连阳马：凡是堑堵的上长比羡除的上广短的羡除，由一个堑堵及两侧的阳马组成，如图5-30（1），（2）。显然，这两种羡除在数学上没有什么不同。自此刘徽讨论两广相等的另外几种羡除。

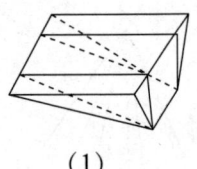 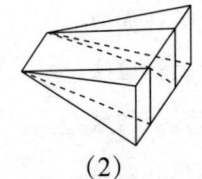 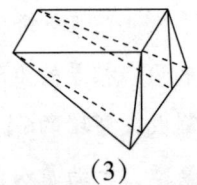 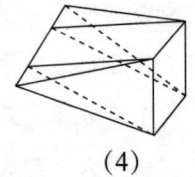

(1)   (2)   (3)   (4)

图5-30　两广相等的其他羡除（采自译注本《九章筭术》）

⑲下袤短者，与鳖腝连：凡是堑堵的下长短于羡除下广的羡除，由一堑堵及两侧的两鳖腝组成，如图5-30（3）。

⑳知：训者，其说见刘徽序"故枝条虽分而同本干知"之注释。

㉑上、下两袤相等知亦与鳖腝连：凡是堑堵的上下两长与羡除的上下广相等的羡除，由一个堑堵及两侧的鳖腝组成，如图5-30（4）。

㉒这几种羡除的体积公式都是（5-16）式。

㉓在上述讨论中，羡除的广与堑堵的长在同一直线上。

译文

假设有一条羡除，一端下广是6尺，上广是1丈，深是3尺；末端广是8尺，没有深；长是7尺。问：其体积是多少？

答：84尺³。

术：将三个广相加，以深乘之，又以长乘之，除以6。按：此术中羡除实际上是一条隧道。如果所挖的地上面是平的，下面是斜面，好像两个鳖腝夹着一个堑堵，就是羡除的形状。假设使用这样的棋：一端上广是3尺，深是1尺，下广是1尺，末端广是1尺，没有深，长是1尺。一端的下广与末端的广都是堑堵的广；一端的上广是两个鳖腝与一个堑堵相连的广。以深、长乘三个广之和，得到体积5尺³，鳖腝占据2份，堑堵占据3份。对原来的棋，它们都由1个变成了6个，所以要除以6。将4个阳马拼合成1个方锥。斜着分割方锥的底，就形成一个中间正方形。从这个中间正方形向上到方锥的顶点剖开，得到的全都是中方锥的一片。于是阳马之棋全被从中间剖开了，中间方锥分离成4个鳖腝。那么外锥的一片片也是4个鳖腝。虽然这些鳖腝一反一正，形状不同，与通常说的鳖腝的三度都不相等，它们的求积公式却是相同的。所说的夹堑堵的，就是从中间方锥分离出来的鳖腝。凡是堑堵的长比羡除的上广短的，两侧就与阳马相连；堑堵的长比羡除的下广短的，两侧就与鳖腝相连；堑堵的长与羡除的上、下广相等的，两侧也与鳖腝相连。使三个广相加，以高、长乘之，除以6，都得到羡除的体积。这里所说的羡除的广，在堑堵长的位置上。

原文

按：此本是三广不等，即与鳖腝连者①。别而言之②：中央堑堵广六尺，高三尺，袤七尺③。末广之两旁，各一小鳖腝，皆与堑堵等④。令小鳖腝居里，大鳖腝居表⑤，则大鳖腝皆出随方锥⑥，下广二尺，袤六尺，高七尺⑦。分取其半，则为袤三尺⑧。以高、广乘之，三而一，即半锥之积也⑨。邪解半锥得此两大鳖腝⑩。求其积，亦当六而一，合于常率矣⑪。按：阳马之棋两邪，棋底方，当其方也，不问旁、角而割之，相半可知也⑫。推此上连无成不方，故方锥与阳马同实⑬。角而割之者，相半之势⑭。此大小鳖腝可知更相表里，但体有背正也⑮。

注释

①此谓三广不等的羡除，其分割出的堑堵与鳖腝相连，如图5-31所示。实际上羡除ABCDEF由于是按《九章算术》例题所绘，上广10尺，末广8尺，下广6尺，三广之尺数呈等差，仍是一个特殊的羡除。不过刘徽的处理方法具有一般性。

②别而言之：将羡除分割开分别表述之。别：分解，分剖。《说文解字》："别，分解也。"这是将羡除分解为中央堑堵GHCDIJ，末广两旁的两小鳖腝GDEI，HCFJ，外侧两大鳖腝GDAE。HCBF。

③中央堑堵GHCDIJ的广GH为6尺，高GD为3尺，长GI为7尺。

④皆与堑堵等：两小鳖腝与堑堵的高与袤分别相等。两小鳖腝GDEI，HCFJ的广是IE，为1尺；高GD为3尺，长GI为7尺，与堑堵相同。两小鳖腝的形状与《九章算术》的相同，无疑可以用（5-15）式求其体积。

⑤两小鳖腝GDEI，HCFJ居于内侧，两大鳖腝GDAE，HCBF居于外侧。

⑥大鳖腝皆出随方锥：两大鳖腝皆从椭方锥中分离出来。随方锥：即椭方锥，是底面为长方形的方锥。然而这种大鳖腝是没有讨论过的形状，是不是用（5-15）求积，尚未知。刘徽认为，需要将大鳖腝从随方锥中分割出来，以考察它的体积。以下就是分割的方法。

⑦刘徽构造一个椭方锥，如图5-32，记作EMNCD，下广DM为3尺，长CD为6尺，高EO为7尺。

⑧此谓用平面EAG平分椭方锥，得到两个半椭方锥EAGCN，EAGDM，此半椭方锥的长CG=DG为3尺。

⑨记半椭方锥的广CN为a，长CG为b，高EO为h，则其体积为$\frac{1}{3}$abh。

⑩邪解半锥得此两大鳖腝：用平面EAC，EAD分别分割半椭方锥EAGCN和EAGDM，得到鳖腝GCAE和GDAE，就是上述的两大鳖腝。

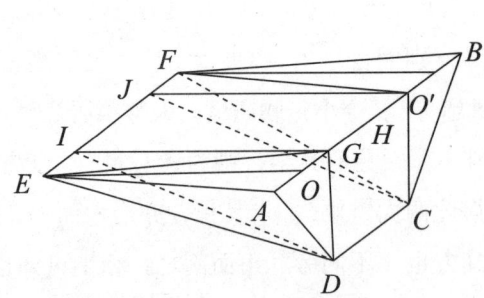

图5-31 三广不等的羡除（采自《古代世界数学泰斗刘徽》）

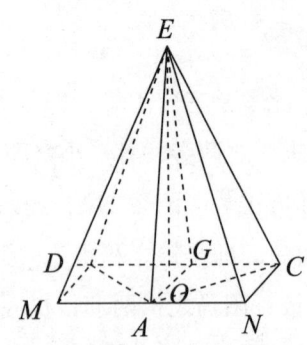

图5-32 大鳖臑之分解（采自《古代世界数学泰斗刘徽》）

⑪求其积，亦当六而一，合于常率：求大鳖臑的体积，也应当除以6，符合通常的率。大鳖臑GCAE或GDAE的体积应该是半随方锥EAGCN或EAGDM体积的一半，即$\frac{1}{6}abh$，也是（5-15）式，所以说"合于常率"。大鳖臑的体积为什么是半椭方锥的一半呢？下面就是刘徽的证明方法。

⑫不问旁、角而割之，相半可知：这是刘徽提出一个命题：对一个长方形，不管是用对角线还是用对边中点的连线分割之，都将其面积平分。如图5-33。

⑬推此上连无成不方，故方锥与阳马同实：将这一结论由底向上推广，所连接出的方锥与阳马的各层没有一层不是相等的方形，所以它们的体积相等。成：训重，层。《周礼·秋官·司寇》："将合诸侯，则令为坛三成。"郑玄注："三成，三重也。"刘徽在这里提出了一个重要原理：如果同底等高的方锥与阳马没有一层不是相等的方形，则它们的体积相等，如图5-34。这里还有一个不言自明的推论：一个立体，如果每一层都被同一平面所平分，则整个立体被该平面所平分。

⑭角而割之者，相半之势：对一长方形从对角分割，是将其平分的态势。用平面EAC，EAD分别分割半椭方锥EAGCN和EAGDM，就是对每一层"角而割之"。因此，两半椭方锥的体积分别被平面EAC，EAD所平分。所以大鳖臑的体积是半椭方锥的$\frac{1}{2}$。

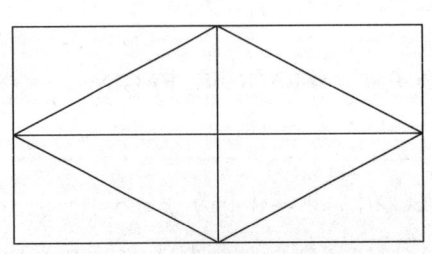

图5-33 不问旁角而割之（采自《古代世界数学泰斗刘徽》）

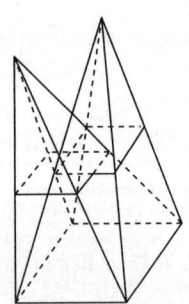

图5-34 方锥与阳马同实（采自《古代世界数学泰斗刘徽》）

⑮此大小鳖臑可知更相表里，但体有背正也：这里的大鳖臑、小鳖臑互为表里，但形状有反有正。半椭方锥除去大鳖臑，其剩余部分分别是NCAE和MDAE，是另一种形状的大鳖臑，其求积公式也是$\frac{1}{6}$abh。所以大小鳖臑互为表里。在这个注中，刘徽讨论了几种特殊情形的鳖臑，证明它们都用（5-15）式求积，接近于提出任何四面体都可以用（5-15）式求积。

译文

按：这一问题中本来是三广不相等的即与鳖臑相连的羡除。将其分解进行讨论：位于中央的堑堵，广是6尺，高是3尺，长是7尺。羡除末端广的两旁，各有一小鳖臑。它的广、长皆与堑堵的相等。使小鳖臑居于里面，大鳖臑居于表面。大鳖臑都可以从长方锥中分离出来。长方锥的下底广是2尺，长是6尺，高是7尺。分取它的一半，那么长变成3尺。以高、广乘之，除以3，就是半长方锥的体积。斜着剖开两个半长方锥，就得到两大鳖臑。求它的体积，也应该除以6，符合鳖臑通常的率。按：阳马棋有两个斜面，棋的底是长方形。对长方形，不管是从两旁分割它，还是从对角分割它，都将其平分成二等分。将这一结论由底向上推广，所连接出的方锥与阳马的各层没有一层不是相等的方形，所以它们的体积相等。从对角分割，是平分的态势。所以大鳖臑的体积是半长方锥的$\frac{1}{6}$，是正确的。这里的大鳖臑、小鳖臑互为表里，但形状有反有正。

原文

今有刍甍①，下广三丈，袤四丈；上袤二丈，无广；高一丈。问：积几何？

答曰：五千尺。

术曰：倍下袤，上袤从之，以广乘之，又以高乘之，六而一②。推明义理者③：旧说云④，凡积刍有上下广曰童⑤，甍谓其屋盖之苫也⑥。是故甍之下广、袤与童之上广、袤等⑦。正斩方亭两边，合之即刍甍之形也⑧。假令下广二尺，袤三尺；上袤一尺，无广；高一尺⑨。其用棋也，中央堑堵二，两端阳马各二⑩。倍下袤，上袤从之，为七尺，以广乘之⑪，得幂十四⑫，阳马之幂各居二⑬，堑堵之幂各居三⑭。以高乘之。得积十四尺⑮。其于本棋也，皆一而为六⑯，故六而一。即得⑰。

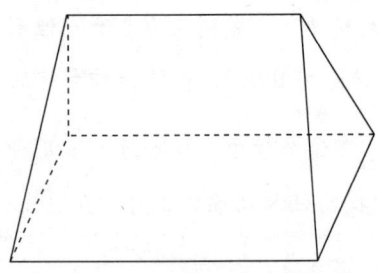

图5-35　刍甍（采自《古代世界数学泰斗刘徽》）

注　释

①刍甍：其本义是形如屋脊的草垛，是一种底面为长方形而上方只有长，无广，上长短于下长的楔形体，如图5-35。刍：指喂牲口的草。甍：屋脊。《说文解字》："甍，屋栋也。"

②记刍甍的下广为a，上长b_1，下长b_2，高h。则其体积公式为

$$V=\frac{1}{6}(2b_2+b_1)ah。 \tag{5-17-1}$$

③推明义理：阐明其涵义。推明：阐明。《新唐书·柳冕传》："乃上表乞代，且推明朝觐之意。"义理：经义名理，涵义。《汉书·刘歆传》："初《左氏传》古字古言，学者传训故而已，及歆治《左氏》，引传文以解经，转相发明，由是章句义理备矣。"

④旧说：指前代数学家的说法。

⑤此谓垛成的草垛上不仅有长，而且有广，叫作童。童：山无草木，牛羊无角，人秃顶，皆曰童。

⑥苫：是用茅草、芦苇搭盖的屋顶。李籍云："刍甍之形似屋盖上苫也。"苫：是用茅草编成的覆盖物。

⑦用一个平行于刍甍底面的平面切割刍甍，下为刍童，上仍为刍甍。所以说，刍甍的下广、长与刍童的下广、长相等。

⑧以垂直于底面的两个平面从方亭上底的两对边切割方亭，切割下的两侧合起来就是刍甍，如图5—36。以上从各种角度界定刍甍。

⑨以下是刘徽记述的《九章算术》时代推导刍甍体积公式（5-17-1）的棋验法。先构造一个标准型刍甍：下广2尺，长3尺，上长1尺。高1尺。

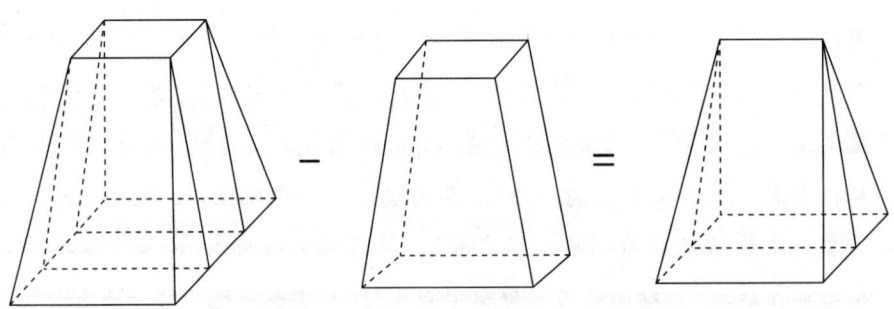

图5-36　方亭两边合为刍甍（采自沈康身《九章算术导读》）

⑩将标准型刍甍分解为三品棋，可以分解为2个中央堑堵，两端各2个阳马，共4个阳马，如图5-37（1）。

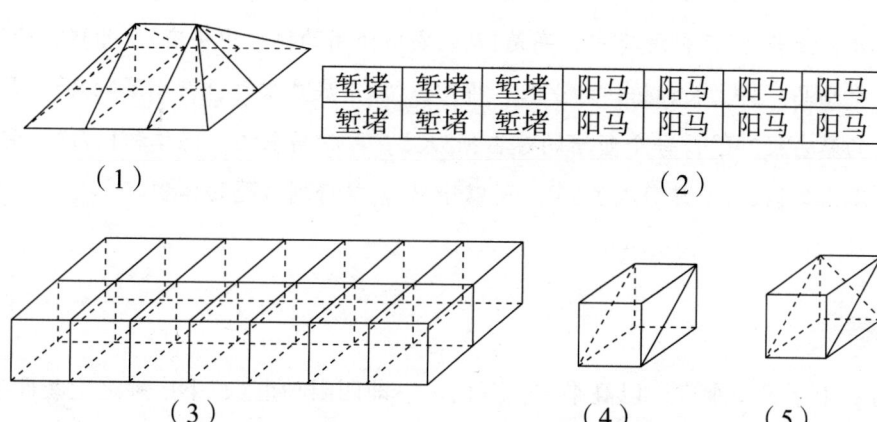

图5-37 刍甍之棋验法（采自译注本《九章算术》）

⑪构造一个长方形：长为标准型刍甍下长3尺的2倍加上长1尺，即7尺，广是刍甍的广2尺，如图5-37（2）。

⑫这个长方形的面积是14尺²。

⑬在这个长方形中，1个阳马占据2尺²，4个阳马共占据8尺²。

⑭在这个长方形中，1个堑堵占据3尺²，2个堑堵共占据6尺²。

⑮以高1尺乘14尺²。得14尺³，就形成了长7尺，广2尺，高1尺的长方体，如图5—37（3）。

⑯其于本棋也，皆一而为六：这个长方体中的堑堵、阳马对于标准型刍甍，1个都变成了6个。这是因为一个正方体可以分解为2个堑堵，如图5-37（4），或3个阳马，如图5-37（5）。那么2个堑堵占据的6尺³，共分解为12个堑堵；4个阳马占据的8尺³，共分解为24个阳马；标准型刍甍中的堑堵、阳马都是1个变成了6个。实际上图5-37（3）的长方体可以重新拼合成6个标准型刍甍。

⑰除以6，就得到标准型刍甍的体积，即（5-17-1）式。同样，这种棋验法对一般刍甍并不适用。

假设有一座刍甍，下底广是3丈，长是4丈；上长是2丈，没有广；高是1丈。问：其体积是多少？

答：5 000尺³。

术：将下长加倍，加上长，以广乘之，又以高乘之，除以6。先把它的涵义推究明白：旧的说法是。凡是堆积刍草，有上顶广与下底广，就叫作童。甍是指用茅草做成的屋脊。所以刍甍下底的广、长与刍童上顶的广、长相等。从正面切割下方亭的两边，合起来，就是刍甍的形状。假设一个刍甍，下底广是2尺，长是3

尺，上长是1尺，没有广，高是1尺。它所使用的棋：中央有2个堑堵，两蛸各有2个阳马。将上长加倍，加上长，得7尺。以下底广乘之，得到幂14尺²。每个阳马的幂占据2尺²，每个堑堵的幂占据3尺²。再以高乘之，得体积14尺³。它们对于本来的棋，1个都变成了6个。所以除以6，就得到刍甍的体积。

原文

亦可令上下袤差乘广，以高乘之，三而一，即四阳马也[①]；下广乘之上袤而半之[②]，高乘之，即二堑堵[③]；并之，以为甍积也[④]。

注释

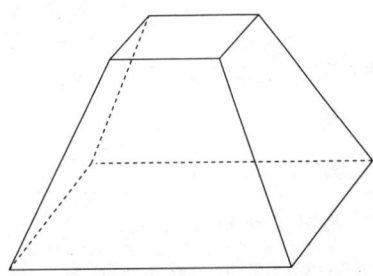

图5—38 刍甍之有限分割求和法（采自译注本《九章算术》）

[①]刘徽在这里提出了将刍甍分解为中央2个堑堵、四角4个阳马求其体积之和解决其体积问题的方法。如图5—38。一个阳马的广是 $\frac{1}{2}a$，长是 $\frac{1}{2}(b_2-b_1)$，高是h，则根据公式（5—13），一个阳马的体积是 $\frac{1}{3}\left[\frac{1}{2}a\times\frac{1}{2}(b_2-b_1)h\right]$，四角4个阳马的体积是 $\frac{1}{3}(b_2-b_1)ah$。

[②]之：训"以"，裴学海《古书虚字集释》卷九："'之'，犹'以'也。"

[③]一个堑堵的广为 $\frac{1}{2}a$。长b_1，高h，根据公式（5—12），其体积是 $\frac{1}{2}\left(\frac{1}{2}ab_1h\right)$，两个中央堑堵的体积是 $\frac{1}{2}ab_1h$。

[④]所以刘徽给出刍甍新的体积公式

$$V = \frac{1}{3}a(b_2-b_1)h + \frac{1}{2}ab_1h。 \qquad (5-17-2)$$

译文

也可以使刍甍的下长与上长之差乘下底广，再以高乘之，除以3，就是4个阳马的体积；下底的广乘上顶的长，取其一半，再以商乘之，就是2个堑堵的体积。两者相加，就得刍甍的体积。

刍童①、曲池②、盘池③、冥谷④皆同术。

术曰：倍上袤，下袤从之；亦倍下袤，上袤从之；各以其广乘之；并，以高若深乘之，皆六而一⑤。按：此术假令刍童上广一尺，袤二尺；下广三尺，袤四尺；高一尺⑥。其用棋也，中央立方二，四面堑堵六，四角阳马四⑦。倍下袤为八，上袤从之，为十。以高、广乘之，得积三十尺⑧。是为得中央立方各三，两端堑堵各四，两旁堑堵各六，四角阳马亦各六⑨。后倍上袤，下袤从之，为八。以高、广乘之，得积八尺⑩。是为得中央立方亦各三，两端堑堵各二⑪。并两旁⑫，三品棋皆一而为六⑬，故六而一，即得⑭。

注 释

①刍童：本义是平顶草垛，如图5-39。也是地面上的土方工程，西汉帝王陵皆为刍童形。然而《九章算术》和《算数书》关于刍童的例题皆是上大下小。李籍云："如倒置研石。"

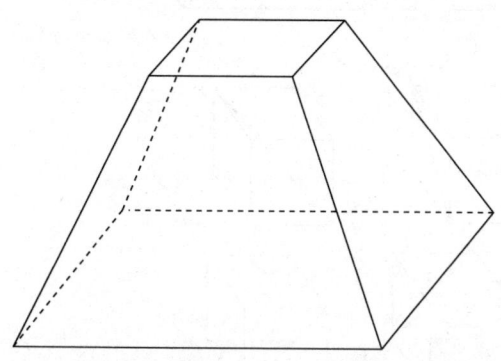

图5-39 刍童、盘池、冥谷（采自《古代世界数学泰斗刘徽》）

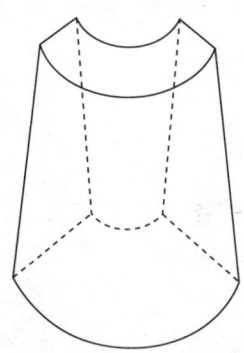

图5-40 曲池（采自《古代世界数学泰斗刘徽》）

②曲池：是曲折回绕的水池。实际上是曲面体，此处曲池的上下底皆为圆环，如图5-40，显然是规范的曲池。

③盘池：是盘状的水池，地下的水土工程，在数学上与刍童相同，如图5-39。

④冥谷：是墓穴，地下的土方工程。李籍云："如正置研石。"在数学上亦与刍童相同，如图5-39。

⑤若：或。记刍童的上广、长分别为a_1，b_1，下广、长分别为a_2，b_2，高h，则其体积公式为

$$V = \frac{1}{6}\left[(2b_1+b_2)a_1+(2b_2+b_1)a_2\right]h。 \quad (5\text{-}18\text{-}1)$$

⑥以下是刘徽记述的《九章算术》时代以棋验法推导刍童的体积公式（5-18-1）的方法。首先构造一个标准型刍童：上广1尺，长2尺，下广3尺，长4尺，高1尺。如图5-41（1）。

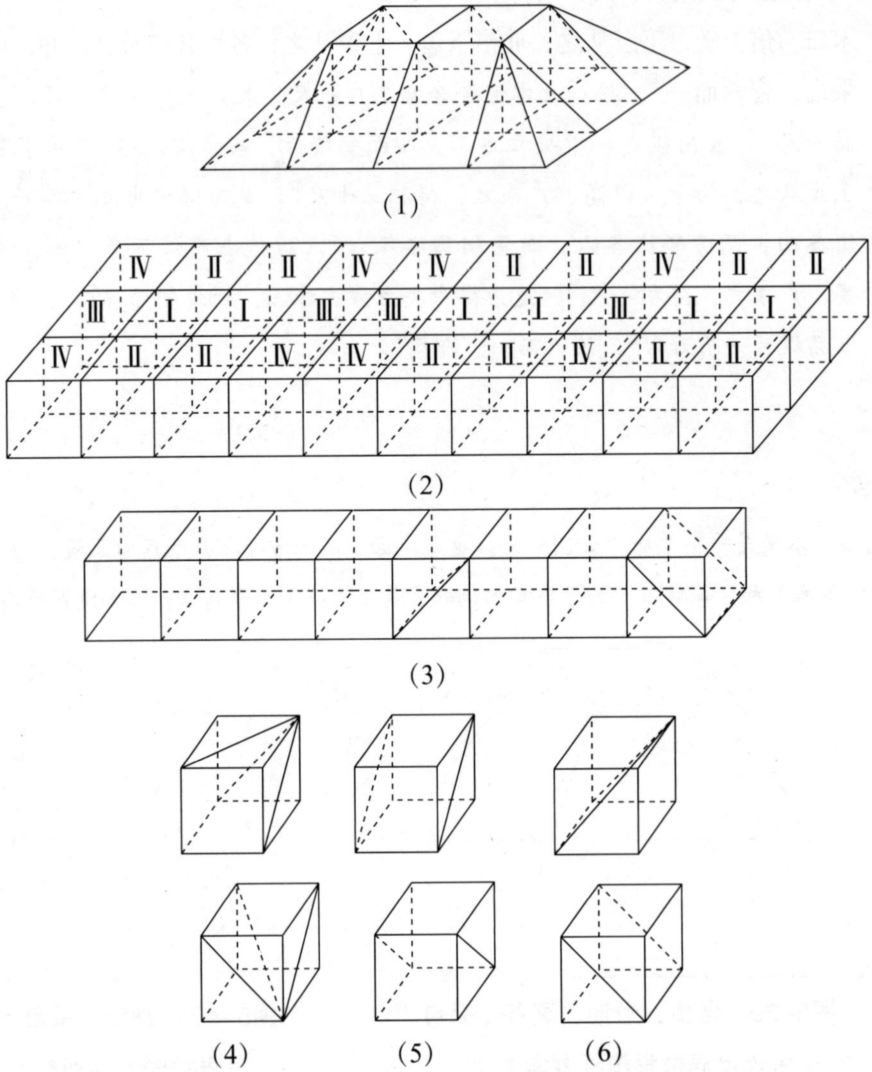

图5-41 刍童之棋验法（采自译注本《九章算术》）

⑦将标准型刍童分解为三品棋：2个中央正方体，6个四面堑堵，4个四角阳马。

⑧构造第一个长方体：其长为标准型刍童下长4尺的2倍加上长2尺，即10尺；广为其下广3尺，高为其高1尺。其体积为30尺³。如图5-41（2）。

⑨标准型刍童中的2个中央正方体每1个在第一个长方体中变成了3个，共6个，即图5-41（2）中标I者；刍童中的4个两旁堑堵1个变成了6个，共24个，即标Ⅱ者；刍童中的2个两端堑堵1个变成了4个，共8个，即标Ⅲ者；刍童中的4个四角阳马1个变成了6个，共24个，即标Ⅳ者。正方体Ⅱ，Ⅲ，Ⅳ分解成堑堵、阳马的方法分别如图5-41（4），（5），（6）所示。

⑩再构造第二个长方体：长为标准型刍童上长2尺的2倍加下长4尺，即8尺；广为刍童

的上广1尺，高为刍童的高1尺，如图5-41（3）。其体积为8尺³。

⑪标准型刍童中的2个中央正方体1个在第二个长方体中变成了3个，共6个；刍童中的2个两端堑堵1个变成了2个，共4个。

⑫旁：通方。《庄子·人间世》："其可以为舟者旁十数。"俞樾平议："旁读为方，古字通用。"

⑬三品棋皆一而为六：三品棋1个都变成了6个。两个长方体所含正方棋、堑堵棋、阳马棋这三品棋的数目如下

	中央立方	两端堑堵	两旁堑堵	四角阳马
标准型刍童	2	2	4	4
第一长方体	6	8	24	24
第二长方体	6	4	0	0
总　计	12	12	24	24
与标准型刍童之比	6∶1	6∶1	6∶1	6∶1

标准型刍童中的三品棋1个都变成了6个。

⑭除以6，就得到标准型刍童的体积，即（5-18-1）式。同样，这种棋验法对一般刍童并不适用。

刍童、曲池、盘池、冥谷都用同一术。

　　术：将上长加倍，加下长，又将下长加倍，加上长，分别以各自的广乘之。将它们相加，以高或深乘之，除以6。按：此术中，假设刍童的上顶广是1尺，长是2尺；下底广是3 尺，长是4尺，高是1尺。它所使用的棋：中央有2个正方体，四面有6个堑堵，四角有4个阳马。将下长加倍，得8，加上长，得10，以高、下底广乘之，得体积30尺³。这就成为：中央的正方体1个变成了3个，两端的堑堵1个变成了4个，两旁的堑堵1个变成了6个，四角的阳马1个变成了6个。然后将上长加倍，加下长，得8。以高、上广乘之，得体积8尺³。这就成为：中央的正方体1个也变成了3个，两端堑堵1个变成了2个。将两个长方体相加，三品棋1个都变成了6个。所以除以6。就得到刍童的体积。

为术又可令上下广袤差相乘，以高乘之，三而一，亦四阳马①；上下广袤互相乘，并

而半之,以高乘之,即四面六堑堵与二立方②;并之,为刍童积③。又可令上下广袤互相乘而半之,上下广袤又各自乘,并,以高乘之,三而一,即得也④。

注释

①刘徽在这里使用了有限分割求和法,即将刍童分解为中央2个立方体、四面6个堑堵、四角4个阳马,求其体积之和以解决其体积问题,如图5-42。一个阳马的广是$\frac{1}{2}(a_2-a_1)$,长是$\frac{1}{2}(b_2-b_1)$,高是h。则根据公式(5-13),一个阳马的体积是$\frac{1}{3}\left[\frac{1}{2}(a_2-a_1)\times\frac{1}{2}(b_2-b_1)h\right]$,四角4个阳马的体积是$\frac{1}{3}(a_2-a_1)(b_2-b_1)h$。

②一个端堑堵的广是a_1,长是$\frac{1}{2}(b_2-b_1)$,高是h,则根据公式(5-12),一个端堑堵的体积是$\frac{1}{2}\left[a_1\times\frac{1}{2}(b_2-b_1)h\right]$。2个端堑堵的体积是$\frac{1}{2}a_1\times(b_2-b_1)h$。一个旁堑堵的广是$\frac{1}{2}(a_2-a_1)$,长是$\frac{1}{2}b_1$,高是h,则根据公式(5-12),一个旁堑堵的体积是$\frac{1}{2}\left[\frac{1}{2}(a_2-a_1)\times b_1h\right]$。4个旁堑堵的体积是$\frac{1}{2}(a_2-a_1)b_1h$。中央2立方的体积是$a_1b_1h$。那么四面6堑堵和中央2立方的体积是

$$\frac{1}{2}a_1(b_2-b_1)h+\frac{1}{2}(a_2-a_1)b_1h+a_1b_1h=\frac{1}{2}(a_2b_1+a_1b_2)h。$$

③刘徽求中央2立方、四面6堑堵和四角4阳马的体积之和。便得到刍童的体积公式

$$V=\frac{1}{3}(a_2-a_1)(b_2-b_1)h+\frac{1}{2}(a_2b_1+a_1b_2)h \qquad (5\text{-}18\text{-}2)$$

显然,其中分割成2个中央立方和4个旁堑堵是没有必要的,只要分割成1个中央长方体和2个旁堑堵就够了。之所以如此分割,大约是受到手头棋的限制,如同刘徽原理的证明中使用广、长、高均为1尺棋那样。

④刘徽给出刍童的另一体积公式

$$V=\frac{1}{3}\left[\frac{1}{2}(a_1b_2+a_2b_1)+(a_2b_2+a_1b_1)\right]h。 \qquad (5\text{-}18\text{-}3)$$

译文

造术又可以使刍童的上下广的差与上下长的差相乘,以高乘之,除以3,就是4个阳马的体积;下广乘上长与上广乘下长相加,取其一半,以高乘之,就是四面6个堑堵与中央2个立方的体积;两者相加,就得刍童的体积。又可以使上广乘下长,下广乘上长,均取其

一半；上广长相乘，下广长相乘；将它们相加，以高乘之，除以3，就得到刍童的体积。

原文

其曲池者，并上中、外周而半之，以为上袤；亦并下中、外周而半之，以为下袤①。此池环而不通匝，形如盘蛇而曲之。亦云周者，谓如委谷依垣之周耳②。引而伸之，周为袤。求袤之意，环田也③。

注释

①记曲池的上中、外周分别为l_1，L_1，下中、外周为l_2，L_2，则令$b_1=\frac{1}{2}(l_1+L_1)$，$b_2=\frac{1}{2}(l_2+L_2)$，利用（5-18-1）求其体积。

②此谓曲池之周像委谷依垣那样不通匝。

③像环田那样引而伸之，展为梯形，如图1-21。

译文

如果是曲池，就将上中、外周相加，取其一半，作为上长；又将下中、外周相加，取其一半，作为下长。这种曲池是圆环形的但不连通，形状像盘起来的蛇那样弯曲。也称为周，是说像把谷物堆放在墙边那样的周。将它伸直。周就成为长。求长的意思如同环田。

原文

今有刍童，下广二丈，袤三丈；上广三丈，袤四丈；高三丈。问：积几何？

答曰：二万六千五百尺。

今有曲池，上中周二丈，外周四丈，广一丈；下中周一丈四尺，外周二丈四尺，广五尺；深一丈。问：积几何？

答曰：一千八百八十三尺三寸少半寸。

今有盘池，上广六丈，袤八丈；下广四丈，袤六丈；深二丈。问：积几何？

答曰：七万六百六十六尺太半尺。

负土往来七十步①；其二十步上下棚、除②，棚、除二当平道五③，踟蹰之间十加一④，载输之间三十步⑤，定一返一百四十步⑥。土笼积一尺六寸⑦。秋程人功行五十九里半⑧。问：人到积尺及用徒各几何⑨？

答曰：

人到二百四尺。

用徒三百四十六人一百五十三分人之六十二。

术曰：以一笼积尺乘程行步数，为实。往来上下棚、除二当平道五。棚。阁，除，邪道，有上下之难，故使二当五也。置定往来步数，十加一，及载输之间三十步以为法。除之，所得即一人所到尺⑩。按：此术棚，阁，除，邪道，有上下之难，故使二当五。置定往来步数，十加一，及载输之间三十步，是为往来一返凡用一百四十步。于今有术为所有行率，笼积一尺六寸为所求到土率，程行五十九里半为所有数，而今有之，即人到尺数。"以所到约积尺，即用徒人数"者，此一人之积除其众积尺，故得用徒人数⑪。为术又可令往来一返所用之步约程行为返数，乘笼积为一人所到⑫。以此术与今有术相返覆，则乘除之或先后，意各有所在而同归耳⑬。以所到约积尺，即用徒人数⑭。

注释

①以下是附属于盘池问的题目。这是说挖一盘池，负土距离70步。负土：背土。《淮南子·齐俗训》："故伊尹之兴土功也，脩胫者使之跖锸，强脊者使之负土。"高诱注："脊强者负重。"

②棚：下文刘徽注曰："棚，阁。"阁就是楼阁，也作栈道。除：台阶，阶梯。下文刘徽注曰："除，邪道。"

③上下棚、除二当平道五：在棚、除行进2，相当于在平道行进5。那么20步就相当于 $20 步 \times \frac{5}{2} = 50$ 步。行进的路程相当于 $(70 步 - 20 步) + 20 步 \times \frac{5}{2} = 50 步 + 50 步 = 100$ 步。

④踟蹰：徘徊。李籍云："行不进也。"十加一：行进10步加1步，则行进的路程相当于 $100 步 + 100 步 \times \frac{1}{10} = 110$ 步。

⑤载输：装卸。装卸之间相当于30步。

⑥定一返为：110步+30步=140步。

⑦笼：盛土器，土筐。《说文解字》："笼，举土器也。"积一尺六寸：其体积是1尺，600寸³。

⑧秋程人功行五十九里半：秋季1个劳动力的标准工作量为一天背负容积为1尺³600寸³的土笼行 $59\frac{1}{2}$ 里。

⑨人到积尺：即每人每天运到的土方尺数。

⑩《九章算术》的方法是

人到积尺=（土笼积尺×程行步数）÷定往返步数

$$= \left(1尺^3 600寸^3 \times 59\frac{1}{2}里\right) \div 140步 = 204尺^3。$$

⑪以1人所运到的积尺数除众人共同运到的积尺数，就得用徒人数。刘徽将其归结为今有术，140步为所有率，土笼容积1尺³600寸³为所求率，程行59$\frac{1}{2}$里为所有数。

⑫刘徽提出的又一方法

人到积尺=（程行步数÷定往返步数）×土笼积尺

$$= \left(59\frac{1}{2}里 \div 140步\right) \times 1尺^3 600寸^3 = 204尺^3。$$

其中程行步数÷定往返步数是一人每天往返次数。

⑬刘徽的方法是先除后乘，与《九章算术》的先乘后除不同，意在提供不同的思路。一般说来，刘徽是主张先乘后除的。

⑭《九章算术》给出

用徒人数=盘池积尺÷人到积尺=70 666$\frac{2}{3}$尺³÷204尺³/人=346$\frac{62}{153}$人。

假设有一刍童，下广是2丈，长是3丈；上广是3丈，长是4丈；高是3丈。问：其体积是多少？

答：26 500尺³。

假设有一曲池，上中周是2丈，外周是4丈，广是1丈；下中周是1丈4尺，外周是2丈4尺，广是5尺；深是1丈。问：其体积是多少？

答：1 883尺³3$\frac{1}{3}$寸³。

假设有一盘池，上广是6丈，长是8丈；下广是4丈，长是6丈；深是2丈。问：其体积是多少？

答：70 666$\frac{2}{3}$尺³。

如果背负土筐一个往返是70步。其中有20步是上下的棚、除。在棚、除上行走2相当于平地5，徘徊的时间10加1，装卸的时间相当于30步。因此，一个往返确定走140步。土笼的容积是1尺³600寸³。秋天一人每天标准运送59$\frac{1}{2}$里。问：一人一天运到的土方尺数及用工人数各多少？

答：

一人运到土方204尺³；

用工346$\frac{62}{153}$人。

术：以一土筐容积尺数乘一人每天的标准运送步数，作为实。往来上下要走棚、除，2相当于平地5。棚是栈道。除是台阶，有上下的困难，所以2相当于5。布置运送一个往返确定走的步数，每10加1，再加装卸时间的30步，作为法。实除以法，所得就是1人每天所运到的土方尺数。按：此术中棚是栈道，除是台阶，有上下的困难。所以2相当于5。布置运送一个往返确定走的步数，每10加1，再加装卸的时间30步。这是说往来运送一次共走140步。对今有术来说，它是所有率即行率。土筐容积1尺³600寸³是所求率即到土率。一人每天标准运送的59$\frac{1}{2}$里是所有数。应用今有术，就得到一人每天所运到的土方尺数。"以一人每天所运到的土方尺数除盘池容积尺数，就是用工人数"，这是因为以一人运到的土方尺数，去除众人应该运送的土方尺数，就得到用工人数。造术又可以：以往来一次所用的步数除一人标准运送的步数，作为往返次数。以它乘土筐容积，为一人所运送到的土方尺数。以此术与今有术相比较，一个是先乘后除，一个是先除后乘，各自有不同的思路，却有同一个结果。以一人每天所运到的土方尺数除盘池容积尺数，就是用工人数。

今有冥谷，上广二丈，袤七丈；下广八尺，袤四丈；深六丈五尺。问：积几何？

荅曰：五万二千尺。

载土往来二百步[1]，载输之间一里，程行五十八里。六人共车，车载三十四尺七寸[2]。问：人到积尺及用徒各几何？

荅曰：

人到二百一尺五十分尺之十三。

用徒二百五十八人一万六十三分人之三千七百四十六。

术曰：以一车积尺乘程行步数，为实。置今往来步数，加载输之间一里，以车六人乘之，为法。除之，所得即一人所到尺[3]。按：此术今有之义。以载输及往来并得五百步[4]，为所有行率，车载三十四尺七寸为所求到土率，程行五十八里，通之为步[5]，为所有数。而今有之，所得则一车所到[6]。欲得人到者，当以六人除之，即得[7]。术有分，故亦更令乘法而并除者，亦用以车尺数以为一人到土率，六人乘五百步为行率也⑧。又亦可五百步为行率⑨，令六人约车积尺数为一人到土率，以负土术入之⑩。入之者⑪，亦可求返数也⑫。要取其会通而已。术恐有分，故令乘法而并除⑬。"以所到约积尺，即用徒人数"者，以一人所到积尺除其众积，故得用徒人数也。以所到约积尺，即用徒人数⑭。

注释

①载土：是用车辆运输土石。

②一辆车运载的土方是34尺^{3}700寸^3。

③《九章算术》的方法是

人到积尺＝（一车积尺×程行步数）÷[（往来步数+1里）×6]＝

（34尺^{3}700寸^3×58里）÷[（200步+300步）×6]＝$201\frac{13}{50}$尺^3。

④载输之间1里＝300步，往来200步，故为500步。

⑤1里为300步，58里为17 400步。

⑥刘徽认为《九章算术》的方法是利用今有术先求出一天的一车到积尺

车到积尺＝（一车积尺×程行步数）÷（往来步数+1里）＝

（34尺^{3}700寸^3×58里）÷（200步+300步）

其中往来步数及载输共500步为所有率，车载即一车积尺34尺^{3}700寸^{3}为所求率，一天标准输送路程58里为所有数。

⑦6人共一车，车到积尺除以6，就是人到积尺。

⑧一般说来，先求出车到积尺会有分数，再除以6，更繁琐。于是以一车积尺数作为一人到土率，以6乘500步作为行率，变成了以6乘法而一并除。

⑨亦可：这是刘徽提出的第二种思路。

⑩负土：南宋本、大典本讹作"载土"，李潢校正，钱校本、译注本、《传世藏书》本、《算经十书》本从。汇校本及其增补版恢复原文。今按：载土术与负土术的区别是前者以"一车所到"入算，后者以"一人所到"入算。刘徽在注解了载土术之后提出另外一种思路，即以6人约"车积尺数"为一人到土率，应该采纳负土术。

⑪入之者：假设采纳负土术。者：假设之辞，见裴学海《古书虚字集释》卷九。

⑫亦可先求返数：即由"程行步数÷（往来步数+1里）"求出每辆车一天往返的次数。这是刘徽提出的又一方法

车到积尺＝[程行步数÷（往来步数+1里）]×土笼积尺＝

（58里÷500步）×34尺^{3}700寸^3＝$201\frac{13}{50}$尺^3。

⑬术恐有分,故令乘法而并除:先求出每辆车一天的往返次数,方法虽然亦正确。但先做除法,难免有分数,所以《九章算术》采取乘法而并除的方式。

⑭《九章算术》给出

用徒人数=冥谷积尺÷人到积尺=

$52\,000 尺^3 \div 201\frac{13}{50} 尺^3 /人 = 258\frac{3\,746}{10\,063} 人$。

假设有一冥谷,上广是2丈,长是7丈;下广是8尺,长是4丈;深是6丈5尺。问:其体积是多少?

答:$52\,000 尺^3$。

如果装运土石一个往返是200步,装卸的时间相当于1里。一辆车每天标准运送58里。6个人共一辆车,每辆车装载$34 尺^3 700 寸^3$。问:一人一天运到的土方尺数及用工人数各多少?

答:

一人运到土方$201\frac{13}{50} 尺^3$,

用工$258\frac{3\,746}{10\,063} 人$。

术:以一辆车装载尺数乘一辆车每天标准运送里数,作为实。布置运送一个往返的步数,加装卸时间所相当的1里,以每辆车的6人乘之,作为法。实除以法,所得就是1人每天所运到的土方尺数。按:此术有今有术的意义。以装卸及往返的步数相加,得500步,作为所有率即行率,每辆车所装载$34 尺^3 700 寸^3$作为所求率,一辆车每天标准运送的58里,换算成步数,作为所有数。应用今有术,所得到的就是一车每天所运到的土方尺数。如果想得到一人运送的土方尺数,应当用6除之,即得。此术中会有分数,所以也可以变换成乘法而一并除的方法:以一辆车的装载尺数作为一人运到的土方率,6人乘500步作为所有率,即行率。又可以:以500步作为所有率,即行率,用6人除一辆车的装载尺数作为一人运到的土方率,采用负土术。假设采用负土术,也可以求出往返的次数。关键在于要融会通达。此术中因恐先除会出现分数,所以采取乘法而一并除。"以一人每天所运到的土方尺数除冥谷的容积尺数,就是用工人数",这是因为以一人运到的土方尺数,去除众人应该运送的土方尺数,就得到用工人数。以一人每天所运到的土方尺数除冥谷容积尺数,就是用工人数。

今有委粟平地①,下周一十二丈,高二丈。问:积及为粟几何?

  答曰:

   积八千尺。于徽术,当积七千六百四十三尺一百五十七分尺之四十九。

   臣淳风等谨依密率,为积七千六百三十六尺十一分尺之四。

   为粟二千九百六十二斛二十七分斛之二十六。于徽术,当粟二千八百三十斛一千四百一十三分斛之一千二百一十。 臣淳风等谨依密率,为粟二千八百二十八斛九十九分斛之二十八。

今有委菽依垣②,下周三丈,高七尺。问:积及为菽各几何?

  答曰:

   积三百五十尺。依徽术,当积三百三十四尺四百七十一分尺之一百八十六也。 臣淳风等谨依密率,为积三百三十四尺十一分尺之一。

   为菽一百四十四斛二百四十三分斛之八。依徽术,当菽一百三十七斛一万二千七百一十七分斛之七千七百七十一。 臣淳风等谨依密率,为菽一百三十七斛八百九十一分斛之四百三十三。

今有委米依垣内角③,下周八尺,高五尺。问:积及为米各几何?

  答曰:

   积三十五尺九分尺之五。于徽术。当积三十三尺四百七十一分尺之四百五十七。 臣淳风等谨依密率,当积三十三尺三十三分尺之三十一。

   为米二十一斛七百二十九分斛之六百九十一。于徽术,当米二十斛三万八千一百五十一分斛之三万六千九百八十。 臣淳风等谨依密率,为米二十斛二千六百七十三分斛之二千五百四十。

  委粟术曰:下周自乘,以高乘之,三十六而一④。此犹圆锥也。于徽术,亦当下周自乘,以高乘之,又以二十五乘之,九百四十二而一也⑤。其依垣者,居圆锥之半也。十八而一⑥。于徽术,当令此下周自乘,以高乘之,又以二十五乘之,四百七十一而一⑦。依垣之周,半于全周。其自乘之幂居全周自乘之幂四分之一,故半全周之法以为法也。其依垣内角者,角,隅也,居圆锥四分之一也。九而一⑧。于徽术,当令此下周自乘而倍之,以高乘之,又以二十五乘之,四百七十一而一⑨。依隅之周半于依垣。其自乘之幂居依垣自乘之幂四分之一,当半依垣之法以为法。法不可半,故倍其实。又此术亦用周三径一之率⑩。假令以三除周,得径。若不尽,通分内子,即为径之积分。令自乘,以高乘之,为三方锥之积分。母自相乘,得九,为法,又当三而一,约方锥之积⑪。从方锥中求圆锥之积,亦犹方幂求圆幂。乃当三乘之,四而一,得圆锥之积。前求方锥积,乃合三而一,今求圆锥之积,复合三乘之。二母既同,故相准折。惟以四乘分母九,得三十六而连除,圆锥之积⑫。其圆锥之积与平地聚粟同,故三十六而一。臣淳风等谨依密率,以七乘之,其平地者,二百六十四而一;依垣者,一百三十二而一;依隅者,六十六而一也⑬。

注释

①委粟:堆放谷物。委:累积,堆积。《公羊传·桓公十四年》:"御廪者何?粢盛委之所藏也。"何休注:"委,积也。"委粟平地,得圆锥形,如图5-11。

②委菽依垣:得半圆锥形,如图5-43。

③委米依垣内角:得圆锥的 $\frac{1}{4}$,如图5-44。

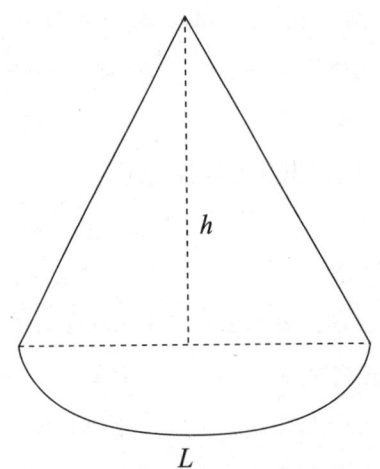

图5-43 委粟依垣(采自译注本《九章算术》)

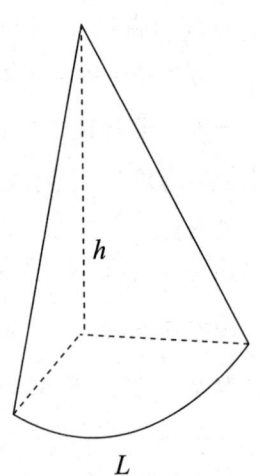

图5-44 委粟依垣内角(采自译注本《九章算术》)

④委粟平地的体积公式同5-9-1式。

⑤刘徽的修正公式同5-9-2式。

⑥半圆锥的体积公式为 $V = \frac{1}{18} L^2 h$,其中L是圆周的 $\frac{1}{2}$。

⑦刘徽以徽术 $\pi = \frac{157}{50}$ 修正的半圆锥的体积公式为 $V = \frac{25}{471} L^2 h$,其中L是圆周的 $\frac{1}{2}$。

⑧四分之一圆锥的体积公式为 $V = \frac{1}{9} L^2 h$,其中L是圆周的 $\frac{1}{4}$。

⑨刘徽以徽术 $\pi = \frac{157}{50}$ 修正的四分之一圆锥的体积公式为 $V = \frac{50}{471} L^2 h$,其中L是圆周的 $\frac{1}{4}$。

⑩对"又此术"以下的理解请参阅圆亭术注相应的部分。

⑪约方锥之积：得方锥之积。约：求取。见卷四开立圆术李淳风等注释注解㊴。

⑫圆锥之积：得圆锥的体积。前省"得"字。

⑬李淳风等以密率 $\pi = \frac{22}{7}$ 将《九章算术》的公式分别修正为 $V = \frac{7}{264} L^2 h$，$V = \frac{7}{132} L^2 h$，$V = \frac{7}{66} L^2 h$。

译文

假设在平地上堆积粟，下周长是12丈，高是2丈。问：其体积及粟的数量各是多少？

答：

体积是8 000尺³。根据我的徽术，体积应当是 $7643\frac{49}{157}$ 尺³。 淳风等

按：依照密率，体积是 $7636\frac{4}{11}$ 尺³。

粟是 $2962\frac{26}{27}$ 斛。根据我的徽术，粟应当是 $2830\frac{1210}{1413}$ 斛。 淳风等

按：依照密率，粟是 $2828\frac{28}{99}$ 斛。

假设靠墙一侧堆积菽，下周长是3丈，高是7尺。问：其体积及菽的数量各是多少？

答：

体积是350尺³。根据我的徽术，体积应当是 $334\frac{186}{471}$ 尺³。 淳风等按：依照密率。体积是 $334\frac{1}{11}$ 尺³。

粟是 $144\frac{8}{243}$ 斛。根据我的徽术，菽应当是 $137\frac{7771}{12717}$ 斛。 淳风等

按：依照密率。粟是 $137\frac{433}{891}$ 斛。

假设靠墙内角堆积米，下周长是8尺；高是5尺。问：其体积及米的数量各是多少？

答：

体积是 $35\frac{5}{9}$ 尺³。根据我的徽术，体积应当是 $33\frac{457}{471}$ 尺³。 淳风等按：

依照密率，体积是 $33\frac{31}{33}$ 尺³。

粟是 $21\frac{691}{729}$ 斛。根据我的徽术，粟应当是 $20\frac{36980}{38151}$ 斛。 淳风等按：

依照密率，粟是 $20\frac{2540}{2673}$ 斛。

委粟术：下周长自乘，以高乘之，除以36。此如同圆锥术。根据我的徽术，应当以下周长自乘，以高乘之，又以25乘之，除以942。如果是靠墙一侧，占据圆锥

的 $\frac{1}{2}$，除以18。根据我的徽术，应当以下周长自乘，以高乘之，又以25乘之，除以471。靠墙一侧的周长是整个周长的 $\frac{1}{2}$。它的周长自乘之幂占据整个周长自乘之幂的 $\frac{1}{4}$，所以以整个周长的情形中的法的 $\frac{1}{2}$ 作为法。如果是靠墙的内角，角是隅角，占据圆锥的 $\frac{1}{4}$。除以9。根据我的徽术，应当以下周长自乘，加倍，以高乘之，又以25乘之，除以471。靠墙内角是靠墙一侧的 $\frac{1}{2}$。它的周长自乘之幂占据靠墙一侧周长自乘之幂的 $\frac{1}{4}$，应当以靠墙一侧情形中的法的 $\frac{1}{2}$ 作为法。前者的法无法取 $\frac{1}{2}$，所以将实加倍。又，此术也是用周3径1之率。假设以3除下周长，得到直径。如果除不尽，就通分，纳入分子，便是直径的积分。将直径自乘，以高乘之，是三个外切方锥的积分。分母相乘，得9，作为法，又应当除以3，求得一个方锥的体积积分。从方锥求内切圆锥的体积，也如同从正方形之幂求内切圆之幂。于是应当用3乘之，除以4，得到内切圆锥的体积。前面求方锥的体积，应当除以3；现在求圆锥的体积，又应当以3乘；两个数既然相同，所以恰好互相抵消，只以4乘分母9，得36而合起来除，就是内切圆锥的体积。圆锥的体积与平地堆积粟的形状相同，所以除以36。　　淳风等按：依照密率，以7乘之，如果堆积于平地，除以264；如果堆积于靠墙一侧，除以132；如果堆积于靠墙的内角，除以66。

原文

程粟一斛积二尺七寸①；二尺七寸者，谓方一尺，深二尺七寸，凡积二千七百寸。其米一斛积一尺六寸五分寸之一②；谓积一千六百二十寸③。其菽、荅、麻、麦一斛皆二尺四寸十分寸之三④。谓积二千四百三十寸。此为以粗精为率，而不等其概也⑤。粟率五，米率三，故米一斛于粟一斛，五分之三⑥；菽、荅、麻、麦亦如本率云⑦。故谓此三量器为概，而皆不合于今斛⑧。当今大司农斛圆径一尺三寸五分五厘，正深一尺⑨。于徽术，为积一千四百四十一寸，排成余分，又有十分寸之三⑩。王莽铜斛于今尺为深九寸五分五厘，径一尺三寸六分八厘七毫。以徽术计之，于今斛为容九斗七升四合有奇⑪。《周官·考工记》："粟氏为量，深一尺，内方一尺，而圆外，其实一鬴⑫。"于徽术，此圆积一千五百七十寸⑬。《左氏传》曰："齐旧四量：豆、区、釜、钟。四升曰豆，各自其四，以登于釜。釜十则钟⑭。"钟六斛四斗；釜六斗四升，方一尺，深一尺，其积一千寸⑮。若此方积容六斗四升⑯，则通外圆积成旁，容十斗四合一龠五分龠之三也⑰。以数相乘之⑱，则斛之制：方一尺而圆其外，庣旁一厘七毫，幂一百五十六寸四分寸之一，深一尺，积一千五百六十二寸半，容十斗⑬。王莽铜斛与《汉书·律历志》所论斛同。

注　释

①程粟一斛积二尺七寸：1斛标准粟的容积是2尺³7尺²寸，即2尺³700寸³，或2 700寸³。

②米一斛积一尺六寸五分寸之一：1斛标准米的容积是1尺³6$\frac{1}{5}$尺²寸。

③积一千六百二十寸：1斛标准米的容积也是1 620寸³。

④菽、荅、麻、麦一斛皆二尺四寸十分寸之三：1斛标准菽、荅、麻、麦的容积是2尺³4$\frac{3}{10}$尺²寸，或2 430寸³。

⑤概：古代称量谷物时用以刮平斗斛的器具。《礼记·月令》："正权概。"郑玄注："概，平斗斛者。"此处引申为标准量器的容积。一斛标准粟，一斛标准米，一斛标准菽、荅、麻、麦，尽管都是1斛，其容积却不相等。

⑥米一斛于粟一斛，五分之三：是说由粟率5，米率3，所以一斛标准米1尺³6$\frac{1}{5}$尺²寸是一斛标准粟2尺³700寸³的$\frac{3}{5}$。

⑦此谓一斛标准菽、荅、麻、麦的容积2尺³4$\frac{3}{10}$尺²寸与一斛标准粟2尺³700寸³亦如其本来的率，即粟率10，而菽、荅、麻、麦率9。

⑧三量器：指粟斛，米斛，和菽、荅、麻、麦斛，与现今之斛制当然不同。

⑨当今大司农斛：即魏大司农，呈圆柱形，底径d=1尺3寸5分5厘，深1尺。

⑩以徽术计算，大司农斛底周长L=$\frac{157}{50}$d=$\frac{157}{50}$×1尺3寸5分5厘=4尺2寸5分4厘7毫。由公式（1-8-1），底面积S=$\frac{1}{2}$Lr=$\frac{1}{2}$×4尺2寸5分4厘7毫×($\frac{1}{2}$×1尺3寸5分5厘)=144寸²12分²80厘²，故容积V=Sh=1441$\frac{3}{10}$寸³。

⑪以徽术计算，王莽铜斛底周长L=$\frac{157}{50}$d=$\frac{157}{50}$×1尺3寸6分8厘7毫=4尺2寸9分7厘7毫。由公式（5-3-2），王莽铜斛的容积V=$\frac{25}{314}$L²h=$\frac{25}{314}$×(4尺2寸9分7厘7毫)²×9寸5分5厘=1 404$\frac{4}{10}$寸³。合成魏斛为1 404$\frac{4}{10}$寸³×10斗÷1 441$\frac{3}{10}$寸³=9斗7升4$\frac{4}{10}$合。故刘徽说"于今斛为容九斗七升四合有奇"。

⑫粟氏为量：粟氏制造量器。粟氏量是底为边长1尺的正方形的外接圆，深1尺的圆柱形，如图5-45。

⑬显然，粟氏量的底径d=$\sqrt{2}$尺，以徽术计算，粟氏量底周长1=

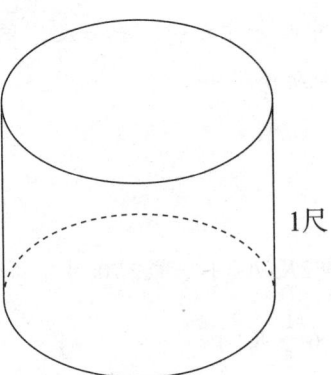

$\frac{157}{50}$d=$\frac{157}{50}$×$\sqrt{2}$尺。由公式（5-3-2），栗氏量的容积V=$\frac{25}{314}$L²h=$\frac{25}{314}$×$\left(\frac{157}{50}×\sqrt{2}尺\right)^2$×1尺=1 570寸³。

⑭此谓齐国的四种量器的进位制：4升叫作豆，4豆叫作区，4区叫作釜。釜即鬴。10鬴就是钟。

⑮釜的形制是：底方1尺，深1尺，容积是1 000寸³。

⑯六斗四升：釜的容积是6斗4升。

⑰以釜的外接圆主体作为量器，以徽术计算，其容积是1 570寸³，则容10斗4合1$\frac{3}{5}$龠。

⑱乘：计算。《周官·天官·宰夫》："乘其财用之出入。"

图5-45　栗氏量示意图（采自译注本《九章算术》）

⑲庣旁：量器的截面中假设的边长1尺的正方形的对角线超过外圆周的部分，如图5-46。若要上述置器变成容积是10斗的斛，则此斛的体积应为V=1 000寸³×10斗÷6斗4升=1 562$\frac{1}{2}$寸³，底面积为S=156$\frac{1}{4}$寸²。因此。底的直径 d=$\sqrt{\frac{200}{157}S}$=1尺4寸1分8毫。它与边长1尺的正方形的对角线$\sqrt{2}$尺相差$\sqrt{2}$尺-d=1尺4寸1分4厘2毫-1尺4寸1分8毫=3厘4毫。故庣旁1厘7毫。这里的庣旁与王莽铜斛之庣旁相反，在那里是正方形的对角线不满圆周的部分。参见卷一圆田术刘徽注"晋武库"段注④。汇校本云：此段所列数值，以徽率周一百五十七、径五十入算，皆合。然《隋书·律历志》云："祖冲之以算术考之，积凡一千五百六十二寸半。方尺而圆其外，减旁一厘八毫，其径一尺四寸一分四毫七秒有奇，而深尺，即古斛之制也。"以徽率周三千九百二十七、径一千二百五十入算，相合；然以祖率周三百五十五、径一百一十三入算，则不合，知《隋书·律历志》此"祖冲之"三字系衍文。《晋书·律历志》与此同样文字中则无"祖冲之"三字，可为佐证。《九章算术注》与《隋书·律历志》《晋书·律历志》实际上是记载了刘徽用他求得的两个圆周率对王莽铜斛的两次校验。

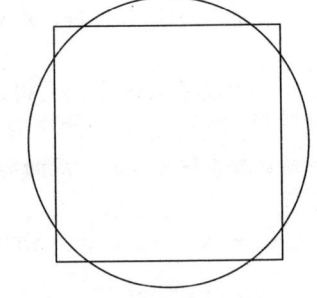

图5-46　庣旁（采自《古代世界数学泰斗刘徽》）

译文

一斛标准粟的容积是2尺³700寸³；2尺³700寸³，是说1尺见方，深2尺7寸。容积总共是2 700寸³。一斛标准米的容积是1尺³6$\frac{1}{5}$尺²寸；是说容积1 620寸³。一斛标准菽、荅、麻、麦的容积是2尺³4$\frac{3}{10}$尺²寸，是说容积2 430寸³。这里是以精粗建立率，而每斛的容积不相等。粟率是5，米率是3。所以1斛米对于1斛粟而言，容积是其$\frac{3}{5}$。菽、荅、麻、麦也遵从自己的率。所以说以此三种量器作为标准，但都不符合现在的斛。现今大司农斛的圆径是1尺³寸5分5厘，垂直深1尺。根据我的徽术，容积是1 441寸³。列出剩余的分数，还有$\frac{3}{10}$尺²寸。根据现在的尺度，王莽铜斛的深是9寸5分5厘，直径是1尺3寸6分8厘7毫。用我的徽术计算。容积合今天的斛是9斗7升4合，还有奇零。《周官·考工记》说："粟氏制作量器，它的深是1尺，底面是一个边长为1尺的正方形的外接圆。其容积是1鬴。"根据我的徽术，这里的圆面积是1 570寸²。《左氏传》说："齐国旧有四种量器：豆、区、釜、钟。4升是1豆，豆、区各以4进，便得到釜，10釜就是1钟。"1钟是6斛4斗。1釜是6斗4升，它的底面是1尺见方，深是1尺，容积是1 000寸³。如果这一方斛的容积是6斗4升，那么，作其底的外接圆，成为一个量器，容积便是10斗4合1$\frac{3}{5}$龠。用这些数值计算，则斛的形制：底面是与边长1尺的正方形相切割的圆，庑旁是1厘7毫。圆幂是156$\frac{1}{4}$寸²，深是1尺，容积是1 562$\frac{1}{2}$寸³，容量是10斗。王莽铜斛与《汉书·律历志》所论述的斛相同。

原文

今有穿地，袤一丈六尺，深一丈，上广六尺，为垣积五百七十六尺。问：穿地下广几何？

答曰：三尺五分尺之三。

术曰：置垣积尺，四之为实。穿地四为坚三。垣，坚也。以坚求穿地，当四之，三而一也。以深、袤相乘，为深袤之立实也。又以三之为法①。以深、袤乘之立实除垣积，则坑广②。又"三之"者，与坚率并除之。所得，倍之。坑有两广，先并而半之，即为广狭之中平。令先得其中平，故又倍之知③，两广全也。减上广，余即下广④。按：此术穿地四，为坚三。垣，即坚也。今以坚求穿地，当四乘之，三而一。"深袤相乘"者，为深袤立幂。以深袤立幂除积，即坑广。又"三之为法"，与坚率并除。"所得倍之"者，为坑有两广，先并而半之，为中平之广。今此得中平之广，故倍之还为两广并。故"减上广，余即下广"也。

注 释

①四之为实,又以三之为法:是穿地为垣是由穿土变坚土,穿4为坚3。

②此即 $a=\dfrac{V}{bh}$,其中a即穿坑的中平之广,或先假定挖的坑是长方体。

③知:训"者",见刘徽序"故板条虽分而同本干知"之注释。

④如不考虑穿地4变坚土3的因素,此问实际上是(5—1)式的逆运算,即已知穿地的上广a_1,袤b,深h,体积V,求下广a_2

$$a_2=\dfrac{2V}{bh}-a_1。$$

译 文

假设挖一个坑,长是1丈6尺,深1丈,上广6尺,筑成垣,其体积是576尺³。问:所挖的坑的下广是多少?

答:$3\dfrac{3}{5}$ 尺³。

术:布置垣的体积尺数,乘以4,作为实。挖出的土是4,成为坚土是3。垣,是坚土。由坚土求挖出的土,应当乘以4,除以3。以挖的坑的深、长相乘,成为深与长形成的直立的幂。又乘以3,作为法。以深、长形成的直立的幂除垣的体积,就是坑的广。"又乘以3"的原因,是与坚土的率一并除。将所得的结果加倍。挖的坑有上下两广,先将它们相加,取其一半,就是宽窄的平均值。使首先得出其平均值,而又加倍的原因,是得到上下两广的全部。减去上广,余数就是下广。按:此术中挖出的土4,成为坚土是3。垣,是坚土。今由坚土求挖出的土,应当乘以4,除以3。"以挖的坑的深、长相乘",是成为深与长形成的直立的幂。以深与长形成的直立的幂除垣的体积,就是挖的坑的广。"又乘以3,作为法"的原因,是与坚土的率一并除。"将所得的结果加倍",是因为挖的坑有上下两广,先将它们相加,取其一半,就是其平均值。现在得到其平均值,所以将其加倍,还原为上下两广之和。所以"减去上广,余数就是下广"。

原 文

今有仓,广三丈,袤四丈五尺,容粟一万斛。问:高几何?

荅曰:二丈。

术曰:置粟一万斛积尺为实①。广袤相乘为法。实如法而一,得高尺②。以广袤之幂除积，故得高。按：此术本以广袤相乘，以高乘之，得此积③。今还元④，置此广袤相乘为法，除之，故得高也。

注释

①一万斛积尺：由委粟术，"程粟一斛积二尺七寸"，即一斛标准粟的容积是2 700寸³，1万斛的积尺为27 000尺³。

②这是已知长方体体积V，广a，长b，求高h：$h=\dfrac{V}{ab}$。显然它是长方体体积公式

$$V=abh \qquad (5-19)$$

的逆运算。方堢壔体积公式（5-2）是（5-19）式b=a的情形。

③此即（5-19）式。

④元：通"原"。参见卷四开圆术注释⑫。

译文

假设有一座粮仓，广是3丈，长是4丈5尺，容积是10 000斛粟。问：其高是多少？

答：2丈。

术曰：布置10000斛粟的积尺数作为实。粮仓的广长相乘作为法。实除以法，便得到高的尺数。以广长形成的幂除体积，就得到高。按：此术中本来以广、长相乘，又以高乘之，就得到这个体积。现在还原，就布置此广、长相乘，作为法，除体积，所以得到高。

原文

今有圆囷，圆囷，廪也①，亦云圆囤也。高一丈三尺三寸少半寸，容米二千斛②。问：周几何？

答曰：五丈四尺。于徽术，当周五丈五尺二寸二十分寸之九。臣淳风等谨按：密率，为周五丈五尺一百分尺之二十七。

术曰：置米积尺，此积犹圆堢壔之积。以十二乘之，令高而一，所得，开方除之，即周③。于徽术，当置米积尺，以三百一十四乘之，为实。二十五乘囷高，为法。所得，开方除之，即周也④。此亦据见幂以求周，失之于微少也⑤。

223

注释

①圆囷：即圆柱体，亦即《九章算术》的圆堢埰，其体积公式为（5-3-1）。见卷四开立圆术刘徽注之注解⑩。廪：粮仓，仓库。《说文解字》："廪，廯也。"邢昺琉："廪，廯，皆囷仓之别名。"李籍云："仓圆曰囷。"

②容米二千斛：由委粟术，"米一斛积一尺六寸五分寸之一"。即一斛标准米的容积是1 620寸³，2 000斛米的积尺为3 240尺³。

③此即已知圆囷的体积V，高h，求底周L

$$L=\sqrt{\frac{12V}{h}}, \quad (5\text{-}20\text{-}1)$$

它显然是（5-3-1）式的逆运算。

④刘徽将开方式（5-20-1）修正为

$$L=\sqrt{\frac{314V}{25h}}, \quad (5\text{-}20\text{-}2)$$

由于徽术$\frac{157}{50}$是不足近似值，故由（5-20-2）求出的周长略嫌微小。

译文

假设有一座圆囷，圆囷，就是仓廪，也称为圆囤。高是1丈3尺3$\frac{1}{3}$寸，容积是2 000斛米。问：其圆周长是多少？

答：5丈4尺。对于我的徽术，圆周应当是5丈5尺2$\frac{9}{20}$寸。　　淳风等按：依照密率，周长是5丈5$\frac{27}{100}$尺。

术：布置米的容积尺数，这一容积如同圆堢埰的体积。乘以12，除以高，对所得到的结果作开平方除法，就是圆囷的周长。根据我的徽术，应当布置米的容积尺数，乘以314，作为实。以25乘高，作为法。对所得到的结果作开平方除法，就是周长。这也是根据已有的幂求圆周长，误差在于稍微小了一点。

原文

晋武库中有汉时王莽所作铜斛。其篆书字题斛旁云：律嘉量斛，方一尺而圆其外。庣旁九厘五毫，幂一百六十二寸，深一尺，积一千六百二十寸，容十斗①。及斛底云：律嘉量斗，方尺而圜其外，庣旁九厘五毫，幂一尺六寸二分，深一寸，积一百六十二寸，容一斗②。合、龠皆有文字。升居斛旁，合、龠在斛耳上。后有赞文，与今《律历志》同，亦魏晋所常用③。今粗疏王莽铜斛文字尺寸分数④，然不尽得升、合、龠之文字。

注释

①刘徽所引与传世王莽铜斛斛铭略有出入。原器斛铭为："律嘉量斛，方尺而圜其外，庣旁九厘五豪，冥百六十二寸，深尺，积千六百二十寸，容十斗。"（见文物出版社：《中国古代度量衡图集》）《隋书·律历志》所引斛铭，"圜"作"圆"，"豪"作"毫"，"冥"作"幂"。"千"作"一千"。

②刘徽所引与传世王莽铜斛斗铭略有出入。原器斛铭为："律嘉量斗，方尺而圜其外，庣旁九厘五豪，冥百六十二寸，深寸，积百六十二寸，容一斗。"

③赞文：指王莽铜斛正面之总铭，凡八十一字，如下："黄帝初祖，德帀于虞，虞帝始祖，德帀于新。岁在大梁，龙集戊辰。戊辰直定，天命有民。据土德受，正号即真。改正建丑，长寿隆崇。同律度量衡，稽当前人。龙在己巳，岁次实沈。初班天下，万国永遵。子子孙孙，享传亿年。"正史"律历志"记载此总铭的只有《隋书》。其《律历志》为李淳风等人所撰。故注文"与今律历志同，亦魏晋所常用"两句断非唐初以前所为，或此两句为唐人旁注"赞文"以上文字，阑入正文，或自"晋武库中"以下一百三十一字，为唐人所作，疑即李淳风等注释，阑入刘注。

④今粗疏：现在粗略地疏解。

译文

晋武库中有汉朝王莽所作的铜斛。斛的侧面有篆体字说：律嘉量斛，里面相当于有方1尺的正方形而外面是圆形，其庣旁为9厘5毫，其幂是162寸²，深是1尺，容积是1 620寸³，容量是10斗。而斛底说：律嘉量斗，里面相当于有方1尺的正方形而外面是圆形，其庣旁为9厘5毫，其幂是162寸²，深是1寸，容积是162寸³，容量是1斗。合、龠旁边都有文字。升量位于斛的旁边，合量和龠量位于斛的耳朵上。斛的后面有赞文，与今天的《律历志》相同，也是魏晋时期所常用的。现在粗略地叙述了王莽铜斛的文字、尺、寸、分数，然没有完全得到升、合、龠的文字。

原文

按：此术本周自相乘，以高乘之，十二而一，得此积①。今还元，置此积，以十二乘之，令高而一，即复本周自乘之数②。凡物自乘，开方除之，复其本数。故开方除之，即得也。 臣淳风等谨依密率，以八十八乘之，为实，七乘囷高为法，实如法而一。开方除之，即周也③。

注释

①此即圆柱体体积公式（5-3-1）。

②此即 $L^2 = \dfrac{12V}{h}$。

③此为李淳风等以 $\pi = \dfrac{22}{7}$ 对《九章算术》方法的修正

$$L = \sqrt{\dfrac{88V}{7h}}。$$

译文

按：此术中本来是圆周自相乘，以高乘之，除以12，就得到圆囷的体积。现在还原，布置此圆囷的体积，乘以12，除以高，就恢复了本来的圆周自乘之教。——凡是一物的数量自乘，对之作开方除法，就恢复了其本数。所以对其作开方除法，即得到周长。淳风等按：依照密率，乘以88，作为实。以七乘囷的高作为法。实除以法，对其结果作开方除法，即周长。

精彩点拨

本章结合实际工程，讲解了众多图形的体积计算方法，如梯形体或长方体的城墙，圆柱体的圆堢壔，方台形状的方亭等诸多问题，其中虽依旧未给出计算过程，但除圆柱体因圆周率精确度问题结果略有偏差外，其余图形均可以通过现代算法得到和他一样的结果，同学们如果有兴趣，不妨自己动手计算一下。

阅读积累

城 墙

　　城墙的含义，根据其功能有广义和狭义之分。广义的城墙分为两类，即一类为构成长城的主体，另一类属于城市（城）防御建筑，由墙体和附属设施构成封闭区域。狭义的城墙指由墙体和附属设施构成的城市封闭型区域。封闭区域内为城内，封闭区域外为城外。

　　城墙包括一切城市（京师、王城、郡、州、府、县）的内、外城垣。中国原始长度以及现存长度及规模最大的城墙为南京明城墙（京师），保存较为完整的城墙有西安城墙、平遥城墙、荆州城墙、兴城城墙、开封城墙等。

九章算术卷第六

魏 刘徽 注
唐朝议大夫行太史令上轻车都尉臣李淳风等奉敕注释

精彩导读

李籍云：“均，平也。输，委也。以均平其输委，故曰均输。”其原义是指政府按距输所远近增减各地贡输数量以均劳费。

第六章解决的就是如何计算按人口多少、物价高低、路途远近等条件，合理摊派税收和派出民工等问题，还包括复比例、连比例等比较复杂的比例分配问题。能否合理的收取赋税是影响封建王朝稳定还是动荡的关键因素，"公平"始终是人们心中所关切的事物，维护公平是每一代统治者的必修课，均输也是从实际出发，用数学的方式来完善公平制度。

均输①以御远近劳费②

今有均输粟③：甲县一万户，行道八日；乙县九千五百户，行道十日；丙县一万二千三百五十户，行道十三日；丁县一万二千二百户，行道二十日，各到输所。凡四县赋当输二十五万斛，用车一万乘④。欲以道里远近、户数多少衰出之⑤。问：粟、车各几何？

答曰：

甲县粟八万三千一百斛，车三千三百二十四乘。

乙县粟六万三千一百七十五斛，车二千五百二十七乘。

丙县粟六万三千一百七十五斛，车二千五百二十七乘。

丁县粟四万五百五十斛，车一千六百二十二乘。

术曰：令县户数各如其本行道日数而一，以为衰⑥。按：此均输，犹均运也。令户率出车。以行道日数为均，发粟为输。据甲行道八日，因使八户共出一车；乙行道十日，因使十户共出一车；……计其在道，则皆户一日出一车⑦，故可为均平之率也。　臣淳风等谨按：县户有多少之差，行道有远近之异。欲其均等，故各令行道日数约户为衰。行道多者少其户，行道少者多其户。故各令约户为衰。以八日约除甲县，得一百二十五，乙、丙各九十五，丁六十一。于今有术，副并为所有率，未并者各为所求率，以赋粟车数为所有数，而今有之，各得车数⑧。一旬除乙，十三除丙，各得九十五；二旬除丁，得六十一也。甲衰一百二十五，乙、丙衰各九十五，丁衰六十一⑨，副并为法⑩。以赋粟车数乘未并者，各自为实⑪。衰分，科率⑫。实如法得一车⑬。各置所当出车，以其行道日数乘之，如户数而一，得率：户用车二日四十七分日之三十一，故谓之均⑭。求此户以率⑮，当各计车之衰分也。有分者，上下辈之。辈，配也。车、牛、人之数不可分裂。推少就多，均赋之宜⑯。今按：甲分既少，宜从于乙。满法除之，有余从丙。丁分又少，亦宜就丙，除之适尽。加乙、丙各一，上下辈益，以少从多也⑰。以二十五斛乘车数，即粟数⑱。

注　释

①均输：中国古代处理合理负担的重要数学方法，九数之一。李籍云："均，平也。输，委也。以均平其输委，故曰均输。"均输法源于何时，尚不能确定。1983年底湖北江陵张家山汉墓出土《筭数书》竹简的同时，出土了均输律。否定了均输源于桑弘羊均输法的成说。《盐铁论·本议篇》载贤良文学们批评桑弘羊的均输法时说："盖古之均输，所以齐劳逸而便贡输，非以为利而贾万物也。"可见先秦已有均输法。《九章算术》中的均输问题与此庶几相近，而与桑弘羊的均输法有所不同。《周礼·地官·司徒》云："均人掌均地政，均地守，均地职，均人民牛马车辇之力政。"郑玄注："政，读为征。地征谓地守、地职之税也。地守，衡虞之属；地职，农圃之属。力政，人民则治城郭涂巷沟渠，牛马车辇则转委积之属。"实际上都是讨论合理负担的均输问题。因此，九数中的均输类起源于先秦是无疑的。不过，《九章算术》的均输章28个问题中，只有前4个问题是典型的均输问题，后24个问题是算术难题，大约是西汉张苍、耿寿昌整理《九章算术》时补充进去的。

②劳费：李籍云："耗也。"

③此问是向各县征调粟米时徭役的均等负担问题。

④乘shèng：车辆，或指四马一车。《左传·隐公元年》："缮甲兵，具卒乘。"杜预注："步曰卒，车曰乘。"《庄子·列御寇》："王悦之，益车百乘。"成玄英疏："乘，驷马也。"也指配有一定数量士兵的兵车。李籍云："数车曰乘。一本作'量'。"知李籍时代还有一作'量'的抄本。疑"量"系"辆"的假借字。

⑤要求各县按距离远近和户数多少确定的比例出粟和车。

⑥记各县行道日数为a_i，户数为b_i，则$\frac{b_i}{a_i}$，i=1, 2, 3, 4, 就是各县出车与出粟的列衰。

⑦以行道日数除户数,就使每户一日出一车,所以可以做到各户负担均等。

⑧李淳风等将其归结为今有术:副并$\sum_{i=1}^{4}\frac{b_i}{a_i}$为所有率,未并者$\frac{b_i}{a_i}$各为所求率,i=1,2,3,4,以赋粟车数A为所有数。

⑨甲衰$\frac{b_1}{a_1}=\frac{10\,000}{8}=1\,250$,乙衰$\frac{b_2}{a_2}=\frac{9\,500}{10}=950$,丙衰$\frac{b_3}{a_3}=\frac{12\,350}{13}=950$,丁衰$\frac{b_4}{a_4}=\frac{12\,200}{20}=610$,故分别以125,95,95,61为甲、乙、丙、丁之衰。

⑩副并$\sum_{i=1}^{4}\frac{b_i}{a_i}=125+95+95+61=376$作为法。

⑪以赋粟车数乘未并者$A\times\frac{b_i}{a_i}$各自为实。甲县实$A\times\frac{b_1}{a_1}=10\,000\times125=1\,250\,000$,乙县实$A\times\frac{b_2}{a_2}=10\,000\times95=950\,000$,丙县实与乙县实相同,丁县实$A\times\frac{b_4}{a_4}=10\,000\times61=610\,000$。

⑫衰分,科率:列衰,征税的率。此谓以赋粟车数A乘未并者$\frac{b_i}{a_i}$,得$A\times\frac{b_i}{a_i}$,就是征调车数的率。科:课税,征税。

⑬记各县出车数为A_i,i=1,2,3,4。则

$$A_i=\left(A\times\frac{b_i}{a_i}\right)\div\sum_{i=1}^{4}\frac{b_i}{a_i},\ i=1,2,3,4。 \quad (6-1)$$

甲县出车$A_1=1\,250\,000\div376=3\,324\frac{22}{47}$(乘),

乙县、丙县各出车$A_2=A_3=950\,000\div376=2\,526\frac{28}{47}$(乘),

丁县出车$A_4=610\,000\div376=1\,622\frac{16}{47}$(乘)。

⑭户用车二日四十七分日之三十一,故谓之均:每户用车都是$2\frac{31}{47}$日,所以称之为均。此谓$A_i\times\frac{b_i}{a_i}=\left[\left(A\times\frac{b_i}{a_i}\right)\div\sum_{i=1}^{4}\frac{b_i}{a_i}\right]\times\frac{a_i}{b_i}=\frac{A}{\sum_{i=1}^{4}\frac{b_i}{a_i}}$为户率。户率都是$2\frac{31}{47}$日。所以实现了均等负担。

⑮以:训之。裴学海《古书虚字集释》卷一:"'以',犹'之'也。"

⑯均输诸术提出车、牛、人数不可以是分数,必须搭配成整数。这与商功章的人数可以是分数不同,既反映了两者编纂时代不同,也反映了均输诸术的实用性更强。搭配的原则是分数小的,并到大的。

⑰甲、乙、丙、丁四县出车的奇零部分依次是$\frac{22}{47},\frac{28}{47},\frac{28}{47},\frac{16}{47}$。将甲、丁县的奇零部分并入乙、丙二县,则四县出车依次是:3 324,2 526,2 526,1 622。

⑱250 000斛,用车10 000乘,则1乘车运送25斛。故以25斛乘各县出车数,即得各县出粟数。

均输 为了处理远近劳费的问题

假设要均等地输送粟：甲县有10 000户，需在路上走8日；乙县有9 500户，需在路上走10日；丙县有12350户，需在路上走13日；丁县有12 200户，需在路上走20日，才能分别将粟输送到输所。四县的赋共应当输送粟250 000斛，用10 000乘车。欲根据道里的远近、户数的多少按比例出粟与车。问：各县所输送的粟、所用的车各是多少？

答：

甲县输粟83 100斛，用车3 324乘。

乙县输粟63 175斛，用车2 527乘。

丙县输粟63 175斛，用车2 527乘。

丁县输粟40 550斛，用车1 622乘。

术：布置各县的户数，分别除以它们各自需在路上走的日数，作为衰。按：此处均输，就是均等输送。使每户按户率出车，就以需在路上走的日数实现均等，而以各县发送粟作为输。根据甲县需在路上走8日，所以就使8户共出一车；乙县需在路上走10日，所以就使10户共出一车；……计算它们在路上的劳费，则都是1户1日出1车，所以可以用来实现均平之率。　　淳风等按：各县的户数有多少的差别，走的路有远近的不同。欲使它们的劳费均等，就分别用需在路上走的日数除各自的户数作为列衰——需在路上走的日数多的就减少其户数，需在路上走的日数少的就增加其户数。所以分别以走的日数除户数作为列衰。以8日除甲县户数，得125，乙、丙县各95，丁县61。对于今有术，在旁边将它们相加作为所有率，没有相加的各自作为所求率，以输送作为赋税的粟所共用的车数作为所有数，应用今有术，分别得到各县所用的车数。——以10日除乙县的户数，13除丙县的户数，各自得到95；以20日除丁县的户数，得到61。甲县的衰是125，乙、丙县的衰各是95，丁县的衰61，在旁边将它们相加，作为法。以输送作为赋税的粟所共用的车数分别乘未相加的衰，各自作为实。衰分，就是分配缴纳的赋税的率。实除以法，得到各县所应出的车数。分别布置各县所应当出的车数，以各自需在路上走的日数乘之，除以各自的户数，得到率：每户用车为$2\frac{31}{47}$日，所以叫作均等。求每户的率，应当各自以车的衰分来计算。如果出现分数，就将它们上下辈之。辈，就是搭配。车、牛、人的数目不可有分数。就将少的加到多的上，这是使赋税均等的权宜做法。今按：甲县的分数部分既然少，加到乙上比较适宜。满了法就做除法，其余数加到丙上。丁县的分数部分又少，也加到丙上比较适宜，恰好除尽。给乙、丙县各加1，上下搭辈增益，就是以少的加到多的上。以25斛乘各自出的车数，即是各县所输送的粟数。

原文

今有均输卒①：甲县一千二百人，薄塞②；乙县一千五百五十人，行道一日；丙县一千二百八十人，行道二日；丁县九百九十人，行道三日；戊县一千七百五十人，行道五日。凡五县，赋输卒一月一千二百人。欲以远近、人数多少衰出之。问：县各几何？

答曰：

甲县二百二十九人。

乙县二百八十六人。

丙县二百二十八人。

丁县一百七十一人。

戊县二百八十六人。

术曰：令县卒各如其居所及行道日数而一，以为衰③。按：此亦以日数为均，发卒为输。甲无行道日，但以居所三十日为率。言欲为均甲之率者，当使甲三十人而出一人，乙三十一人而出一人④……"出一人"者，计役则皆一人一日，是以可为均平之率⑤。甲衰四，乙衰五，丙衰四，丁衰三，戊衰五⑥，副并为法⑦。以人数乘未并者各自为实⑧。实如法而一⑨。为衰，于今有术，副并为所有率，未并者各为所求率，以赋卒人数为所有数⑩。此术以别⑪，考则意同。以广异闻，故存之也⑫。各置所当出人数，以其居所及行道日数乘之，如县人数而一，得率：人役五日七分日之五⑬。有分者，上下辈之。辈，配也。今按：丁分最少，住就戊除。不从乙者，丁近戊故也。满法除之，有余从乙。丙分又少，亦就乙除。有余从甲，除之适尽。从甲、丙二分，其数正等。二者于乙远近皆同，不以甲从乙者，方以下从上也⑭。

注释

①此问是向各县征调兵役的均等负担问题。

②薄塞：接近边境。薄：接近，迫近。李籍云："迫也。"又云："薄，或作博，非是。"知当时还有一误作"博"的抄本。塞：边塞。李籍云："边也。"

③记各县行道日数为a_i，人数为b_i，则$\dfrac{b_i}{30+a_i}$，i=1，2，3，4，5，就是各县出卒的列衰。其中30为一个月的日数。

④1月30日，甲无行道日，1人赋30日；乙行道1日，1人赋30日+1日=31日；丙行道2日，1人赋30日+2日=32日；丁行道3日，1人赋30日+3日=33日；戊行道5日，1人赋30日+5日=35日。为了得到均平之率，应当使甲、乙、丙、丁、戊各县分别30人，31人，32人，33人，35人而出1人。

⑤计役则皆一人一日，是以可为均平之率：此以日数实现均等负担，使每人服役1日。

⑥甲县衰 $\frac{b_1}{30+a_1} = \frac{1200}{30} = 40$。乙县衰 $\frac{b_2}{30+a_2} = \frac{1550}{30+1} = 50$，丙县衰 $\frac{b_3}{30+a_3} = \frac{1280}{30+2} = 40$，丁县衰 $\frac{b_4}{30+a_4} = \frac{990}{30+3} = 30$，戊县衰 $\frac{b_5}{30+a_5} = \frac{1750}{30+5} = 50$，故分别以4，5，4，3，5为甲、乙、丙、丁、戊县之衰。

⑦副并 $\sum_{i=1}^{5} \frac{b_i}{30+a_i} = 4+5+4+3+5 = 21$作为法。

⑧以人数乘未并者$A \times \frac{b_i}{30+a_i}$各自为实。甲县之实$A \times \frac{b_1}{30+a_1} = 1\,200 \times 4 = 4\,800$，乙县之实$A \times \frac{b_2}{30+a_2} = 1\,200 \times 5 = 6\,000$，丙县之实$A \times \frac{b_2}{30+a_2} = 1\,200 \times 4 = 4\,800$，丁县之实$A \times \frac{b_4}{30+a_4} = 1\,200 \times 3 = 3\,600$，戊县之实$A \times \frac{b_5}{30+a_5} = 1\,200 \times 5 = 6\,000$。

⑨记各县出卒数为A_i，i=1，2，3，4，5，则

$$A_i = \left(A \times \frac{b_i}{30+a_i}\right) \div \sum_{j=1}^{5} \frac{b_j}{30+a_j}, \quad i=1, 2, 3, 4, 5。 \tag{6-2}$$

甲县出卒$A_1 = 4\,800 \div 21 = 228\frac{4}{7}$（人），丙县与甲县同，

乙县出卒$A_2 = 6\,000 \div 21 = 285\frac{5}{7}$（人），戊县与乙县同，

丁县出卒$A_4 = 3\,600 \div 21 = 171\frac{3}{7}$（人）。

⑩刘徽将其归结为今有术，副并$\sum_{i=1}^{5} \frac{b_i}{30+a_i}$为所有率，未并者$\frac{b_i}{30+a_i}$各为所求率，i=1，2，3，4，5，以出卒数A为所有数。

⑪以：古通"似"。汉初简帛中"似"常作"以"。《马王堆汉墓帛书·阴阳十一脉灸经》甲本："要以折"，"以"即"似"。

⑫刘徽在这里意在提供不同的思路，以"广异闻"。

⑬此谓$A_i \times \frac{b_i}{30+a_i} = \left[\left(A \times \frac{b_i}{30+a_i}\right) \div \sum_{i=1}^{5} \frac{b_i}{30+a_i}\right] \times \frac{30+a_i}{b_i} = \frac{A}{\sum_{i=1}^{5} \frac{b_i}{30+a_i}}$为率。率都是$\frac{5}{7}$日，所以实现了均等负担。

⑭为了使车、牛、人之数都是整数，将答案进行调整的原则，除了上一问的以少从多外，还有以下从上，舍远就近。甲、乙、丙、丁、戊五县出卒的奇零部分依次是$\frac{4}{7}$，$\frac{5}{7}$，

$\frac{4}{7}$，$\frac{3}{7}$，$\frac{5}{7}$。丁县的奇零部分最少，就近加到戊县上，而不先加到较远的乙县上。戊县加 $\frac{3}{7}$，得到1人之后余 $\frac{1}{7}$，加到乙县上。其次是甲、丙县最少，根据以下从上的原则，将丙县的 $\frac{3}{7}$ 加到乙县上，得到1人之后余 $\frac{3}{7}$，加到甲县上，适尽。于是各县出卒人数依次是甲县229人，乙县286人，丙县228人，丁县171人，戊县286人。

译文

假设要均等地输送兵卒：甲县有兵卒1200人，逼近边塞；乙县有兵卒1550人，需在路上走1日；丙县有1280人，需在路上走2日；丁县有990人，需在路上走3日；戊县有兵卒1750人，需在路上走5日。五县共应派出1200人，戍边一个月作为兵赋。欲根据道路的远近、兵卒的多少按比例派出。问：各县应派出多少兵卒？

答：

甲县229人。

乙县286人。

丙县228人。

丁县171人。

戊县286人。

术：布置各县的兵卒数，分别除以在居所及需在路上走的日数，作为列衰。按：这里也是以日数实现均等，派遣兵卒作为输送的赋。甲县没有路上走的日数，只是以在居所的30日计算它的率。说欲得到均平之率，应当使甲县每30人而派出1人，乙县每31人而派出1人……而如果"那么多人派出1人"，计算他们的劳役，则都是每1人服役1日，因此可以作为均平之率。甲县的衰是4，乙县的衰是5，丙县的衰是4，丁县的衰是3，戊县的衰是5，在旁边将它们相加作为法。以总的兵卒数乘未相加的衰，各自作为实。实除以法，就是各县派出的兵卒数。算出它们的列衰。对于今有术，在旁边将它们相加，作为所有率，未相加的各为所求率，以赋卒的人数作为所有数。此术与上术好像有差别。考察起来它们的意思是相同的。为了扩充见识，所以保存下来。分别布置各县所应当派出的兵卒数，乘以他们在居所及需在路上走的日数，除以各县的兵卒数，便得到率：每人服役为 $5\frac{5}{7}$ 日。如果算出的兵卒数有分数，就将它们上下搭辈。辈，就是搭配。今按：丁县兵卒数的分数最少，将它加到戊县的兵卒数上，做除法是适宜的。不先加到乙县上，是丁县距离戊县近的缘故。满了法就做除法，如果有余数就加到乙县。丙县的分数又少，也加到乙县，做除法。有余数就加到甲县上，做除法，恰好除尽。甲、丙二县的分数，数值正好相等。二者与乙县的远近也都相同，不将甲县的分数加到乙县上的原因，正是以下从上。

原文

今有均赋粟①：甲县二万五百二十户，粟一斛二十钱，自输其县；乙县一万二千三百一十二户，粟一斛一十钱，至输所二百里；丙县七千一百八十二户，粟一斛一十二钱，至输所一百五十里；丁县一万三千三百三十八户，粟一斛一十七钱，至输所二百五十里；戊县五千一百三十户，粟一斛一十三钱，至输所一百五十里。凡五县赋输粟一万斛。一车载二十五斛，与僦一里一钱②。欲以县户赋粟，令费劳等。问：县各粟几何？

答曰：

甲县三千五百七十一斛二千八百七十三分斛之五百一十七。

乙县二千三百八十斛二千八百七十三分斛之二千二百六十。

丙县一千三百八十八斛二千八百七十三分斛之二千二百七十六。

丁县一千七百一十九斛二千八百七十三分斛之一千三百一十三。

戊县九百三十九斛二千八百七十三分斛之二千二百五十三。

术曰：以一里僦价乘至输所里，此以出钱为均也。问者曰："一车载二十五斛，与僦一里一钱。"一钱，即一里僦价也。以乘里数者，欲知僦一车到输所所用钱也。甲自输其县，则无取僦价也。以一车二十五斛除之，欲知僦一斛所用钱。加以斛粟价，则致一斛之费③。加以斛之价于一斛僦直，即凡输粟取僦钱也。甲一斛之费二十，乙、丙各十八，丁二十七，戊十九也④。各以约其户数，为衰⑤。言使甲二十户共出一斛，乙、丙十八户共出一斛……计其所费，则皆户一钱，故可为均赋之率也⑥。计经赋之率，既有户算之率，亦有远近贵贱之率。此二率者，各自相与通⑦。通则甲二十，乙十二，丙七，丁十三，戊五⑧。一斛之费谓之钱率。钱率约户率者，则钱为母，户为子。子不齐，令母互乘为齐。则衰也⑨。若其不然，以一斛之费约户数，取衰。并有分，当通分内子约之，于筹甚繁⑩。此一章皆相与通功共率，略相依似⑪。以上二率、下一率亦可放此。从其简易而已⑫。又以分言之⑬，使甲一户出二十分斛之一，乙一户出十八分斛之一……各以户数乘之，亦可得一县凡所当输，俱为衰也⑭。乘之者，乘其子，母报除之。以此观之，则以一斛之费约户数者，其意不异矣⑮。然则可置一斛之费而返衰之，约户⑯，以乘户率为衰也⑰。合分注曰："母除为率，率乘子为齐",返衰注曰:"先同其母,各以分母约其子为返衰。"以施其率,为筭既约,且不妨处下也⑱。甲衰一千二十六,乙衰六百八十四,丙衰三百九十九,丁衰四百九十四,戊衰二百七十⑲,副并为法⑳。所赋粟乘未并者,各自为实㉑。实如法得一㉒。各置所当出粟,以其一斛之费乘之,如户数而一,得率:户出三钱二千八百七十三分钱之一千三百八十一㉓。按:此以出钱为均。问者曰:"一车载二十五斛,与僦一里一钱。"一钱即一里僦价也。以乘里数者,欲知僦一车到输所用钱。甲自输其县,则无取僦之价。"以一车二十五斛除之"者,欲知僦一斛所用钱。加一斛之价于一斛僦直,即凡输粟取僦钱。甲一斛之费二十,乙、丙各十八,丁二十七,戊一十九。"各以约其户,为衰":甲衰一千二十六,乙衰六百八十四,丙衰三百九十九,丁衰四百九十四,戊衰二百七十。言使甲二十户共出一斛,乙、丙十八户共出一斛……计其所费,则皆户一钱,故可为均赋之率也。于今有术,副并为所有率,未并者各为所求率,赋粟一万斛为所有数。此今有衰分之义也㉔。

注 释

①此问是向各县征收粟作为赋税的均等负担问题。

②僦jiù:租赁,雇。《史记·平准书》:"天下赋输或不偿其僦费。"司马贞索隐:"服虔云:'雇载云僦。'言所输物不足偿其雇载之费也。"

③此谓

$$致1斛之费=(1里僦价×里数)÷1车斛数+1斛粟价。 \quad (6-3)$$

④由(6—3)式求出各县致1斛之费:甲县致1斛之费=(1×0)÷25+20=20(钱),乙县致1斛之费=(1×200)÷25+10=18(钱),丙县致1斛之费=(1×150)÷25+12=18(钱),丁县致1斛之费=(1×250)÷25+17=27(钱),戊县致1斛之费=(1×150)÷25+13=19(钱)。

⑤记各县致1斛之费为a_i,户数为b_i,则$\frac{b_i}{a_i}$,i=1,2,3,4,5,就是各县出粟的列衰。

⑥此以钱数实现均等负担。因为甲、乙、丙等县的致1斛之费分别是20,18,18……所以依次使20户,18户,18户……其出1斛,就使每户出1钱,可以做到负担均等。

⑦此问的复杂性在于,既要考虑户算之率,又要考虑道里远近,粟价贵贱的因素,使这几个因素互相通达。

⑧各县的户数20 520,12 312,7 182,13 338,5 130,可以约简为户率20,12,7,13,5。

⑨钱率约户率就得到列衰，如果其中有分数，就通过齐同形成列衰。此处先以各县致1斛之费分别约户率，得到 $\dfrac{20}{20}$，$\dfrac{12}{18}$，$\dfrac{7}{18}$，$\dfrac{13}{27}$，$\dfrac{5}{19}$，为列衰。通过齐同，化成1 026，684，399，494，270。

⑩如果不使用户率，直接以各县致1斛之费约户数，以 $\dfrac{20\,520}{20}$，$\dfrac{12\,312}{18}$，$\dfrac{7\,182}{18}$，$\dfrac{13\,338}{27}$，$\dfrac{5\,130}{19}$ 作为列衰，则非常繁琐。

⑪这一章的共性是通功共率。这大约是张苍、耿寿昌等将此章后24问这些非均输问题编入均输章的原因。

⑫指上2问，下1问的率亦可仿此。

⑬以分言之：以分数表示。上面是从甲县20户共出1斛，乙、丙县各是18户其出1斛……计算的，都是以整数表示。下面以分数表示之，则甲县1户出 $\dfrac{1}{20}$ 斛，乙县1户出 $\dfrac{1}{18}$ 斛……

⑭俱为衰：则各县1户出的斛数，分别以户数乘之，亦可得到列衰。

⑮这种方法与致1斛之费约户数，实质上是相同的。

⑯约户：就是以各县缴纳1斛的费用除户数。

⑰以乘户率为衰：由衰分术（3-1），各县出粟

$$A_i = \left(A \times \dfrac{b_i}{a_i}\right) \div \sum_{j=1}^{n} \dfrac{b_j}{30+a_j} = (Ab_i a_1 a_2 \cdots a_{i-1} a_{i+1} \cdots a_n) \div \sum_{i=1}^{n} b_j a_1 a_2 \cdots a_{j-1} a_{j+1} \cdots a_n, \quad i=1, 2, 3, 4, 5。$$

与返衰术（3-2）相比较，这是以 $b_i a_1 a_2 \cdots a_{i-1} a_{i+1} \cdots a_n$，$i=1, 2, 3, 4, 5$ 为列衰，显然是以 b_i 乘 $a_1 a_2 \cdots a_{i-1} a_{i+1} \cdots a_n$。

⑱处下：处理下面的问题。处：处置，处理。

⑲甲衰 $\dfrac{b_1}{a_1} = \dfrac{20\,520}{20} = 1\,026$，乙衰 $\dfrac{b_2}{a_2} = \dfrac{12\,312}{18} = 684$，丙衰 $\dfrac{b_3}{a_3} = \dfrac{7\,182}{18} = 399$，丁衰 $\dfrac{b_4}{a_4} = \dfrac{13\,338}{27} = 494$，戊县衰 $\dfrac{b_5}{a_5} = \dfrac{5\,130}{19} = 270$，故分别以1 026，684，399，494，270为甲、乙、丙、丁、戊县之衰。

⑳副并 $\sum_{i=1}^{5} \dfrac{b_i}{a_i} = 1\,026 + 684 + 399 + 494 + 270 = 2\,873$ 作为法。

㉑以所赋粟乘未并者，各自为实：即 $A \times \dfrac{b_i}{a_i}$，$i=1, 2, 3, 4, 5$，分别为各县的实

甲县之实 $A \times \dfrac{b_1}{a_1} = 10\,000 \times 1\,026 = 10\,260\,000$（斛），

乙县之实 $A \times \dfrac{b_2}{a_2} = 10\,000 \times 684 = 6\,840\,000$（斛），

丙县之实 $A \times \dfrac{b_3}{a_3} = 10\,000 \times 399 = 3\,990\,000$（斛），

丁县之实$A \times \dfrac{b_4}{a_4} = 10\,000 \times 494 = 4\,940\,000$（斛），

戊县之实$A \times \dfrac{b_5}{a_5} = 10\,000 \times 270 = 2\,700\,000$（斛）。

㉒记各县出粟数为A_i, i=1, 2, 3, 4, 5, 则

$$A_i = \left(A \times \dfrac{b_i}{a_i}\right) \div \sum_{j=1}^{5} \dfrac{b_j}{30+a_j},\ i=1,\ 2,\ 3,\ 4,\ 5。 \qquad (6\text{-}4)$$

甲县出粟$A_1 = 10\,260\,000 \div 2\,873 = 3\,571\dfrac{517}{2\,873}$（斛），

乙县出粟$A_2 = 6\,840\,000 \div 2\,873 = 2\,380\dfrac{2\,260}{2\,873}$（斛）。

丙县出粟$A_3 = 3\,990\,000 \div 2\,873 = 1\,388\dfrac{2\,276}{2\,873}$（斛）

丁县出粟$A_4 = 4\,940\,000 \div 2\,873 = 1\,719\dfrac{1\,313}{2\,873}$（斛）

戊县出粟$A_5 = 2\,700\,000 \div 2\,873 = 939\dfrac{2\,253}{2\,873}$（斛）。

㉓此谓以$A_i \times \dfrac{b_i}{a_i} = \left[\left(A \times \dfrac{b_i}{a_i}\right) \div \sum_{j=1}^{5} \dfrac{b_j}{a_j}\right] \times \dfrac{a_i}{b_i} = A \div \sum_{j=1}^{5} \dfrac{b_j}{a_j}$为率。率都是$3\dfrac{1\,381}{2\,873}$钱，所以实现了均等负担。

㉔刘徽将其归结为今有术：副并$\sum_{i=1}^{5} \dfrac{b_i}{a_i}$为所有率，未并者$\dfrac{b_i}{a_i}$各为所求率, i=1, 2, 3, 4, 5, 以出粟数A为所有数。

译 文

假设要均等地缴纳粟作为赋税：甲县有20520户，1斛粟值20钱，自己输送到本县；乙县有12312户，1斛粟值10钱，至输所200里；丙县有7182户，1斛粟值12钱，至输所150里；丁县有13338户，1斛粟值17钱，至输所250里；戊县有5130户，1斛粟值13钱，至输所150里。五县共输送10000斛粟作为赋税。1辆车装载25斛，给的租赁价是1里1钱。欲根据各县的户数缴纳粟作为赋，使它们的费劳均等。问：各县缴纳的粟是多少？

答：

甲县缴纳$3571\dfrac{517}{2\,873}$斛。

乙县缴纳$2380\dfrac{2\,260}{2\,873}$斛。

丙县缴纳$1388\dfrac{2\,276}{2\,873}$斛。

丁县缴纳1719$\frac{1313}{2873}$斛。

戊县缴纳939$\frac{2253}{2873}$斛。

术：以1里的租赁价分别乘各县至输所的里数，这里是以出钱实现均等。提问的人说："1辆车装载25斛，给的租赁价是1里1钱。"1钱，就是1里的租赁价。以它乘里数，是欲知租赁1辆车运到输所所用的钱。甲县自己输送到本县，则就没有租赁价。除以1辆车装载的25斛，想知道租赁车辆运1斛所用的钱。加上各县1斛粟的价钱，就是各县运送1斛粟的费用。各县1斛粟的价钱加租赁车辆运1斛所用的钱，就是该县缴纳1斛粟所需的总钱数。甲县缴纳1斛的费用是20钱，乙县、丙县各18钱，丁县27钱，戊县19钱。分别以它们除各县的户数，作为列衰。这意味着使甲县20户共出1斛，乙县、丙县18户共出1斛……计算它们所承担的费用，则都是每户1钱，所以可以用来建立使赋税均等的率。考虑分配赋税的率，既有每户算赋的率，也有道里远近，粟价贵贱的率。各县的这二种率要分别相与通达。要通达，就将甲县的户率化成20，乙县12，丙县7，丁县13，戊县5。缴纳1斛的费用称为钱率。如果以钱率除户率，则钱率就是分母，户率就是分子。分子不齐，就令分母互乘分子作为齐，就是列衰。如果不这样做，就以缴纳1斛的费用除户数，拿来作为列衰。兼有分数的，还应当将其通分，纳入分子，再约简，计算非常繁琐。这一章的问题都是相与通达，有共通的率，大体相似。上两个问题，下一个问题的率也可以仿照此，遵从简易的原则就是了。又以分数表示之，使甲县1户出$\frac{1}{20}$斛，乙县1户出$\frac{1}{18}$斛……各以它们的户数乘之，也可以得到一县所应当缴纳的粟的率，都作为衰。各以它们的户数乘之，就是乘它们的分子，再以分母回报以除。由此看来，则与以各县缴纳1斛的费用除其户数，其意思没有什么不同。这样一来，可以布置缴纳1斛的费用而对其应用返衰术，因为要以各县缴纳1斛的费用除户数，所以分别乘各县的户率作为衰。合分术注说："可以用分母除众分母之积作为率，用率分别乘各分子作为齐。"返衰注说："可以先使它们的分母相同，以各自的分母除同，以它们的分子作为返衰术的列衰。"以这样的方法施行它们的率，作为算法既约简，且不妨碍处理下面的问题。甲县的衰是1026，乙县的衰是684，丙县的衰是399，丁县的衰是494。戊县的衰是270，在旁边将它们相加，作为法。以作为赋税的总粟数分别乘未相加的列衰，各自作为实。实除以法，便得到各县缴纳的粟数。分别布置各县所应当缴纳的粟数，各以缴纳1斛的费用乘之，除以本县的户数，就得到率：每户缴纳3$\frac{1381}{2873}$钱。按：这里是以出钱实现均等。提问的人说："1辆车装载25斛，给的租赁价是1里1钱。"1钱,就是1里的租赁价。以它乘里数,是想知道租赁1辆车运到输所所用的钱。甲县自己输送到本县,则就没有租赁价。"除以1辆车装载的25斛",想知道租赁车辆运1斛所用的钱。各县1斛粟的价钱加租赁车辆运1斛所用的钱,就是该县缴纳1斛粟所需的总钱数。甲县缴纳1斛的费用是20钱,乙县、丙县各18钱,丁县27钱,戊县19钱。"分别以它们除各县的户数,作为列衰":甲县的衰是1026,乙县的衰是684,丙县的衰是399,丁县的衰是494,戊县的衰是270。这意味着使甲县20户共出1斛,乙县、丙县18户共出1斛……计算它们所承担的费用,则都是每户1钱,所以可以用来建立使赋税均等的率。对于今有术,在旁边将列衰相加作为所有率,未相加的列衰各为所求率,作为赋税缴纳的总粟数10000斛作为所有数。这里是今有术、衰分术的意义。

今有均赋粟①:甲县四万二千算,粟一斛二十,自输其县;乙县三万四千二百七十二算,粟一斛一十八,佣价一日一十钱,到输所七十里;丙县一万九千三百二十八算,粟一斛一十六,佣价一日五钱,到输所一百四十里;丁县一万七千七百算,粟一斛一十四,佣价一日五钱,到输所一百七十五里;戊县二万三千四十算,粟一斛一十二,佣价一日五钱,到输所二百一十里;己县一万九千一百三十六算,粟一斛一十,佣价一日五钱,到输所二百八十里。凡六县赋粟六万斛,皆输甲县。六人共车,车载二十五斛,重车日行五十里,空车日行七十里,载输之间各一日。粟有贵贱,佣各别价,以算出钱,令费劳等。问:县各粟几何?

答曰:

甲县一万八千九百四十七斛一百三十三分斛之四十九。

乙县一万八百二十七斛一百三十三分斛之九。

丙县七千二百一十八斛一百三十三分斛之六。

丁县六千七百六十六斛一百三十三分斛之一百二十二。

戊县九千二十二斛一百三十三分斛之七十四。

己县七千二百一十八斛一百三十三分斛之六。

术曰:以车程行空、重相乘为法②,并空、重以乘道里,各自为实③,实如法得一日④。按:此术重往空还,一输再行道也。置空行一里,用七十分日之一;重行一里,用五十分日之一。齐而同之,空、重行一里之路。往返用一百七十五分日之六⑤。完言之者⑥,一百七十五里之路,往返用六日也。故并空、重者,齐其子也;空、重相乘者,同其母也⑦。于今有术。至输所里为所有数,六为所求率，一百七十五为所有率，而今有之，即各得输所用日也⑧。加载输各一日，故得凡日也⑨。而以六人乘之，欲知致一车用人也⑩。又以佣价乘之，欲知致车人佣直几钱⑪。以二十五斛除之，欲知致一斛之佣直也⑫。加一斛粟价，则致一斛之费⑬。加一斛之价于致一斛之佣直，即凡输一斛粟取佣所用钱。各以约其筹数为衰⑭，今按：甲衰四十二，乙衰二十四，丙衰十六，丁衰十五，戊衰二十，己衰十六⑮。于今有术，副并为所有率。未并者各自为所求率，所赋粟为所有数⑯。此今有衰分之义也。副并为法⑰。以所赋粟乘未并者，各自为实⑱。实如法得一斛⑲。各置所当出粟，以其一斛之费乘之，如筹数而一，得率，筹出九钱一百三十三分钱之三⑳。又载输之间各一日者，即二日也。

注 释

①此问亦是向各县征收粟作为赋税的均等负担问题。不过此问征收的对象是算，而不是户或人，同时还考虑了空车返回的因素。

②记空、重行里数分别为m_1，m_2，则法为$m_1 m_2$。

③记各县到输所的道里为l_i，则$(m_1+m_2)l_i$，i=1，2，3，4，5，6，为实。

④记各县到输所所用日数为t_i，则

$$t_i=(m_1+m_2)l_i \div (m_1 m_2)，i=1，2，3，4，5，6 \qquad (6\text{-}5\text{-}1)$$

得到甲、乙、丙、丁、戊、己六县到输所所用日数，分别为0，$2\frac{2}{5}$，$4\frac{4}{5}$，6，$7\frac{1}{5}$，$9\frac{3}{5}$日。

⑤以上是"分言之"，夺车日行70里，故行1里用$\frac{1}{70}$日；重车日行50里，故行1里用$\frac{1}{50}$日；空、重车行1里用$\frac{1}{70}+\frac{1}{50}$日。应用齐同术，得

$$\frac{1}{70}+\frac{1}{50}=\frac{50}{3500}+\frac{70}{3500}=\frac{120}{3500}=\frac{6}{175}（日）。$$

⑥完言之：以整数表示之。此谓175里路，一辆车重往空还，往返用6日。完：完全，整个，引申为整数。这里是与"分言之"相对。

⑦空、重车一日所行相加m_1+m_2是使分子相齐。空、重车一日所行相乘$m_1 m_2$是使分母相同。

⑧此是以今有术解释《九章算术》求各县到输所用日的算法。甲、乙、丙、丁、戊、己六县至输所的里数0，70，140，175，210，280里分别作为所有数，6为所求率，175为所有率。各县到输所用日（6-5-1）式化简为：

$$t_i=l_i \times 6 \div 175。i=1，2，3，4，5，6 \qquad (6\text{-}5\text{-}2)$$

由（6-5-2）式，甲县到输所用日$t_1=0$，乙县到输所用日$t_2=70×6÷175=2\frac{2}{5}$（日），丙县到输所用日$t_3=140×6÷175=4\frac{4}{5}$（日），丁县到输所用日$t_4=175×6÷175=6$（日），戊县到输所用日$t_5=210×6÷175=7\frac{1}{5}$（日），己县到输所用日$t_6=280×6÷175=9\frac{3}{5}$（日）。

⑨加"载输各一日"，即2日，则各县到输所总日数为t_i+2日：甲、乙、丙、丁、戊、己县到输所的总日数依次是2，$4\frac{2}{5}$，$6\frac{4}{5}$，8，$9\frac{1}{5}$，$11\frac{3}{5}$日。

⑩由于6人一辆车，所以$(t_i+2)×6$为运送1车所用人数。

⑪记某县1人1日的佣价为P_i钱，则运送1车所用人数乘佣价，得$(t_i+2)×6p_i$钱，i=2，3，4，5，6，就是缴纳1车到输所的佣价。其中$P_2=10$钱，$P_3=5$钱，$P_4=5$钱，$P_5=5$钱，$P_6=5$钱。

⑫除以25，得$\frac{1}{25}(t_i+2)×6p_i$，就是缴纳1斛到输所的佣价。

⑬记某县1斛粟价为q_i钱，$q_1=20$钱，$q_2=18$钱，$q_3=16$钱，$q_4=14$钱，$q_5=12$钱，$q_6=10$钱。则某县缴纳1斛到输所的佣价加该县1斛粟价，得$a_i=\frac{1}{25}(t_i+2)×6p_i+q_i$，i=1，2，3，4，5，6，就是该县缴纳1斛的费用：

甲县$a_1=\frac{1}{25}(t_1+2)×6p_1+q_1=20$（钱），

乙县$a_2=\frac{1}{25}(t_2+2)×6P_2+q_2=\frac{1}{25}×4\frac{2}{5}×6×10+18=\frac{714}{25}$（钱）。

丙县$a_3=\frac{1}{25}(t_3+2)×6p_3+q_3=\frac{1}{25}×6\frac{4}{5}×6×5+16=\frac{604}{25}$（钱），

丁县$a_4=\frac{1}{25}(t_4+2)×6P_4+q_4=\frac{1}{25}×8×6×5+14=\frac{590}{25}$（钱），

戊县$a_5=\frac{1}{25}(t_5+2)×6p_5+q_5=\frac{1}{25}×9\frac{1}{5}×6×5+12=\frac{576}{25}$（钱），

己县$a_6=\frac{1}{25}(t_6+2)×6p_6+q_6=\frac{1}{25}×11\frac{3}{5}×6×5+10=\frac{598}{25}$（钱）。

⑭记各县算数为b_i，i=1，2，3，4，5，6，$b_1=42\,000$算，$b_2=34\,272$算，$b_3=19\,328$算，$b_4=17\,700$算，$b_5=23\,040$算，$b_6=19136$算。以各县缴纳1斛的费用除该县算数，$\frac{b_i}{a_i}$，就是各县的列衰。

⑮各县的列衰是：

甲县衰$\frac{b_1}{a_1}=\frac{42\,000}{20}=2\,100$，　　乙县衰$\frac{b_2}{a_2}=\frac{34\,272}{\frac{714}{25}}=1\,200$。

丙县衰$\frac{b_3}{a_3}=\frac{19\,328}{\frac{604}{25}}=800$，　　丁县衰$\frac{b_4}{a_4}=\frac{17\,700}{\frac{590}{25}}=750$。

戊县衰 $\frac{b_1}{a_1} = \frac{23\,040}{\frac{576}{25}} = 1\,000$，己县衰 $\frac{b_2}{a_2} = \frac{19136}{\frac{598}{25}} = 800$。

上述列衰有等数50，约去，列衰变成：

甲县衰42，　　乙县衰24，　　丙县衰16，

丁县衰15，　　戊县衰20，　　己县衰16。

⑯刘徽将其归结为今有术：副并 $\sum_{i=1}^{6}\frac{b_i}{a_i}$ 为所有率，未并者 $\frac{b_i}{a_i}$ 各为所求率，i=1，2，3，4，5，6，以赋粟数A为所有数。

⑰将列衰在旁边相加：42+24+16+15+20+16=133，作为法。

⑱以所赋粟数乘各县未相加的列衰，分别作为各县的实：

甲县之实　60 000斛×42=2 520 000斛，乙县之实　60 000斛×24=1 440 000斛，

丙县之实　60 000斛×16=960 000斛，丁县之实　60 000斛×15=900 000斛，

戊县之实　60 000斛×20=1 200 000斛，己县之实　60 000斛×16=960 000斛。

⑲记各县出粟数为 A_i，则

$$A_i = \left[A \times \frac{b_i}{\frac{1}{25}(t_i+2) \times 6p_i+q_i}\right] \div \sum_{j=1}^{6}\frac{b_j}{\frac{1}{25}(t_j+2) \times 6p_j+q_j} = \left(A \times \frac{b_i}{a_i}\right) \div \sum_{j=1}^{6}\frac{b_j}{a_j}。$$

i=1，2，3，4，5，6。　　　　　　　　　　　　　　　　　　　　　　(6-6)

甲县出粟 A_1=2 520 000÷133=18 947$\frac{49}{133}$（斛），

乙县出粟 A_2=1 440 000÷133=10 827$\frac{9}{133}$（斛），

丙县出粟 A_3=960 000÷133=7 218$\frac{6}{133}$（斛），

丁县出粟 A_4=900 000÷133=6 766$\frac{122}{133}$（斛）。

戊县出粟 A_5=1 200 000÷133=9 022$\frac{74}{133}$（斛），

己县出粟 A_6=960 000÷133=7 218$\frac{6}{133}$（斛）。

此谓以 $A_i \times \frac{b_i}{a_i} = \left[\left(A \times \frac{b_i}{a_i}\right) \div \sum_{j=1}^{6}\frac{b_j}{a_j}\right] \times \frac{a_i}{b_i} = \frac{A}{\sum_{j=1}^{6}\frac{b_j}{a_j}}$ 为率。率都是1算出钱9$\frac{3}{133}$，所以实现了均等负担。

假设要均等地缴纳粟作为赋税：甲县42 000算，一斛粟值20钱，输送到本县；乙县

34 272算，一斛粟值18钱，雇工价1日10钱，到输所70里；丙县19 328算，一斛粟值16钱，雇工价一日5钱，到输所140里；丁县17700算，一斛粟值14钱，雇工价一日5钱，到输所175里；戊县23040算，一斛粟值12钱，雇工价一日5钱，到输所210里；己县19136算，一斛粟值10钱，雇工价一日5钱，到输所280里。六个县共缴纳60 000斛粟作为赋税，都输送到甲县。6个人共同驾一辆车，每辆车载重25斛，载重的车每日行50里，放空的车每日行70里，装卸的时间各1日。粟有贵有贱，雇工各有不同的价钱，按算缴纳钱，使他们的费劳均等。问：各县缴纳的粟是多少？

答：

甲县出粟$18947\dfrac{49}{133}$斛，

乙县出粟$10827\dfrac{9}{133}$斛，

丙县出粟$7218\dfrac{6}{133}$斛，

丁县出粟$6766\dfrac{122}{133}$斛，

戊县出粟$9022\dfrac{74}{133}$斛，

己县出粟$7218\dfrac{6}{133}$斛。

术：以放空的车与载重的车每日行的标准里数相乘，作为法，两者相加，以乘各县到输所的里数，各自作为实，实除以法，得各县到输所的日数。按：此术中载重的车前往。放空的车返回，运输一次要在道上行两次。布置放空的车行1里所用的$\dfrac{1}{70}$日；载重的车行1里所用的$\dfrac{1}{50}$日，将它们齐同。放空的车与载重的车行1里的路，往返用$\dfrac{6}{175}$日。如果用整数表示之，175里的路程，往返用6日。所以将放空的车与载重的车每日行的标准里数相加，是使它们的分子相齐；两者相乘，是使它们的分母相同。对于今有术，各县到输所的里数作为所有数，6作为所求率，175作为所有率，应用今有术，就分别得到各县到输所所用的日数。加装卸的时间各1日，所以得到各县分别用的总日数。而以6人乘之，想知道输送1车到输所所用的人数。又以各县的雇工价分别乘之，想知道输送1车到输所雇工的钱教。除以25斛，想知道输送1斛到输所雇工的钱数。加1斛粟的价钱，则就是输送1斛到输所的费用。加1斛粟的价钱于输送1斛到输所雇工的钱数。则就是各县缴纳1斛粟所需的粟价与雇工所用的总钱数。各以它们除该县的算数作为列衰，今按：甲县的列衰是42，乙县的列衰是24，丙县的列衰是16，丁县的列衰是15，戊县的列衰是20，己县的列衰是16。对于今有术，在旁边将列衰相加作为所有率。未相加的各自作为所求率,作为赋税缴纳的总粟数作为所有数。这是今有术、衰分术的意义。在旁边将它们相加,作为法。以作为赋税缴纳的总粟数乘未相加的,各自作为实。实除以法,得到各县所应缴纳的粟的斛数。分别布置各县所应当出的粟数,以其缴纳1斛的费用乘之,分别除以各县的算数,得到率:每算出$9\frac{3}{133}$钱。又装卸的时间各1日,就是2日。

原文

今有粟七斗,三人分舂之,一人为粝米,一人为粺米,一人为糳米,令米数等。问:取粟、为米各几何?

  答曰:

  粝米取粟二斗一百二十一分斗之一十。

  粺米取粟二斗一百二十一分斗之三十八。

  糳米取粟二斗一百二十一分斗之七十三。

  为米各一斗六百五分斗之一百五十一。

术曰:列置粝米三十,粺米二十七,糳米二十四,而返衰之。此先约三率:粝为十,粺为九,糳为八。欲令米等者,其取粟:粝率十分之一,粺率九分之一,糳率八分之一①。当齐其子,故曰返衰也②。 臣淳风等谨按:米有精粗之异,粟有多少之差。据率,粺、糳少而粝多,用粟,则粺、糳多而粝少。米若依本率之分,粟当倍率③,故今返衰之,使精取多而粗得少。副并为法④。以七斗乘未并者,各自为取粟实。实如法得一斗⑤。于今有术,副并为所有率,未并者各为所求率,粟七斗为所有数,而今有之,故各得取粟也。若求米等者,以本率各乘定所取粟为实,以粟率五十为法,实如法得一斗⑥。若径求为米等数者,置粝米三,用粟五;粺米二十七,用粟五十;糳米十二,用粟二十五。齐其粟,同其米。并齐为法。以七斗乘同为实。所得,即为米斗数⑦。

注释

①粝米率为10,粺米率为9,糳米率为8。欲所取的粟舂出的米相等,那么粝米取粟率为$\frac{1}{10}$,粺米取粟率为$\frac{1}{9}$,糳米取粟率为$\frac{1}{8}$。

②分别以$\frac{1}{10}$,$\frac{1}{9}$,$\frac{1}{8}$为列衰,所以应用返衰术。这需要将列衰应用齐同术,化成$\frac{36}{360}$,

$\frac{40}{360}$，$\frac{45}{360}$。

③此谓依本率，粺米率、糳米率少而粝米率多，若求舂出同等数量的米所用的粟，则粺米、糳米少而粝米多。各种米若按照本率分配，则取粟就背离了各自的率。倍：背离，背弃。《墨子·非儒》："倍本弃事而安怠傲。"

④副并为法：在旁边将返衰相加作为法，即以 $\frac{36}{360}+\frac{40}{360}+\frac{45}{360}=\frac{121}{360}$ 作为法。

⑤此先用返衰术求出粝米、粺米、糳米的取粟数

舂粝米取粟 $=\left(7斗\times\frac{1}{10}\right)\div\frac{121}{360}=2\frac{10}{121}$ 斗，

舂粺米取粟 $=\left(7斗\times\frac{1}{9}\right)\div\frac{121}{360}=2\frac{38}{121}$ 斗，

舂糳米取粟 $=\left(7斗\times\frac{1}{8}\right)\div\frac{121}{360}=2\frac{73}{121}$ 斗。

⑥再求舂出的米数

为米 = 舂粝米取粟 $\times\frac{3}{5}=1\frac{151}{605}$ 斗。

⑦此为刘徽提出的直接求舂出的米的方法

为米 $=7斗\div\left(\frac{5}{3}+\frac{50}{27}+\frac{25}{12}\right)=1\frac{151}{605}$ 斗。

译文

假设有粟7斗，由3人分别舂之：一人舂成粝米，一人舂成粺米，一人舂成糳米，使舂出的米数相等。问：各人所取的粟、舂成的米是多少？

答：

舂粝米者取粟 $2\frac{10}{121}$ 斗，

舂粺米者取粟 $2\frac{38}{121}$ 斗，

舂糳米者取粟 $2\frac{73}{121}$ 斗；

各舂出米 $1\frac{151}{605}$ 斗。

术：布列粝米30，粺米27，糳米24，而对之使用返衰术。此处先约简三个率：粝米为10，粺米为9，糳米为8。如果想使舂出的米数相等，则它们所取的粟；舂成粝米的率是 $\frac{1}{10}$，舂成粺米的率是 $\frac{1}{9}$，舂成糳米的率是 $\frac{1}{8}$，应当使它们的分子相齐，所以叫作返衰术。　　淳风等按：各种米有精粗的不同，所取的粟就有

多少的差别。根据它们的本率，粺米、糳米少而粝米多，而所用的粟，则舂成粺米、糳米取的多而舂成粝米取的少。如果各种米依照它们的本率分配粟，则粟就背离了它们的率，所以现在对之应用返衰术，使舂出精米者取的粟多，而舂出粗米者取的粟少。在旁边将列衰相加作为法。以7斗乘未相加者，各自作为所取粟的实。实除以法，得到各入所取粟的斗数。对于今有术，在旁边将列衰相加作为所有率，未相加者各自作为所求率，7斗粟作为所有数，而应用今有术，所以分别得到所取的粟。如果求相等的米数，以各自的本率分别乘已经确定的所取的粟数，作为实，以粟率50作为法，实除以法，得到米的斗数。如果要直接求舂成的各种米相等的数量，就布置粝米3，用粟是5；粺米27，用粟是50；糳米12，用粟是25。使它们的粟相齐，又使它们的米数相同。将齐相加作为法。以7斗乘同，作为实。实除以法，所得就是舂成的米的斗数。

今有人当禀粟二斛。仓无粟，欲与米一、菽二，以当所禀粟。问：各几何？

答曰：

米五斗一升七分升之三。

菽一斛二升七分升之六。

术曰：置米一、菽二，求为粟之数。并之，得三、九分之八，以为法。亦置米一、菽二，而以粟二斛乘之，各自为实。实如法得一斛①。臣淳风等谨按：置粟率五，乘米一，米率三除之，得一、三分之二，即是米一之粟也；粟率十，以乘菽二，菽率九除之，得二、九分之二，即是菽二之粟也。并全，得三；齐子，并之，得二十四；同母，得二十七，约之，得九分之八。故云"并之，得三、九分之八"。米一菽二当粟三、九分之八，此其粟率也②。于今有术，米一、菽二皆为所求率，当粟三、九分之八为所有率，粟二斛为所有数。凡言率者，当相与通之，则为米九、菽十八，当粟三十五也。亦有置米一、菽二，求其为粟之率，以为列衰。副并为法。以粟乘列衰为实。所得即米一、菽二所求粟也。以米、菽本率而今有之，即合所问③。

注 释

①《九章算术》这里的方法实际上是衰分术的推广：列衰是1，2，但法不是列衰相加1+2，而是米1化为粟的$1\frac{2}{3}$与菽2化为粟的$2\frac{2}{9}$之和：$1\frac{2}{3}+2\frac{2}{9}=3\frac{8}{9}$。因此米数

=（20斗×1）÷3$\frac{8}{9}$=5$\frac{1}{7}$斗，粟数=（20斗×2）÷3$\frac{8}{9}$=10$\frac{2}{7}$斗。

②此是李淳风等提出的解法：用衰分术先分别求出米1，菽2相当的粟：米1相当的粟=（20斗×1$\frac{2}{3}$）÷3$\frac{8}{9}$=$\frac{60}{7}$斗，菽2相当的粟=（20斗×2$\frac{2}{9}$）÷3$\frac{8}{9}$=$\frac{80}{7}$斗。

③李淳风等分别用今有术求出所出的米、菽数：米数=$\frac{60}{7}$斗×$\frac{3}{5}$=5$\frac{1}{7}$斗，菽数=$\frac{80}{7}$斗×$\frac{9}{10}$=10$\frac{2}{7}$斗。显然李淳风等的方法不如原术简捷。

译文

假设应当赐给人2斛粟。但是粮仓里没有粟了，想给他1份米、2份菽，当作赐给他的粟。问：给他的米、粟各多少？

答：

给米5斗1$\frac{3}{7}$升，

给菽1斛2$\frac{6}{7}$升。

术：布置米1、菽2，求出它们变成粟的数量。将它们相加，得到3$\frac{8}{9}$，作为法。又布置米1、菽2，而以2斛粟乘之，各自作为实。实除以法，得米、菽的斛数。

淳风等按：布置粟率5，乘米1，以米率3除之，得到1$\frac{2}{3}$，就是与米1相当的粟；布置粟率10，乘菽2，以菽率9除之，得到2$\frac{2}{9}$，就是与菽2相当的粟。将整数部分相加，得3；使分数的分子相齐，相加，得24；使它们的分母相同，得27，约简之，得$\frac{8}{9}$。所以说"将它们相加，得到3$\frac{8}{9}$"。米1、菽2相当于粟3$\frac{8}{9}$，这就是粟的率。对于今有术，米1、菽2皆作为所求率，相当于粟的3$\frac{8}{9}$作为所有率，粟2斛作为所有数。凡是说到率，都应当互相通达。则就成为米9、菽18，相当于粟35。也可以布置米1、菽2，求它们变为粟的率，作为列衰。在旁边将它们相加，作为法。以粟数乘列衰，作为实。实除以法，所得就是米1、菽2所求出的粟。以米、菽的本率而应用今有术，即符合问题的要求。

原文

今有取佣，负盐二斛，行一百里，与钱四十。今负盐一斛七斗三升少半升，行八十

里。问:与钱几何?

答曰:二十七钱一十五分钱之一十一。

术曰:置盐二斛升数,以一百里乘之为法。按:此术以负盐二斛升数乘所行一百里,得二万里,是为负盐一升行二万里,得钱四十。于今有术,为所有率。以四十钱乘今负盐升数,又以八十里乘之,为实。实如法得一钱①。以今负盐升数乘所行里,今负盐一升凡所行里也。于今有术以所有数②,四十钱为所求率也。衰分章"贷人千钱"与此同③。

注释

①《九章算术》的解法是

(40钱×今负盐升数×80里)÷(2斛升数×100里)

=(40钱×$173\frac{1}{3}$升×80里)÷(200升×100里)=$27\frac{11}{15}$钱。

②以:训"为"。

③刘徽认为负盐2斛行100里,得40钱,相当于负盐1升行20 000里得40钱。而衰分章"贷人千钱"问中,贷人1 000钱30日,得息30钱,相当于贷人30 000钱1日,得息30钱。所以刘徽说两者相同。

译文

假设雇工,背负2斛盐,走100里,付给40钱。现在背负1斛7斗3$\frac{1}{3}$升盐,走80里。问:付给多少钱?

答:27$\frac{11}{15}$钱。

术:布置2斛盐的升数,以100里乘之,作为法。按:此术中以所背负的2斛盐的升数乘所走的100里。得20 000里,这相当于背负1升盐走20 000里,得到40钱。对于今有术,它作为所有率。以40钱乘现在所背负的盐的升数,又以80里乘之,作为实。实除以法,就得到所付给的钱。以现在所背负的盐的升数乘所走的里数,就是现在背负1升盐所走的总里数。对于今有术,就是所有数,40钱就是所求率。衰分章的"贷人千钱"问与此相同。

原文

今有负笼，重一石行百步，五十返。今负笼重一石一十七斤，行七十六步。问：返几何？

答曰：五十七返二千六百三分返之一千六百二十九。

术曰：以今所行步数乘今笼重斤数为法。此法谓负一斤一返所行之积步也。故笼重斤数乘故步，又以返数乘之，为实。实如法得一返①。按：此法，负一斤一返所行之积步；此实者，一斤一日所行之积步。故以一返之课除终日之程，即是返数也。　　臣淳风等谨按：此术，所行步多者，得返少；所行步少者，得返多。然则故所行者，今返率也。故令所得返乘今返之率②，为实，而以故返之率为法，今有术也。按：此负笼又有轻重。于是为术者因令重者得返少，轻者得返多。故又因其率以乘法、实者，重今有之义也。然此意非也。按：此笼虽轻而行有限。笼过重则人力遗，力有遗而术无穷，人行有限而笼轻重不等。使其有限之力随彼无穷之变，故知此术率乖理也。若故所行有空行返数，设以问者，当因其所负以为返率，则今返之数可得而知也。假令空行一日六十里，负重一斛，行四十里。减重一斗进二里半，负重二斗以下③，与空行同。今负笼重六斗，往还行一百步。问：返几何。答曰：一百五十返。术曰：置重行率，加十里，以里法通之，为实。以一返之步为法。实如法而一，即得也。

注释

①《九章算术》的算法是

返数＝（故笼重斤数×故步数×返数）÷（今行步数×今笼重斤数）。

②所得返：指"故所得返"。

③二斗以下：即少于等于二斗。按：《晋书·食货志》云："男女十六已上至六十为正丁，十五已下至十三、六十一已上至六十五为次丁，十二已下、六十六已上为老小，不事。"显然，这里亦就整数论之，十六以上、六十一以上、六十六以上均含十六、六十一、六十六，十五以下、十二以下均含十五、十二。李淳风参加了《晋书》的编写。毫无疑问，在李淳风时代，"二斗以下"应指小于等于二斗。

译文

假设有人背负着竹筐，重1石走100步，50次往返。现在背负的竹筐重1石17斤，走76步。问：往返多少次？

答：往返$57\frac{1\,629}{2\,603}$次。

术：以现在所走的步数乘现在的竹筐重的斤数，作为法。此处的法是说背负1斤1次往返所走的步数。以原来的竹筐重的斤数乘原来走的步数，又以往返的次数乘之，作为实。实除以法，得到现在往返的次数。按：此处的法是背负1斤1次往返所走的步数；此处的实是背负1斤一日所走的步数。所以以一次往返的步数除一日的路程，就是往返的次数。　　淳风等按：此术中，如果所要走的步数多，得到的往返次数就少；所要走的步少，得到的往返次数就多。那么原来所走的步数，就是现在往返次数的率。所以使原来得到的往返次数乘现在的往返次数的率，作为实，而以原来的往返次数的率作为法，这是今有术。按：这里背负的竹筐又有轻重，于是造术的人就令竹筐重的得到往返次数少，竹筐轻的得到往返次数多。所以又根据它们的率乘法与实，这是重今有术的意义。然而这种思路是错误的。按：这里的竹筐即使很轻，而背负着它走的路也是有限的。竹筐即使很重，而人的力量总得有剩余。人的力量有剩余，那么答案就是无穷的。人走的路是有限的，而竹筐的轻重不等。使人们有限的力量的往返次数随着竹筐轻重做无穷的变化，所以知道此术之率是违背数理的。如果原来所走的往返次数有空手的，假设以此提问，则应当根据有背负重物的情况建立往返次数的率，那么现在往返次数是可以知道的。假设空手一日走60里，背负1斛的重物，走40里。重量每减1斗，就递增$2\frac{1}{2}$里，背负重物在2斗以下，与空手走相同。现在背负的竹筐重6斗，往返走100步。问：一日往返多少次？答：往返150次。术：布置背负重物走的率，加10里，以里法通之，作为实。以1次往返的步数作为法。实除以法，就得到答案。

今有乘传委输①，空车日行七十里，重车日行五十里。今载太仓粟输上林②，五日三返。问：太仓去上林几何？

答曰：四十八里一十八分里之一十一。

术曰：并空、重里数，以三返乘之，为法。令空、重相乘，又以五日乘之，为实。实如法得一里③。此亦如上术④，率：一百七十五里之路，往返用六日也。于今有术，则五日为所有数，一百七十五里为所求率，六日为所有率。以此所得，则三返之路。今求一返，当以三约之，因令乘法而并除也⑤。为术亦可置空、重行一里用日之率，以为列衰。副并为法。以五日乘列衰为实。实如法，所

得即各空、重行日数也。各以一日所行以乘，为凡日所行。三返约之，为上林去太仓之数⑥。按⑦：此术重往空还，一输再还道。置空行一里，七十分日之一，重行一里用五十分日之一。齐而同之，空、重行一里之路，往返用一百七十五分日之六⑧。完言之者⑨，一百七十五里之路，往返用六日。故"并空、重"者，并齐也；"空、重相乘"者，同其母也。于今有术，五日为所有数，一百七十五为所求率，六为所有率。以此所得，则三返之路。今求一返者，当以三约之。故令乘法而并除，亦当约之也。

注释

①乘传：乘坐驿车。乘：乘坐。戴震辑录本作"程"，汇校本及其增补版从。今依杨辉本。传zhuàn：驿站或驿站的马车。《左传·成公五年》："梁山崩，晋侯以传召伯宗。"杜预注："传，驿。"李籍云："传，邮。"

②太仓：古代设在京城中的大粮仓。《史记·平准书》："太仓之粟，陈陈相因。"上林：指上林苑，秦汉宫苑，《史记·秦始皇本纪》：秦始皇三十五年，"乃营作朝宫渭南上林苑中。"戴震误认为汉武帝时才有上林苑，云"苍在汉初，何缘预载？"否定张苍删补《九章算术》，便是根据这个问题。

③《九章算术》的算法是

太仓去上林距离＝（空行里数×重行里数×5）÷[（空行里数＋重行里数）×3]。

④上术：指上面的"均赋粟"问，即本章的第4问。

⑤自此注开头至此，是刘徽以今有术阐释《九章算术》的解法，先求出5日所行的距离，而5日共3返故除以3，得1返的里程，即太仓到上林的距离。

⑥自"为术亦可"至此，刘徽又以衰分术求解，由此求出5日中空行与重行分别所用的日数。即空行日数＝$(\frac{1}{70}×5)÷(\frac{1}{70}+\frac{1}{50})=2\frac{1}{12}$日，重行日数＝$(\frac{1}{50}×5)÷(\frac{1}{70}+\frac{1}{50})=2\frac{11}{12}$日。分别以空行、重行1日的里数乘之，得空行、重行3返的里数。除以3，得1返的里数，即太仓到上林的距离。

⑦自此至此注之末，是刘徽进一步解释今有术中所有率、所求率的来源。将这段文字与刘徽在本章凫雁类问题注解中提出的两种齐同方式相对照，不难发现，它与凫雁类注的第二种齐同方式，即同其距离之分，齐其日行，完全一致。可见其为刘徽注是无可怀疑的。

⑧这是以分数表示，所谓"分言之"，空车行1里用$\frac{1}{70}$日，重车行1里用$\frac{1}{50}$日。齐

而同之，空、重车行1里用 $\frac{6}{175}$ 日。

⑨完言之：以整数表示之。就是空、重车行175里往返用6日。

译文

假设由驿乘运送货物，空车每日走70里，重车每日走50里。现在装载太仓的粟输送到上林苑，5日往返3次。问：太仓到上林的距离是多少？

答：$48\frac{11}{18}$ 里。

术：将空车、重车每日走的里数相加，以往返次数3乘之，作为法。使空车、重车每日走的里数相乘，又以5日乘之，作为实。实除以法，得到里数。此术也如上术那样，率：175里的路程。往返用6日。对于今有术，就是5日为所有数，175里为所求率，6日为所有率。由此所得到的，是3次往返的路程。现在求1次往返的路程，应当以3除之，所以以3乘法而一并除。造术亦可以分别布置空车、重车走1里所用的日数之率，作为列衰。在旁边将它们相加作为法。以5日乘列衰作为实。实除以法，所得就是空车、重车分别所走的日数。各以空车、重车1日所走的里数乘之，就是1日所走的总里数。以往返次数3除之。就是上林苑到太仓的距离数。按：此术中重车前往，空车返回，一次输送要在路上走二次。布置空车走1里所用的 $\frac{1}{70}$ 日，重车走1里所用的 $\frac{1}{50}$ 日。将它们齐同，空车、重车走1里的路程，往返1次用 $\frac{6}{175}$ 日。以整数表示之，175里的路程，往返1次用6日。所以"将空车、重车每日走的里数相加"，就是将所齐的分子相加。"使空车、重车每日走的里数相乘"，就是使它们的分母相同。对于今有术，5日为所有数，175为所求率，6为所有率。由此所得到的，是往返3次的路程。现在求往返1次的路程，应当以3除之。所以以3乘法而一并除，这也相当于以3除之。

原文

今有络丝一斤为练丝一十二两，练丝一斤为青丝一斤一十二铢。今有青丝一斤，问：本络丝几何？

答曰：一斤四两一十六铢三十三分铢之一十六。

术曰：以练丝十二两乘青丝一斤一十二铢为法。以青丝一斤铢数乘练丝一斤两数，又以络丝一斤乘，为实。实如法得一斤①。按：练丝一斤为青丝一斤十二铢，此练率三百八十四，青率三百九十六也②。又，络丝一斤为练丝十二两，此络率十六，练率十二也③。置今有青丝一斤，以练率三百八十四乘之，为实，实如青丝率三百九十六而一。所得，青丝一斤，练丝之数也④。又以络率十六乘之，所得为实，以练率十二为法，所得，即练丝用络丝之数也⑤。是谓重今有也⑥。虽各有率，不问中间⑦。故令后实乘前实，后法乘前法而并除也⑧。故以练丝两数为实，青丝铢数为法⑨。一曰⑩：又置络丝一斤两数与练丝十二两，约之，络得四，练得三，此其相与之率⑪。又置练丝一斤铢数与青丝一斤一十二铢，约之，练得三十二，青得三十三，亦其相与之率⑫。齐其青丝、络丝，同其二练，络得一百二十八，青得九十九，练得九十六，即三率悉通矣⑬。今有青丝一斤为所有数，络丝一百二十八为所求率，青丝九十九为所有率⑭。为率之意犹此，但不先约诸率耳⑮。凡率错互不通者，皆积齐同用之⑯。放此，虽四五转不异也⑯。言"同其二练"者，以明三率之相与通耳，于术无以异也。又一术⑱：今有青丝一斤铢数乘练丝一斤两数，为实，以青丝一斤一十二铢为法，所得，即用练丝两数。以络丝一斤乘，所得为实，以练丝十二两为法，所得即用络丝斤数也⑲。

 注 释

①《九章算术》的方法是

络丝=[（青丝384铢×练丝16两）×络丝1斤]÷（练丝12两×青丝396铢）=1斤4两16$\frac{16}{33}$铢。

②刘徽先求出练、青的率关系：练：青=384：396。

③刘徽又求出络、练的率关系：络：练=16：12。

④所得，青丝一斤，练丝之数：刘徽应用今有术，求出青丝1斤用练丝数=青丝1斤×384÷396。"练丝之数"前省"得"字。

⑤刘徽又一次应用今有术，求出练丝用络丝数=用练丝数×16÷12。

⑥重今有：双重今有术。因为两次应用今有术，故名。显然它与《九章算术》的方法是不同的。

⑦虽各有率，不问中间：虽然诸物各自有率，但是没有问中间的物品。

⑧故令后实乘前实，后法乘前法而并除：所以使后面的实乘前面的实，后面的法乘前面的法而一并除。将两次今有术连接起来，就是

用络丝数=用练丝数×16÷12=（青丝1斤×384÷396）×16÷12=

（青丝1斤×384×16）÷（396×12）。

最后一个等号后面是将上述两次今有术中的二实相乘作为实,二法相乘作为法。

⑨故以练丝两数为实,青丝铢数为法:所以练丝以两数形成实,青丝以铢数形成法。

⑩一曰:一种方法说。这是刘徽提出"三率悉通"的方法。

⑪刘徽先求出络丝与练丝的相与之率,即络:练=16:12=4:3。

⑫刘徽又求出青丝与练丝的相与之率,即青:练=396:384=33:32。

⑬三率悉通:通过齐其青丝、络丝,同其二练,使络丝、练丝、青丝三率都互相通达。即使二练同于96,青丝与其相齐,得99,络丝与其相齐,得128,则

络:练:青=128:96:99。

⑭刘徽一次应用今有术,直接由青丝求出络丝

络丝=青丝1斤×128÷99。

⑮为率之意犹此,但不先约诸率耳:前面(注文的第一段)形成率的意图也是这样,但不先约简诸率而已。

⑯皆积齐同用之:都可以多次应用齐同术。积:多,多次。《周礼·地官·遗人》:"掌邦之委积,以待施惠。"郑玄注:"少曰委,多曰积。"

⑰虽四五转不异也:即使是四五次转换,也没有什么不同。

⑱又一术:又一种方法。这是对《九章算术》术文的阐释。

⑲这是先求出青丝1斤用练丝的两数

练丝两数=(青丝1斤铢数×练丝1斤两数)÷青丝1斤12铢。

再求出练丝所用络丝数

络丝=(用练丝两数×络丝1斤)÷练丝12两=[(青丝1斤铢数×练丝1斤两数)×络丝1斤]÷(练丝12两×青丝1斤12铢)。

假设1斤络丝练出12两练丝,1斤练丝练出1斤12铢青丝。现在有1斤青丝,问:络丝原来有多少?

答:1斤4两16$\frac{16}{33}$铢。

术:以练丝12两乘青丝1斤12铢,作为法。以青丝1斤的铢数乘练丝1斤的两数,又以络丝1斤乘之,作为实。实除以法,就得到络丝的斤数。按:1斤练丝练出1斤12铢青丝,这就是练丝率为384,青丝率为396。又,1斤络丝练出12两练丝,这就是络丝率为16,练丝率为12。布置现有的1斤青丝,以练丝率384乘之,作为实。实除以青丝率396。所得到的就是1斤青丝所用的练丝之数。又以络丝率16乘之,以所得作为实,以练丝率12作为法,所得到的就是练丝所用的络丝之

数。这称为重今有术。虽然诸物各自都有率,但是没有问中间的物品。所以使后面的实乘前面的实,后面的法乘前面的法而一并除。所以练丝以两数形成实,青丝以铢数形成法。一术:又布置络丝1斤的两数与练丝12两,将之约简,络丝得4,练丝得3,这就是它们的相与之率。又布置练丝1斤的铢数与青丝1斤12铢,将之约简,练丝得32,青丝得33,也是它们的相与之率。使其中的青丝率、络丝率分别相齐,使其中练丝的二种率相同,得到络丝率128,青丝率99,练丝率96,则三种率都互相通达了。以现有的青丝1斤作为所有数,络丝率128作为所求率,青丝率99作为所有率。前面形成率的意图也是这样,但不先约简诸率而已。凡是诸率错互不相通达的,都可以多次应用齐同术。仿照这种做法,即使是转换四五次,也没有什么不同。说"使其中练丝的二种率相同",是为了明确三种率的相与通达,对于各种术没有不同。又一术:现有青丝1斤的铢数乘练丝1斤的两数,作为实,以青丝1斤12铢作为法,实除以法,所得到的就是用练丝的两数。以络丝1斤乘之,所得作为实,以练丝12两作为法,实除以法,所得到的就是用络丝的斤数。

原文

今有恶粟二十斗①,舂之,得粝米九斗。今欲求粺米一十斗,问:恶粟几何?

答曰:二十四斗六升八十一分升之七十四。

术曰:置粝米九斗,以九乘之,为法。亦置粺米十斗,以十乘之,又以恶粟二十斗乘之,为实。实如法得一斗②。按:此术置今有求粺米十斗,以粝米率十乘之,如粺率九而一,即粺化为粝③。又以恶粟率二十乘之,如粝率九而一,即粝亦化为恶粟矣④。此亦重今有之义。为术之意,犹络丝也。虽各有率,不问中间。故令后实乘前实,后法乘前法,而并除之也。

注 释

①恶粟:劣等的粟。恶:劣等。李籍云:"不善也。"

②《九章算术》的方法是

恶粟=[(粺米10斗×10)×恶粟20斗]÷(粝米9斗×9)。

③刘徽先应用今有术由10斗粺米求出粝米。即粝米=10斗×10÷9=$\dfrac{100}{9}$斗。

④刘徽又应用今有术由$\dfrac{100}{9}$斗粝米求出恶粟。即恶粟=$\dfrac{100}{9}$斗×20÷9=$\dfrac{100}{9}$=$\dfrac{2000}{81}$

斗=24斗6$\frac{74}{81}$升。

译文

假设有20斗粗劣的粟，舂成粺米，得到9斗。现在想得到10斗粺米，问：需要粗劣的粟多少？

答：24斗6$\frac{74}{81}$升。

术：布置9斗粝米，乘以9，作为法。又布置10斗粺米，乘以10，又乘以20斗粗劣的粟，作为实。实除以法，就得到粗劣粟的斗数。按：此术中，布置现在想得到的10斗粺米，乘以粝米率10，除以粺米率9，则粺米化为了粝米。又乘以恶粟率20，除以粝米率9，则粝米也化为了粗劣的粟。这也是重今有术的意义。造术的意图，如同络丝问。虽然各自都有率，却不考虑中间的物品。所以使后面的实乘前面的实，后面的法乘前面的法而一并除。

原文

今有善行者行一百步，不善行者行六十步。今不善行者先行一百步，善行者追之。问：几何步及之？

答曰：二百五十步。

　　术曰：置善行者一百步，减不善行者六十步，余四十步，以为法。以善行者之一百步乘不善行者先行一百步①，为实。实如法得一步②。按：此术以六十步减一百步，余四十步，即不善行者先行率也；善行者行一百步，追及率。约之，追及率得五，先行率得二。于今有术，不善行者先行一百步为所有数，五为所求率，二为所有率，而今有之，得追及步也③。

今有不善行者先行一十里，善行者追之一百里，先至不善行者二十里。问：善行者几何里及之？

答曰：三十三里少半里。

　　术曰：置不善行者先行一十里，以善行者先至二十里增之，以为法。以不善行者先行一十里乘善行者一百里，为实。实如法得一里④。按：此术不善行者既先行一十里，后不及二十里，并之，得三十里也，谓之先行率。善行者一百里为追及率。约之，先行率得三，三为所有率，而今有之，即得也⑤。其意如上术也。

今有兔先走一百步⑥，犬追之二百五十步，不及三十步而止。问：犬不止，复行几何步及之?

答曰：一百七步七分步之一。

术曰：置兔先走一百步，以犬走不及三十步减之，余为法。以不及三十步乘犬追步数，为实。实如法得一步⑦。按：此术以不及三十步减先走一百步，余七十步，为兔先走率。犬行二百五十步为追及率。约之，先走率得七，追及率得二十五。于今有术，不及三十步为所有数，二十五为所求率，七为所有率，而今有之，即得也⑧。

注 释

①此下三问都是追及问题，都比较简单，我们作为一组。

②《九章算术》的方法是

追及之步数=（善行者100步×不善行者先行100步）

÷（善行者100步-不善行者60步）=250步。

③刘徽求出不善行者的先行率和善行者的追及率，分别作为所求率与所有率，不善行者先行100步作为所有数，以今有术解此问，则先行率是善行者与不善行者的单位时间的行程之差100步-60步=40步。追及率就是善行者的行程100步。因此追及率：先行率=100步：40步=5：2，于是

追及之步数=不善行者先行100步×5÷2=250步。

④《九章算术》的方法是

追及里数=（不善行者先行10里×善行者追之100里）÷

（不善行者先行10里+善行者先至20里）=$33\frac{1}{3}$里。

⑤刘徽求出不善行者的先行率和善行者的追及率，分别作为所有率与所求率，不善行者先行10里作为所有数，以今有术解此问，则先行率是不善行者先行10里与后不及20里之和10里+20里=30里，追及率就是善行者追之100里。因此追及率：先行率=100里：30里=10：3，于是

追及里数=不善行者先行10里×10÷3=$33\frac{1}{3}$里。

⑥走：跑。《韩非子·五蠹》："兔走触株，折颈而死。"而"行"则是今之"走"。《墨子·公输》："行十日十夜而至于郢。"

⑦《九章算术》的方法是

复行步数=（犬追250步×不及30步）÷（兔先走100步-不及30步）=$107\frac{1}{7}$步。

⑧刘徽求出兔的先走率和犬的追及率,分别作为所有率与所求率,犬不及30步作为所有数,以今有术解此问,则先走率是兔走100步与不及30步之差100步－30步=70步,追及率就是犬行250步,因此追及率:先走率=250步:70步=25:7,于是

$$复行步数=不及30步 \times 25 \div 7 = 107\frac{1}{7}步.$$

按:王孝通《缉古算术》第一问注云:"今按:《九章》均输篇有犬追兔术,与此相似。彼问:犬走一百步,兔走七十步。令兔先走七十五步,犬始追之,问:几何步追及?

答曰:二百五十步追及。

彼术曰:以兔走减犬走,余者为法。又以犬走乘兔先走为实。实如法而一,即得追及步数。"

译文

假设善于行走者走100步,不善于行走者走60步。现在不善于行走者先走了100步,善于行走者才追赶他。问:走多少步才能追上他?

答:250步。

术曰:布置善于行走者走的100步,减去不善于行走者走的60步,余40步,作为法。以善于行走者走的100步乘不善于行走者先走的100步,作为实。实除以法,得到追及的步数。按:此术中以60步减100步,余40步,就是不善于行走者的先行率;善于行走者走的100步,就是追及率。约简之。追及率得5。先行率得2。对于今有术,不善于行走者先走的100步作为所有数,5作为所求率,2作为所有率,而对其应用今有术,便得到追及的步数。

假设不善于行走者先走10里,善于行走者追赶了100里,比不善于行走者先到20里。问:善于行走者走多少里才能追上他?

答:$33\frac{1}{3}$里。

术:布置不善于行走者先走的10里,加上善于行走者先到的20里,作为法。以不善于行走者先走的10里乘善于行走者走的100里,作为实。实除以法,得到追上的里数。按:此术中不善于行走者已先走了10里,后来又比善行走者落后20里,将它们相加,得到30里,称为先行率。善于行走者的100里作为追及率。约简它们,先行率得3,3作为所有率,而对之应用今有术,就得到追上的里数。其思路如同上一术。

假设野兔先跑100步,狗追赶了250步,差30步没有追上而停止了。问:如果狗不停止,再追多少步能追上?

答:$107\frac{1}{7}$步。

术：布置野兔先跑的100步，以狗追的差30步减之，余数作为法。以差的30步乘狗追的步数，作为实。实除以法，得到为了追上应再跑的步数。按：此术中以狗差的30步减野兔先跑的100步，余数是70步，作为野兔的先走率。狗追的250步作为追及率。约简它们，先走率得7，追及率得25。对于今有术，差的30步作为所有数，25作为所求率，7作为所有率，而对之应用今有术，就得到再追的步数。

原文

今有人持金十二斤出关。关税之，十分而取一。今关取金二斤，偿钱五千。问：金一斤值钱几何？

　　　　答曰：六千二百五十。

术曰：以一十乘二斤，以十二斤减之，余为法。以一十乘五千，为实。实如法得一钱①。按：此术置十二斤，以一乘之，十而一，得一斤五分斤之一，即所当税者也。减二斤，余即关取盈金。以盈除所偿钱，即金直也②。今术既以十二斤为所税，则是以十为母，故以十乘二斤及所偿钱，通其率。于今有术，五千钱为所有数，十为所求率，八为所有率，而今有之，即得也③。

注释

①《九章算术》的方法是

　　1斤金值钱=（偿钱5 000钱×10）÷（关取2斤×10-持金12斤）=6 250钱。

②此为刘徽提出的新方法，应当向关卡缴税的金为12斤×$\frac{1}{10}$，关卡多取的金为关取2斤-税金12斤×$\frac{1}{10}$，因此

1斤金值钱=偿钱5 000钱÷（关取2斤-税金12斤×$\frac{1}{10}$）=6 250钱。

③刘徽以今有术解此问，应当缴税12斤×$\frac{1}{10}$=$\frac{12}{10}$，多缴2-$\frac{12}{10}$=$\frac{18}{10}$，所以偿钱5 000钱为所有数，10为所求率，8为所有率，即

1斤金值钱=偿钱5 000钱×10÷8=6 250钱。

译文

假设有人带着12斤金出关卡。关卡对之征税，税率是$\frac{1}{10}$。现在关卡收取2斤金，而

偿还5 000钱。问：1斤金值多少钱？

答：6 250钱。

术：以10乘2斤，以12斤减之，余数作为法。以10乘5 000钱，作为实。实除以法，得1斤金值的钱。按：此术中布置12斤，乘以1，除以10，得$1\frac{1}{5}$斤，就是作为税款应当缴纳的金。以它减2斤，余数就是关卡多取的金。以多取的金除关卡所偿还的钱，就是1斤金所值的钱。现在术文既然以12斤为所应当缴税的金，则是以10作为分母，所以以10乘2斤及所偿还的钱，通达它们的率。对于今有术，5 000钱为所有数，10为所求率，8为所有率，而对之应用今有术，便得到1斤金所值的价钱。

原文

今有客马，日行三百里。客去忘持衣。日已三分之一，主人乃觉。持衣追及与之而还；至家视日四分之三。问：主人马不休，日行几何？

答曰：七百八十里。

术曰：置四分日之三，除三分日之一，按：此术"置四分日之三，除三分日之一"者，除，其减也①。减之余，有十二分之五，即是主人追客还用日率也②。半其余，以为法③。去其还，存其往。率之者，子不可半，故倍母，二十四分之五，是为主人与客均行用日之率也④。副置法，增三分日之一。法二十四分之五者，主人往追用日之分也。三分之一者，客去主人未觉之前独行用日之分也。并连此数得二十四分日之十三，则主人追及前用日之分也。是为客人与主人均行用日率也⑤。然则主人用日率者，客马行率也；客用日率者，主人马行率也。母同则子齐，是为客马行率五，主人马行率十三。于今有术。三百里为所有数，十三为所求率，五为所有率，而今有之，即得也⑥。以三百里乘之，为实⑦。实如法，得主人马一日行⑧。欲知主人追客所行里者，以三百里乘客用日分子十三，以母二十四而一⑨，得一百六十二里半。以此乘客马与主人均行日分母二十四，如客马与主人均行用日分子五而一，亦得主人马一日行七百八十里也⑩。

注释

①除：在《九章算术》及其刘徽注中有二义：一是除法之除，一是减。其：裴学海《古书虚字集释》卷五："'其'，犹'为'也。"

②刘徽以今有术解此问。从 $\frac{1}{3}$ 日时主人发觉客人忘持衣到主人追客还的 $\frac{3}{4}$ 日，用日为 $\frac{3}{4} - \frac{1}{3} = \frac{5}{12}$，是主人追客还用日率。

③《九章算术》以 $\frac{1}{2} \times \frac{5}{12} = \frac{5}{24}$ 作为法。

④刘徽认为作为率，分子不能再除以2。所以将分母加倍。$\frac{5}{24}$ 是主人与客人共同行走的用日率，也就是主人追客用口率。

⑤刘徽认为，$\frac{5}{24}$ 加主人发觉前的 $\frac{1}{3}$，$\frac{5}{24} + \frac{1}{3} = \frac{13}{24}$ 是主人追及前客人用日率。因此

主人用日率：客人用日率$= \frac{5}{24} : \frac{13}{24} = 5 : 13$。

⑥刘徽指出，主人用日率就是客马行率，客用日率就是主马行率，亦即主马行率：客马行率=13:5。主马行率为所有率，客马行率为所求率，300里作为所有数。应用今有术，则

主马日行里=300里×5÷13=780里。

⑦《九章算术》以300里乘$\left(\frac{5}{24} + \frac{1}{3} \right)$作为实。

⑧《九章算术》的方法是

主马日行里=300里×$\left[\frac{1}{2}\left(\frac{3}{4} - \frac{1}{3}\right) + \frac{1}{3} \right] \div \frac{1}{2}\left(\frac{3}{4} - \frac{1}{3}\right)$ =780里。

⑨以：训如。

⑩刘徽给出求主马日行里的另一种方法。先求出主人追客所行里，也就是主人追上客人之前客人所行里。客人用日 $\frac{13}{24}$ 日，日行300里，故所行里为300里×$\frac{13}{24}$=$162\frac{1}{2}$里。主人行$162\frac{1}{2}$里用$\frac{5}{24}$日，所以

主马日行里=$162\frac{1}{2}$里÷$\frac{5}{24}$=$162\frac{1}{2}$里×24÷5=780里。

译文

假设客人的马每日行走300里。客人离去时忘记拿自己的衣服。已经过了 $\frac{1}{3}$ 日时，主人才发觉。主人拿着衣服追上客人，给了他衣服，回到家望望太阳，已过了 $\frac{3}{4}$ 日。问：如果主人的马不休息，一日行走多少里？

答：780里。

术：布置 $\frac{3}{4}$ 日，除 $\frac{1}{3}$ 日，按：此术中，"布置 $\frac{3}{4}$ 日，除 $\frac{1}{3}$ 日"——除，就

是减。减的余数是 $\frac{5}{12}$，就是主人追上客人及返回家的用日率。取其余数的 $\frac{1}{2}$，作为法。这是减去主人返回家的时间，留下他追赶的时间。谈到率，分子不可以再取其半，所以将分母加倍，成为 $\frac{5}{24}$，这就是主人与客人的马同时行走所用日之率。在旁边布置法，加 $\frac{1}{3}$。法是 $\frac{5}{24}$，这是主人追及客人所用日之分数。$\frac{1}{3}$ 是客人走了主人未发觉之前单独行走用日之分数。将此二数相加，得 $\frac{13}{24}$ 日，则就是主人追上之前用日之分数。这是客人与主人同时行走的用日率。那么主人的用日率，就是客人马的行率；客人的用日率，就是主人马的行率。分母相同就要使分子相齐。这就是客人马的行率5，主人马的行率13。对于今有术，300里为所有数，13为所求率，5为所有率，而对之应用今有术。即得到主人马一日行走的里数。以300里乘之，作为实。实除以法，得到主人马一日行走的里数。如果想知道主人追上客人所行走的里数，就以300里乘客人用日的分子13，除以分母24。得162$\frac{1}{2}$里。以此乘客人与主人的马同时行走日的分母24。除以客人与主人的马同时行走用日的分子5，也得到主人的马行走一日为780里。

今有金箠①，长五尺。斩本一尺，重四斤；斩末一尺，重二斤。问：次一尺各重几何？

答曰：

末一尺重二斤，

次一尺重二斤八两，

次一尺重三斤，

次一尺重三斤八两，

次一尺重四斤。

术曰：令末重减本重，余，即差率也。又置本重，以四间乘之，为下第一衰。副置，以差率减之，每尺各自为衰②。按：此术五尺有四间者，有四差也。今本末相减，余即四差之凡数也。以四约之，即得每尺之差，以差数减本重，余即次尺之重也。为术所置，如是而已③。令此率以四为母，故令母乘本为衰，通其率也④。亦可置末重，以四间乘之，为上第一衰。以差重率加之⑤，为次下衰也⑥。副置下第一衰，以为法。以本重四斤遍乘列衰，各自为实。实如法得一斤⑦。以下第一衰为法，以本重乘其分母之数，而又返此率乘本重，为实。一乘一除，势无损益，故惟本存焉⑧。众衰相推率，则其余可知也。亦可副置末衰为法，而

以末重二斤乘列衰为实⑨。此虽迂回，然是其旧，故就新而言之也⑩。

注 释

①箠：马鞭，杖，刑杖。司马迁《报任少卿书》："关木索被箠楚受辱。"李善注引《汉书》曰："箠长五尺。"李籍云：箠，"策也。"

②《九章算术》先求出各尺重的列衰。记各尺重a_i，i=1，2，3，4，5，a_1-a_5称为差率，则列衰就是

$a_1:a_2:a_3:a_4:a_5=4a_1:[4a_1-(a_1-a_5)]:$

$[4a_1-2(a_1-a_5)]:[4a_1-3(a_1-a_5)]:4a_5$。

其中$a_1=4$斤，$a_5=2$斤，$a_1-a_5=2$斤，所以列衰为

$a_1:a_2:a_3:a_4:a_5=16:14:12:10:8$。

③刘徽提出更简单的方法，a_1-a_5是各尺重的总差数，$\frac{1}{4}(a_1-a_5)$是相邻两尺重之差，即公差。记各尺重A_i，i=1，2，3，4，5，那么各尺重依次是$A_1=a_1$，$A_2=a_1-\frac{1}{4}(a_1-a_5)$，$A_3=a_1-\frac{2}{4}(a_1-a_5)$，$A_4=a_1-\frac{3}{4}(a_1-a_5)$，$A_5=a_5$。将$a_1=4$斤，$a_5=2$斤代入，即得到答案。

④刘徽指出，《九章算术》的方法就是上述方法中以分母4将各数通之，求出列衰。

⑤差重率：就是差率。

⑥《九章算术》的方法是以本重为始，减差率。这里提出，也可以从末重开始，加差率。

⑦《九章算术》在求出各尺的列衰之后，以第一衰$4a_1$作为法，以本重a_1乘诸列衰，作为实，实除以法，即求出各尺重。即

$A_i=a_1a_i÷4a_1$，　　i=1，2，3，4，5。

⑧在《九章算术》的方法中，对本重而言，以第一衰为法，法与衰相等，故一乘一除无损益，仍是本重。

⑨刘徽认为，亦可从末重开始计算，以末衰a_5为法，以末重a_5乘列衰，作为实。

⑩刘徽总结他的注，指出：《九章算术》的方法迂回曲折，所以提出新的方法。

译 文

假设有一根金箠，长5尺。斩下本1尺，重4斤；斩下末1尺，重2斤。问：每1尺的重量各是多少？

答：

末1尺，重量2斤；

下1尺，重量2斤8两；

下1尺，重量3斤；

下1尺，重量3斤8两；

本1尺，重量4斤。

术曰：使末1尺的重量减本1尺的重量，余数就是差率。又布置本1尺的重量，以间隔4乘之，作为下第一衰。将它布置在旁边，逐次以差率减之，就得到每尺各自的衰。按：此术中，5尺有4个间隔，就是有4个差。现在将本末的重量相减，余数就是4个差的总数也。以4除之，就得到每尺之差，以这个差数减本1尺的重量，余数就是下1尺的重量。造术的意图，不过如是而已。现在此率以4为分母，所以使分母乘本1尺的重量作为衰，是为了将它们的率通达。也可以布置末1尺的重量，以间隔4乘之，作为上第一衰。逐次以重量的差率加之，就得到下面每尺的衰。在旁边布置下第一衰，作为法。以本1尺的重量4斤乘全部列衰，各自作为实。实除以法，就得到各尺的斤数。以下第一衰作为法，以本1尺的重量乘它的分母，而反过来以此率乘本1尺的重量，作为实。一乘一除，其态势既不减小也不增加，所以只有原本的数保存下来。以诸衰互相推求作为率，则其余各尺的重量可以知道。也可以在旁边布置末1尺的衰作为法，而以末1尺的重量2斤乘列衰作为实。这种方法虽然迂回，然而是原来的，所以用新的方法表示之。

今有五人分五钱，令上二人所得与下三人等。问：各得几何？

答曰：

甲得一钱六分钱之二，

乙得一钱六分钱之一，

丙得一钱，

丁得六分钱之五，

戊得六分钱之四。

术曰：置钱，锥行衰①。按：此术锥行者，谓如立锥：初一、次二、次三、次四、次五，各均为一列者也。并上二人为九，并下三人为六。六少于九，三。数不得等，但以五、四、三、二、一为率也。以三均加焉②。副并为法。以所分钱乘未并者，各自为实。实如法得一钱③。此问者，令上二人与下三人等。上、下部差一人，其差三。均加上部，则得二三；均加下部，则得三三。上、下部犹差一人，差得三。以通于本率，即上、下部等也。于今有术，副并为所有率，未并

者各为所求率，五钱为所有数，而今有之，即得等耳。假令七人分七钱，欲令上二人与下五人等，则上、下部差三人。并上部为十三，下部为十五。下多上少，下不足减上，当以上、下部列差而后均减，乃合所问耳④。此可放下术，令上二人分二钱半为上率，令下三人分二钱半为下率，上、下二率以少减多，余为实。置二人、三人各半之，减五人，余为法，实如法得一钱⑤，即衰相去也。下衰率六分之五者，丁所得钱数也⑥。

注 释

①锥行衰：就是排列成锥形的列衰。李籍云："锥行衰者，下多上少，如立锥之形。"行háng：行列。

②排列成锥形的列衰，先设它们是5，4，3，2，1。上2人的和是9，下3人的和是6，不相等。下3人之和少3，而人数多1。因此，每个都加上3，以8，7，6，5，4，作为列衰，便做到上2人与下3人的列衰之和相等。

③《九章算术》以衰分术求解。即列衰相加8+7+6+5+4=30作为法，则甲分得钱=5钱×8÷30=$1\frac{2}{6}$钱，乙分得钱=5钱×7÷30=$1\frac{1}{6}$钱，丙分得钱=5钱×6÷30=1钱，丁分得钱=5钱×5÷30=$\frac{5}{6}$钱，戊分得钱=5钱×8÷30=$\frac{4}{6}$钱。

④刘徽在此举出一个与《九章算术》的例题相反的例子：按锥行衰，下部之和多于上部之和。刘徽提出以列差均减求列衰的方法。"列差"就是上下部之和的差除以上下部项数之差。设上部之和为S_1，项数为m_1，下部之和为S_2，项数为m_2，则列差为$\frac{S_1-S_2}{m_1-m_2}$。实际上这是一个普遍方法，对任何锥行衰的情况，以$\frac{S_1-S_2}{m_1-m_2}$均减，都可以使上下部相等。

⑤刘徽在此以下九节竹问的方法求出各人钱数之差。设总钱数为S，上部m_1人，下部m_2人，则相邻二人钱数之差为$\left|\frac{S}{2}\div m_1-\frac{S}{2}\div m_2\right|\div\frac{m_1+m_2}{2}=\frac{S|m_1-m_2|}{mn|m_1+m_2|}$。五人分五钱问二人钱数之差是$\frac{1}{6}$。

⑥丁在下3人中居中，所得应是下3人的平均数，因此应分$2\frac{1}{2}$钱÷3=$\frac{5}{6}$钱。

译 文

假设有5个人分配5钱，使上部2人所分得的钱与下部3人的相等。问：各分得多少钱？

答：

甲分得$1\frac{2}{6}$钱,

乙分得$1\frac{1}{6}$钱,

丙分得1钱,

丁分得$\frac{5}{6}$钱,

戊分得$\frac{4}{6}$钱。

术：布置钱数，按锥形将诸衰排列成一行。按：此术中，按锥形排列成一行，是说像锥形那样立起来：自下而上是1，2，3，4，5，都均匀地排成一列。将上部2人的衰相加为9，将下部3人的衰相加为6。6比9少3。诸衰的数值不能相等，只是以5，4，3，2，1建立率。以3均等地加诸衰。在旁边将它们相加作为法。以所分的钱乘未相加的衰，各自作为实。实分别除以法，得到各人分得的钱数。提问的人要使上二人分得的钱与下3人的相等。现在上、下部相差1人，两者诸衰之和相差3。将差3均等地加到上部诸衰上，即加2个3；均等地加到下部诸衰上，即加3个3。上、下部还是差1人，诸衰之差仍然得3。以3使原来的率相通，则上、下部诸衰之和相等。对于今有术，在旁边将它们相加为所有率，没有相加的衰各自作为所求率，5钱作为所有数，而对之应用今有术，就得到上2人与下3人分得的钱相等的结果。假设7个人分配7钱，想使上部2人分得的钱与下部5人的相等，则上、下部相差3人。将上部诸衰相加为13，下部诸衰相加为15。下部的多，上部的少，下部的不能减上部的，应当求出上、下部的列差而后均等地减诸衰，才符合所提出的问题。此也可以仿照下面九节竹问的术：使上部2人分$2\frac{1}{2}$钱，作为上率，使下部3人分$2\frac{1}{2}$钱作为下率，上、下二率以少减多，余数作为实。布置2人、3人，各取其$\frac{1}{2}$，以减5人，余数作为法，实除以法，得钱数，就是诸衰的公差。下部诸衰的平率$\frac{5}{6}$，就是丁所分得的钱数。

今有竹九节，下三节容四升，上四节容三升。问：中间二节欲均容^①，各多少？

答曰：

下初，一升六十六分升之二十九；

次，一升六十六分升之二十二；

次，一升六十六分升之一十五；

次，一升六十六分升之八；

次，一升六十六分升之一；

次，六十六分升之六十；

次，六十六分升之五十三；

次，六十六分升之四十六；

次，六十六分升之三十九。

术曰：以下三节分四升为下率[2]，以上四节分三升为上率[3]。此二率者，各其平率也[4]。上、下率以少减多，余为实[5]。按。此上、下节各分所容为率者，各其平率。"上、下以少减多"者，余为中间五节半之凡差，故以为实也[6]。置四节、三节，各半之，以减九节，余为法。实如法得一升[7]，即衰相去也[8]。按：此术法者，上、下节所容已定之节，中间相去节数也，实者，中间五节半之凡差也。故实如法而一，则每节之差也。下率一升少半升者，下第二节容也[9]。一升少半升者，下三节通分四升之平率。平率即为中分节之容也。

注释

①均容：即各节自下而上均匀递减。这实际上是一个等差数列的问题。

②下率：下三节所容的平均值。即 $4升 \div 3 = \frac{4}{3}升$。

③上率：上四节所容的平均值。即 $3升 \div 4 = \frac{3}{4}升$。

④刘徽认为下率 $\frac{4}{3}$ 升是下3节容积的平均值，即中间一节也就是下第二节的容积；上率 $\frac{3}{4}$ 升是上4节容积的平均值，即上第一节半至第二节半的容积，所以刘徽称为"平率"或简称"平"。

⑤《九章算术》以 $\frac{4}{3}升 - \frac{3}{4}升 = \frac{7}{12}升$ 作为实。

⑥刘徽认为 $\frac{4}{3}升 - \frac{3}{4}升 = \frac{7}{12}升$ 是中间9节 $- (\frac{4}{2} + \frac{3}{2})$ 节 $= 5\frac{1}{2}$ 节的总差，所以作为实。

⑦《九章算术》以9节 $- (\frac{4}{2} + \frac{3}{2})$ 节 $= \frac{11}{2}$ 节 $= 5\frac{1}{2}$ 节作为法。实除以法，$\frac{7}{12}升 \div \frac{11}{2} = \frac{7}{66}升$。

⑧ $\frac{7}{66}$ 升是相去衰，即各节容积之差，也就是这个等差数列的公差。

⑨下率 $\frac{4}{3}$ 升是下第二节的容积，由此利用各节的相去衰 $\frac{7}{66}$ 升即可求出各节的容积。

假设有一支竹,共9节,下3节的容积是4升,上4节的容积是3升。问:如果想使中间2节的容积均匀递减,各节的容积是多少?

答:

下第一节是 $1\frac{29}{66}$ 升,

次一节是 $1\frac{22}{66}$ 升,

次一节是 $1\frac{15}{66}$ 升,

次一节是 $1\frac{8}{66}$ 升,

次一节是 $1\frac{1}{66}$ 升,

次一节是 $\frac{60}{66}$ 升,

次一节是 $\frac{53}{66}$ 升,

次一节是 $\frac{46}{66}$ 升,

次一节是 $\frac{39}{66}$ 升。

术:以下3节平分4升,作为下率,以上4节平分3升,作为上率。此二率分别是上4节、下3节的平均率。上率、下率以少减多,余数作为实。按:此处上4节、下3节分别平分其容积所形成的率,各是它们的平均率。"上率、下率以少减多"。

余数就是中间 $5\frac{1}{2}$ 节之总差,所以作为实。布置4节、3节,各取其 $\frac{1}{2}$,以它们减9节,余数作为法。实除以法,求得的升数,就是诸衰之差。按:此术中,法就是上4节、下3节中其容积已经确定的节之中间相距的节数,实就是中间 $5\frac{1}{2}$ 节之总差。所以实除以法,就是每节之差。下率 $1\frac{1}{3}$ 升者,就是下第二节的容积。

$1\frac{1}{3}$ 升是下3节一起分4升之平均率。平均率就是中间这一节的容积。

今有凫起南海①,七日至北海;雁起北海,九日至南海。今凫、雁俱起,问:何日相逢?

答曰:三日十六分日之十五。

术曰:并日数为法,日数相乘为实,实如法得一日②。按。此术置凫七日一至,雁九日一至。齐其至，同其日，定六十三日凫九至，雁七至。今凫、雁俱起而问相逢者，是为共至。并齐以除同，即得相逢日。故"并日数为法"者，并齐之意；"日数相乘为实"者，犹以问为实也③。一曰：凫飞日行七分至之一，雁飞日行九分至之一，齐而同之，凫飞定日行六十三分至之九，雁飞定日行六十三分至之七。是南北海相去六十三分，凫日行九分，雁日行七分也。并凫、雁一日所行，以除南北相去，而得相逢日也④。

今有甲发长安，五日至齐⑤；乙发齐，七日至长安。今乙发已先二日，甲乃发长安。问：几何日相逢？

答曰：二日十二分日之一。

术曰：并五日、七日以为法。按：此术"并五日、七日为法"者，犹并齐为法。置甲五日一至、乙七日一至，齐而同之，定三十五日甲七至，乙五至。并之为十二至者，用三十五日也。谓甲、乙与发之率耳。然则日化为至，当除日，故以为法也⑥。以乙先发二日减七日，"减七日"者，言甲、乙俱发，今以发为始发之端，于本道里则余分也。余，以乘甲日数为实。七者，长安去齐之率也，五者，后发相去之率也。今问后发，故舍七用五。以乘甲五日，为二十五日。言甲七至，乙五至，更相去，用此二十五日也⑦。实如法得一日⑧。一日甲行五分至之一，乙行七分至之一。齐而同之，甲定日行三十五分至之七，乙定日行三十五分至之五。是为齐去长安三十五分，甲日行七分，乙日行五分也。今乙先行发二日，已行十分，余，相去二十五分。故减乙二日，余，令相乘，为二十五分⑨。

今有一人一日为牝瓦三十八枚，一人一日为牡瓦七十六枚。今令一人一日作瓦，牝、牡相半。问：成瓦几何？

答曰：二十五枚少半枚。

术曰：并牝、牡为法，牝、牡相乘为实，实如法得一枚⑩。此意亦与凫雁同术。牝、牡瓦相并，犹如凫雁日飞相并也。按：此术，"并牝、牡为法"者，并齐之意；"牝、牡相乘为实"者，犹以同为实也。故实如法即得也。

今有一人一日矫矢五十，一人一日羽矢三十，一人一日筈矢十五⑪。今令一人一日自矫、羽、筈，问：成矢几何？

答曰：八矢少半矢。

术曰：矫矢五十，用徒一人；羽矢五十，用徒一人太半人；筈矢五十，用徒三人少半人。并之，得六人，以为法。以五十矢为实。实如法得一矢⑫。按：此术言成矢五十，用徒六人，一日工也。此同工共作，犹凫、雁共至之类，亦以同为实，并齐为法⑬。可令矢互乘一人为齐，矢相乘为同⑭。今先令同于五十矢，矢同则徒齐，其归一也⑮。——以此术为凫雁者，当雁飞九日而一至，凫飞九日而

一至七分至之二，并之，得二至七分至之二，以为法。以九日为实⑯。——实如法而一，得一人日成矢之数也⑰。

今有假田⑱，初假之岁三亩一钱，明年四亩一钱，后年五亩一钱。凡三岁得一百。问：田几何？

答曰：一顷二十七亩四十七分亩之三十一。

术曰：置亩数及钱数。令亩数互乘钱数，并以为法。亩数相乘，又以百钱乘之，为实。实如法得一亩⑲。按：此术令亩互乘钱者，齐其钱；亩数相乘者，同其亩，同于六十。则初假之岁得钱二十，明年得钱十五，后年得钱十二也。凡三岁得钱一百为所有数，同亩为所求率，四十七钱为所有率，今有之，即得也。齐其钱，同其亩，亦如兔雁术也。于今有术，百钱为所有数，同亩为所求率，并齐为所有率⑳。　臣淳风等按：假田六十亩，初岁得钱二十，明年得钱十五，后年得钱十二，并之得钱四十七，是为得田六十亩三岁所假。于今有术，百钱为所有数，六十亩为所求率，四十七为所有率，而今有之，即合问也。

今有程耕㉑，一人一日发七亩㉒，一人一日耕三亩，一人一日耰种五亩㉓。今令一人一日自发、耕、耰种之，问：治田几何？

答曰：一亩一百一十四步七十一分步之六十六。

术曰：置发、耕、耰亩数。令互乘人数，并，以为法。亩数相乘为实。实如法得一亩㉔。此犹兔雁术也。　臣淳风等谨按：此术亦发、耕、耰种亩数互乘人者㉕。齐其人；亩数相乘者，同其亩。故并齐为法，以同为实。计田一百五亩，发用十五人，耕用三十五人，种用二十一人，并之，得七十一工。治得一百五亩，故以为实。而一人一日所治，故以人数为法除之，即得也。

今有池，五渠注之。其一渠开之，少半日一满；次，一日一满；次，二日半一满；次，三日一满；次，五日一满。今皆决之，问：几何日满池？

答曰：七十四分日之十五。

术曰：各置渠一日满池之数，并，以为法。按：此术其一渠少半日满者，是一日三满也；次，一日一满；次，二日半满者，是一日五分满之二也；次，三日满者，是一日三分满之一也；次，五日满者，是一日五分满之一也；并之，得四满十五分满之十四也㉖。以一日为实。实如法得一日㉗。此犹矫矢之术也。先令同于一日，日同则满齐㉘。自兔雁至此，其为同齐有二术焉，可随率宜也㉙。

其一术：各置日数及满数。令日互相乘满，并，以为法。日数相乘为实。实如法得一日㉚。亦如兔雁术也。按：此其一渠少半日满池者，是一日三满池也；次，一日一满；次，二日半满者，是五日再满；次，三日一满；次，五日一满。此谓列置日数于右行，及满数于左行。以日互乘满者，齐其满；日数相乘者，同其

日。满齐而日同，故并齐以除同，即得也。

注释

①凫fú：野鸭。刘徽认为此问及下长安至齐、牝牡二瓦、矫矢、假田、程耕、五渠共池等7问都是凫雁类问题，我们合为一组。

②《九章算术》的方法是

相逢日=日数之积÷日数之和。

将题设代入，得到相逢日=（7日×9日）÷（7日+9日）=$3\frac{15}{16}$日。

③刘徽以齐同原理阐释此题解法。刘徽认为有两种齐同方式。这里是齐其至，同其日的方式：同其日为63日，齐其至为凫9至，雁7至，那么63日共9+7=16至。所以一至即凫雁相逢日=63日÷16=$3\frac{15}{16}$日。

④这里刘徽提出第二种齐同方式，即同其距离之分，齐其日行。凫日行$\frac{1}{7}$至，雁日行$\frac{1}{9}$至。将南北海距离分成63份，则凫日行$\frac{9}{63}$至，雁日行$\frac{7}{63}$至。换言之，凫日行9份，雁日行7份。因此凫、雁一日共飞（9+7）份，所以相逢日=63份÷（9+7）份／日=$3\frac{15}{16}$日。

⑤长安：古地名。秦离宫。汉高祖七年始都于此。故城在今西安市西北。齐：古诸侯国名。周武王封太公望于齐，都营丘，即临淄。

⑥刘徽以"齐其至，同其日"的方式阐释此问的解法，即由于甲5日1至。乙7日1至，同其日为35日，齐其至为甲7至，乙5至，共为12至。所以作为法。

⑦刘徽指出，由于乙先发2日，问题变成（7-2）×5日=25日，12至。

⑧《九章算术》的方法是，以（5+7）日作为法，以（7-2）日×5日作为实，于是

相逢日=（7-2）日×5日÷（5+7）日=$2\frac{1}{12}$日。

⑨刘徽又以"同其距离之分，齐其日行"的方式阐释此问的解法，即长安至齐为35份，甲1日行$\frac{7}{35}$至，乙1日行$\frac{5}{35}$至。换言之，甲1日行7份，乙1日行5份，甲、乙1日共行（7+5）份。乙先发2日，走10份，故余25份。

⑩《九章算术》的方法是

枚数=（牝瓦数×牡瓦数）÷（牝瓦数+牡瓦数）。

⑪这是指为箭安装箭翎。矫：本义是一种揉箭使直的箱子，引申为使弯曲的物体变直。李籍引《说文解字》云："揉箭，箝也。"又云：矫，"俗作挢"。筈kuò：本义是箭的尾部扣弦处，引申为安装箭尾。又作"栝"。羽：本义是鸟的长毛，引申为箭翎，装

饰在箭杆的尾部，用以保持方向。

⑫《九章算术》的方法是

成矢数 = 50矢 ÷ $\left(1+1\dfrac{2}{3}+3\dfrac{1}{3}\right)$ = $8\dfrac{1}{3}$ 矢。

⑬刘徽用齐同原理阐释此问的解法：同其矢，齐其徒。矢同于50，则用徒分别是，矫矢1人，羽矢$1\dfrac{2}{3}$人，箶矢$3\dfrac{1}{3}$人。

⑭刘徽认为，也可以以50×30×15矢作为同，用徒人数分别是矫矢30×15人，羽矢50×15人，箶矢50×30人，作为齐。

⑮刘徽指出，两种齐同方式，本质是一样的。

⑯此处插入用此术的方法解凫雁问如何求得法、实的方法：同其日是同于9日，作为实；齐其至，雁9日而1至，凫9日而$1\dfrac{2}{7}$至。则$\left(1+1\dfrac{2}{7}\right)$作为法。因此

相逢日 = 9日 ÷ $\left(1+1\dfrac{2}{7}\right)$ = $3\dfrac{15}{16}$日。

⑰实如法而一，得一人成矢之数也：其中之法、实指上文"亦以同为实，并齐为法，可令矢互乘一人为齐，矢相乘为同"。

⑱假田：指汉代租给贫民垦殖的土地。《汉书·食货志》："豪民侵陵，分田劫假。"颜师古注："假亦谓贫人赁富人之田也。"假：雇赁，租赁。李籍云：假，"借也。"

⑲《九章算术》的方法是设第一、二、三年分别假a_1, a_2, a_3亩1钱，则

亩数 = 100钱 × $a_1a_2a_3$ ÷ ($1 \times a_2a_3 + 1 \times a_1a_3 + 1 \times a_1a_2$)。

⑳刘徽以今有术阐释此题的解法：首先利用齐同原理，同其亩，齐其钱。同其亩即$a_1a_2a_3$，为所求率；齐其钱，第一年为a_2a_3、第二年为a_1a_3、第三年为a_1a_2，相加，以$a_2a_3+a_1a_3+a_1a_2$，作为所有率。

㉑程耕：标准的耕作量。李籍云：耕，"犁也。《诗》曰：'亦服尔耕。'"

㉒发：开发，开垦。李籍云：发，"伐也。《诗》曰：'骏发尔私。'"

㉓耰yōu：古代用以破碎土块，平整田地的农具。这里指播种后用耰平土，覆盖种子。李籍云："覆种也。《孟子》曰：'播种而耰之。'"

㉔《九章算术》的方法是，设1人1日程耕发、耕、耰的亩数分别是a_1, a_2, a_3亩，则

亩数 = $a_1a_2a_3$ ÷ ($1 \times a_2a_3 + 1 \times a_1a_3 + 1 \times a_1a_2$)。

㉕亦：通"以"。见裴学海《古书虚字集释》卷三。

㉖将各渠1日满池次数相加，作为法，即刘徽云，一渠1日满3次，二渠1日满1次，三渠1日满$\dfrac{2}{5}$次，四渠1日满$\dfrac{1}{3}$次，五渠1日满$\dfrac{1}{5}$次，共1日满$4\dfrac{14}{15}$次，作为法。

㉗《九章算术》的方法是，以1日作为实，则

日数=1日$\div 4\frac{14}{15}=\frac{15}{74}$日。

㉘刘徽以齐同原理阐释此问的解法：像矫矢术一样，同其日，齐其满。

㉙刘徽总结凫雁问至此诸问，它们都有两种齐同方式。

㉚这是《九章算术》对这种问题提出的另一种解法：设五渠b_i满的日数分别是a_i，i=1，2，3，4，5布置日数及满数（原为竖排，今改横排）：

$$a_1 \quad a_2 \quad a_3 \quad a_4 \quad a_5$$
$$b_1 \quad b_2 \quad b_3 \quad b_4 \quad b_5$$

则日数=$a_1a_2a_3a_4a_5 \div (b_1a_2a_3a_4a_5+b_2a_1a_3a_4a_5+b_3a_1a_2a_4a_5+b_4a_1a_2a_3a_5+b_5a_1a_2a_3a_4)$。

在这里给出的题目中，$a_1=\frac{1}{3}$，$a_2=1$，$a_3=2\frac{1}{2}$，$a_4=3$，$a_5=5$，而$b_1=b_2=b_3=b_4=b_5=1$，代入上式，得

日数=$\left(\frac{1}{3}\times 1\times 2\frac{1}{2}\times 3\times 5\right)\div\left(1\times 2\frac{1}{2}\times 3\times 5+1\times\frac{1}{3}\times 2\frac{1}{2}\times 3\times 5+1\times\frac{1}{3}\times 1\times 3\times 5+1\times\frac{1}{3}\times 1\times 2\frac{1}{2}\times 5+1\times\frac{1}{3}\times 1\times 2\frac{1}{2}\times 3\right)=\frac{15}{74}$（日）。

假设有一只野鸭自南海起飞，7日至北海；一只大雁自北海起飞，9日至南海。如果野鸭、大雁同时起飞，问：它们多少日相逢？

答：$3\frac{15}{16}$日。

术：将日数相加，作为法，使日数相乘，作为实，实除以法，得到相逢的日数。

按：此术中，布置野鸭7日飞至1次，大雁9日飞至1次。将它们飞至的次数相齐，使其用的日数相同，则确定63日中野鸭飞至9次，大雁飞至7次。如果野鸭、大雁同时起飞而问它们相逢的日数，这就是同时飞至。将齐相加，以除同，就得到相逢的日数。所以"将日数相加，作为法"，这是将齐相加的意思；"使日数相乘，作为实"，仍然是以同作为实。一术说：野鸭1日飞行全程的$\frac{1}{7}$，大雁1日飞行全程的$\frac{1}{9}$，将它们齐同，确定野鸭1日飞行全程的$\frac{9}{63}$，大雁1日飞行全程的$\frac{7}{63}$。这就是南北海距离63份，野鸭1日飞行9份，大雁1日飞行7份。将野鸭、大雁1日所飞行的份数相加，以它除南北海的距离，就得到它们相逢的日教。

假设甲自长安出发，5日至齐；乙自齐出发，7日至长安。如果乙先出发已经2日，甲

才自长安出发。问：多少日相逢？

答：$2\frac{1}{12}$ 日。

术：将5日、7日相加，作为法。按：此术中，"将5日、7日相加，作为法"，仍然是将齐相加，作为法。布置甲5日到达1次，乙7日到达1次，将它们齐同，确定35日中甲到达7次，乙到达5次。将它们相加，为到达12次，用35日。这是说甲、乙一同出发的率。那么日数化为到达的次数，应当除以日数，所以以它作为法。以乙先出发的2日减7日，"减7日"，是说甲、乙同时出发，现在以同时出发为始发的开端，对于原本的道路里数就是余分。以其余数乘甲自长安到达齐的日数，作为实。7是长安至齐的距离之率，5是甲后来自长安出发时甲、乙相距之率。现在就甲后来自长安出发提问，所以舍去7而用5。以5乘甲长安到达齐的日数5，为25日。所以说甲到达7次，乙到达5次，再考虑甲乙相距，就是用此25日。实除以法，便得到相逢的日数。甲1日行走全程的 $\frac{1}{5}$，乙1日行走全程的 $\frac{1}{7}$。将它们齐同，确定甲1日行走全程的 $\frac{7}{35}$，乙1日行走全程的 $\frac{5}{35}$。这就是齐到长安的全程35份，甲1日行走7份，乙1日行走5份。现在乙先行出发2日，已行走10份，余数是相距25份。所以减去乙先走的2日，使其余数相乘，为25份。

假设一人1日制造牝瓦38枚，一人1日制造牡瓦76枚。现在使一人造瓦1日，牝瓦、牡瓦各一半。问：制成多少瓦？

答：$25\frac{1}{3}$ 枚。

术：将一人1日制的牝瓦、牡瓦数相加，作为法，牝瓦、牡瓦数相乘，作为实，实除以法，得到枚数。此问的思路也与野鸭大雁的术文相同。牝瓦、牡瓦数相加。如同野鸭大雁飞的日数相加。按：此术中，"将一人1日制的牝瓦、牡瓦数相加，作为法"，是将齐相加之意；"牝瓦、牡瓦数相乘，作为实"，仍然是以同作为实。所以实除以法，就得到成瓦数。

假设1人1日矫正箭50枝，1人1日装箭翎30枝，1人1日装箭尾15枝。现在使1人1日自己矫正、装箭翎、装箭尾，问：1日做成多少枝箭？

答：$8\frac{1}{3}$ 枝箭。

术：矫正箭50枝，用工1人；装箭翎50枝，用工 $1\frac{2}{3}$ 人；装箭尾50枝，用 $3\frac{2}{3}$ 人。将它们相加，得到6人，作为法。以50枝箭作为实。实除以法，得到成箭数。按：此术说成箭50枝，用工6人，是1日的工。这是同工共作类的问题，如同野鸭、大雁共同到达之类，也是以同作为实，将齐相加作为法。又可以使矫正、装箭翎、装箭尾互乘1人,作为齐,箭的枝数相乘作为同。现在先将它们同于50枝箭,箭的枝数相同,则用工数应该分别与之相齐,其归宿是一样的。——如果以此术处理野鸭大雁问题,应当是大雁飞9日而到达1次,野鸭飞9日而到达$1\frac{2}{7}$次。两者相加,得到$2\frac{2}{7}$次,以它作为法。以9日作为实。——实除以法,得1人1日成箭之数。

假设出租田地,第一年3亩1钱,第二年4亩1钱,第三年5亩1钱。三年共得100钱。问:出租的田是多少?

答:1顷27$\frac{31}{47}$亩。

术:布置各年的亩数及钱数。使亩数互乘钱数,将它们相加,作为法。各年的亩数相乘,又以100钱乘之,作为实。实除以法,得出租田地的亩数。按:此术中,使亩数互乘钱数,是齐各年的钱;亩数相乘,是使它们的亩数相同,它们都同于60。则第一年得20钱,第二年得15钱,第三年得12钱。三年共得到的100钱作为所有数,相同的亩数作为所求率,47钱作为所有率,对其应用今有术,就得到田地的亩数。齐各年的钱数,使它们的亩数相同,亦如同野鸭大雁术。对于今有术。100钱作为所有数,使它们的亩数相同作为所求率,将齐相加作为所有率。 淳风等按:出租田地60亩。第一年得到20钱,第二年得到15钱,后年得到12钱,将它们相加。得到47钱,这就是得到60亩田地,是三年所出租的。对于今有术,100钱为所有数,60亩为所求率,47钱为所有率,而对之应用今有术,即符合问题。

假设按标准量耕作,1人1日开垦7亩地,1人1日耕3亩地,1人1日播种5亩地。现在使1人1日自己开垦、耕地、播种之,问:整治的田地是多少?

答:1亩114$\frac{66}{71}$步。

术:布置开垦、耕地、播种的亩数。使之互乘人数,相加,作为法。开垦、耕地、播种的亩数相乘,作为实。实除以法,得整治的亩数。此问如同野鸭大雁之术。 淳风等按:此术中也用开垦、耕地、播种的亩数互乘人数,是为了使人相齐;开垦、耕地、播种的亩数相乘,是为了使亩数相同。所以将齐相加作为法,以同作为实。总计田地是105亩,开垦用15人,耕地用35人,播种用21人,将它们相加,得71工。整治了105亩,所以作为实。而要求1人1日所整治的亩数,所以以人数作为法除之,即得。

假设有一水池,五条水渠向里注水。如果开启第一条渠,$\frac{1}{3}$日就注满1池;开启第二条渠，1日注就满1池；开启第三条渠，$2\frac{1}{2}$日就注满1池；开启第四条渠，3日就注满1池；开启第五条渠，5日就注满1池。现在同时打开五条渠，问：多少日注满水池？

答：$\frac{15}{74}$日。

术：分别布置各渠1日注满水池之数，相加，作为法。按：此术中，其第一条渠$\frac{1}{3}$日就注满1池，就是1日注满3池；第二条渠1日注满1池；第三条渠$2\frac{1}{2}$日就注满1池，就是1日注满$\frac{2}{5}$池；第四条渠3日就注满1池，就是1日注满$\frac{1}{3}$池；第五条渠5日就注满1池，就是1日注满$\frac{1}{5}$池；将它们相加，得$4\frac{14}{15}$池。以1日作为实。实除以法，得到日数。此问如同矫正箭之术。先使它们同于1日，日数相同，则满池之数要分别与之相齐。自野鸭大雁问至此问，它们施行齐同的方式都有二种，可以根据计算的需要选择适宜的方式。

另一术：分别布置日数及注满水池之数。使日数互相乘满池之数，相加，作为法。日数相乘作为实。实除以法，得到日数。也如同野鸭大雁之术。按：此术中，其第一条渠$\frac{1}{3}$日就注满1池，就是1日注满3池；第二条渠1日注满1池；第三条渠$2\frac{1}{2}$日就注满1池，就是5日注满2池；第四条渠3日注满1池；第五条渠5日注满1池。这是说在右行布列日数，在左行布列满池之数。以日数互乘满池之数，是使满池之数分别与日数相齐；日数相乘，是使日数相同。满池之数分别与日数相齐，而日数相同，所以将齐相加，以它除同，就得到五渠共同注满一池的日数。

今有人持米出三关^①，外关三而取一，中关五而取一，内关七而取一，余米五斗。问：本持米几何？

答曰：十斗九升八分升之三。

术曰：置米五斗，以所税者三之，五之，七之，为实。以余不税者二、四、六相互乘为法。实如法得一斗^②。此亦重今有也^③。"所税者"，谓今所当税之。定三、五、七皆为所求率^④，二、四、六皆为所有率。置今有余米五斗，以七乘之，六而一，即内关未税之本米也^⑤。又以五乘之，四而一，即中关未税之本米也^⑥。又以三乘之，二而一，即外关未税之本米也^⑦。今从末求本，不问中间，故令中率转相乘而同之，亦如络丝术^⑧。又一术^⑨："外关三而取一"，则其余本米三分之二也。求外关所税之余，则当置一，二分乘之，三而一。欲知中关，以四乘之，五而一。欲知内关，以六乘之，七而一。凡余分者，乘其母子。以三、五、七相乘得一百五，为分母，二、四、六相乘得四十八，为分子。约而言之，则是余米于本所持三十五分之十六也。于今有术，余米五斗为所有数，分母三十五为所求率，分子十六为所有率也⑩。

今有人持金出五关，前关二而税一，次关三而税一，次关四而税一，次关五而税一，次关六而税一。并五关所税，适重一斤。问：本持金几何？

答曰：一斤三两四铢五分铢之四。

术曰：置一斤，通所税者以乘之，为实。亦通其不税者，以减所通，余为法。实如法得一斤⑪。此意犹上术也。置一斤，"通所税者"，谓令二、三、四、五、六相乘为分母，七百二十也。"通其所不税者"，谓令所税之余一、二、三、四、五相乘为分子，一百二十也。约而言之，是为余金于本所持六分之一也。以子减母，凡五关所税六分之五也。于今有术，所税一斤为所有数，分母六为所求率，分子五为所有率。此亦重今有之义⑫。又，虽各有率，不问中间，故令中率转相乘而连除之，即得也。置一以为持金之本率，以税率乘之、除之，则其率亦成积分也⑬。

注 释

①此问及下一问都是持物出关问题，我们并为一组。

②《九章算术》的方法是

本持米=5斗×3×5×7÷（2×4×8）=$19\frac{3}{8}$升。

③重今有：即重今有术。

④定：确定。

⑤这是第一次应用今有术：5斗为所有数，7为所求率，6为所有率，求内关未税之米。

⑥这是第二次应用今有术：内关未税之米为所有数，5为所求率，4为所有率，求中关未税之米。

⑦这是第三次应用今有术：中关未税之米为所有数，3为所求率，2为所有率，求外关未税之米。

⑧刘徽以三重今有术解此问，亦如络丝问。

⑨又一术：刘徽提出的又一种方法。

⑩这是刘徽提出的从外关开始计算，求出所余5斗占本持米的比率。外关所税之余为

$\frac{1\times2}{3}$，中关所税之余为 $\frac{1\times2\times4}{3\times5}$，内关所税之余 $\frac{1\times2\times4\times6}{3\times5\times7}=\frac{48}{105}=\frac{16}{35}$。即所余5斗为本持米的 $\frac{16}{35}$，5斗为所有数，35为所求率，16为所有率，应用今有术，得

本持米=5斗×35÷16=10斗9$\frac{3}{8}$升。

⑪《九章算术》的方法是：设五关所税者分别是a_i，不税者为b_i，i=1，2，3，4，5，则本持金=（1斤×$a_1a_2a_3a_4a_5$）÷（$a_1a_2a_3a_4a_5-b_1b_2b_3b_4b_5$）。

⑫如同上术，刘徽求出五关所税1斤占本持金的比率：所税者之2，3，4，5，6相乘，得720，为分母；所不税者1，2，3，4，5相乘，得120，为分子。将其约简，剩余的金为本持金的 $\frac{1}{6}$。因此，所税者1斤为本持金的 $\frac{5}{6}$，然后，应用今有术，便求出本持金。

⑬此谓本持金率为1，税率为 $\frac{5}{6}$，由五关所税1斤，应用今有术求出本持金。

译 文

假设有人带着米出三个关卡，外关3份而征税1份，中关5份而征税1份，内关7份而征税1份，还剩余5斗米。问：本来带的米是多少？

答：10斗9$\frac{3}{8}$升。

术：布置米5斗，以所征税者3，5，7乘之，作为实。以剩余不征税者2，4，6互相乘，作为法。实除以法，得米的斗数。这也是重今有术的意义。"所征税者"，是说现在所应当征税的部分。确定3，5。7皆为所求率。2，4，6皆为所有率。布置现有的剩余米5斗，以7乘之，除以6，则就是内关未征税时本来的米。又以5乘之，除以4，则就是中关未征税时本来的米。又以3乘之，除以2，则就是外关未征税时本来的米。现在从末求本。不考虑中间的，所以使中率辗转相乘而使它们通同之，也如同络丝术。又一术："外关3份而征税1份"，则它的剩余是本来带的米的 $\frac{2}{3}$。求外关征税的剩余，则应当布置1，以2分乘之，除以3。想知道中关征税后的剩余，以4乘之，除以5。想知道中关征税后的剩余，以6乘之，除以7。求总的剩余所占的分数，则使分母、分子分别相乘，以3，5。7相乘，得到105，作为分母，以2，4，6相乘，得到48，作为分子。约简地表示之，则是剩余的米是本来所带的米的 $\frac{16}{35}$。对于今有术，剩余的米5斗为所有数，分母35为所求率，分子16为所有率。

假设有人带着金出五个关卡，前关2份而征税1份，第二关3份而征税1份，第三关4份而征税1份，第四关5份而征税1份，第五关6份而征税1份。五关所征税之和恰好重1

斤。问：本来带的金是多少？

答：1斤3两4$\frac{4}{5}$铢。

术曰：布置1斤，通所应征税者，以其乘之，作为实。亦通其不应征税者，用以减通所应征税者，剩余作为法。实除以法，得到本来带的斤数。此术的思路如同上一术。布置1斤，"通所应征税者"，是说使2，3，4，5，6相乘作为分母，即720。"连通所不应征税者"，是说使征税后剩余的1，2，3，4，5相乘作为分子，即120。约简地表示之，这就是剩余的金是本来所带的金的$\frac{1}{6}$。以分子减分母，五关所征的税总计为$\frac{5}{6}$。对于今有术，所征的税1斤为所有数，分母6为所求率，分子5为所有率。这也是重今有术的意义。又，虽然都有各自的率，却不考虑中间的，所以使中率辗转相乘而连除之，即得其结果。布置1，以作为所带金的本率，以其税率乘之、除之，则它的率也是分数的积累。

精彩点拨

在合理分摊的问题上《九章算术》用到了前面提到的衰分术来解决赋役的合理负担问题。今有术、衰分术及其应用方法，构成了包括今天正、反比例、比例分配、复比例、连锁比例在内的整套比例理论。

阅读积累

赋　税

以一定的货币量表现则称之为税金。它是国家为了实现其职能,凭借政治权力，按法定标准,强制地、无偿地取得财政收入的一种手段。其目的是为了实现国家职能的需要，它属于分配范畴,体现着一种特殊的分配关系。

中国最初的赋税是统治者向下属征取土产、劳役和其他实物。稍后渐变为按丁口征收军役及军需品，称为"赋"；按土地及工商经营征收财物称为"税"。春秋战国以后，私有经济不断发展，授田制的创建，特别是"初税亩""初阻禾"的推行、国家向农民份地征收实物，故赋、税逐渐混合。唐宋时代按田亩征课的又称为田赋（或田租）。清代"摊丁入亩"后，从而完成了赋役合并征收。辛亥革命后，漕粮、芦课和官田征纳均称"田赋"，"税"则成为国家财政收入的一种概称或其他征课之名。

九章筭术卷第七

魏 刘徽 注
唐朝议大夫行太史令上轻车都尉臣李淳风等奉敕注释

精彩导读

李籍云："盈者，满也。不足者，虚也。满、虚相推，以求其适，故曰盈不足。"其中包含了盈亏问题、"两盈"问题、"两不足"问题。这类问题一般都有两次假设，故在其他国家的一些中世纪著作中称为"双设法"。盈不足问题是中国数学史上解应用问题的一种别开生面的创造，它在我国古代算法中占有相当重要的地位，被称为"契丹算法"。

盈不足①以御隐杂互见

今有共买物，人出八，盈三；人出七，不足四。问：人数、物价各几何②？

  荅曰：

  七人，

  物价五十三③。

今有共买鸡，人出九，盈一十一；人出六，不足十六。问：人数、鸡价各几何？

  荅曰：

  九人。

  鸡价七十④。

今有共买琎⑤，人出半，盈四；人出少半，不足三。问：人数、琎价各几何？

  荅曰：

  四十二人。

  琎价十七⑥。

  注云⑦："若两设有分者，齐其子，同其母。"此问两设俱见零分。故齐其子，同其母。又云⑧："令下维乘上，讫，以同约之。"不可约，故以乘，同之⑨。

今有共买牛,七家共出一百九十,不足三百三十;九家共出二百七十,盈三十。问:家数、牛价各几何?

答曰:

一百二十六家,

牛价三千七百五十⑩。

按此术并盈、不足者,为众家之差,故以为实。置所出率各以家数除之,各得一家所出率,以少减多者得一家之差。以除,即家数⑪。以多率乘之,减盈,故得牛价也⑫。

注 释

①盈不足:中国传统数学的重要科目,"九数"之一,现今称之为盈亏类问题。《算数书》及郑玄引郑众"九数"作"赢不足"。李籍云:"盈者,满也。不足者,虚也。满、虚相推,以求其适,故曰盈不足。"

②此问是设人出8,记为a_1,盈3,记为b_1;人出7,记为a_2,不足4,记为b_2;求人数、物价。这是盈不足问题的标准表述。连同以下3问,都是盈不足术的例题,我们合为一组。

③将题设代入下文盈不足术公式(7-3),得人数$=\frac{b_1+b_2}{|a_1-a_2|}=\frac{3+4}{8-7}=7$(人)。代入(7-2),得物价$=\frac{a_1b_2+a_2b_1}{|a_1-a_2|}=\frac{8\times4+7\times3}{8-7}=53$(钱)。

④此问是设人出9,记为a_1,盈11,记为b_1;人出6,记为a_2,不足16,记为b_2;求人数、鸡价。将其代入公式(7-3),得人数$=\frac{b_1+b_2}{|a_1-a_2|}=\frac{11+16}{9-6}=9$(人),代入(7-2)。得鸡价$=\frac{a_1b_2+a_2b_1}{|a_1-a_2|}=\frac{9\times16+6\times11}{9-6}=70$(钱)。

⑤琎:美石。《说文解字》:"石之似玉者"。李籍云:"美石似玉曰琎。""琎"字下,杨辉本有小字注:"一云准。"李籍云:"一本作准。"可见李籍时代还有"琎"作"准"的《九章算术》抄本。准:古代定律数之乐器,状如瑟。汉京房(前77-前37年)作,事见《晋书·律历志上》。

⑥此问是设人出$\frac{1}{2}$,记为a_1,盈4,记为b_1;人出$\frac{1}{3}$,记为a_2,不足3,记为b_2;求人数、琎价。将其代入公式(7-3),得人数$=\frac{b_1+b_2}{|a_1-a_2|}=\frac{4+3}{\frac{1}{2}-\frac{1}{3}}=\frac{7}{\frac{3}{6}-\frac{2}{6}}=42$(人),代入(7-2),得琎价$=\frac{a_1b_2+a_2b_1}{|a_1-a_2|}=\frac{\frac{1}{2}\times3+\frac{1}{3}\times4}{\frac{1}{2}-\frac{1}{3}}=\frac{\frac{9}{6}+\frac{8}{6}}{\frac{3}{6}-\frac{2}{6}}=\frac{\frac{17}{6}}{\frac{1}{6}}=17$(钱)。此处用到刘徽注中

"注云","又云"的处理方法。

⑦注云：此为刘徽引盈不足术自注。

⑧又云：此亦为刘徽引盈不足术自注。

⑨不可约，故以乘，同之：自"又云令下维乘上"至此，继续讨论两设俱见零分的情形。将有零分的两设齐同，并以盈、朒维乘后，可以以同（即两设齐同后的公分母）约之，化成整数的情形；也可能以同约之不尽，即不可约，则以同（即两设齐同后的公分母，注中省去）乘两设及盈、朒，化成整数的情形，这是又一"同"的运算，故称"同之"。

⑩此问是设9家（记为m_1）共出270（记为n_1）。则一家出$\frac{n_1}{m_1}=\frac{270}{9}=30$，记为$a_1$，盈30，记为$b_1$；7家（记为$m_2$）共出190（记为$n_2$），则一家出$\frac{n_2}{m_2}=\frac{190}{7}$，记为$a_2$，不足330，记为$b_2$；求家数、牛价。将其代入公式（7-3），得家数$\frac{b_1+b_2}{|a_1-a_2|}=\frac{30+330}{30-\frac{190}{7}}=\frac{360}{\frac{210}{7}-\frac{190}{7}}=126$（家），代入（7-2），得牛价$=\frac{a_1b_2+a_2b_1}{|a_1-a_2|}=\frac{30\times 330+\frac{190}{7}\times 30}{30-\frac{190}{7}}=\frac{\frac{69300}{7}+\frac{5700}{7}}{\frac{210}{7}-\frac{190}{7}}=\frac{\frac{75000}{7}}{\frac{20}{7}}=3750$（钱）。

⑪此谓盈与不足相加b_1+b_2为各家之差，所以作为实。$a_1=\frac{n_1}{m_1}$，$a_2=\frac{n_2}{m_2}$为一家所出率，则$\left|\frac{n_1}{m_1}-\frac{n_2}{m_2}\right|$为一家所出之差，作为法。实除以法，就得家数。

⑫此谓牛价=家数$\times a_1-b_1=126\times 30-30=3750$（钱）。这是用下面盈不足术之其一术的方法。

译文

盈不足为了处理隐杂互见的问题

假设共同买东西，如果每人出8钱，盈余3钱；每人出7钱，不足4钱。问：人数、物价各多少？

  答：

    人数是7人，

    物价是53钱。

假设共同买鸡，如果每人出9钱，盈余11钱；每人出6钱，不足16钱。问：人数、鸡

价各多少?

　　答:

　　人数是9人,

　　鸡价是70钱。

假设共同买琎,如果每人出$\frac{1}{2}$钱,盈余4钱;每人出$\frac{1}{3}$钱,不足3钱。问:人数、琎价各多少?

　　答:

　　人数是42人,

　　琎价是17钱。

　　注云:"如果两个假设中有分数,则使它们的分子相齐,使它们的分母相同"。这个问题中两个假设都出现分数,所以要使它们的分子相齐,使它们的分母相同。注又云:"使下行与上行交叉相乘,完了,以同约简之。"如果不可约简,就反过来以分母乘,使盈、朒相同。

假设共同买牛,如果7家共出190钱,不足330钱;9家共出270钱,盈余30钱。问:家数、牛价各多少?

　　答:

　　126家,

　　牛价3750钱。

　　按:此术中,盈与不足相加,是所有家所出钱之差,所以作为实。布置所出率,分别以家数除之,各得每一家的所出率。以少减多,得一家所出钱之差。以它除之,就是家数。以所出率之多者乘之,减去盈,就得到牛价。

原文

盈不足术曰:置所出率,盈、不足各居其下。按盈者,谓之朓[①],不足者,谓之朒[②],所出率谓之假令。令维乘所出率[③],并以为实。并盈、不足为法。实如法而一[④]。盈朒维乘两设者欲为同齐之意[⑤]。据"共买物,人出八,盈三;人出七,不足四",齐其假令,同其盈朒,盈朒俱十二。通计齐则不盈不朒之正数,故可并之为实,并盈、不足为法[⑥]。齐之三十二者,是四假令,有盈十二。齐之二十一者,是三假令,亦朒十二。并七假令合为一实,故并三、四为法。有分者,通之[⑦]。若两设有分者,齐其子,同其母。令下维乘上,讫,以同约之。盈不足相与同其买物者[⑧],置所出率,以少减多[⑨],余,以约法、实[⑩]。实为物价,法为人数[⑪]。所出率以少减多者,余谓之设差,以为少设[⑫]。则并盈朒,是为定实。故以少设约定实,则法,为人数,适足之实故为物价⑬。盈、朒当与少设相通。不可遍约，亦当分母乘，设差为约法实。

其一术曰：并盈、不足为实。以所出率以少减多，余为法。实如法得一人⑭。以所出率乘之，减盈、增不足即物价⑮。此术意谓盈不足为众人之差，以所出率以少减多，余为一人之差。以一人之差约众人之差，故得人数也。

注 释

①朓tiǎo：本义是夏历月底月亮在西方出现。《说文解字》"朓，晦而月见西方谓之朓。"引申为盈，有余。

②朒nǜ：本义是夏历月初月亮在东方出现。《说文解字》"朒，朔而月见东方谓之缩朓。"引申为不足。李籍云：朒，"不足也。或作肭，非是。"朏fěi：夏历月初未胜之明，也指夏历每月初三。《说文解字》："朏，月未胜之明。"又引《周书》曰："丙午朏。"徐灏笺："月朔初生明，至初三乃可见，故曰三日曰朏。"引申为不足。李籍云朏"非是"，则不妥。朏、朒都可以引申为不足。杨辉本作"肭"，其母本当是李籍所见另一抄本。

③维乘：交叉相乘。此谓以盈、不足与两所出率交叉相乘。

④《九章算术》的方法是，设出a_1，盈b_1，出a_2，不足b_2，则

a_1所出　a_2所出　a_1 b_2　$a_2 b_1$　$a_1 b_2 + a_2 b_1$实

b_1盈　　b_2不足　b_1　　b_2　　$b_1 + b_2$法

《九章算术》提出以$a_1 b_2 + a_2 b_1$作为实，以$b_1 + b_2$作为法，那么不盈不朒之正数就是

$$\text{不盈不朒之正数} = \frac{a_1 b_2 + a_2 b_1}{b_1 + b_2}。 \tag{7-1}$$

⑤盈朒维乘两设者欲为同齐之意：将盈、朒与两设交叉相乘，是想做到齐同的意思，即以盈、朒分别乘对方的整行，使盈、朒相同，同时使所出分别与盈、朒相齐。即

a_1所出　　　a_2所出　　　a_1 b_2　　$a_2 b_1$齐

b_1盈　　　　b_2朒　　　　b_1 b_2　　$b_1 b_2$同

⑥此谓既然盈、朒已经相同，那么齐之后的所出就是既不盈，也不朒，因此可以将齐之后的所出相加作为实，将盈、朒相加作为法。

⑦有分者，通之：如果有分数，就通分。

⑧盈不足相与同其买物者：如果使盈、不足相与通同，共同买东西的问题。

⑨以少减多：此相当于$|a_1-a_2|$。

⑩以约法、实：此谓以$|a_1-a_2|$除法与实。约：除。

⑪此是《九章算术》为共买物类问题而提出的术文，它表示

$$物价 = \frac{a_1b_2+a_2b_1}{|a_1-a_2|}, \qquad (7-2)$$

$$人数 = \frac{|b_1+b_2|}{|a_1-a_2|}。 \qquad (7-3)$$

这一运算也体现出位值制。

⑫所出率以少减多者，余谓之设差，以为少设：此谓将$|a_1-a_2|$称为设差，也就是少设。

⑬以少设约定实，则法，为人数，适足之实故为物价：以少设的数量去除确定的实，即法，得到人数，去除适足之实，就得到物价。则：训即。此处以少设约定实与上"并盈、朒，是为定实"相应，定实即是法，以少设约定实即是约法。

⑭此亦是《九章算术》为共买物类问题提出的方法。即（7-3）式。

⑮此即

$$物价 = \frac{b_1+b_2}{a_1-a_2} \times a_1 - b_1 = \frac{b_1+b_2}{a_1-a_2} \times a_2 + b_2。$$

译文

盈不足术：布置所出率，将盈与不足分别布置在它们的下面。按：盈称之为朓，不足称之为朒，所出率称之为假令。使盈、不足与所出率交叉相乘，相加，作为实。将盈与不足相加，作为法。实除以法，即得。使盈、朒与两假令交叉相乘，是为了同齐的意思。根据"共同买东西，如果每人出8钱，盈余3钱；每人出7钱，不足4钱"，是使它们的假令相齐，使它们的盈、朒相同，则盈、朒都是12。通同之后计算齐，则就是既不盈也不朒的准确之数，所以可将它们相加，作为实；将盈、不足相加，作为法。将假令8通过齐变成32。是4次假令，有盈12。将假令7通过齐变成21。是3次假令，朒也是12。将7次假令合并成一个实，所以将3与4相加，作为法。如果有分数，就将它们通分。如果两个假令中有分数，应当使它们的分子相齐，使它们的分母相同。使下行的盈、不足与上行的假令交叉相乘。完了，以同约简它们。如果使盈、不足相与通同，共同买东西的问题，布置所出率，以小减大，用余数除法与实。除实就得到物价，除法就得到人数。所出率中以小减大，其余数称为设差。将它看作少设的数量，那么将盈与朒相加，这就是确定的实。所以用少设的数量去除确定的实，即法，得到人数，去除适足之实，就得到物价。盈、朒应当与少设的数量相通。如果出现少设的数量不能都除尽的情形，也应当用分母乘，用设差去除法、实。

其一术：将盈与不足相加，作为实。所出率以小减大，以余数作为法。实除以法，得到人数。以所出率分别乘人数，或减去盈，或加上不足，就是物价。此术的思路是：盈与不足之和是众人所出钱数的差额，所出率以小减大，余数为一人所出钱数的差额。以一人的差额除众人的差额,所以得到人数。

原文

今有共买金,人出四百,盈三千四百;人出三百,盈一百。问:人数、金价各几何?

答曰:

三十三人,

金价九千八百①。

今有共买羊,人出五,不足四十五;人出七,不足三。问:人数、羊价各几何?

答曰:

二十一人,

羊价一百五十②。

两盈、两不足术曰:置所出率,盈、不足各居其下。令维乘所出率,以少减多,余为实。两盈、两不足以少减多,余为法。实如法而一③。有分者,通之。两盈两不足相与同其买物者,置所出率,以少减多,余,以约法、实,实为物价,法为人数④。按:此术两不足者,两设皆不足于正数。其所以变化,犹两盈。而或有势同而情违者,当其为实,俱令不足维乘相减,则遗其所不足焉。故其余所以为实者,无朒数以损焉。盖出而有余两盈,两设皆逾于正数。假令与共买物,人出八,盈三;人出九,盈十。齐其假令,同其两盈。两盈俱三十。举齐则兼去⑤。其余所以为实者,无盈数。两盈以少减多,余为法。齐之八十者,是十假令,而凡盈三十者,是十,以三之⑥;齐之二十七者,是三假令,而凡盈三十者,是三,以十之⑦。今假令两盈共十、三,以三减十,余七为一实⑧。故令以三减十,余七为法。所出率以少减多,余谓之设差。因设差为少设,则两盈之差是为定实。故以少设约法得人数,约实即得金数⑨。

其一术曰:置所出率,以少减多,余为法。两盈、两不足以少减多,余为实。实如法而一,得人数。以所出率乘之,减盈、增不足,即物价⑩。"置所出率。以少减多",得一人之差。两盈、两不足相减,为众人之差。故以一人之差除之,得人数。以所出率乘之,减盈、增不足,即物价。

注释

①这是两盈的问题。设人出400,记为a_1,盈3 400,记为b_1;人出300,记为a_2,盈

100，记为b_2；求人数、金价。将其代入公式（7-6），得人数=$\frac{|b_1-b_2|}{|a_1-a_2|}=\frac{3400-100}{400-300}=33$（人），代入（7-5），得金价=$\frac{a_1b_2-a_2b_1}{|a_1-a_2|}=\frac{|400\times100-300\times3400|}{400-300}=9\,800$（钱）。

②这是两不足的问题。设人出5，记为a_1，不足45，记为b_1；人出7，记为a_2，不足3，记为b_2；求人数、羊价。将其代入公式（7-6），得人数=$\frac{|b_1-b_2|}{|a_1-a_2|}=\frac{|45-3|}{|5-7|}=21$（人），代入（7-5），得羊价=$\frac{a_1b_2-a_2b_1}{|a_1-a_2|}=\frac{|5\times3-7\times45|}{|5-7|}=150$（钱）。

③此亦为解决可以化为两盈两不足的一般算术问题而设，但是《九章算术》没有这类问题。设出a_1，盈（或不足）b_1，出a_2，盈（或不足）b_2，《九章算术》提出以$|a_1b_2-a_2b_1|$作为实，以$|b_1-b_2|$作为法，那么不盈不朒之正数就是

$$不盈不朒之正数=\frac{|a_1b_2-a_2b_1|}{|b_1-b_2|}。 \qquad(7\text{-}4)$$

④此是为共买物类问题而设的术文，即

$$物价=\frac{|a_1b_2-a_2b_1|}{|a_1-a_2|}, \qquad(7\text{-}5)$$

$$人数=\frac{|b_1-b_2|}{|a_1-a_2|}。 \qquad(7\text{-}6)$$

⑤举齐则兼去：实现了齐，那么两盈都可以消去。

⑥是十，以三之：是10用3乘得到的。

⑦是三，以十之：是3用10乘得到的。

⑧今假令两盈共十、三，以三减十，余七为一实：现在由假令得到的两盈是10与3，以3减10，余数7成为一份实。自"齐之八十者"至"余七为一实"系以例说明何以"两盈以少减多，余为法"。

⑨以少设约法得人数，约实即得金数：以假令所少的除法就得到人数，除实就得到金数。以上刘徽以齐同原理，并将共买物问改成两盈的问题为例，阐释了《九章算术》解法的正确性。

⑩此亦为共买物类问题而设的方法，求人数的方法同上。求物价的方法：若是两盈的情形，则

$$物价=\frac{|b_1-b_2|}{|a_1-a_2|}\times a_1-b_1=\frac{|b_1-b_2|}{|a_1-a_2|}\times a_2-b_2,$$

若是两不足的情形，则

$$物价=\frac{|b_1-b_2|}{|a_1-a_2|}\times a_1+b_1=\frac{|b_1-b_2|}{|a_1-a_2|}\times a_2+b_2。$$

假设共同买金,如果每人出400钱,盈余3 400钱;每人出300钱,盈余100钱。问:人数、金价各多少?

答:

33人,

金价9 800钱。

假设共同买羊,如果每人出5钱,不足45钱;每人出7钱,不足3钱。问:人数、羊价各多少?

答:

21人,

羊价150钱。

两盈、两不足术:布置所出率,将两盈或两不足分别布置在它们的下面。使两盈或两不足与所出率交叉相乘,以小减大,余数作为实。两盈或两不足以小减大,余数作为法。实除以法,即得。如果有分数,就将它们通分。如果使两盈或两不足相与通同,共同买东西的问题,布置所出率,以小减大,用其余数除法、实。除实得到物价,除法得到人数。按:此术中的两不足,就是两次假令的结果皆小于准确的数。对之进行变换的原因,如同两盈的情形。而有时会出现态势相同而情理相反的情形。如果要将两次假令变为实,那就使两不足与它们交叉相乘,然后相减,那么留下的是其不足的部分。所以它的余数成为实的原因,就是此处没有不足的数进行减损。原来所出的结果都有余,就是两盈,即两次假令皆大于准确的数。假令共同买东西,如果每人出8钱,盈余3钱;每人出9钱,盈余10钱。使两假令相齐,使两盈相同。两盈都变成30钱。实现了齐那么两盈都可以消去。将齐的余数用来作为实的原因,是没有盈余的数。两盈以小减大,余数作为法。将假令8通过齐变成80,是10次假令,而总共盈30,是10用3乘得到的;将假令9通过齐变成27,是3次假令,而总共盈30,是3用10乘得到的。现在由假令得到的两盈是10与3,以3减10,余数7成为一份实。所以以3减10,余数7作为法。所出率以小减大,其余数称之为设差。因为设差就是假令所少的,则两盈之差就是定实。故以假令所少的除法就得到人数,除实就得到金数。

其一术:布置所出率,以小减大,余数作为法。两盈或两不足以小减大,余数作为实。实除以法,得到人数。分别用所出率乘人数,减去盈余,或加上不足,就是物价。"布置所出率,以小减大",就是一人所出之差。两盈或两不足相减,是众人所出之差。所以以一人所出之差除众人所出之差,便得到人数。以所出率乘人数,减去盈余,或加上不足,就是物价。

原文

今有共买犬,人出五,不足九十;人出五十,适足①。问:人数、犬价各几何?

答曰:

二人,

犬价一百②。

今有共买豕,人出一百,盈一百;人出九十,适足。问:人数、豕价各几何?

答曰:

一十人。

豕价九百③。

盈适足、不足适足术曰:以盈及不足之数为实。置所出率,以少减多,余为法,实如法得一人④。其求物价者,以适足乘人数,得物价⑤。此术意谓以所出率,"以少减多"者,余是一人不足之差。不足数为众人之差。以一人差约之,故得人之数也。"以盈及不足数为实"者,数单见,即众人差,故以为实。所出率以少减多,即一人差,故以为法。以除众人差得人数。以适足乘人数,即得物价也。

注释

①适足:李籍云:"恰也。"

②这是不足适足的问题。设人出5,记为a_1,不足90,记为b;人出50,记为a_2,适足;求人数、犬价。将其代入公式(7-7),得人数=$\frac{b}{|a_1-a_2|}$=$\frac{90}{|5-50|}$=2(人),代入(7-8),得犬价=$\frac{b}{|a_1-a_2|} \times a_2$=$\frac{90}{|5-50|} \times 50$=100(钱)。

③这是盈适足的问题。设人出100,记为a_1,盈100,记为b;人出90,记为a_2,适足;求人数、豕价。将其代入公式(7-7),得人数=$\frac{b}{|a_1-a_2|}$=$\frac{100}{|100-90|}$=10(人),代入(7-8),得犬价=$\frac{b}{|a_1-a_2|} \times a_2$=$\frac{100}{|100-90|} \times 90$=900(钱)。

④设所出a_1,盈或不足b_1,出a_2,适足,则《九章算术》求人数的方法是

$$人数=\frac{b}{|a_1-a_2|}。 \tag{7-7}$$

⑤《九章算术》求物价的方法是

$$物价=\frac{b}{|a_1-a_2|} \times a_2。 \tag{7-8}$$

假设共同买狗,每人出5钱,不足90钱;每人出50钱,适足。

问:人数、狗价各多少?

答:

2人,

狗价100钱。

假设共同买猪,每人出100钱,盈余100钱;每人出90钱,适足。

问:人数、猪价各多少?

答:

10人,

猪价900。

盈适足、不足适足术:以盈或不足之数作为实。布置所出率,以小减大,余数作为法,实除以法,得人数。如果求物价,便以对应于适足的所出率乘人数,就得到物价。此术的思路是说,所出率"以小减大",那么余数就是一人的不足之差。而不足数是众人所出之差。以一人差除之,所以得到人数。"以盈或不足之数作为实",是因为只出现这一个数,就是众人所出之差,所以以它作为实。所出率以小减大,是一人所出差,所以作为法。以它除众人所出之差,得人数。以对应于适足的所出率乘人数,即得到物价。

今有米在十斗桶中,不知其数。满中添粟而舂之,得米七斗。问:故米几何?

答曰:二斗五升。

术曰:以盈不足术求之。假令故米二斗,不足二升;令之三斗,有余二升①。

按:桶受一斛,若使故米二斗,须添粟八斗以满之。八斗得粝米四斗八升,课于七斗,是为不足二升。若使故米三斗,须添粟七斗以满之。七斗得粝米四斗二升,课于七斗,是为有余二升。以盈、不足维乘假令之数者,欲为齐同之意。为齐同者,齐其假令,同其盈朒。通计齐即不盈不朒之正数,故可以并之为实,并盈、不足为法。实如法,即得故米斗数,乃不盈不朒之正数也。

今有垣高九尺。瓜生其上,蔓日长七寸②;瓠生其下③,蔓日长一尺。问:几何日相逢?瓜、瓠各长几何?

答曰:

五日十七分日之五,

瓜长三尺七寸一十七分寸之一。

瓠长五尺二寸一十七分寸之一十六。

术曰：假令五日，不足五寸；令之六日，有余一尺二寸④。按："假令五日，不足五寸"者，瓜生五日，下垂蔓三尺五寸；瓠生五日，上延蔓五尺。课于九尺之垣，是为不足五寸。"令之六日，有余一尺二寸"者，若使瓜生六日，下垂蔓四尺二寸；瓠生六日，上延蔓六尺。课于九尺之垣，足为有余一尺二寸。以盈、不足维乘假令之数者，欲为齐同之意。齐其假令，同其盈朒。通计齐，即不盈不朒之正数，故可并以为实，并盈、不足为法。实如法而一，即设差不盈不朒之正数，即得日数。以瓜、瓠一日之长乘之，故各得其长之数也。

注 释

①将假令故米2斗，不足2升，假令3斗，盈2升代入盈不足术求不盈不朒之正数的公式（7-1），得

$$米斗数 = \frac{2斗 \times 2升 + 3斗 \times 2升}{2升 + 2升} = 2\frac{1}{2}斗。$$

②蔓wàn：细长而不能直立的茎，木本曰藤，草本曰蔓。李籍云："瓜蔓也。"

③瓠hù：蔬菜名，一年生草本，茎蔓生。结实呈长条状者称为瓠瓜，可入菜；呈短颈大腹者就是葫芦。

④此谓将假令5日，不足5寸，假令6日，盈12寸代入盈不足术求不盈不朒之正数的公式（7-1），得

$$日数 = \frac{5日 \times 12寸 + 6日 \times 5寸}{5寸 + 12寸} = 5\frac{5}{17}斗。$$

译 文

假设有米在容积为10斗的桶中，不知道其数量。把桶中添满粟，然后舂成米，得到7斗米。问：原有的米是多少？

答：2斗5升。

术曰：以盈不足术求解之。假令原来的米是2斗，那么不足2升；假令是3斗，则盈余2升。按：此桶能容纳1斛米，如果假令原来的米是2斗，必须添8斗粟才能盛满它。8斗粟能得到4斗8升粝米，与7斗米相比较，是不足2升。如果使原来的米是3斗，必须添7斗粟才能盛满它。7斗粟能得到4斗2升粝米，与7斗米相比较，是

有盈余2升。以盈及不足与假令之数交叉相乘,是想使其符合齐同的意义。所谓齐同,就是使假令相齐,使其盈朒相同。整个地考虑齐,则就是既不盈也不朒之准确的数,所以可以将它们相加,作为实,将盈、不足相加作为法。实除以法,就得到原来的米的斗数,正是既不盈也不朒之准确的数。

假设有一堵墙,高9尺。一株瓜生在墙顶,它的蔓每日向下长7寸;又有一株瓠生在墙根,它的蔓每日向上长1尺。问:它们多少日后相逢?瓜与瓠的蔓各长多少?

答:

$5\frac{5}{17}$ 日相逢,

瓜蔓长3尺7$\frac{1}{17}$寸,

瓠蔓长5尺2$\frac{16}{17}$寸。

术:假令5日相逢,不足5寸;假令6日相逢,盈余1尺2寸。按:"假令5日相逢。不足5寸",是因为瓜生长5日,向下垂伸的蔓是3尺5寸;瓠生长5日,向上延伸的蔓是5尺。与9尺高的墙相比较,这就是不足5寸。"假令6日相逢,盈余1尺2寸",是因为如果使瓜生长6日,向下垂伸的蔓是4尺2寸;瓠生长6日,向上延伸的蔓是6尺。与9尺高的墙相比较。这就是盈余1尺2寸。以盈及不足与假令之数交叉相乘,是想使其符合齐同的意义。所谓齐同,就是使假令相齐,使其盈朒相同。整个地考虑齐,则就是既不盈也不朒之准确的数,所以可以将它们相加,作为实,将盈、不足相加作为法。实除以法,就得到相逢日数。以瓜、瓠一日所长的尺寸乘日数,就分别得到它们所长的尺寸。

今有蒲生一日[①],长三尺;莞生一日[②],长一尺。蒲生日自半;莞生日自倍。问:几何日而长等?

答曰:

二日十三分日之六,

各长四尺八寸一十三分寸之六。

术曰:假令二日,不足一尺五寸;令之三日,有余一尺七寸半[③]。按:"假令二日,不足一尺五寸"者,蒲生二日,长四尺五寸,莞生二日,长三尺,是为未相及一尺五寸,故曰不足。"令之三日,有余一尺七寸半"者,蒲增前七寸半,莞增前四尺,是为过一尺七寸半,故曰有余。以盈、不足乘除之,又以后一日所长各乘日分子,如日分母而一者,各得日分子之长也。故各增二日定长,即得其数[④]。

注　释

①蒲：香蒲，又称蒲草，多年生水草，叶狭长，可以编制蒲席、蒲包、扇子。《说文解字》："蒲，水艸也，可以作席。"

②莞guān：蒲草类水生植物，俗名水葱。《说文解字》："莞，艸也，可以作席。"也指莞草编的席子。

③将假令2日，不足15寸，假令3日，盈$17\frac{1}{2}$寸代入盈不足术求不盈不朒之正数的公式（7-1）。得到

$$日数 = \frac{2日 \times 17\frac{1}{2}寸 + 3日 \times 15寸}{15寸 + 17\frac{1}{2}寸} = 2\frac{6}{13}日。$$

然而这个解是不准确的。由题设，蒲、莞皆以等比级数生长。设生长x日，则蒲长为$\left(3-3\times\frac{1}{2^x}\right)\div\left(1-\frac{1}{2}\right)$，莞长$(1-2^x)\div(1-2)$。若要它们相等，x应满足方程

$$\left(3-3\times\frac{1}{2^x}\right)\div\left(1-\frac{1}{2}\right)=(1-2^x)\div(1-2)。$$

整理得 $(2^x)^2-7\times 2^x+6=0$

分解得 $(2^x-1)(2^x-6)=0$。

于是 $2^x=1$,

$2^x=6$。

第一式的解x=0，不合题意，舍去。对第二式两端取对数，

$\lg 2^x = \lg 6$，

得

$$x = 1 + \frac{\lg 3}{\lg 2}。$$

然而《九章算术》和刘徽都未认识到盈不足术对非线性问题只能给出近似解，不能得出精确解。不过，由于盈不足术实际上是一种线性插值方法，它对求解一些复杂的不容易计算其实根的方程，仍不失为一种有效的求解根的近似值的方法。如图7-1，钱宝琮指出：在现在的高等数学教科书中，这种求方程实根的方法叫作"假借法"，也叫"弦位法"。我们不要数典忘祖，这个方法应该叫作"盈不足术"。

④以莞的生长为例，2日莞生长1+2=3（尺）。第三日全天应当生长4尺，那么$\frac{6}{13}$日应当生长4尺×$\frac{6}{13}$。故$2\frac{6}{13}$日生长3尺+4尺×$\frac{6}{13}$=4尺$8\frac{6}{13}$寸。

译文

假设有一株蒲，第一日生长3尺；一株莞第一日生长1尺。蒲的生长，后一日是前一日的 $\frac{1}{2}$；莞的生长，后一日是前一日的2倍。问：过多少日而它们的长才能相等？

答：

过 $2\frac{6}{13}$ 日其长相等，

各长4尺8 $\frac{6}{13}$ 寸。

术：假令2日它们的长相等，则不足1尺5寸；假令3日，则有盈余1尺7 $\frac{1}{2}$ 寸。按："假令2日它们的长相等，则不足1尺5寸"，是因为蒲生长2日，长是4尺5寸，莞生长2日，长是3尺，这是莞与蒲相差1尺5寸，所以说"不足"。"假令3日，则有盈余1尺7 $\frac{1}{2}$ 寸"，是因为蒲比前一日增长了7 $\frac{1}{2}$ 寸，莞比前一日增长了4尺。这就是莞超过蒲1尺7 $\frac{1}{2}$ 寸，所以说"有盈余"。以盈不足术对之做乘除运算，即得日数。又以第三日蒲、莞所长的长度分别乘日数的分子，除以日数的分母，就分别得到第三日的分子所长的长度。所以各增加前二日所长的长度，就得到它们的长度数。

原文

今有醇酒一斗，直钱五十；行酒一斗①，直钱一十。今将钱三十，得酒二斗。问：醇、行酒各得几何？

答曰：

醇酒二升半，

行酒一斗七升半。

术曰：假令醇酒五升，行酒一斗五升，有余一十；令之醇酒二升，行酒一斗八升，不足二②。据醇酒五升，直钱二十五；行酒一斗五升，直钱一十五。课于三十，是为有余十。据醇酒二升，直钱一十；行酒一斗八升，直钱一十八。课于三十，是为不足二。以盈不足术求之。此间已有重设及其齐同之意也。

今有大器五、小器一，容三斛；大器一、小器五，容二斛。问：大、小器各容几何？

答曰：

大器容二十四分斛之十三，

小器容二十四分斛之七。

术曰：假令大器五斗，小器亦五斗，盈一十斗；令之大器五斗五升，小器二斗五升，不足二斗③。按：大器容五斗，大器五容二斛五斗，以减三斛，余五斗，即小器一所容，故曰小器亦五斗。小器五容二斛五斗，大器一，合为三斛。课于两斛，乃多十斗。令之大器五斗五升，大器五合容二斛七斗五升，以减三斛，余二斗五升，即小器一所容，故曰小器二斗五升。大器一容五斗五升，小器五合容一斛二斗五升，合为一斛八斗。课于二斛，少二斗。故曰不足二斗。以盈、不足维乘除之。

注释

①醇酒：酒味醇厚的美酒。李籍云："厚酒也。"行酒：指劣质酒。李籍云："市酒也。"行háng：质量差。

②利用一种酒，比如醇酒进行假令，如果醇酒5升（则行酒1斗5升），盈余10钱，如果醇酒2升（则行酒1斗8升），不足2钱，代入盈不足术求不盈不朒之正数的公式（7-1），得

$$醇酒数 = \frac{5升 \times 2钱 + 2升 \times 10钱}{2钱 + 10钱} = 2\frac{1}{2}升。$$

$$行酒数 = 2斗 - 2\frac{1}{2}升 = 1斗7\frac{1}{2}升。$$

③利用一种器，比如大器进行假令，如果大器容5斗（则小器亦容5斗），盈余10斗，如果大器容5斗5升（则小器容2斗5升），不足2斗，代入盈不足术求不盈不朒之正数的公式（7-1），得

$$大器所容 = \frac{5斗 \times 2斗 + 5\frac{1}{2}斗 \times 10斗}{10斗 + 2斗} = \frac{13}{24}斛。$$

则小器所容 $= 3斛 - \frac{13}{24}斛 \times 5 = \frac{7}{24}斛$。此亦有重设之意。

译文

假设1斗醇酒值50钱，1斗行酒值10钱。现在用30钱买得2斗酒。问：醇酒、行酒各得多少？

醇酒 $2\frac{1}{2}$ 升，

行酒 $1斗7\frac{1}{2}$ 升。

术：假令买得醇酒5升，那么行酒就是1斗5升，则有盈余10钱；假令买得醇酒2升，那么行酒就是1斗8升，则不足2钱。根据醇酒5升，值25钱；行酒是1斗5升，值15钱。与30钱相比较。这就是有盈余10钱。根据醇酒2升，值10钱；行酒1斗8

升,值18钱。与30钱相比较。这就是有不足2钱。以盈不足术求之。此问已经有双重假设及其齐同的思想。

假设有5个大容器、1个小容器,容积共3斛;1个大容器、5个小容器,容积共2斛。问:大、小容器的容积各是多少?

答:

大容器的容积是 $\frac{13}{24}$ 斛,

小容器的容积是 $\frac{7}{24}$ 斛。

术:假令1个大容器的容积是5斗,那么1个小容器的容积也是5斗,则盈余10斗;假令1个大容器的容积是5斗5升,那么1个小容器的容积是2斗5升,则不足2斗。按:1个大容器的容积是5斗,5个大容器的容积就是2斛5斗,以减3斛,盈余5斗,这就是1个小容器的容积,所以说1个小容器的容积也是5斗。5个小容器的容积是2斛5斗,与1个大容器合起来是3斛。与2斛相比较,就是多10斗。假令1个大容器的容积是5斗5升,5个大容器的容积合起来就是2斛7斗5升,以减3斛,剩余2斗5升,这就是1个小容器的容积,所以说1个小容器的容积是2斗5升。1个大容器的容积是5斗5升,5个小容器的容积共是1斛2斗5升,合起来是1斛8斗。与2斛相比较,就是少2斗。所以说不足2斗。以盈、不足作交叉相乘,并作除法,即得容积。

今有漆三得油四,油四和漆五①。今有漆三斗,欲令分以易油,还自和余漆。问:出漆、得油、和漆各几何?

答曰:

出漆一斗一升四分升之一,

得油一斗五升,

和漆一斗八升四分升之三。

术曰:假令出漆九升,不足六升;令之出漆一斗二升,有余二升②。按:此术三斗之漆,出九升,得油一斗二升,可和漆一斗五升③。余有二斗一升,则六升无油可和,故曰不足六升。令之出漆一斗二升,则易得油一斗六升,可和漆二斗④。于三斗之中已出一斗二升,余有一斗八升。见在油合和得漆二斗,则是有余二升。以盈、不足维乘之,为实,并盈、不足为法。实如法而一,得出漆升数。求油及和漆者,四、五各为所求率,四、三各为所有率,而今有之,即得也⑤。

注释

①油：指桐油，用油桐的果实榨出的油，与漆调和，成为油漆，家具的涂料。和hé：调和。

②将假令出漆9升，不足6升，出漆1斗2升，有盈余2升，代入盈不足术求不盈不朒之正数的公式（7-1），得

$$出漆数 = \frac{9升 \times 2升 + 12升 \times 6升}{6升 + 2升} = 11\frac{1}{4}升。$$

③由今有术，9升漆易得油=9升×4÷3=12升。而再由今有术，12升油能和漆=12升×5÷4=15升。

④由今有术，1斗2升漆易得油=12升×4÷3=16升。而再由今有术，16升油能和漆=16升×5÷4=20升。

⑤应用今有术，由出漆$11\frac{1}{4}$升。求出易得的油：$11\frac{1}{4}$升×4÷3=15升。再由易得的油15升，应用今有术，求出所和的漆：15升×5÷4=$18\frac{3}{4}$升。

译文

假设3份漆可以换得4份油，4份油可以调和5份漆。现在有3斗漆，想从其中分出一部分换油，使换得的油恰好能调和剩余的漆。问：分出的漆、换得的油、调和的漆各多少？

答：

分出的漆1斗$1\frac{1}{4}$升，

换得的油1斗5升，

调和的漆1斗$8\frac{3}{4}$升。

术：假令分出的漆是9升，则不足6升；假令分出的漆是1斗2升，则有盈余2升。

按：此术在3斗的漆中分出9升，换得的油是1斗2升。它可调和1斗5升漆。剩余的漆有2斗1升，就是说有6升漆没有油可以调和，所以说不足6升。假令分出的漆是1斗2升，则换得的油是1斗6升，它可以调和2斗漆。在3斗漆之中已分出1斗2升，还剩余1斗8升。现在的油能调和的漆是2斗，就是说剩余2升漆。以盈、不足与假令交叉相乘，作为实，将盈、不足相加作为法。实除以法，而得到分出的漆的升

数。如果要求换得的油及所调和的漆，则以4，5分别作为所求率，4，3各为所有率，而应用今有术，即得到结果。

原文

今有玉方一寸，重七两；石方一寸，重六两。今有石立方三寸，中有玉，并重十一斤。问：玉、石重各几何？

答曰：

玉一十四寸，重六斤二两，

石一十三寸，重四斤一十四两。

术曰：假令皆玉，多十三两；令之皆石，不足一十四两。不足为玉，多为石。各以一寸之重乘之，得玉、石之积重①。立方三寸是一面之方，计积二十七寸②。玉方一寸重七两，石方一寸重六两，是为玉、石重差一两。假令皆玉，合有一百八十九两。课于一十一斤，有余一十三两。玉重而石轻，故有此多。即二十七寸之中有十三寸，寸损一两，则以为石重，故言多为石。言多之数出于石以为玉。假令皆石，合有一百六十二两。课于十一斤，少十四两。故曰不足。此不足即以重为轻，故令减少数于石重③，即二十七寸之中有十四寸，寸增一两也。

注释

①此问实际上没有用到盈不足术，将其编入此章，大约是编者的疏忽。
②立方三寸：是指以3寸为边长的正方体，其体积是27寸³。
③石重：指以玉为石后石之总重，亦即玉石并重。

译文

假设一块1寸见方的玉，重是7两；1寸见方的石头，重是6两。现在有一块3寸见方的石头，中间有玉，总重是11斤。问：其中玉和石头的重量各是多少？

答：

玉是14寸³，重6斤2两，

石是13寸³，重4斤14两。

术：假令这块石头都是玉，就多13两；假令都是石头，则不足14两。那么不足的数就是玉的体积，多的数就是石头的体积。各以它们1寸³的重量乘之，

便分别得到玉和石头的重量。3寸见方的立方是说一边长3寸,计算其体积是27寸^3。1寸见方的玉重7两,1寸见方的石头重6两,就是说1寸见方的玉与石头的重量之差是1两。假令这块石头都是玉,应该有189两重。与11斤相比较,有盈余13两。玉比较重而石头比较轻,所以才有此盈余。就是说27寸^{3}之中有13寸^3。如果每寸^{3}减损1两,就成为石头的重量,所以说多的数就是石头的体积。所说多的数出自把石头当作了玉。假令这块石头都是石头。应该有162两。与11斤相比较,少了14两。所以说不足。这个不足就是把重的作为轻的造成的,因而从石头的总重中减去少了的数,就是27寸^{3}之中有14寸^3,每寸^{3}增加1两。

原文

今有善田一亩,价三百;恶田七亩[①],价五百。今并买一顷,价钱一万。问:善、恶田各几何?

答曰:

善田一十二亩半,

恶田八十七亩半。

术曰:假令善田二十亩,恶田八十亩,多一千七百一十四钱七分钱之二;令之善田一十亩,恶田九十亩,不足五百七十一钱七分钱之三[②]。按:善田二十亩,直钱六千;恶田八十亩,直钱五千七百一十四、七分钱之二。课于一万,是多一千七百一十四、七分钱之二。令之善田十亩,直钱三千,恶田九十亩,直钱六千四百二十八、七分钱之四。课于一万,是为不足五百七十一、七分钱之三。以盈不足术求之也。

注释

①善田:良田。恶田:又称为"恶地",贫瘠的田地。李籍云:恶,"不善也。"

②此亦有重设之意。将两假令,比如假令善田20亩(则恶田80亩),盈余$1\,714\frac{2}{7}$钱,假令善田10亩(则恶田90亩),不足$571\frac{3}{7}$钱代入盈不足术求不盈不朒的正数的公式(7-1),得

$$善田 = \frac{20亩 \times 571\frac{3}{7}钱 + 10亩 \times 1714\frac{2}{7}钱}{1714\frac{2}{7}钱 + 571\frac{3}{7}钱} = 12\frac{1}{2}亩。$$

译文

假设1亩良田，价是300钱；7亩劣田，价是500钱。现在共买1顷田，价钱是10 000钱。问：良田、劣田各多少？

答：

良田是 $12\frac{1}{2}$ 亩，

劣田是 $87\frac{1}{2}$ 亩。

术：假令良田是20亩，那么劣田是80亩，则价钱多了 $1714\frac{2}{7}$ 钱；假令良田是10亩，那么劣田是90亩，则价钱不足 $571\frac{3}{7}$ 钱。按：良田20亩，值钱6 000钱；劣田80亩，值钱 $5714\frac{2}{7}$ 钱。与10 000钱相比较，这就是多了 $1714\frac{2}{7}$ 钱。假令良田10亩，值钱3 000，劣田90亩，值钱 $6428\frac{4}{7}$ 钱。与10 000钱相比较，这就是不足 $571\frac{3}{7}$ 钱。以盈不足术求解之。

原文

今有黄金九枚，白银一十一枚，称之重，适等。交易其一，金轻十三两。问：金、银一枚各重几何？

答曰：

金重二斤三两一十八铢，

银重一斤一十三两六铢。

术曰：假令黄金三斤，白银二斤一十一分斤之五，不足四十九，于右行。令之黄金二斤，白银一斤一十一分斤之七，多一十五，于左行。以分母各乘其行内之数，以盈、不足维乘所出率，并，以为实。并盈、不足为法。实如法，得黄金重①。分母乘法以除，得银重②。约之得分也。按：此术假令黄金九，白银一十一，俱重二十七斤。金，九约之，得三斤；银，一十一约之，得二斤一十一分斤之五,各为金、银一枚重数。就金重二十七斤之中减一金之重,以益银,银重二十七斤之中减一银之重,以益金,则金重二十六斤一十一分斤之五,银重二十七斤一十一分斤之六。以少减多,则金轻一十七两一十一分两之五。课于一十三两,多四两一十一分两之五。通分内子言之,是为不足四十九[3]。又令之黄金九,一枚重二斤,九枚重一十八斤,白银一十一,亦合重一十八斤也。乃以一十一除之,得一枚一斤一十一分斤之七,为银一枚之重数。今就金重一十八斤之中减一枚金,以益银,复减一枚银,以益金,则金重一十七斤一十一分斤之七,银重一十八斤一十一分斤之四。以少减多,即金轻一十一分斤之八。课于一十三两,少一两一十一分两之四。通分内子言之,是为多一十五[4]。以盈不足为之,如法,得金重[5]。"分母乘法以除"者,为银两分母故同之[6]。须通法而后乃除得银重。余皆约之者,术省故也。

注释

① 《九章算术》的方法是

	左行	右行		左行	右行
黄金	2	3	黄金	2	3
或					
白银	$1\frac{7}{11}$	$2\frac{5}{11}$	白银	$\frac{18}{11}$	$\frac{27}{11}$
盈不足	15	49	盈不足	15	49

将黄金3斤,不足49,黄金2斤,盈余15代入盈不足术求不盈不朒之正数的公式(7-1),得

$$黄金重=\frac{3斤\times15+2斤\times49}{15+49}=2\frac{15}{64}斤。$$

② 将白银 $\frac{27}{11}$ 斤,不足49,白银 $\frac{18}{11}$ 斤,盈余15代入盈不足术求不盈不朒之正数的公式(7-1),得

$$白银重=\frac{27斤\times15+18斤\times49}{(15+49)\times11}=1\frac{53}{64}斤。$$

③ 这是刘徽阐释《九章算术》术文"不足四十九"的来源。假令9枚金,或11枚白银,其重量都是27斤。换言之,1枚金重3斤,1枚银重 $\frac{27}{11}$ 斤。在9枚金重的27斤中减去1枚金重,加1枚银重,则金重=27斤-3斤+ $\frac{27}{11}$ 斤= $26\frac{5}{11}$ 斤;在11枚银重的27斤中减去1枚银重,加1枚金重,则银重=27斤- $\frac{27}{11}$ 斤+3斤= $27\frac{6}{11}$ 斤。以小减大,金这边轻= $27\frac{6}{11}$ 斤-$26\frac{5}{11}$

斤=1 $\frac{1}{11}$ 斤=27 $\frac{5}{11}$ 两。与题设中的金这边轻13两相比较。17 $\frac{5}{11}$ 两-13两=4 $\frac{5}{11}$ 两，通分内子，为 $\frac{49}{11}$，所以说不足为49。

④这是刘徽阐释《九章算术》术文"多一十五"的来源：假令9枚黄金，1枚重2斤，9枚重18斤。11枚白银，也重18斤，1枚重 $\frac{18}{11}$ 斤=1 $\frac{7}{11}$ 斤。在9枚金重的18斤中减去1枚金重，加1枚银重，则金重=18斤-2斤+1 $\frac{7}{11}$ 斤=17 $\frac{7}{11}$ 斤；在11枚银重的18斤中减去1枚银重。加1枚金重，则银重=18斤-1 $\frac{7}{11}$ 斤+2斤=18 $\frac{4}{11}$ 斤。以小减大，金这边轻=18 $\frac{4}{11}$ 斤-17 $\frac{7}{11}$ 斤= $\frac{8}{11}$ 斤=11 $\frac{7}{11}$ 两，与题设中的金这边轻13两相比较，13两-11 $\frac{7}{11}$ 两=1 $\frac{4}{11}$ 两，通分内子，为 $\frac{15}{11}$ 两，所以说多15。

⑤以盈不足为之，如法，得金重：以盈不足术解决之，如法计算，便得到1枚黄金的重量。

⑥"分母乘法以除"者，为银两分母故同之："以分母乘法，以除实"，是因为所出白银的两分母本来是相同的。

译文

假设有9枚黄金，11枚白银，称它们的重量，恰好相等。交换其一枚，黄金这边轻13两。问：1枚黄金、1枚白银各重多少？

答：

1枚黄金重2斤3两18铢，

1枚白银重1斤13两6铢。

术：假令1枚黄金重3斤，1枚白银重2 $\frac{5}{11}$ 斤，不足是49，布置于右行。假令1枚黄金重2斤，1枚白银重1 $\frac{7}{11}$ 斤，多是15，布置于左行。以分母分别乘各自行内之数，以盈、不足与所出率交叉相乘，相加，作为实。将盈、不足相加，作为法。实除以法，得1枚黄金的重量。以分母乘法，以除实，便得到1枚白银的重量。将它们约简，得到分数。按：此术中假令9枚黄金，11枚白银，重量都是27斤。黄金的重量，以9约之，得3斤；白银的重量，以11约之，得2 $\frac{5}{11}$ 斤，分别是1枚黄金、白银的重量数。在黄金的重量27斤之中减去1枚黄金的重量。再加1枚白银的重量，在白银的重量27斤之中减去1枚白银的重量，再加1枚黄金的重量，就是黄金这边重$26\frac{5}{11}$斤，白银这边重$27\frac{6}{11}$斤。以小减大，那么黄金这边轻$17\frac{5}{11}$两。与13两相比较，多了$4\frac{5}{11}$两。通过通分纳入分子表示之，这就是不足49。又假令9枚黄金。1枚重2斤，9枚重18斤，11枚白银总重也应该是18斤。于是以11除之。得到1枚$1\frac{7}{11}$斤，为1枚白银的重量数。现在在黄金的重量18斤之中减去1枚黄金的重量，增加到白银的重量上，再从白银的重量中减去1枚白银的重量，增加到黄金的重量上，就是黄金这边重$17\frac{7}{11}$斤，白银这边重$18\frac{4}{11}$斤。以小减大，就是黄金这边轻$\frac{8}{11}$斤。与13两相比较，少了$1\frac{4}{11}$两。通过通分纳入分子表示之，这就是多15。以盈不足术解决之，如法计算，便得到1枚黄金的重量。"以分母乘法，以除实"，是因为所出白银的两分母本来是相同的，必须使法相通之后才能除实，得到1枚白银的重量。其余的都要约简，是要方法简省的缘故。

今有良马与驽马发长安①，至齐。齐去长安三千里。良马初日行一百九十三里，日增一十三里，驽马初日行九十七里，日减半里。良马先至齐，复还迎驽马。问：几何日相逢及各行几何？

答曰：

一十五日一百九十一分日之一百三十五而相逢，

良马行四千五百三十四里一百九十一分里之四十六，

驽马行一千四百六十五里一百九十一分里之一百四十五。

术曰：假令十五日，不足三百三十七里半。令之十六日，多一百四十里。以盈、不足维乘假令之数，并而为实。并盈、不足为法。实如法而一，得日数。不尽者，以等数除之而命分②。求良马行者：十四乘益疾里数而半之，加良马初日之行里数，以乘十五日，得良马十五日之凡行③。又以十五乘益疾里数，加良马初日之行④。以乘日分子，如日分母而一。所得，加前良马凡行里数，即得⑤。其不尽而命分。求驽马行者：以十四乘半里，又半之，以减驽马初日之行里数，以乘十五日，得驽马十五日之凡行⑥。又以十五日乘半里，以减驽马初日之行⑦。余，以乘日分子，如日分母而一。所得，加前里，即驽马定行里数⑧。其奇半里者，为半法，以半法增残分，即得。其不尽者而命分⑨。按令十五日，不足三百三十七里半者，据良马十五日凡行四千二百六十里，除先去齐三千里，定还迎驽马一千二百六十里。驽马十五日凡行一千四百二里半。并良、驽二马所行，得二千六百六十二里半。课于三千里，少三百三十七里半，故曰不足。令之十六日，多一百四十里者，据良马十六日凡行四千六百四十八里，除先去齐三千里，定还迎驽马一千六百四十八里。驽马十六日凡行一千四百九十二里。并良、驽二马所行。得三千一百四十里。课于三千里，余有一百四十里，故谓之多也。以盈不足之。"实如法而一，得日数"者，即设差不盈不朒之正数。以二马初日所行里乘十五日，为一十五日平行数⑩。求初末益疾减迟之数者，并一与十四，以十四乘而半之，为中平之积⑪；又令益疾减迟里数乘之，各为减益之中平里，故各减益平行数，得一十五日定行里⑫。若求后一日，以十六日之定行里数乘日分子，如日母而一，各得日分子之定行里数。故各并十五日定行里，即得。其驽马奇半里者，法为全里之分，故破半里为半法，以增残分，即合所问也。

注 释

①驽马：能力低下的马。驽，李籍引《字林》曰："骀也。"

②假令16日相逢，盈140里，假令15日，不足$337\frac{1}{2}$里，将其代入盈不足术之不盈不朒之正数公式（7-1），得

$$相逢日数=\frac{15日 \times 140里 + 16日 \times 337\frac{1}{2}里}{337\frac{1}{2}里 + 140里}=15\frac{135}{191}日。$$

然而，此问亦非线性问题，答案也是近似的。由下文所给出的等差数列求和公式（7-7），设良、驽二马n日相逢，则良马所行为

$$S_n = \left[193 + \frac{(n-1) \times 13}{2}\right] n。$$

驽马所行为

$$S'_n = \left[97 - \frac{(n-1) \times \frac{1}{2}}{2}\right] n。$$

依题设

$$S_n + S'_n = \left[193 + \frac{(n-1) \times 13}{2}\right] n + \left[97 - \frac{(n-1) \times \frac{1}{2}}{2}\right] n = 6000。$$

整理得

$5n^2 + 227n = 4\,800,$

$$n = \frac{1}{10}(\sqrt{147\,529} - 227)$$

为相逢日。

③设良马日疾里数为d，设第n日所行为a_n。《九章算术》计算良马15日所行里数为

$$S_{15} = \left(a_1 + \frac{14d}{2}\right) \times 15 = \left(193 + \frac{14 \times 13}{2}\right) \times 15 = 4260\,(里)。$$

《九章算术》实际上使用了等差数列求和公式：

$$S_n = \left[a_1 + \frac{(n-1)d}{2}\right]n。 \qquad (7\text{-}7)$$

这是中国数学史上第一次有记载的等差数列求和公式。

④又以十五乘益疾里数，加良马初日之行：此给出了良马在第16日所行里数，则 $a_{16} = a_1 + 15 \times d = 193 + 15 \times 13 = 388\,(里)。$

这里实际上使用了等差数列的通项公式

$a_n = a_1 + nd。$

这是中国数学史上第一次有记载的等差数列通项公式。

⑤《九章算术》先计算出良马在第16日的$\frac{135}{191}$中所行为$388\,里 \times \frac{135}{191} = 274\frac{46}{191}$里。良马在$15\frac{135}{191}$日中共行$4\,260\,里 + 274\frac{46}{191}\,里 = 4534\frac{46}{191}\,里$。

⑥设驽马日减里数为e，设第n日所行为b_n。《九章算术》计算驽马15日所行里数为

$$S'_{15} = \left(b_1 - \frac{14e}{2}\right) \times 15 = \left(97 - \frac{14 \times \frac{1}{2}}{2}\right) \times 15 = 1402\frac{1}{2}\,(里)。$$

⑦此得驽马第16日所行里数

$$b_{16} = b_1 + 15 \times e = 97 - 15 \times \frac{1}{2} = 89\frac{1}{2}\,(里)。$$

⑧驽马在第16日的$\frac{135}{191}$中所行为$89\frac{1}{2}\,里 \times \frac{135}{191} = 63\frac{99}{382}\,里$，那么驽马在$15\frac{135}{191}$日中共行$1402\frac{1}{2}\,里 + 63\frac{99}{382}\,里 = 1465\frac{145}{191}\,里$。

⑨如果除不尽，就以法作分母命名一个分数。

⑩平行：匀速行进。平：齐一，均等。《诗经·小雅·伐木》："神之听之，终和且平。"郑玄笺："平，齐等也。"

⑪求初末益疾减迟之数：就是求从第1日到最后1日增加的或减少的里数。中平之积：各项平均值之和，即$\frac{n(n-1)}{2}$，实际上是自然数列1，2，3，……n-1之和。这是中国数

学史上第一次出现此公式,即后来宋元时期的芰草形垛的求积公式。中平,平均·见卷一圭田术注释⑧。疾:急速。

⑫刘徽给出了等差数列前n项之和公式的另一形式

$$S_n = a_1 n + \frac{[1+(n-1)](n-1)}{2} d = a_1 n + \frac{n(n-1)}{2} d。$$

译文

假设有良马与劣马自长安出发到齐。齐距长安有3 000里。良马第1日走193里,每日增加13里,劣马第1日走97里,每日减少$\frac{1}{2}$里。良马先到达齐,又回头迎接劣马。问:它们几日相逢及各走多少?

答:

$15\frac{135}{191}$日相逢,

良马走$4534\frac{46}{191}$里,

劣马走$1465\frac{145}{191}$里。

术:假令它们15日相逢,不足$337\frac{1}{2}$里。假令16日相逢,多了140里。以盈、不足与假令之数交叉相乘,相加而作为实。将盈、不足相加作为法。实除以法,而得到相逢日数。如果除不尽,就以等数约简之而命名一个分数。求良马走的里数:以14乘每日增加的里数而除以2,加良马第1日所走的里数,以15日乘之,便得到良马15日走的总里数。又以15乘每日增加的里数,加良马第1日所走的里数。以此乘第16日的分子,除以第16日的分母。所得的结果,加良马前面走的总里数,就得到良马所走的确定里数。如果除不尽就命名一个分数。求劣马走的里数:以14乘$\frac{1}{2}$里,又除以2,以减劣马第1日所走的里数,以此乘15日,便得到劣马15日走的总里数。又以15日乘$\frac{1}{2}$里,以此减劣马第1日所走的里数。以其余数乘第16日的分子,除以第16日的分母。所得的结果,加劣马前面走的总里数,就是劣马所走的确定里数。其奇零是$\frac{1}{2}$里的,就以2作为法,将以2为法的分数加到剩余的分数上,即得到结果。如果除不尽,就命名一个分数。按"假令它们15日相逢。不足$337\frac{1}{2}$里",这是因为,根据良马15日所总共走4 260里,减去它先到齐的3 000里,那么回头迎接劣马一定是1260里。劣马15日总共走

1402$\frac{1}{2}$里。良、劣二马所走的里数相加,得到2 662$\frac{1}{2}$里。与3 000里相比较,少了337$\frac{1}{2}$里,所以说不足。"假令16日相逢,多了140里",这是因为,根据良马16日总共走4 648里,减去它先到齐的3 000里,那么回头迎接劣马一定是1648里。劣马16日总共走1492里。将良、劣二马所走的里数相加。得到3140里。与3 000里相比较,有盈余140里,所以叫作多。以盈不足术求解之。"实除以法,而得到相逢日数",就是把本来有设差的数变成了不盈不朒的准确的数。以良、劣二马第1日所走的里数乘15日,就是15日按匀速所走的里数。如果求从第1日到最后1日增加的或减少的里数,就将1与14相加,以14乘之而除以2,就是各项平均值之和。又以每日增加或减少的里数乘之,各为增加或减少的中平里数,所以,将它分别与按匀速所走的里数相加或相减,就得到15日所走的确定的里教。如果求最后一日到某时刻所走的里数,则以第16日所走的确定的里数乘第16日的分子,除以该日的分母,就分别得到在该日分子内所走的确定的里数。故分别与15日所走的确定的里数相加,即得到良、劣二马所走的里数。当劣马所走里数有$\frac{1}{2}$里的奇零时,法是由1整里的分数产生的,所以以2破开1里,以2作为法,增加到剩余产生的分数上,即符合所问的问题。

原 文

今有人持钱之蜀贾①,利:十,三②。初返,归一万四千;次返,归一万三千;次返,归一万二千;次返,归一万一千;后返,归一万。凡五返归钱,本利俱尽。问:本持钱及利各几何?

    答曰:

    本三万四百六十八钱三十七万一千二百九十三分钱之八万四千八百七十六,利二万九千五百三十一钱三十七万一千二百九十三分钱之二十八万六千四百一十七。

术曰:假令本钱三万,不足一千七百三十八钱半;令之四万,多三万五千三百九十钱八分③。按:假令本钱三万,并利为三万九千,除初返归留,余,加利为三万二千五百;除二返归留,余,又加利为二万五千三百五十;除第三返归留,余,又加利为一万七千三百五十五;除第四返归留,余,又加利为八千二百六十一钱半;除第五返归留,合一万钱,不足一千七百三十八钱半④。若使本钱四万,并利为五万二千,除初返归留,余,加利为四万九千四百;除第二返归留,余,又加为利四万七千三百二十,除第三返归留，余，又加利为四万五千九百一十六；除第四返归留，余，又加利为四万五千三百九十钱八分；除第五返归留，合一万，余三万五千三百九十钱八分，故曰多⑤。又术：置后返归一万，以十乘之，十三而一，即后所持之本。加一万一千，又以十乘之，十三而一，即第四返之本。加一万二千，又以十乘之，十三而一，即第三返之本。加一万三千，又以十乘之，十三而一，即第二返之本。加一万四千，又以十乘之，十三而一，即初持之本⑥。并五返之钱以减之，即利也⑦。

注释

①之蜀贾：到蜀地做买卖。贾gǔ：做买卖。《说文解字》："贾，市也。"《韩非子·五蠹》："长袖善舞，多钱善贾。"李籍云："贾，一本作'价'。"知李籍时代还有一将"贾"讹作"价"的抄本。

②利：十，三：即 $\frac{3}{10}$ 的利息，本利＝本钱× $\left(1+\frac{3}{10}\right)$。

③将假令本钱为30 000钱，不足$1\,738\frac{1}{2}$钱，假令本钱为40 000钱，盈余$35\,390\frac{4}{5}$钱代入盈不足术求不盈不朒的正数的公式（7-1），则

$$本钱=\frac{30\,000 钱 \times 35\,390\frac{4}{5}钱 + 40\,000 钱 \times 1\,738\frac{1}{2}钱}{35\,390\frac{4}{5}钱+1\,738\frac{1}{2}钱}=30\,468\frac{84\,876}{371\,293}钱。$$

④假令本钱是30 000钱，初返本利为30 000钱× $\left(1+\frac{3}{10}\right)$ =39 000钱。归留14 000钱，余25 000钱。二返本利为25 000钱× $\left(1+\frac{3}{10}\right)$ =32 500钱。归留13 000钱，余19 500钱。三返本利为19 500钱× $\left(1+\frac{3}{10}\right)$ =25 350钱。归留12 000钱，余13 350钱。四返本利为13 350钱× $\left(1+\frac{3}{10}\right)$ =17 355钱。归留11 000钱，余6 355钱。五返本利为6 355钱× $\left(1+\frac{3}{10}\right)$ = $8\,261\frac{1}{2}$ 钱。除去第五返归留10 000钱，$8\,261\frac{1}{2}$钱-10 000钱=$-1\,738\frac{1}{2}$钱，所以说不足$1\,738\frac{1}{2}$钱。

⑤假令本钱是40 000钱，初返本利为40 000钱× $\left(1+\frac{3}{10}\right)$ =52 000钱。归留14 000钱，余38 000钱。二返本利为38 000钱× $\left(1+\frac{3}{10}\right)$ =49 400钱。归留13 000钱，余36 400钱。三

返本利为36 400钱×$\left(1+\frac{3}{10}\right)$=47 320钱。归留12 000钱。余35 320钱。四返本利为35 320钱×$\left(1+\frac{3}{10}\right)$=45 916钱。归留11 000钱，余34 916钱。五返本利为34 916钱×$\left(1+\frac{3}{10}\right)$=45 390$\frac{8}{10}$钱。除去第五返归留10 000钱，45 390$\frac{8}{10}$钱-10 000钱=35 390$\frac{8}{10}$钱，所以说盈余35 390$\frac{8}{10}$钱。

⑥刘徽提出的又术，不应用盈不足术，而是由第五返归留10 000钱开始，5次应用今有术求解：第五次所持本钱=10 000钱×10÷13=7692$\frac{4}{13}$钱。第四次所持本钱=（7 692$\frac{4}{13}$钱+11 000钱）×10÷13=14 378$\frac{118}{169}$钱。第三次所持本钱=（14 378$\frac{118}{169}$钱+12 000钱）×10÷13=20 291$\frac{673}{2197}$钱。第二次所持本钱=（20 291$\frac{673}{2\,197}$钱+13 000钱）×10÷13=25 608$\frac{19\,912}{28\,561}$钱。第一次所持本钱=（25 608$\frac{19\,912}{28\,561}$钱+14 000钱）×10÷13=30 468$\frac{84\,876}{371\,293}$钱。

⑦刘徽提出的求利息的方法是

利息=（14 000钱+13 000钱+12 000钱+11 000钱+10 000钱）-30 468$\frac{84\,876}{371\,293}$钱29 531$\frac{286\,417}{371\,293}$钱。

译文

假设有人带着钱到蜀地做买卖，利润是每10，可得3。第一次返回留下14 000钱，第二次返回留下13 000钱，第三次返回留下12 000钱，第四次返回留下11 000钱，最后一次返回留下10 000钱。第五次返回留下钱之后，本利俱尽。问：原本带的钱及利润各多少？

答：

本钱是30 468$\frac{84\,876}{371\,293}$钱，

利润是29 531$\frac{286\,417}{371\,293}$钱。

术：假令本钱是30 000钱，则不足是1 738$\frac{1}{2}$钱；假令本钱是40 000钱，则多了35 390$\frac{8}{10}$钱。按：假令本钱是30 000钱，加利润为39 000钱，减去第一次返回留下的钱，余数加利润为32 500钱；减去第二次返回留下的钱，余数又加利润为

25 350钱，减去第三次返回留下的钱，余数又加利润为17 355钱；减去第四次返回留下的钱，余数又加利润为8 261$\frac{1}{2}$钱；减去第五次返回留下的钱，应当为10 000钱，则不足1 738$\frac{1}{2}$钱。若本钱为40 000钱，加利润为52 000钱，减去第一次返回留下的钱，余数加利润为49 400钱；减去第二次返回留下的钱，余数又加利润为47 320钱；减去第三次返回留下的钱，余数又加利润为45 916钱；减去第四次返回留下的钱，余数又加利润为45 390$\frac{8}{10}$钱，减去第五次返回留下的钱，应当为10 000钱。盈余是35 390$\frac{8}{10}$钱，所以叫作多。又术：布置最后一次返回留下的10 000钱，乘以10，除以13，就是最后一次所带的本钱。加11 000钱，又乘以10，除以13，就是第四次所带的本钱。加12 000钱，又乘以10，除以13，就是第三次所带的本钱。加13 000钱，又乘以10，除以13，就是第二次所带的本钱。加14 000钱，又乘以10，除以13，就是初次所带的本钱。将五次返回所留下的钱相加，以此减之，就是利润。

原文

今有垣厚五尺，两鼠对穿。大鼠日一尺，小鼠亦日一尺。大鼠日自倍①，小鼠日自半②。问：几何日相逢？各穿几何？

　　答曰：

　　二日一十七分日之二。

　　大鼠穿三尺四寸十七分寸之一十二，

　　小鼠穿一尺五寸十七分寸之五。

术曰：假令二日，不足五寸；令之三日，有余三尺七寸半③。大鼠日倍，二日合穿三尺；小鼠日自半，合穿一尺五寸，并大鼠所穿，合四尺五寸。课于垣厚五尺，是为不足五寸。令之三日，大鼠穿得七尺，小鼠穿得一尺七寸半，并之，以减垣厚五尺，有余三尺七寸半。以盈不足术求之，即得。以后一日所穿乘日分子，如日分母而一，即各得日分子之中所穿。故各增二日定穿，即合所问也。

注释

①日自倍：后一日所穿是前一日的2倍，则各日所穿是以2为公比的递升等比数列。

②日自半：后一日所穿是前一日的$\frac{1}{2}$倍，则各日所穿是以$\frac{1}{2}$为公比的递减等比数列。

③将假令2日，不足5寸，假令3日，盈余$37\frac{1}{2}$寸代入盈不足术求不盈不朒的正数的公式（7-1）。则

$$相逢日数 = \frac{3日 \times 5寸 + 2日 \times 37\frac{1}{2}寸}{5寸 + 37\frac{1}{2}寸} = 2\frac{2}{17}日。$$

然此亦为近似解。求其准确解的方法是：设二鼠n日相逢，则大小鼠所穿分别为

$$S_n = \frac{1尺 \times (1-2^n)}{1-2} = (2^n - 1)尺,$$

$$S'_n = \frac{1尺 \times \left[1-\frac{1}{2}^n\right]}{1-\frac{1}{2}} = 2 \times \frac{2^n - 1}{2^n}尺。$$

由题设

$$(2^n - 1)尺 + 2 \times \frac{2^n - 1}{2^n}尺 = 5尺。$$

整理得

$$2^{2n} - 4 \times 2^n - 2 = 0,$$

于是

$$n = \frac{\lg(2+\sqrt{6})}{\lg 2}。$$

假设有一堵墙，5尺厚，两只老鼠相对穿洞。大老鼠第一日穿1尺，小老鼠第一日也穿1尺。大老鼠每日比前一日加倍，小老鼠每日比前一日减半。问：它们几日相逢？各穿多长？

答：

$2\frac{2}{17}$日相逢，

大老鼠穿3尺$4\frac{12}{17}$寸，

小老鼠穿1尺$5\frac{5}{17}$寸。

术：假令二鼠2日相逢，不足5寸；假令3日相逢，有盈余3尺7$\frac{1}{2}$寸。大老鼠每日比前一日加倍，2日应当穿3尺；小老鼠每日比前一日减半，那么2日应当穿1尺

5寸。加上大老鼠所穿的，总共应当是4尺5寸。与墙厚5尺相比较，这就是不足5寸。假令3日相逢，大老鼠穿得7尺，小老鼠穿得1尺7$\frac{1}{2}$寸。两者相加，以减墙厚5尺，有盈余3尺7$\frac{1}{2}$寸。以盈不足术求解之，即得相逢日数。以最后一日二鼠所穿分别乘该日的分子，除以该日的分母，各得二鼠该日的分子之中所穿的长度。所以以它们分别加2日所穿的长度，就符合所问的问题。

精彩点拨

这一章提出了盈不足、盈适足和不足适足、两盈和两不足三种类型的盈亏问题，以及若干可以通过两次假设化为盈不足问题的一般问题的解法。从题目中可以看到，当时的人们是运用好了《九章算术》的计算方法以及人力的配置，不仅能够解决了当时的问题，传播到西方后对西方数学世界产生了极大的影响，中世纪时期曾长期统治了他们的数学王国。

阅读积累

契丹之于中国

契丹原指契丹族建立的朝代"辽"，而蒙古用契丹来称呼中国北方，13世纪到15世纪，蒙古人长期是欧洲霸主，在蒙古人统治下的地区以及与这些国家和地区有交往的国度，都受此影响，尤其是这时期兴起的斯拉夫语族和突厥语民族均以契丹作为中国的代名词。现在突厥语族和斯拉夫语族的多数语言中仍把中国称为"契丹"，如俄语中的"Китай"。在英语中，由"Khitan"演变而来的"Cathay"是中国的雅称，但多用于诗歌中。这个词语在汉语中有时被译为"国泰"，如国泰航空（Cathay Pacific）、国泰电影院（Cathay Theatre）等。

九章算术卷第八

魏 刘徽 注
唐朝议大夫行太史令上轻车都尉臣李淳风等奉敕注释

我们研究许多数学问题时，可以发现其中未知数不是孤立的，他们与一些已知数之间有确定的联系，这种联系常常表现为一定的相等关系，把这种关系用数学形式写出来就是含有未知数的等式，这种等式的专有名称就是方程。《九章算术》中以一些实际应用问题为例，给出了列由几个方程组成的方程组的解题方法，只用算筹表示各未知数的系数，而没有使用专门的记法来表示未知数。且本章的"方程"是指多元一次的方程组。与现在的"方程"含义并不相同。

方程①以御错糅正负②

今有上禾三秉③，中禾二秉，下禾一秉，实三十九斗；上禾二秉，中禾三秉，下禾一秉，实三十四斗；上禾一秉，中禾二秉，下禾三秉，实二十六斗。问：上、中、下禾实一秉各几何？

答曰：

上禾一秉九斗四分斗之一，

中禾一秉四斗四分斗之一，

下禾一秉二斗四分斗之三。

方程程，课程也。群物总杂，各列有数，总言其实。令每行为率④，二物者再程，三物者三程，皆如物数程之，并列为行，故谓之方程⑤。行之左右无所同存，且为有所据而言耳⑥。此都术也，以空言难晓，故特系之禾以决之⑦。又列中、左行如右行也。术曰：置上禾三秉，中禾二秉，下禾一秉，实三十九斗于右方。中、左禾列如右方⑧。以右行上禾遍乘中行，而以直除⑨。为术之意，令少行减多行，返覆相减，则头位必先尽。上无一位，则此行亦阙一物矣。然而举率以相减，不害余数之课也⑩。若消去头位，则下去一物之实。如是叠令左右行相减⑪，审其正负，则可得而知。先令右行上禾乘中行，为齐同之意。为齐同者，谓中行直减右行也⑫。从简易虽不言齐同，以齐同之意观之，其义然矣⑬。又乘其次，亦以直除。复去左行首⑭。然以中行中禾不尽者遍乘左行，而以直除。亦令两行相去行之中禾也⑮。左方下禾不尽者，上为法，下为实。实即下禾之实⑯。上、中禾皆去，故余数是下禾实，非但一秉。欲约众秉之实，当以禾秉数为法。列此，以下禾之秉数乘两行，以直除，则下禾之位皆决矣⑰。各以其余一位之秉除其下实。即计数矣，用算繁而不省⑱。所以别为法，约也。然犹不如自用其旧，广异法也⑲。求中禾，以法乘中行下实，而除下禾之实⑳。此谓中两禾实㉑，下禾一秉实数先见，将中秉求中禾㉒，其列实以减下实㉓。而左方下禾虽去一秉，以法为母，于率不通㉔。故先以法乘，其通而同之㉕。俱令法为母，而除下禾实㉖。以下禾先见之实令乘下禾秉数，即得下禾一位之列实㉗。减于下实，则其数是中禾之实也㉘。余，如中禾秉数而一，即中禾之实㉙。余，中禾一位之实也。故以一位秉数约之，乃得一秉之实也。求上禾，亦以法乘右行下实，而除下禾、中禾之㉚。此右行三禾共实，合三位之实，故以二位秉数约之，乃得一秉之实㉛。今中、下禾之实，其数并见，令乘右行之禾秉以减之，故亦如前，各求列实，以减下实也。余，如上禾秉数而一，即上禾之实㉜。实皆如法，各得一斗㉝。三实同用。不满法者，以法命之。母、实皆当约之。

注　释

①方程：中国传统数学的重要科目，"九数"之一，即今之线性方程组解法，与今之"方程"的含义不同。今之方程古代称为开方。1859年李善兰（1811—1882）与传教士伟烈亚力（A. Wylie，1815—1887）合译棣么甘（De Morgen，1806—1871）的《代数学》时，将equation译作"方程"，1872年华蘅芳（1833—1902）与传教士傅兰雅（J. Fryer，1839—?）合译华里司（J. Wallis，1616—1703）的《代数术》时将equation译作"方程式"。华蘅芳在《学算笔谈》（1896年）等著作中"方程"与"方程式"并用，前者仍是《九章算术》本义，后者指equation。1934年数学名词委员会确定用"方程（式）"表示equation，用"线性方程组"表示中国古代的"方程"。1950年傅钟孙力主去掉"式"字，1956年科学出版社出版的《数学名词》去掉了"式"字，最终改变了"方程"的本义。

②错糅：就是交错混杂。糅：本义是杂饭，引申为混杂，混合。《仪礼·乡射礼》："旌各以其物，无物，则以白羽与朱羽糅杠。"郑玄注："糅，杂也。"

③禾：粟，今之小米。《说文解字》："禾，嘉谷也。"又指庄稼的茎秆。《说文解字》："稼，禾之秀实为稼，茎节为禾。"这里应该是带谷穗的谷秸。秉：禾束，禾把。《诗经·小雅·大田》："彼有遗秉，此有滞穗。"毛传："秉，把也。"李籍云："一禾为秉。"

④令每行为率：是说每一个数量关系构成一个有顺序的整体，并投入运算，类似于今之线性方程组中之行向量的概念。行：古代竖置为行，横置为列，与今相反。因此古代方程的一行，仍是今之线性方程组的一行。只不过古代的行是自右向左排列。

⑤此为刘徽关于方程的定义。自宋以来，直到20世纪，关于方程的含义多有误解，比如将"方"理解成方形，方阵，正，比，比方等；将"程"理解成式，表达式，等。这都是望文生义。方程：本义是并而程之。方，并也。《说文解字》："方，并船也。像两舟，省总头形。"程：本义是度量名，引申为事务的标准。《荀子·致仕》："程者，物之准也。"《九章算术》"冬（春、夏、秋）程人功"，"程功"，"程行"，"程行"，"程粟"等等皆指标准度量。因此，方程就是并而程之，即将诸物之间的几个数量关系并列起来，考察其度量标准。将一个个数量关系并列在一起，像一支支竹筏并在一起。显然，刘徽的定义完全符合《九章算术》方程的本义。一个数量关系排成有顺序的一行，像一枝竹或木棍，一行行并列起来，恰似一条竹筏或木筏，这正是方程的形状。李籍云："方者，左右也。程者，课率也。左右课率，总统群物，故曰方程。"李籍的说法接近本义。《仪礼·大射礼》："左右曰方。"郑玄注："方，出旁也。"应该是由"并"引申出来的。

⑥行之左右无所同存，且为有所据而言耳：刘徽在此指出，方程中没有等价的行，同时，每一行都是有根据的。前者符合现代线性方程组有解的条件。

⑦刘徽认为，方程术是"都术"，即普遍方法。但是，方程术太复杂，只好借助于禾来阐释。决：古多作"决"。本义是开凿壅塞，疏通水道，引申为解决问题。

⑧这是列出方程，如图8-1（1），设x，y，z分别表示上、中、下禾一秉之实，它相当于线性方程组

$3x+2y+z=39$

$2x+3y+2=34$

$x+2y+3z=26$。

⑨遍乘：整个地乘，普遍地乘。遍：普遍地。直除：面对面相减，两行对减。直：当，临。《仪礼·士冠礼》："直东序西面。"贾公彦疏："直，当也。谓当堂上东序墙也。"除：减。此是以右行上禾系数3乘整个中行，如图8-1（2）。然后以右行与中行对减，两度减，中行上禾的系数变为0，如图8-1（3）。它相当于线性方程组

$3x+2y+z=39$

$5y+z=24$

$x+2y+3z=26$。

图8-1

⑩举率以相减，不害余数之课也：方程的行与行相减。不影响方程的解。刘徽在此提出了方程术消元的理论基础。刘徽对此没有试图证明，显然他认为这是一条不证自明的公理。

⑪叠：重复，重叠。《玉篇》："叠，重也，累也。"

⑫为齐同者，谓中行直减右行也：为了做到齐同。就是说应当从中行对减去右行。

⑬以齐同之意观之，其义然矣：不过以齐同的意图考察之，其意义确实是这样。刘徽以齐同原理阐释方程术的消元法。他"令每行为率"，因此便可以将率的三种等量变换"乘以散之，约以聚之，齐同以通之"施用于方程。以某数乘整行，如上述以右行的上禾系数3乘中行，就是乘以散之。同样，如果一行中诸系数和常数项有等数，可以约去，就是约以聚之。而消元的过程就是齐同以通之。也就是说，以右行首项系数乘整个中行，就是使中行其他项与其首项相齐；而从中行直减右行，直到使中行首项系数化为0，实际上

减去的右行首项系数的总数量与中行首项相同,就是同。后来李淳风等在《张丘建筭经注释》中称为"同齐者,谓同行首,齐诸下"。对其他行,其他项亦如此。

⑭此是以右行上禾系数3乘整个左行,以右行直减左行,使左行上禾系数也化为0,如图8-1(4)。它相当于线性方程组

3x+2y+z=39

5y+z=24

4y+8z=39。

⑮这是以中行中禾系数5乘左行整行,以中行直减左行,4度减,则左行中禾系数亦化为0。

⑯左行下禾系数为36,实为99。下禾系数与实有等数9,以其约简,下禾系数为4,作为法,实为11。实只是下禾的实。如图8-1(5)。它相当于线性方程组

3x+2y+z=39

5y+z=24

4z=11。

⑰皆决:即皆去。决:训绝。此处刘徽仍用直除法由左行下禾系数消去中、右行的下禾系数,如图8-1(6)所示。它相当于线性方程组

12x+8y=145

4y=17

4z=11。

同样,再用中行中禾的系数消去右行中禾的系数,如图8-1(7)。它相当于线性方程组

4x=37

4y=17

4z=11。

显然,这是一种将直除法进行到底的方法,与《九章算术》的方法(见下)有所不同。

⑱即计数矣,用算繁而不省:那么统计用算的次数,运算太繁琐而不简省。即:训则。数:用算的次数。

⑲然犹不如自用其旧,广异法也:然而这种方法还不如仍用其旧法,不过,这是为了扩充不同的方法。

⑳求中禾,以法乘中行下实,而除下禾之实:《九章算术》为了求中禾,以左行的法(即下禾的系数)乘中行的下实,减去左行下禾的实,记直除后中行的实为B′,中禾系数为b′$_2$,下禾系数为b′$_3$,左行的法(即下禾系数)为C′$_3$,下实为C′,则得B′b′$_3$−C′b′$_3$。在此问中即24×4−11×1=85。

㉑中两禾实:即中行的中、下两种禾之实。中:谓中行。此下是刘徽解释《九章筭

术》的方法。

㉒下禾一秉实数先见，将中秉求中禾：1捆下等禾的实数已先显现出来了，那么就中等禾的捆数求中等禾的实。见xiàn：显现。中秉：指中禾秉数。

㉓其列实以减下实：就用它（下禾）的列实去减中行下方的实。此处"列实"指下禾的列实，即左行下禾的实乘中行的下禾秉数。此问中即是11×1。其：它的。

㉔左方下禾虽去一秉，以法为母，于率不通：虽可以减去左行1捆下等禾的实，可是以法作为分母，对于率不能通达。此谓由左行可以求出下禾一秉之实，减中行、右行，可是那样做会出现以法为分母的分数，于率不通。

㉕其通而同之：使其通达而做到同。"通而同之"系汉、魏关于齐同术的术语。

㉖俱令法为母，而除下禾实：都以左行的法作为分母，而减去下等禾的实。

㉗以下禾先见之实令乘下禾秉数，即得下禾一位之列实：以左行下等禾先显现的实乘中行下等禾的捆数，就得到下等禾一位的列实。

㉘减于下实，则其数是中禾之实也：以它去减中行下方的实，则其余数就是中等禾之实。

㉙余，如中禾秉数而一，即中禾之实：中禾之余实除以中行的中禾的秉数，即 $\dfrac{B'c'_3 - C'b'_3}{b'_2} = B''$ 就是中禾之实（仍以左行之法 C'_3 为法）。记右行实为 A_1，右行之上、中、下禾系数为 a_1，a_2，a_3，即得 $Ac'_3 - C'a_3 - B''a_2$。此问中即以（24×4-11×1）÷5=17为中禾之实，以4为法。

㉚求上禾，亦以法乘右行下实，而除下禾、中禾之实：如果求上禾，《九章算术》亦以左行之法乘右行下实，减去左行下禾实乘右行下禾秉数，再减去中行中禾之实乘右行中禾秉数。此问中即：39×4-11×1-17×2。

㉛乃得一秉之实：就得到1秉一种禾的实。

㉜余，如上禾秉数而一，即上禾之实：其余数，除以上等禾的捆数，就是1捆上等禾之实。余：指以左行之法乘右行下实，减去左行下禾实乘右行下禾秉数，再减去中行中禾之实乘右行中禾秉数之余数。它除以右行上禾之秉数，即 $\dfrac{Ac'_3 - C'a_3 - B''a_2}{a_1}$，就是上禾之实，仍以左行之法为法。在此问中就是（39×4-11×1-17×2）÷3=37，仍以4为法。亦得到形如图8-1（7）的方程。《九章算术》在消去中、左行的首项及左行的中项之后，没有再用直除法，而是采用类似于今之代入法的方法求解。刘徽认为这种方法比一直使用直除法简约。

㉝实皆如法，各得一斗：这就是实皆除以法，分别得1捆的斗数。亦即得到1秉上禾之实 $x = 9\dfrac{1}{4}$ 斗，1秉中禾之实 $y = 4\dfrac{1}{4}$ 斗，1秉下禾之实 $z = 2\dfrac{3}{4}$ 斗。

方程处理交错混杂及正负问题

假设有3捆上等禾，2捆中等禾，1捆下等禾，共39斗实；2捆上等禾，3捆中等禾，1捆下等禾，共34斗实；1捆上等禾，2捆中等禾，3捆下等禾，共26斗实。问：1捆上等禾、1捆中等禾、1捆下等禾的实各是多少？

答：

1捆上等禾 $9\frac{1}{4}$ 斗，

1捆中等禾 $4\frac{1}{4}$ 斗，

1捆下等禾 $2\frac{3}{4}$ 斗。

方程程，就是求解其标准。各种物品混杂在一起，各列都有不同的数。总的表示出它们的实。使每行作为率，二个物品有二程，三个物品有三程，程的多少都与物品的种数相等。把各列并列起来，就成为行，所以叫作方程。某行的左右不能有等价的行，而且都是有所根据而表示出来的。这是一种普遍方法，因为太抽象的表示难以使人通晓，所以特地将它与禾联系起来以解决之，又像右行那样列出中行、左行。术：在右行布置3捆上等禾，2捆中等禾，1捆下等禾，共39斗实。中行、左行的禾也如右行那样列出。以右行的上等禾的捆数乘整个中行，而以右行与之对减。造术的意图是，数值小的行减数值大的行，反复相减，则头位必定首先减尽。上面没有了这一位，则此行就去掉了一种物品。然而用整个的率互相减，其余数不影响方程的解。若消去了这一行的头位，则下面也去掉一种物品的实。像这样，反复使左右行相减，考察它们的正负，就可以知道它们的结果。先使右行上等禾的捆数乘整个中行，意图是要让它们齐同。为了做到齐同，就是说应当从中行对减去右行。遵从简易的原则，虽然不叫做齐同，不过以齐同的意图考察之。其意义确实是这样。又以右行上禾的捆数乘下一行，亦以右行对减。再消去左行头一位。然后以中行的中等禾没有减尽的捆数乘整个左行，而以中行对减。又使中、左两行相消除去左行的中等禾。左行的下等禾没有减尽的，上方的作为法，下方的作为实。这里的实就是下等禾之实。左行的上等禾、中等禾皆消去了。所以余数就是下等禾之实，但不是1捆的。想约去众多的捆的实，应当以下等禾的捆数作为法。列出这一行，以下等禾的捆数乘另外两行，以左行对减，则这二行下等禾位置上的数就都被消去了。分别以各行余下的一种禾的捆数除下方的实。那么统计用算的次数，运算太繁琐而不简省。创造别的方法，是为了约简。然而这种方法还不如仍用其旧法，不过，这是为了扩充不同的方法。如果要求中等禾的实，就以左行的法乘中行下方的实，而减去下等禾之实。这是说中行有中等、下等两种禾的实，而1捆下等禾的实数已先显现出来了，那么就中等禾的捆数求中等禾的实，就用下禾的列实去减中行下方的实。——而虽可以减去左行1捆下等禾的实，可是以法作为分母，对于率不能通达。所以先以左行的法乘中行下方的实，使其通达而做到同。都以左行的法作为分母，而减去下等禾的实。以左行下等禾先显现的实乘中行下等禾的捆数，就得到下等禾一位的列实。以它去减中行下方的实，则其余数就是中等禾之实。它的余数，除以中等禾的捆数，就是1捆中等禾的实。余数是中等禾这一种物品的实。所以以它的捆数除之，就得到1捆中等禾的实。如果要求上等禾的实，也以左行的法乘右行下方的实，而减去下等禾、中等禾的实。这右行是三种禾共有的实，是三种物品的实之和，所以去掉二种物品的捆数，就得到一种的实。现在中等禾、下等禾的实，它们的数量都显现出来了，便以它们乘右行中相应的禾的捆数，以减下方的实，所以也像前面那样，分别求出中等禾、下等禾的列实，以它们减下方的实。其余数，除以上等禾的捆数，就是1捆上等禾之实。这就是实皆除以法，分别得1捆的斗数。三个实被同样地使用。如果实有不满法的部分，就以法命名一个分数。分母、分子都应当约简。

原文

今有上禾七秉，损实一斗，益之下禾二秉，而实一十斗；下禾八秉，益实一斗，与上禾二秉，而实一十斗①。问：上、下禾实一秉各几何？

　　答曰：

　　上禾一秉实一斗五十二分斗之一十八，

　　下禾一秉实五十二分斗之四十一。

术曰：如方程。损之曰益，益之曰损②。问者之辞虽③？今按：实云上禾七秉、下禾二秉，实一十一斗；上禾二秉、下禾八秉，实九斗也④。"损之曰益"，言损一斗，余当一十斗。今欲全其实，当加所损也。"益之曰损"，言益实以一斗，乃满一十斗。今欲知本实，当减所加，即得也。损实一斗者，其实过一十斗也；益实一斗者，其实不满一十斗也。重谕损益数者，各以损益之数损益之也。

①设x，y分别表示上、下禾一秉之实，题设相当于给出关系

（7x−1）+2y=10

2x+（8y+1）=10。

②损之曰益，益之曰损：在此处减损某量，也就是说在彼处增益同一个量，在此处增益某量，也就是说在彼处减损同一个量。损益是建立方程的一种重要方法。损之曰益：是说关系式一端减损某量，相当于另一端增益同一量。益之曰损：是说关系式一端增益某量，相当于另一端减损同一量。虽然《九章筭术》没有赋予其"损益术"之名，但从许多题目声明"损益之"来看，它与正负术等术文具有同等的功能。损益之说本是先秦哲学家的一种辩证思想。《周易·损》："损下益上，其道上行。"《老子·四十二章》："物或损之而益，或益之而损。"其他学者也经常用到"损益"。《九章筭术》的编纂者借用"损益"这一术语，仍是增减的意思，与《老子》之说十分接近，当然其含义稍有不同。一般认为，代数"algebra"来自阿拉伯文aI jabr，是因为花拉子米（Al-Khowâ rizmi, 约783—约850）写了一部代数著作《算法与代数学》（al-Kitāb al-mukhta sarfi hisab al-jabr wa al-muquā ba1a, 直译为《还原与对消计算概要》）。Al jabr在阿拉伯文中的意思是"还原"或"移项"，解方程时将负项由一端移到另一端，变成正项，就是"还原"；wa'l muquā balah是"对消"，即将两端相同的项消去或合并同类项。（D. E. Smith, History of Mathematics, vol. Ⅱ, Dover Pub1ications, P. 382, 1925）显然，《九章筭术》使用还原与合并同类项，要比花拉子米早一千年左右。

③问者之辞虽：提问者的话是什么意思呢？虽：古与"谁"通用。训为"何"。

④刘徽指出，通过损益。其线性方程组就是

7x+2y=11

2x+8y=9。

译文

假设有7捆上等禾，如果它的实减损1斗，又增益2捆下等禾，而实共是10斗；有8捆下等禾，如果它的实增益1斗，与2捆上等禾，而实也共是10斗。问：1捆上等禾、下等禾的实各是多少？

答：

1捆上等禾的实$1\dfrac{18}{52}$斗，

1捆下等禾的实$\dfrac{41}{52}$斗。

术曰：如同方程术那样求解。在此处减损某量，也就是说在彼处增益同一个量，在此处增益某量，也就是说在彼处减损同一个量。提问者的话是什么意思呢？

今按：这实际上是说，7捆上等禾、2捆下等禾，实是11斗；2捆上等禾、8捆下等禾，实是9斗。"在此处减损某量，也就是说在彼处增益同一个量"，是说实减损1斗，余数应当是10斗。今想求它的整个实。应当加所减损的数量。"在此处增益某量，也就是说在彼处减损同一个量"，是说实增益1斗，才满10斗。今想知道本来的实，应当减去所增加的数量，就得到了。"它的实减损1斗"，就是它的实超过10斗的部分；"它的实增益1斗"，就是它的实不满10斗的部分。再一次申明减损增益的数量，就是各以减损增益的数量对之减损增益。

原文

今有上禾二秉，中禾三秉，下禾四秉，实皆不满斗。上取中、中取下、下取上各一秉而实满斗①。问：上、中、下禾实一秉各几何？

  答曰：

    上禾一秉实二十五分斗之九，

    中禾一秉实二十五分斗之七，

    下禾一秉实二十五分斗之四。

术曰：如方程。各置所取。置上禾二秉为右行之上，中禾三秉为中行之中，下禾四秉为左行之下。所取一秉及实一斗各从其位。诸行相借取之物，皆依此例。以正负术入之②。

正负术曰③：今两算得失相反，要令正负以名之④。正算赤，负算黑。否则以邪正为异⑤。方程自有赤、黑相取，法、实数相推求之术，而其并减之势不得广通，故使赤、黑相消夺之⑥。于算或减或益，同行异位殊为二品，各有并、减之差见于下焉⑦。著此二条⑧，特系之禾以成此二条之意。故赤、黑相杂足以定上下之程，减、益虽殊足以通左右之数，差、实虽分足以应同异之率⑨。然则其正无人以负之⑩，负无人以正之⑪，其率不妄也⑫。同名相除⑬，此为以赤除赤，以黑除黑。行求相减者⑭，为去头位也⑮。然则头位同名者当用此条；头位异名者当用下条⑯。异名相益⑰，益行减行，当各以其类矣⑱。其异名者，非其类也。非其类者，犹无对也，非所得减也⑲。故赤用黑对则除，黑⑳，无对则除，黑㉑；黑用赤对则除，赤㉒，无对则除，赤㉓；赤、黑并于本数。此为相益之㉔，皆所以为消夺。消夺之与减益成一实也㉕。术本取要，必除行首，至于他位，不嫌多少，故或令相减，或令相并，理无同异而一也㉖。正无人负之㉗，负无人正之㉘。无人㉙，为无对也。无所得减，则使消夺者居位也。其当以列实或减下实㉚，而行中正、负杂者亦用此条㉛。此条者，同名减实、异名益实，正无人负之，负无人正之也。其异名相除㉜，同名相益㉝，正无人正之㉞，负无人负之㉟。此条"异名相除"为例，故亦与上条互取。凡正负所以记其同异，使二品互相取而已矣㊱。言负者未必负于少，言正者未必正于多㊲。故每一行之中虽复赤黑异算无伤。然则可得使头位常相与异名㊳。此条之实兼通矣，遂以二条返覆一率。观其每与上下互相取位，则随算而言耳，犹一术也㊴。又，本设诸行，欲因成数以相去耳㊵，故其多少无限，令上下相命而已。若以正负相减，如数有旧增法者，每行可均之㊶，不但数物左右之也㊷。

注 释

①设x，y，z分别表示上、中、下禾一秉之实，它相当于线性方程组

2x+y=1

3y+z=1

x+4z=1。

其筹式如图8-2（1）。

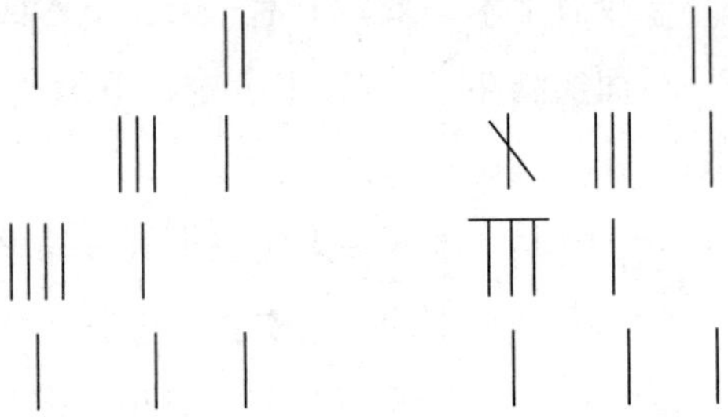

②以正负术入之：将正负术纳入其解法。入：纳入。此问的方程在消去左行上禾的系数时，其中会出现0-1=-1的运算，从而变成

2x+y=1

3y+z=1

-y+8z=1。

图8-2

其筹式如图8-2（2），所以要将正负术纳入此术的解法。

③正负术即正负数加减法则。《九章算术》中负数的引入及正负数加减法则的提出，都是世界上最早的，超前其他文化传统几百年甚至上千年。

④这是刘徽的正负数定义。它表示，正数与负数是互相依存的，相对的。正数相对于负数而言为正数，负数相对于正数而言为负数。因此，正数与负数可以互相转化，已经摆脱了以盈为正，以欠为负的素朴观念。

⑤正算赤，负算黑：这是正负数的算筹表示法。不过学术界在理解上尚有不同意见。有的学者认为是整个算筹涂成红色或黑色，有的学者认为只是在算筹上有红色或黑色的标记。"以邪正为异"，有的学者认为是指邪置、正置，有的学者认为指正算的截面为正三角形（有三廉），负算的截面为正方形（有四廉）。宋元时期常在算筹上置一邪筹表示负数。本书亦以这种方式表示负数，如图8-2（2）左行的x，就表示-1。

⑥消夺：指相消与夺位两种运算。相消是以某数消减另一个数。如果将该数相消化为0，则就是夺，即夺其位。

⑦刘徽在此说明为什么必须建立正负术，即赤、黑相消夺之术。

⑧二条：指正负数加法法则与正负数减法法则。

⑨赤、黑相杂：指方程的一行中正负数相杂。减、益虽殊：指方程中左右行相对的正负数相加减。差、实虽分：指各行中诸未知数的系数与实的关系。刘徽在此说明正负术在这三种情况中的应用。这里的"率"指计算方法。"率"的本义是标准，引申为按标准计算，计算方法。《隋书·律历志》在谈到数学方法时说："夫所谓率者，有九流焉。"

⑩正无人以负之：正的算数如果无偶，就变成负的。无人：就是"无偶"。人：偶，伴侣。《庄子·大宗师》："彼方且与造物者为人，而游乎天地之一气。"王先谦集解引王引之云："为人，犹言为偶。""无人"系大典本、杨辉本之原文，不误。杨辉本"卖牛羊"问在"一法"之"无入"下注："古本误刻'无人'者，非。"所谓"古本"即北宋贾宪的《黄帝九章算经细草》。它是杨辉本的底本。宋景昌据此认为"杨氏亦从'入'"。戴震辑录校勘本改"人"作"入"。钱宝琮认定戴震此处参考过《永乐大典》中所引杨辉本。此后诸本均改作"入"。汪莱、李潢不同意戴震的意见。汪莱云："'无人'、'人'不误。'无人'谓有空位也。"李潢云："'入'字原本作'人'，孔刻改为'入'，非是。"李潢本"于经、注作'入'，仍微波榭本也。'说'中作'人'，遵原本也"。然此后各本均从戴校。今恢复大典本、杨辉本原文。下"无人"均同，恕不再注。以：训则。

⑪负无人以正之：负的算数如果无偶，就变成正的。

⑫这里"率"也指计算方法。

⑬同名相除：相减的两个数如果符号相同，则它们的数值相减。这是《九章算术》提出的正负数减法法则。名：名分，指称，此处即今之正负号。同名：即同号。除：这里是减的意思。此谓符号相同的数相减，即刘徽所说的"以赤除赤"，"以黑除黑"，则它们的数值（这里是绝对值）相减。即

$(\pm a)-(\pm b)=\pm(a-b)$，　　　　　$a>b$。

$(\pm a)-(\pm b)=\mp(b-a)$，　　　　　$a<b$。

⑭相减：这里指相加减，偏词复义。

⑮为去头位：为的是消去头位。《九章算术》的直除法只是消去某行的头位。

⑯此条：指正负数减法法则中的"同名相除"。下条：指下文正负数减法法则中的"异名相益"。

⑰异名相益：相减的两个数如果符号不同，则它们的数值相加。异名：即不同号。益：增益，加。这里是说，符号不同的数相减，即以赤除黑，或以黑除赤。则它们的数值

325

（这里是绝对值）相加。即

$(\pm a)-(\mp b)=\pm(a+b)$。

⑱益行减行。当各以其类矣：两行相加或相减，都应当分别依据它们的类别。其类：它们的类别。这里指同号、异号。

⑲非其类者，犹无对也，非所得减也：不是它那一类的，就好像是没有对减的数，则就不可以相减了。无对：没有相对的数。这是说在建立正负数加减法则之前正负数是无法相加减的。

⑳故赤用黑对则除，黑：红算数如果用黑算数作对减的数，则得黑算数。此即

$(-a)-(+b)=-(a+b)$。

㉑无对则除，黑：如果红算数没有与之对减的数，也得黑算数，即$0-(+a)=-a$。

㉒黑用赤对则除，赤：黑算数如果用红算数对减，则得红算数，即$(+a)-(-b)=+(a+b)$。

㉓无对则除，赤：如果黑算数没有与之对减的数，也得红算数，即$0-(-a)=a$。

㉔之：语气词。

㉕消夺之与减益成一实：此谓通过消夺减益化成一种物品的实。

㉖而：训乃。王引之《经传释词》卷七："而'，犹'乃也。"刘徽在此又一次强调，《九章算术》的直除法是消去某行有效数字的头位，而其他位或者相减，或者相加，都是同一个道理。

㉗正无人负之：《九章算术》的术文是说，正数没有与之对减的数，则为负数。即 $0-(+a)=-a$， $a>0$。

无人：系大典本、杨辉本原文，不误。

㉘负无人正之：《九章算术》的术文是说，负数没有与之对减的数，则为正数。即 $0-(-a)=+a$， $a>0$。

以上两种情形都是刘徽所说的"消夺者居位"。无人：系大典本、杨辉本原文，不误。

㉙无人：与下文"正无人负之，负无人正之"，凡三"无人"，皆系大典本、杨辉本原文，不误。

㉚或：与"有"通，训而，见裴学海《古书虚字集释》卷二。

㉛此条：指正负数减法法则。

㉜其异名相除：如果两者是异号的，则它们的数值（这里是绝对值）相减。即

$(\pm a)+(\mp b)=\pm(a-b)$， $a>b$。

自此起是《九章算术》提出的正负数加法法则。

㉝同名相益：如果相加的两者是同号的，则它们的数值（这里是绝对值）相加。即

$(\pm a)+(\pm b)=\pm(a+b)$。

㉞正无人正之：如果正数没有与之相加的，则为正数。即

$0+(+a)=+a$, $\qquad a>0$。

㉟负无人负之：如果负数没有与之相加的，则为负数。即

$0+(-a)=-a$, $\qquad a>0$。

㊱使二品互相取而已：只是使二种物品互取而已。

㊲刘徽在此再一次阐明正数与负数是相对的，就其绝对值而言，正的未必就大，负的未必就小。

㊳刘徽指出，在一行中，赤算统统变成黑算，黑算统统变成赤算，其数量关系不变。因此，可以将用来消元的两行的头位变成互相异号，以使它们相加。

㊴刘徽认为，由于正数与负数是相对而言的，并且减一正数相当于加一负数，减一负数相当于加一正数，那么，正负数的加减法则可合为一术。即

$(\pm a)-(\pm b)=(\pm a)+(\mp b)=\pm(a-b)$。

㊵成：训定，犹如开方术"成方"之"成"。成数：指每行都有确定之数，故可相减。

㊶如数有旧增法者，每行可均之：如一行诸数中有原来的法的重叠。那么这一行可以自行调节。增céng：训层。刘向《说苑·反质》："官室台阁，连属增累。"增法：重叠的法。均：调和，调节。《诗经·小雅·皇皇者华》："我马维骃，六辔既均。"毛传："均，调也。"此谓如果某行的诸数中有公因子，可以用它约简，不只是左右行相消。

㊷不但数物左右之：不只是对各物品的数量利用左右行相消。

译文

假设有2捆上等禾，3捆中等禾，4捆下等禾，它们各自的实都不满1斗。如果上等禾借取中等禾、中等禾借取下等禾、下等禾借取上等禾各1捆，则它们的实恰好都满1斗。问：1捆上等禾、中等禾、下等禾的实各是多少？

答：

1捆上等禾的实是 $\dfrac{9}{25}$ 斗，

1捆中等禾的实是 $\dfrac{7}{25}$ 斗，

1捆下等禾的实是 $\dfrac{4}{25}$ 斗。

术：如同方程术那样求解。分别布置所借取的数量。布置上等禾的捆数2为右行的上位，中等禾的捆数3为中行的中位，下等禾的捆数4为左行的下位。每行所借取的1捆及实1斗都遵从自己的位置。凡是各行之间有互相借取物品的问题，皆依

照此例。将正负术纳入之。

正负术：如果两个算数所表示的得与失是相反的，必须引入正负数以命名之。正的算数用红筹，负的算数用黑筹。否则就用邪筹与正筹区别它们。方程术自有红算数与黑算数互相借取，法与实的数值互相推求的方法，然而它们相加、相减的态势不能广泛通达。所以使红算数与黑算数互相消减夺位。对于算数，有的减损，有的增益，它们在同一行的不同位置上，完全表示两种不同的物品。它们各有加、有减，其和差显现于下方的位置上。于是，撰著这二条法则，并且特地将它们与禾联系起来，为的是阐明此二条的意义。因此红算数与黑算数虽然互相错杂，却足以确定上下的程式，相减、相加虽然不同却足以使左右行之数互相通达，差与实虽然有区别，却足以适应于同号异号的计算。那么在减法运算中正的算数如果无偶，就变成负的，负的算数如果无偶。就变成正的，其计算方法并不是虚妄的。相减的两个数如果符号相同，则它们的数值相减，这是说以红算数减红算数，以黑算数减黑算数。诸行中要求相减。为的是消去它的头位。那么两行的头位如果是同号的，应当用此条；头位如果是异号的，应当用下条。相减的两个数如果符号不相同，则它们的数值相加，不管是两行相加，还是相减，都应当分别依据它们的类别。如果是与它符号不同的，就不是它那一类的。不是它那一类的，就好像是没有对减的数，则就不可以相减了。红算数如果用黑算数作对减的数，则得黑算数，如果没有对减的数，也得黑算数；黑算数如果用红算数对减，则得红算数，如果没有对减的数，也得红算数；红算数与黑算数都是原本的数相加。这里是两者相增益，都是用来消减夺位。消减夺位与减损增益使之成为一种物品的实。一种术最根本的是要抓住其关键。方程术中必定要消去某一行的首位，至于其他位，不管是多少，所以有时是它们相减，有时是它们相加，不论符号是相同还是不同，原理都是一样的。正数如果无偶，就变成负的，负数如果无偶，就变成正的。无偶，就是没有与之对减的数。没有能够被减的，则就使用来消减的数居于这个位置。那些应当以列实去减下方的实的，以及一行中正负数相错杂的，也应当应用这一条。这一条就是，同符号的就减实、不同符号的就加实，正数如果无偶就变成负数，负数如果无偶就变成正数。相加的两个数如果符号不相同，则它们的数值相减，相加的两个数如果符号相同，则它们的数值相加，正数如果无偶就是正数，负数如果无偶就是负数。这一条以"相加的两个数如果符号不相同，则它们的数值相减"为例，所以也与上一条互取。凡是正负数所以记出它们的同号异号，只是使二种物品互取而已。表示成负的，负的其数值未必就小，表示成正的，正的其数值未必就大。所以每一行之中即使将红算与黑算互易符号，也没有什么障碍。那么可以使两行的头位取成互相不同的符号。这些条文的实质全都是相通的，于是以上二条翻来覆去都是同一种运算。考察它们在一行中上下互相选取的符号，则总是根据运算的需要而表示出来的，仍然是同一种方法。又，设置诸行，本意是想凭借已有的数互相消减，所以不管行数是多少，使上下相命就可以了。若用正负数相减，如一行诸教中有原来的法的重叠，那么这一行可以自行调节，不只是对各物品的数量利用左右行相消。

原文

今有上禾五秉，损实一斗一升，当下禾七秉；上禾七秉，损实二斗五升，当下禾五秉①。问：上、下禾实一秉各几何？

  答曰：

  上禾一秉五升，

  下禾一秉二升。

  术曰：如方程。置上禾五秉正，下禾七秉负，损实一斗一升正②。言上禾五秉之实多，减其一斗一升，余，是与下禾七秉相当数也。故互其筹，令相折除，以一斗一升为差③。为差者，上禾之余实也。次置上禾七秉正，下禾五秉负，损实二斗五升正④。以正负术入之。按：正负之术本没列行，物程之数不限多少，必令与实上、下相次，而以每行各自为率。然而或减或益，同行异位殊为二品，各自并、减之差见于下也⑤。

今有上禾六秉，损实一斗八升，当下禾一十秉；下禾一十五秉，损实五升，当上禾五秉⑥。问：上、下禾实一秉各几何？

  答曰：

  上禾一秉实八升，

  下禾一秉实三升。

  术曰：如方程。置上禾六秉正，下禾一十秉负，损实一斗八升正。次⑦，上禾五秉负，下禾一十五秉正，损实五升正⑧。以正负术入之。言上禾六秉之实多，减损其一斗八升，余，是与下禾十秉相当之数。故亦互其筹，而以一斗八升为差实。差实者，上禾之余实。

今有上禾三秉，益实六斗，当下禾一十秉；下禾五秉，益实一斗，当上禾二秉⑨。问：上、下禾实一秉各几何？

  答曰：

  上禾一秉实八斗，

  下禾一秉实三斗。

术曰：如方程。置上禾三秉正，下禾一十秉负，益实六斗负。次置上禾二秉负，下禾五秉正，益实一斗负⑩。以正负术入之。言上禾三秉之实少，益其六斗，然后于下禾十秉相当也⑪。故亦互其算，而以六斗为差实。差实者，下禾之余实。

注 释

①设x，y分别表示上、下禾一秉之实，《九章算术》的题设相当于给出关系

5x−11=7y

7c−25=5y。

此下3问都是常数项和未知数项的损益问题，合为一组。

②《九章算术》列出方程的右行，相当于

5x−7y=11。

未知数的系数有负数。

③互其算：交换算数，即损益。

④《九章算术》列出方程的左行，相当于

7x−5y=25。

⑤各自并、减之差见于下也：各自有加有减，其和差显现于下方。见xiàn：显现。

⑥设x，y分别表示上、下禾一秉之实，《九章算术》的题设相当于给出关系

6x−18=10y

15y−5=5x。

⑦次：即"次置"。

⑧《九章算术》得出方程，相当于

6x−10y=18

−5x+15y=5。

两个未知数的系数都有负数。

⑨设x，y分别表示上、下禾一秉之实，《九章算术》的题设相当于给出关系

3x+6=10y

5y+1=2x。

⑩《九章算术》得出方程，相当于

3x−10y=−6

−2x+5y=−1。

此不仅两个未知数都有负系数，而且实亦为负数。

⑪于下禾十秉相当：与10秉下禾相当。于：训与。裴学海《古书虚字集释》卷一："'于'，犹'与'也。"

假设有5捆上等禾，将它的实减损1斗1升，等于7捆下等禾；7捆上等禾，将它的实减损2斗5升，等于5捆下等禾。问：1捆上等禾、下等禾的实各是多少？

答：

1捆上等禾的实是5升，

1捆下等禾的实是2升。

术：如同方程术那样求解。布置上等禾的捆数5，是正的，下等禾的捆数7，是负的，减损的实1斗1升，是正的。这是说5捆上等禾的实多，减损它1斗1升，余数就与7捆下等禾的实相等。所以互相置换算数，使它们互相折消，以1斗1升作为差。成为这个差的，就是上等禾余下的实。其次布置7捆上等禾，是正的，5捆下等禾，是负的，减损的实2斗5升，是正的。将正负术纳入之。按：应用正负术，本来设置各列各行，需要求解的物品个数不管多少，必须使它们与实上下一一排列，而以每行各自作为率。然而有的减损，有的增益，它们在同一行不同位置完全表示二种不同的物品，各自有加有减，其和差显现于下方。

假设有6捆上等禾，将它的实减损1斗8升，与10捆下等禾的实相等；15捆下等禾，将它的实减损5升，与5捆上等禾的实相等。问：1捆上等禾、下等禾的实各是多少？

答：

1捆上等禾的实是8升，

1捆下等禾的实是3升。

术曰：如同方程术那样求解。布置上等禾的捆数6，是正的，下等禾的捆数10，是负的，所减损的实1斗8升，是正的。接着，布置上等禾的捆数5，是负的，下等禾的捆数15，是正的，所减损的实5升，是正的。将正负术纳入之。这是说6捆上等禾的实多，减损它1斗8升。余数与10捆下等禾的实相等。所以也互相置换算数，而以1斗8升作为差实。差实就是上等禾余下的实。

假设有3捆上等禾，将它的实增益6斗，与10捆下等禾的实相等；5捆下等禾，将它的实增益1斗，与2捆上等禾的实相等。问：1捆上等禾、下等禾的实各是多少？

答：

1捆上等禾的实是8斗，

1捆下等禾的实是3斗。

331

术：如同方程术那样求解。布置上等禾的捆数3，是正的，下等禾的捆数10，是负的，增益的实6斗，是负的。接着布置上等禾的捆数2，是负的，下等禾的捆数5，是正的，增益的实1斗，是负的。将正负术纳入之。这是说3捆上等禾的实少，给它增益6斗，然后与10捆下等禾的实相等。所以也互相置换算数，而以6斗作为差实。差实就是下等禾余下的实。

原 文

今有牛五、羊二，直金十两；牛二、羊五，直金八两①。问：牛、羊各直金几何？

答曰：

牛一直金一两二十一分两之一十三，

羊一直金二十一分两之二十。

术曰：如方程。假令为同齐，头位为牛，当相乘。右行定②，更置牛十、羊四、直金二十两③；左行牛十、羊二十五、直金四十两④。牛数等同，金多二十两者，羊差二十一使之然也。以少行减多行，则牛数尽，惟羊与直金之数见，可得而知也⑤。以小推大，虽四、五行不异也⑥。

注 释

①设x，y分别表示牛、羊直金，题设给出的方程图8-3（1），相当于线性方程组

5x+2y=10

2x+5y=8。

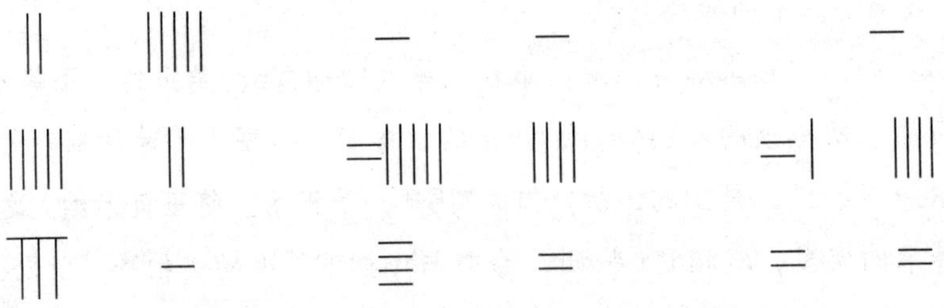

图8-3

②相乘：指头位互相乘，以做到齐同。这是刘徽创造的解线性方程组的互乘相消法。

③更置牛十、羊四、直金二十两：此谓通过齐同运算，右行由"牛五、羊二、直金十两"变换成"牛十、羊四、直金二十两"。

④以右行首项系数5乘左行整行，又以左行首项系数2乘右行整行，得到如图8-3（2）的方程，它相当于

10x+4y=20

10x+25y=40。

⑤以少行减多行，即以右行减左行，得方程如图8-3（3），它相当于

10x+4y=20

21y=20。

因此1羊直金y=$\frac{20}{21}$两。

刘徽认为，这一方法可以推广到任意多行的方程。可惜，刘徽的这一创造长期未引起数学家的重视。直到北宋贾宪《黄帝九章算经细草》才大量使用互乘相消法，同时也使用直除法。南宋秦九韶《数书九章》才废止直除法。完全使用互乘相消法。

译 文

假设有5头牛、2只羊，值10两金；2头牛、5只羊，值8两金。问：1头牛、1只羊各值多少金？

答：

1头牛值1$\frac{13}{21}$两金，

1只羊值$\frac{20}{21}$两金。

术：如同方程术那样求解。假令作齐同变换，两行的头位是牛，应当互相乘。右行就确定了，重新布置牛的头数10，羊的只数4，值金数20两；左行牛的头数10，羊的只数25，值金数40两。两行牛的头数相等，那么金多20两，是羊多了21只造成的。以数值少的行减多的行。则牛的头数减尽，只有羊的只数与所值的金数显现出来，因此可以知道羊所值的金的两数。以小推大，即使是四、五行的方程也没有什么不同。

今有卖牛二、羊五，以买一十三豕，有余钱一千；卖牛三、豕三，以买九羊，钱适足；卖六羊、八豕，以买五牛，钱不足六百①。问：牛、羊、豕价各几何？

答曰：

牛价一千二百，

羊价五百,

豕价三百。

术曰:如方程。置牛二、羊五正,豕一十三负,余钱数正;次,牛三正,羊九负,豕三正;次,五牛负,六羊正,八豕正,不足钱负[2]。以正负术入之。此中行买、卖相折,钱适足,故但互买、卖算而已[3]。故下无钱直也。设欲以此行如方程法,先令二牛遍乘中行,而以右行直除之。是故终于下实虚缺矣,故注曰"正无实负,负无实正",方为类也[4]。方将以别实加适足之数与实物作实。盈不足章黄金白银与此相当。"假令黄金九、白银一十一,称之重适等。交易其一,金轻十三两。问:金、银一枚各重几何?"与此同。

注 释

① 设牛、羊、豕价分别是 x,y,z,《九章算术》的题设相当于关系式

$2x+5y=13z+1\,000$

$3x+3z=9y$

$6y+8z=5x-600$。

② 《九章算术》列出方程,如图8-4(1),它相当于线性方程组

$2x+5y-13z=1\,000$

$3x-9y+3z=0$

$-5x+6y+8z=-600$。

(1)　　　　(2)

(3)　　　　(4)

图8-4

③故：所以。

④刘徽此处所引，当然是前人的旧注。

假设卖了2头牛、5只羊，用来买13只猪，还剩余1 000钱；卖了3头牛、3只猪，用来买9只羊，钱恰好足够；卖了6只羊、8只猪，用来买5头牛，不足600钱。问：1头牛、1只羊、1只猪的价格各是多少？

答：

1头牛的价格是1 200钱，

1只羊的价格是500钱，

1只猪的价格是300钱。

术：如同方程术那样求解。布置牛的头数2、羊的只数5，都是正的，猪的只数13，是负的，余钱数是正的；接着布置牛的头数3，是正的，羊的只数9，是负的，猪的只数3，是正的；再布置牛的头数5，是负的，羊的只数6，是正的，猪的只数8，是正的，不足的钱是负的。将正负术纳入之。这里中行的买卖互相折算，钱数恰好足够，所以只是互相置换买卖的算数即可。因而下方没有值的钱数。如果想把方程的解法用于这一行，须先使牛的头数2整个地乘中行，而用右行与之对减。中行下方的实既然虚缺，那么注云"正的没有实被减，就是负的，负的没有实被减，就是正的"，就是为了这一类问题。将用别的实加适足的数，以实物作为实。

盈不足章的黄金白银问题与此相似。"假设有9枚黄金，11枚白银，称它们的重量，恰好相等。交换其一枚，黄金这边轻13两。问：1枚黄金、1枚白银各重多少？"与此相同。

原文

今有五雀六燕①，集称之衡②，雀俱重，燕俱轻。一雀一燕交而处，衡适平③。并雀、燕重一斤。问：雀、燕一枚各重几何？

答曰：

雀重一两一十九分两之一十三，

燕重一两一十九分两之五。

术曰：如方程。交易质之④，各重八两⑤。此四雀一燕与一雀五燕衡适平。并重一斤，故各八两。列两行程数。左行头位其数有一者，令右行遍除⑥。亦可令于左行，而取其法、实于左。左行数多，以右行取其数。左头位减尽，中、下位算当燕与实。右行不动，左上空。中法，下实，即每枚当重宜可知也⑦。按：此四雀一燕与一雀五燕其重等，是三雀四燕重相当，雀率重四，燕率重三也。诸再程之率皆可异术求也⑧，即其数也。

注释

①成语"五雀六燕"即由此衍化而成，喻双方分量相等，如五雀六燕，铢两悉称。亦省作"五雀"。清赵翼《哭汪文端师》诗："乙鸿精鉴别，五雀定衡铨。"

②称chēng：称量。李籍云："正斤两也。"衡：衡器。秤。李籍云："权衡也。"

③《艺文类聚》卷九十二鸟部下于"燕"字云："《九章算术》曰：'五雀六燕，飞集衡，衡适平'。"文字与此稍异。

④质：称，衡量。《汉语大字典》《汉语大词典》此释义均以《九章算术》此问为例句。疑"称量"之义由"质"训评断、评量引申而来。《周礼·夏官·马质》："马质掌质马。"贾公彦疏："质，平也。"余之家乡山东胶州至今说称量某物为"质"，当是古语。

⑤《九章算术》实际上给出形如图8-5（1）的方程。设1枚雀、燕的重量分别为x，y，它相当于线性方程组

4x+y=8

x+5y=8。

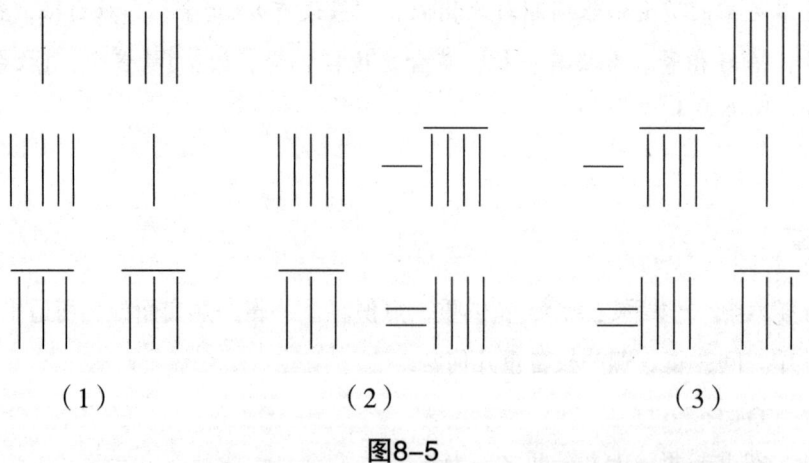

图8-5

⑥由于左行头位为1，令从右行四度减去左行，右行头位化为0，下位为-19，实为-24。整行乘以-1，如图8-5（2）所示，即得1枚燕的重量。

336

⑦此是消去方程左行头位的程序。因为左行燕的枚数多，所以求燕的重量可以用此行，在此行求燕的法与实。以右行的头位4乘左行整行，减去右行，左行头位为0，法为19，实为24。如图8-5（3）所示。

⑧异术：实际上就是刘徽在麻麦问提出的方程新术。由原方程即图8-5（1）中的两行相减，下方的实变为0，雀的系数为3，燕的系数为-4，也就是3雀相当于4燕，于是

雀：燕=4：3， 或 x：y=4：3。

任取一行，比如右行，用今有术将雀化为燕，即

$$4 \times \frac{4}{3}y + y = 8。$$

于是

$$y = \frac{24}{19} = 1\frac{5}{19}（两）。$$

假设有5只麻雀、6只燕子，分别在衡上称量之，麻雀重，燕子轻。将1只麻雀、1只燕子交换，衡恰好平衡。麻雀与燕子合起来共重1斤。问：1只麻雀、1只燕子各重多少？

答：

1只麻雀重$1\frac{13}{19}$两，

1只燕子重$1\frac{5}{19}$两。

术：如同方程术那样求解。将1只麻雀与1只燕子交换，再称量它们，各重8两。这里4只麻雀、1只燕子与1只麻雀、5只燕子恰好使衡平衡。它们合起来重1斤，所以各重为8两。列出两行用以求解的数。左行头位的数为1，使左行整个地去减右行。也可使右行与左行对减，而在左行取得法与实。左行的下位与实的数值大，以右行消减它的数。左行的头位减尽，中位与下位应当是燕与实的算数。右行不动，左行上位空。中位是法，下位是实，那么每1只燕子的重量应当是可以知道的。按：此4只麻雀、1只燕子与1只麻雀、5只燕子，它们的重量相等，这就是3只麻雀与4只燕子的重量相当，所以麻雀重的率是4，燕子重的率是3。各种求若干率的问题都可以用特殊的方法解决，就得到其数值。

今有甲乙二人持钱不知其数。甲得乙半而钱五十，乙得甲太半而亦钱五十①。问：

甲、乙持钱各几何？

答曰：

甲持三十七钱半，

乙持二十五钱。

术曰：如方程。损益之②。此问者言一甲、半乙而五十，太半甲、一乙亦五十也。各以分母乘其全，内子，行定：二甲、一乙而钱一百；二甲、三乙而钱一百五十③。于是乃如方程。诸物有分者放此④。

今有二马、一牛价过一万，如半马之价；一马、二牛价不满一万，如半牛之价⑤。

问：牛、马价各几何？

答曰：

马价五千四百五十四钱一十一分钱之六，

牛价一千八百一十八钱一十一分钱之二。

术曰：如方程。损益之。此一马半与一牛价直一万也，二牛半与一马亦直一万也⑥。"一马半与一牛直钱一万"，通分内子，右行为三马、二牛，直钱二万。"二牛半与一马直钱一万"，通分内子，左行为二马、五牛，直钱二万也⑦。

注释

①设甲、乙持钱分别是x，y，《九章算术》的题设相当于给出关系式

$x + \dfrac{1}{2}y = 50$

$\dfrac{2}{3}x + y = 50$。

此问与下问都是通过损益得到分数系数方程组，合为一组。

②损益之：此处的"损益"与第2问的意义及其他有关问题的用法有所不同，是指将分数系数通过通分损益成整数系数。

③刘徽指出其方程相当于线性方程组

$2x + y = 100$

$2x + 3y = 150$。

④放：训仿。此问是《九章算术》第一个分数系数方程，故刘徽指出其他有关分数系数的方程，仿此处理。

⑤设马、牛之价分别是x，y，《九章算术》的题设相当于给出关系式

$(2x + y) - 10\,000 = \dfrac{1}{2}x$

$10\,000-(x+2y)=\frac{1}{2}y$。

⑥损益之,得出

$1\frac{1}{2}x+y=10\,000$

$x+2\frac{1}{2}y=10\,000$。

这里既有未知数和常数项的互其算,又有未知数的合并同类项。

⑦刘徽说,通过通分纳子。将方程化成

$3x+2y=20\,000$

$2x+5y=20\,000$。

译文

假设甲、乙二人带着钱,不知是多少。如果甲得到乙的钱数的 $\frac{1}{2}$,就有了50钱,乙得到甲的钱数的 $\frac{2}{3}$,也就有了50钱。问:甲、乙各带了多少钱?

答:

甲带了 $37\frac{1}{2}$ 钱,

乙带了25钱。

术:如同方程术那样求解。先对之减损增益。这一问题是说,1份甲带的钱与 $\frac{1}{2}$ 份乙带的钱而共有50钱。$\frac{2}{3}$ 份甲带的钱与1份乙带的钱也共有50钱。各以分母秉其整数部分,纳入分子,确定两行为:甲的份数2、乙的份数1而共有100钱,甲的份数2、乙的份数3而共有150钱。于是就如同方程术那样求解。各种物品有分数的都仿照此问。

假设有2匹马、1头牛,它们的价钱超过10 000钱的部分,如同1匹马的价钱的 $\frac{1}{2}$;1匹马、2头牛,它们的价钱不满10 000钱的部分,如同1头牛的价钱的 $\frac{1}{2}$。问:1头牛、1匹马的价钱各是多少?

答:

1匹马的价钱是 $5\,454\frac{6}{11}$ 钱,

1头牛的价钱是 $1\,818\frac{2}{11}$ 钱。

术:如同方程术那样求解。先对之减损增益。这里 $1\frac{1}{2}$ 匹马与1头牛的价钱值10

000钱，$2\frac{1}{2}$头牛与1匹马的价钱也是10 000钱。"$1\frac{1}{2}$匹马与1头牛的价钱值10 000钱"，通分纳子，右行为：马的匹数3、牛的头数2，值钱20 000钱。"$2\frac{1}{2}$头牛与1匹马的价钱也是10 000钱"，通分纳子，左行为：马的匹数2、牛的头数5，值钱20 000钱。

原文

今有武马一匹①，中马二匹，下马三匹，皆载四十石至坂②，皆不能上。武马借中马一匹，中马借下马一匹，下马借武马一匹，乃皆上③。问：武、中、下马一匹各力引几何④？

答曰：

武马一匹力引二十二石七分石之六，

中马一匹力引一十七石七分石之一，

下马一匹力引五石七分石之五。

术曰：如方程。各置所借。以正负术入之⑤。

注释

①武马：上等马。李籍云："武马，戎马也。戎马言武马者，犹《曲礼》谓戎车为武车也。取其健猛而善行也。"

②坂bǎn：斜坡。《说文解字》："坂，坡者曰坂。"李籍云："不平也。"

③借：李籍云："从人假物也。"设1匹武马、中马、下马之力引分别是x，y，z。《九章算术》给出的方程相当于线性方程组

x+y=40

2y+z=40

x+3z=40。

④力引：拉力，牵引力。引：本义是拉弓，开弓。引申为牵引，拉。李籍云："引，重也。《易》曰：'引重致远。'"

⑤此问的方程是已经讨论过的类型，刘徽没有注。

译文

假设有1匹上等马，2匹中等马，3匹下等马，分别载40石的物品至一陡坡，都上不

去。这匹上等马借1匹中等马，这些中等马借1匹下等马，这些下等马借1匹上等马，于是都能上去。问：1匹上等马、中等马、下等马的拉力各是多少？

  答：

    1匹上等马的拉力$22\frac{6}{7}$石，

    1匹中等马的拉力$17\frac{1}{7}$石，

    1匹下等马的拉力$5\frac{5}{7}$石。

  术：如同方程术那样求解。分别布置所借的1匹马。将正负术纳入之。

原文

今有五家共井，甲二绠不足[①]，如乙一绠；乙三绠不足，以丙一绠；丙四绠不足，以丁一绠；丁五绠不足，以戊一绠；戊六绠不足，以甲一绠。如各得所不足一绠，皆逮[②]。问：井深、绠长各几何？

  答曰：

    井深七丈二尺一寸，

    甲绠长二丈六尺五寸，

    乙绠长一丈九尺一寸，

    丙绠长一丈四尺八寸，

    丁绠长一丈二尺九寸，

    戊绠长七尺六寸。

  术曰：如方程[③]。以正负术入之。此率初如方程为之，名各一逮井。其后，法得七百二十一，实七十六，是为七百二十一绠而七十六逮井，并用逮之数以法除实者，而戊一绠逮井之数定，逮七百二十一分之七十六[④]。是故七百二十一为井深，七十六为戊绠之长，举率以言之[⑤]。

注释

  ① 绠：汲水用的绳索。《说文解字》：" 绠，汲井绠也。"李籍云：绠，"汲水索。"

  ② 逮dài：及，及至。《说文解字》："逮，及也。"设甲、乙、丙、丁、戊绠长与井深分别是s x, y, z, u, v, ω，《九章算术》的题设相当于给出线性方程组

  $2x+y=\omega$

$3y+z=\omega$

$4z+u=\omega$

$5u+v=\omega$

$6v+x=\omega$。

③《九章算术》依方程术求解。然而此方程6个未知数，只能列出5行，实际上是一个不定问题，有无穷多组解。《九章算术》的编纂者未认识到这一点。

④刘徽求出戊1绠逮井之数是井深的 $\dfrac{76}{721}$。

⑤刘徽指出，以721为井深，76为戊绠长，129为丁绠长，……是"举率以言之"。这是在中国数学史上第一次明确指出不定方程问题。事实上，上述方程经过消元，可以化成：

$721x=265\omega$

$721y=191\omega$

$721z=148\omega$

$721u=129\omega$

$721v=76\omega$。

这实际上给出了

z：y：z：u：v：w=265：191：148：129：76：721。

显然，只要令w=721n，n=1，2，3，…，都会给出满足题设的x，y，z，u，v，w的值。《九章算术》只是把其中的最小一组正整数解作为定解。

假设有五家共同使用一口井，甲家的2根井绳不如井的深度，如同乙家的1根井绳；乙家的3根井绳不如井的深度，如同丙家的1根井绳；丙家的4根井绳不如井的深度，如同丁家的1根井绳；丁家的5根井绳不如井的深度，如同戊家的1根井绳；戊家的6根井绳不如井的深度，如同甲家的1根井绳。如果各家分别得到所不足的那一根井绳，都恰好及至井底。问：井深及各家的井绳长度是多少？

答：

井深是7丈2尺1寸，

甲家的井绳长是2丈6尺5寸，

乙家的井绳长是1丈9尺1寸，

丙家的井绳长是1丈4尺8寸，

丁家的井绳长是1丈2尺9寸，

戊家的井绳长是7尺6寸。

术：如同方程术那样求解。将正负术纳入之。这些率最初是如方程术那样求解出来的，指的是各达到一次井深。其后，得到法是721，实是76。这就是721根戊家的井绳而能76次达到井底，这是合并了达到井底的次数。如果以法除实，那么就确定了戊家1根井绳达到井底的数，达到井深的 $\frac{76}{721}$。所以把721作为井深，76作为戊家1根井绳之长，这只是用率将它们表示出来。

原文

今有白禾二步、青禾三步、黄禾四步、黑禾五步，实各不满斗。白取青、黄，青取黄、黑，黄取黑、白，黑取白、青，各一步，而实满斗①。问：白、青、黄、黑禾实一步各几何？

答曰：

白禾一步实一百一十一分斗之三十三，

青禾一步实一百一十一分斗之二十八，

黄禾一步实一百一十一分斗之一十七，

黑禾一步实一百一十一分斗之一十。

术曰：如方程。各置所取。以正负术入之。

今有甲禾二秉、乙禾三秉、丙禾四秉，重皆过于石：甲二重如乙一，乙三重如丙一，丙四重如甲一②。问：甲、乙、丙禾一秉各重几何？

答曰：

甲禾一秉重二十三分石之一十七，

乙禾一秉重二十三分石之一十一，

丙禾一秉重二十三分石之一十。

术曰：如方程。置重过于石之物为负③。此问者言甲禾二秉之重过于一石也。其过者何云④？如乙一秉重矣。互言其算⑤，令相折除，而一以石为之差实⑥。差实者，如甲禾余实，故置算相与同也。以正负术入之。此入，头位异名相除者，正无人正之，负无人负之也。

今有令一人⑦、吏五人⑧、从者一十人⑨，食鸡一十；令一十人、吏一人、从者五人，食鸡八；令五人、吏一十人、从者一人，食鸡六⑩。问：令、吏、从者食鸡各几何？

答曰：

令一人食一百二十二分鸡之四十五，

吏一人食一百二十二分鸡之四十一，

从者一人食一百二十二分鸡之九十七。

术曰：如方程。以正负术人之。

今有五羊、四犬、三鸡、二兔直钱一千四百九十六；四羊、二犬、六鸡、三兔直钱一千一百七十五；三羊、一犬、七鸡、五兔直钱九百五十八；二羊、三犬、五鸡、一兔直钱八百六十一⑪。问：羊、犬、鸡、兔价各几何？

答曰：

羊价一百七十七，

犬价一百二十一，

鸡价二十三，

兔价二十九。

术曰：如方程。以正负术人之。

注释

①设1步白禾、青禾、黄禾、黑禾之实分别是$x，y，z，u$，《九章算术》的题设相当于给出线性方程组

$2x+y+z=1$

$3y+z+u=1$

$x+4z+u=1$

$x+y+5u=1$。

消元中会产生负数，所以纳入正负术。这也是已经讨论过的情形，刘徽未出注。此问及以下三问都比较简单。合为一组。

②甲二重如乙一：是说2秉甲禾超过1石的重量与1秉乙禾的重量相等。《九章算术》给出关系式

$2x-1=y$

$3y-1=z$

$4z-1=x$。

③重过于石之物：指与某种禾的重量超过1石的部分相当的那种物品。《九章算术》列出方程，相当于线性方程组

$2x-y=1$

$3y-z=1$

$-x+4z=1$。

④其过者何云：那超过的部分是什么呢？

⑤互言其算：互相置换它们的算数。

⑥而一以石为之差实：谓二甲减一乙，三乙减一丙，四丙减一甲，差实同是一石也。

⑦令：官名。古代政府某机构的长官，如尚书令、大司农令等。也专指县级行政长官。

⑧吏：古代官员的通称。《说文解字》："吏，治人者也。"汉以后特指官府中的小官和差役。

⑨从：随从。李籍云："随也。"

⑩设令、吏、从者1人食鸡分别是x，y，z，《九章算术》给出的方程相当于线性方程组

x+5y+10z=10

10x+y+5z=8

5x+10y+z=6。

此亦为已经讨论过的类型，刘徽未出注。

⑪设羊、犬、鸡、兔1只的价钱分别是x，y，z，u，《九章算术》给出的方程相当于线性方程组

5x+4y+3z+2u=1 496

4x+2y+6z+3u=1 175

3x+y+7z+5u=958

2x+3y+5z+u=861。

此亦为已经讨论过的类型，刘徽未出注。

假设有2步白禾、3步青禾、4步黄禾、5步黑禾，各种禾的实都不满1斗。2步白禾取青禾、黄禾各1步，3步青禾取黄禾、黑禾各1步，4步黄禾取黑禾、白禾各1步，5步黑禾取白禾、青禾各1步，而它们的实都满1斗。问：1步白禾、青禾、黄禾、黑禾的实各是多少？

答：

1步白禾的实是 $\frac{33}{111}$ 斗，

1步青禾的实是 $\frac{28}{111}$ 斗，

1步黄禾的实是 $\frac{17}{111}$ 斗，

1步黑禾的实是 $\frac{10}{111}$ 斗。

术：如同方程术那样求解。分别布置所取的数量。将正负术纳入之。

假设有2捆甲等禾，3捆乙等禾，4捆丙等禾，它们的重量都超过1石：2捆甲等禾超过1石的恰好是1捆乙等禾的重量，3捆乙等禾超过1石的恰好是1捆丙等禾的重量，4捆丙等禾超过1石的恰好是1捆甲等禾的重量。问：1捆甲等禾、乙等禾、丙等禾各重多少？

答：

1捆甲等禾重 $\frac{17}{23}$ 石，

1捆乙等禾重 $\frac{11}{23}$ 石，

1捆丙等禾重 $\frac{10}{23}$ 石。

术：如同方程术那样求解。布置与重量超过1石的部分相当的那种物品，为负的。这个问题是说。2捆甲等禾的重量超过1石。那超过的部分是什么呢？就如同1捆乙等禾的重量。互相置换它们的算数，使其互相折算，那么一律以1石作为差实。差实，如同甲等禾余下的实，所以布置的算数都是相同的。将正负术纳入之。这里的"纳入"就是，头位的两个数如果符号不相同，则它们的数值相减，正数如果无偶就是正数，负数如果无偶就是负数。

假设有1位县令、5位官吏、10位随从，吃了10只鸡；10位县令、1位官吏、5位随从，吃了8只鸡；5位县令、10位官吏、1位随从，吃了6只鸡。问：1位县令、1位官吏、1位随从，各吃多少只鸡？

答：

1位县令吃了 $\frac{45}{122}$ 只鸡，

1位官吏吃了 $\frac{41}{122}$ 只鸡，

1位随从吃了 $\frac{97}{122}$ 只鸡。

术：如同方程术那样求解。将正负术纳入之。

假设有5只羊、4条狗、3只鸡、2只兔子值钱1496钱；4只羊、2条狗、6只鸡、3只兔子值钱1175钱；3只羊、1条狗、7只鸡、5只兔子值钱958钱；2只羊、3条狗、5只鸡、1只兔子值钱861钱。问：1只羊、1条狗、1只鸡、1只兔子价钱各是多少？

答：

1只羊的价钱是177钱，

1条狗的价钱是121钱，

1只鸡的价钱是23钱，

1只兔子的价钱是29钱。

术曰：如同方程术那样求解。将正负术纳入之。

今有麻九斗、麦七斗、菽三斗、荅二斗、黍五斗，直钱一百四十；麻七斗、麦六斗、菽四斗、荅五斗、黍三斗，直钱一百二十八；麻三斗、麦五斗、菽七斗、荅六斗、黍四斗，直钱一百一十六；麻二斗、麦五斗、菽三斗、荅九斗、黍四斗，直钱一百一十二；麻一斗、麦三斗、菽二斗、荅八斗、黍五斗，直钱九十五①。问：一斗直几何？

  荅曰：

  麻一斗七钱，

  麦一斗四钱，

  菽一斗三钱，

  荅一斗五钱，

  黍一斗六钱。

术曰：如方程。以正负术入之。此麻麦与均输、少广之章重衰、积分皆为大事②。其拙于精理徒按本术者，或用算而布毡，方好烦而喜误，曾不知其非，反欲以多为贵。故其算也，莫不暗于设通而专于一端③。至于此类。苟务其成，然或失之，不可谓要约④。更有异术者，庖丁解牛⑤，游刃理间，故能历久其刃如新。夫数，犹刃也，易简用之则动中庖丁之理。故能和神爱刃，速而寡尤。凡《九章》为大事，按法皆不尽一百算也⑥。虽布算不多。然足以算多。世人多以方程为难，或尽布算之象在缀正负而已，未暇以论其设动无方。斯胶柱调瑟之类⑦。聊复恢演⑧，为作新术⑨，著之于此，将亦启导疑意。网罗道精⑩，岂传之空言？记其施用之例，著策之数，每举一隅焉⑪。

① 设1斗麻、麦、菽、荅、黍的实分别是x，y，z，u，v，《九章算术》给出的方程相当于线性方程组

$9x+7y+3z+2u+5v=140$

$7x+6y+4z+5u+3v=128$

$3x+5y+7z+6u+4v=116$

$2x+5y+3z+9u+4v=112$

$x+3y+2z+8u+5v=95$。

②重衰：指均输章用连锁比例求解的各个问题的方法。积分：指少广章开方及开立方问题。

③暗于设通：不通晓全面而通达。暗：不通晓，不明白，不了解。

④约yào：要领，关键。《孟子·公孙丑上》："然而孟施舍守约也。"焦循正义曰："约之训为要，于众道之中得其大，是得其要也。"

⑤庖丁解牛：是《庄子·养生主》中的一则寓言，云"庖丁为文惠君解牛，手之所触，肩之所倚，足之所履，膝之所踦，砉然向然，奏刀騞然，莫不中音"。文惠君曰"善哉！技盖至此乎？"庖丁对曰："臣之所好者，道也，进乎技矣。……方今之时，臣以神遇而不以目视，官知止而神欲行。……今臣之刀十九年矣，所解数千牛矣，而刀刃若新发于硎。彼节者有间，而刀刃者无厚。以无厚入有间，恢恢乎其于游刃必有余地矣，是以十九年而刀刃若新发于硎。"庖páo：厨房。又作厨师，如越俎代庖。

⑥不尽：不能穷尽。尽：完，竭。

⑦胶柱调瑟：如果用胶黏住瑟的弦柱，就无法调节音调，以比喻拘泥不知变通。又作"胶柱鼓瑟"。瑟：古代的拨弦乐器，如图8-6，春秋时已流行。形似古琴，但无徽位，通常25弦，每弦一柱，鼓瑟者转动弦柱，以调节乐音。

⑧聊复恢演：姑且展开演算。聊：姑且，暂且，勉强。《诗经·桧风·素冠》："我心伤悲，聊与子同归兮。"郑玄笺："聊，犹且也。"复：助词。聊复：姑且。南朝刘义庆《世说新语》有"未能免俗，聊复尔耳"之语，在刘徽之后矣。恢：张布，展开。不过李籍云：恢，"大也。"演：演算。不过李籍云：演，"广也。"

⑨刘徽提出的方程新术包括两种程序，一种是以今有术求解，即方程新术本术。一种以衰分术求解。

⑩网罗：搜罗。道精：道理的精髓。

⑪每举一隅：举一反三。此实际上是方程新术的序，阐发了刘徽关于数学方法的精辟见解。

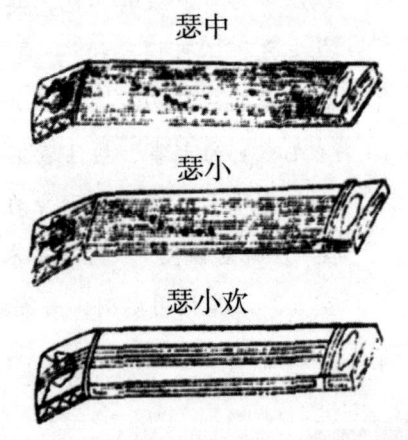

图8-6 瑟（采自明王圻《三才图会》）

译文

假设有9斗麻、7斗小麦、3斗菽、2斗荅、5斗黍，值140钱；7斗麻、6斗小麦、4斗菽、5斗荅、3斗黍，值128钱；3斗麻、5斗小麦、7斗菽、6斗荅、4斗黍，值116钱；

2斗麻、5斗小麦、3斗菽、9斗荅、4斗黍,值112钱;1斗麻、3斗小麦、2斗菽、8斗荅、5斗黍,值95钱。问:1斗麻、小麦、菽、荅、黍各值多少钱?

答:

1斗麻值7钱,

1斗小麦值4钱,

1斗菽值3钱,

1斗荅值5钱,

1斗黍值6钱。

术:如同方程术那样求解。将正负术纳入之。此麻麦问与均输章的重衰、少广章的积分等都是重要问题。那些对数理的精髓认识肤浅,只知道按本来方法做的人,有时为了布置算数而铺下毡毯,正是喜好烦琐而导致错误,竟然不知道这样做不好,反而想以布算多为贵。所以他们都不通晓全面而通达的知识而拘泥于一孔之见。至于此类做法,即使努力使其成功,然而有时会产生失误,不能说是抓住了关键。更有一种新异的方法,就像是庖丁解牛,使刀刃在牛的肌理间游动,所以能历经很久其刀刃却像新的一样。数学方法,就好像是刀刃,遵从易简的原则使用之,就常常正合于庖丁解牛的道理。所以只要能和谐精神,爱护刀刃,就会做得迅速而错误极少。凡是《九章算术》中成为大的问题。按方法都不足100步计算。虽然布算不多,然足以计算很复杂的问题。世间的人大都把方程术看得很难,或者认为布算之象只不过在点缀正负数而已。没有花时间讨论它们的无穷变换。这是胶柱调瑟那样的事情。我姑且展示演算,为之作一新术,撰著于此,只不过是想启发开导疑惑之处。搜罗数理的精髓,岂能只说空话?我记述其施用的例子,运算的方法,在这里只举其一隅而已。

原文

方程新术曰:以正负术入之。令左、右相减,先去下实,又转去物位,则其求一行二物正、负相借者①,是其相当之率②。又令二物与他行互相去取,转其二物相借之数,即皆相当之率也。各据二物相当之率,对易其数,即各当之率也③。更置成行及其下实④,各以其物本率今有之,求其所同,并以为法。其当相并而行中正负杂者,同名相从,异名相消,余以为法。以下置为实⑤。实如法,即合所问也⑥。一物各以本率今有之,即皆合所问也⑦。率不通者,齐之⑧。

注 释

①其：训以。

②相当之率：与相与之率相反的率关系。对易相当之率的两数，就变成相与之率。比如某行消成

$$bx-ay=0 \qquad a>0, b>0$$

那么b，a分别是x，y的相当之率，则

$$x:y=a:b$$

a，b就是x，y的相与之率。各行的相与之率，通过通而同之，就求出了所有未知数的相与之率。

③各当之率：即相与之率。自"令左右行相减"至此，是方程新术的第一步，即求诸未知数的相与之率。其方法就是将方程的每一行都消去下实，由消去某些未知数，使每一行只剩二个未知数，所谓"一行二物正负相借者"，得出诸未知数的相当之率。根据相当之率，对易其数，成为相与之率。

④更置成行及其下实：重新布置所确定的一行及其下方的实。成：训定。成行：指所确定的一行。

⑤以下置为实：以下方所布置的作为实。

⑥这是方程新术的第二步：求一个未知数的值。选定成行，即上述确定的一行，利用诸未知数的相与之率，借助今有术，将各未知数化成同一个未知数。各项系数相加，作为法。以成行之下实作为实。实除以法，即得该未知数之值。设诸未知数为x_1，x_2，…，x_n，已求出诸未知数的相与之率

$$x_1:x_2:\cdots:x_n=m_1:m_2:\cdots:m_n,$$

成行为

$$a_1x_1+a_2x_2+\cdots+a_nx_n=A。$$

若先求x_j，则由今有术，$x_i=\dfrac{m_ix_j}{m_j}$，i=1，2，…，n，i≠j。由此，成行化为

$$a_1\dfrac{m_1}{m_j}x_j+a_2\dfrac{m_2}{m_j}x_j+\cdots+a_n\dfrac{m_n}{m_j}x_j=A，或\left(a_1\dfrac{m_1}{m_j}+a_2\dfrac{m_2}{m_j}+\cdots+a_n\dfrac{m_n}{m_j}\right)x_j=A。$$

于是A作为实，$a_1\dfrac{m_1}{m_j}+a_2\dfrac{m_2}{m_j}+\cdots+a_n\dfrac{m_n}{m_j}=\sum_{i=1}^{n}a_i\dfrac{m_i}{m_j}$作为法，则$x_j=A\div\sum_{i=1}^{n}a_i\dfrac{m_i}{m_j}$。

成行是相消过程中确定的一行，亦可使用相消前方程的任意一行。当然，使用成行会简单一点。

⑦这是方程新术的第三步，即求其他未知数的值$x_i=\dfrac{m_ix_j}{m_j}$，i=1，2，…，n，i≠j。

⑧率不通者，齐之：第一步所求出的诸未知数的两两相与之率不一定互相通达，便使用齐同术，使诸率悉通。

译 文

方程新术：将正负术纳入之。使左、右相减，先消去下方的实，又转而消去某些位置上的物品，则由此求出某一行中二种物品以正、负表示的互相借取的数，就是它们的相当之率。又使此二种物品的系数与其他行互相去取，转而求出那些行的二种物品的互相借取之数，则全都是相当之率。分别根据二种物品的相当之率，对易其数，那么就是它们分别对应的率。重新布置那确定的一行及其下方的实，分别以各种物品的本率应用今有术，求出各物同为某物的数，相加，作为法。如果其中应当相加而行中正负数相混杂的，那么同一符号的就相加，不同符号的就相消，余数作为法。以下方布置的数作为实。实除以法，便应该是所问的那种物品的数量。每一种物品各以其本率应用今有术，便都应该是所问的物品的数量。其中如果有互相不通达的率，就使它们相齐。

原 文

其一术曰①：置群物通率为列衰②。更置成行群物之数，各以其率乘之，并以为法。其当相并而行中正负杂者，同名相从，异名相消，余为法。以成行下实乘列衰，各自为实。实如法而一，即得③。

注 释

①其一术：是方程新术的另一种方法。即在求出诸未知数的相与之率后，以其为列衰，用衰分术求解。

②通率：即诸未知数的相与之率。通率在应用衰分术时作为列衰。

③刘徽的其一术是：在成行中，以诸未知数之率乘各自的系数，相加，得 $\sum_{i=1}^{n} a_i m_i$，作为法。以未知数之率乘下实，得 Am_j，$j=1, 2, \cdots, n$，作为实。则

$$x_j = Am_j \div \sum_{i=1}^{n} a_i m_i, \ j=1, 2, \cdots, n。$$

译 文

其一术曰：布置所有物品的通率，作为列衰。重新布置那确定的一行各个物品之数，各以其率乘之，相加，作为法。如果其中有应当相加而行中正负数相混杂的，那么同一符号的就相加，不同符号的就相消，余数作为法。以确定的这行下方的实乘列衰，各自作为实。实除以法，即得到答案。

原 文

以旧术为之①，凡应置五行②。今欲要约。先置第三行，减以第四行③，又减第五行④；次置第二行，以第二行减第一行⑤，又减第四行⑥，去其头位；余，可半⑦；次置右行及第二行，去其头位⑧；次以右行去第四行头位⑨；次以左行去第二行头位⑩；次以第五行去第一行头位⑪；次以第二行去第四行头位，余，可半⑫；以右行去第二行头位⑬；以第二行去第四行头位⑭。余，约之为法、实，实如法而一，得六，即有黍价⑮。以法治第二行，得荅价⑯，右行得菽价⑯，左行得麦价⑱，第三行麻价⑲。如此凡用七十七筹⑳。

注 释

① 旧术：这里的"旧术"不是《九章算术》的方程术，而是刘徽将直除法进行到底的那种方法。参见方程术刘徽注。

② 行、列仍按古代的意义，而以阿拉伯数字记算筹数字，则此5行方程如图8-7（1）。此为1算。

1	2	3	7	9		0	2	1	7	9
3	5	5	6	7		3	5	0	6	7
2	3	7	4	3		−2	3	4	4	3
8	9	6	5	2		11	9	−3	5	2
5	4	4	3	5		5	4	0	3	5
95	112	116	128	140		91	112	4	128	140
	（1）						（2）			
0	0	1	7	2		0	0	1	0	0
3	2	0	6	1		3	2	0	6	1
−2	2	4	4	−1		−2	2	4	−24	−9
11	6	−3	5	−3		11	6	−3	26	3
5	1	0	3	2		5	1	0	3	2
91	50	4	128	12		91	50	4	100	4
	（3）						（4）			
0	0	1	0	0		0	0	1	0	0
3	0	0	6	1		3	0	0	0	1

-2	20	4	-24	-9		-2	20	4	-20	-9
11	0	-3	26	3		11	0	-3	4	3
5	-3	0	3	2		5	-3	0	-7	2
91	42	4	100	4		91	42	4	-82	4

（5） （6）

0	0	1	0	0		0	0	1	0	0
3	0	0	0	0		3	0	0	0	0
-2	20	4	-20	-25		-2	0	4	-20	-25
11	0	-3	4	-2		11	2	-3	4	-2
5	-2	0	-7	1		5	-5	0	-7	1
91	42	4	-82	-79		91	-20	4	-82	-79

（7） （8）

0	0	1	0	0		0	0	1	0	0
3	0	0	0	0		3	0	0	0	0
-2	0	4	0	-25		-2	0	4	0	-25
11	2	-3	28	-2		11	0	-3	28	-2
5	-5	0	-39	1		5	62	0	-39	1
91	-20	4	-94	-79		91	372	4	-94	-79

（9） （10）

图8-7

③先置第三行，减以第四行：以第4行减第3行。

④又减第五行：又去减第5行。由于位值制，这里是以第3行减去第4行后新的第3行去减第5行，第5行头位变为0，其方程如图8-7（2）。此共3算。

⑤次置第二行，以第二行减第一行：再布置第2行，以第2行减第1行。

⑥又减第四行：这里仍然是以第2行减第1行之后新的第1行减第4行。

⑦去其头位；余，可半：消去第4行的头位；剩余的整行，可以被2整除，便除以2。如图8-7（3）。以上共4算。

⑧次置右行及第二行，去其头位：此谓布置右行及第2行，分别以第3行二度减、七度减，其头位均变为0，如图8-7（4）。此共11算。

⑨次以右行去第四行头位：此谓布置第4行，以右行二度减第4行，第4行头位变为0（头位均就有效数字而言），如图8-7（5）。此共3算。

⑩次以左行去第二行头位：此谓布置第2行，以左行二度减第2行，第2行头位变为0。如图8-7（6）。此共3算。

⑪次以第五行去第一行头位：此谓布置第1行，以第5行头位3遍乘第1行，减去第5行，第1行头位变为0，如图8-7（7）所示。此共3算。

⑫次以第二行去第四行头位；余，可半：此谓布置第4行，将第2行加于第4行，并整行除以2。第4行头位变为0。如图8-7（8）。此共3算。

⑬以右行去第二行头位：此谓布置第2行，以右行头位25遍乘第2行，二十度减右行，第2行头位变为0。如图8-7（9）所示。此共21算。

⑭以第二行去第四行头位：此谓布置第4行，以第2行头位遍乘第4行，二度减第2行，则第4行头位变为0。第4行仅有黍的系数及下实。如图8-7（10）。此共4算。

⑮此谓以等数62约简第4行，作为法、实。实除以法，得1斗黍为6钱。此共2算。

⑯将黍价1斗6钱代入第2行，减实，约简，得1斗荅为5钱。此共3算。

⑰这里将黍、荅价代入右行，从实中减去，约简，得1斗菽为3钱。此共5算。

⑱这里将黍、荅、菽价代入左行，从实中减去，约简，得1斗麦为4钱。此共7算。

⑲将菽、荅价代入第3行，从实中减去，得1斗麻为7钱。此共4算。

⑳一算即一次运算，如布算，以某数乘或除某一整行，行与行的一度减，实除以法，等等都是一次运算。以上共77次运算。

译文

用旧的方程术求解麻麦问，共应该布置五行。现在想抓住问题的关键，并使之简约。先布置第三行，减去第四行，又减第五行；再布置第二行，以第二行减第一行，又减第四行，消去它的头位；剩余的整行，可以被2整除；再布置右行及第二行，消去它们的头位；再以右行消去第四行的头位；再以左行消去第二行的头位；再以第五行去第一行的头位；再以第二行消去第四行的头位，剩余的整行，可以被2整除；以右行消去第二行的头位；以第二行消去第四行的头位。剩余的整行，约简，作为法、实，实除以法，得6，就是1斗黍的价钱。分别以法处理第二行，得到1斗荅的价钱，处理右行，得到1斗菽的价钱，处理左行，得到1斗麦的价钱，处理第三行，得到1斗麻的价钱。这样做，共用了77步运算。

原文

以新术为此①：先以第四行减第三行②。次以第三行去右行及第二行、第四行下位③。又以减左行下位，不足减乃止④。次以左行减第三行下位⑤。次以第三行去左行下位。讫，废去第三行⑥。次以第四行去左行下位，又以减右行下位⑦。次以右行去第二行及第四行下位[8]。次以第二行减第四行及左行头位[9]。次以第四行减左行菽位，不足减乃止[10]。次以左行减第二行头位，余，可再半[11]。次以第四行去左行及第二行头位[12]。次以第二行去左行头位。余，约之，上得五，下得三，是菽五当荅三[13]。次以左行去第二行菽位，又以减第四行及右行菽位，不足减乃止[14]。次以右行减第二行头位，不足减乃止[15]。次以第二行去右行头位[16]。次以左行去右行头位。余，上得六，下得五。是为荅六当黍五[16]。次以左行去右行荅位。余，约之，上为二，下为一[18]。次以右行去第二行下位[19]，以第二行去第四行下位，又以减左行下位[20]。次，左行去第二行下位。余，上得三，下得四。是为麦三当菽四[21]。次以第二行减第四行下位。次以第四行去第二行下位。余，上得四，下得七，是为麻四当麦七[22]。是为相当之率举矣[23]。据麻四当麦七，即麻价率七而麦价率四[24]；又麦三当菽四，即为麦价率四而菽价率三[25]；又菽五当荅三，即为菽价率三而荅价率五[26]；又荅六当黍五，即为荅价率五而黍价率六[27]；而率通矣[28]。更置第三行，以第四行减之，余有麻一斗、菽四斗正，荅三斗负，下实四正[29]。求其同为麻之数，以菽率三、荅率五各乘其斗数，如麻率七而一，菽得一斗七分斗之五正，荅得二斗七分斗之一负。则菽、荅化为麻[30]，以并之，令同名相从，异名相消，余得定麻七分斗之四，以为法。置四为实，而分母乘之，实得二十八，而分子化为法矣。以法除得七，即麻一斗之价[31]。置麦率四、菽率三、荅率五、黍率六，皆以麻乘之，各自为实。以麻率七为法，所得即各为价[32]。亦可使置本行实与物同通之，各以本率今有之，求其本率所得[33]，并，以为法[34]。如此。即无正负之异矣[35]，择异同而已[36]。

注释

①这是刘徽用方程新术解麻麦问的细草。

②在图8-7（1）中，使第4行减第3行，其结果如图8-8（1）所示。

1	2	1	7	9
3	5	0	6	7
2	3	4	4	3
8	9	−3	5	2
5	4	0	3	5
95	112	4	128	140

（1）

1	−26	1	−25	−26
3	5	0	6	7
2	−109	4	−124	−137
8	93	−3	101	107
5	4	0	3	5
95	0	4	0	0

（2）

−22	−26	1	−25	−26
3	5	0	6	7
−90	−103	4	−124	−137

−22	−26	23	−25	−26
3	5	−3	6	7
−90	−109	94	−124	−137

77	93	−3	101	107
5	4	0	3	5
3	0	4	0	0

77	93	−80	101	107
5	4	−5	3	5
3	0	1	0	0

（3）

−91	−26	−25	−26
12	5	6	7
−372	−109	−124	−28
317	93	101	107
20	4	3	5
0	0	0	0

（4）

39	−26	−25	0
−13	5	6	2
173	−109	−124	−28
−148	93	101	14
0	4	3	1
0	0	0	0

（5）

−39	−26	−25	0
−13	−3	0	2
173	3	−40	−28
−148	37	59	14
0	0	0	1
0	0	0	0

（6）

14	−1	−25	0
−13	5	6	2
133	43	−40	−28
−89	−22	59	14
0	0	0	1
0	0	0	0

（7）

17	−1	−25	0
−4	−3	0	2
4	43	−40	−28
−23	−22	59	14
0	0	0	1
0	0	0	0

（8）

17	−1	−2	0
−4	−3	−1	2
4	43	−9	−28
−23	−22	9	14
0	0	0	1
0	0	0	0

（9）

0	−1	0	0
−55	−3	5	2
735	43	−95	−28
−397	−22	53	14
0	0	0	1
0	0	0	0

（10）

0	−1	0	0
0	−3	5	2
−5	43	−95	−28
3	−22	53	14
0	0	0	1
0	0	0	0

（11）

0	−1	0	0
0	−3	5	2

（12）

0	−1	0	0
0	−3	1	2

−5	3	0	−3		−5	3	6	−3
3	2	−4	−1		3	2	−2	−1
0	0	0	1		0	0	−2	1
0	0	0	0		0	0	0	0
	(13)					(14)		
0	−1	0	0		0	−1	0	0
0	−3	1	0		0	−3	1	0
−5	3	6	−15		−5	3	6	−3
3	2	−2	3		3	2	−2	−6
0	0	−2	5		0	0	−2	5
0	0	0	0		0	0	0	0
	(15)					(16)		
0	−1	0	0		0	−1	0	0
0	−3	1	0		0	−3	1	0
−5	3	6	−2		−5	3	2	−2
3	2	−2	0		3	2	−2	0
0	0	−2	1		0	0	0	1
0	0	0	0		0	0	0	0
	(17)					(18)		
0	−1	0	0		0	−1	0	0
1	−2	1	0		1	−2	−3	0
−3	5	2	−2		−3	5	4	−2
1	0	−2	0		1	0	0	0
0	0	0	1		0	0	0	1
0	0	0	0		0	0	0	0
	(19)					(20)		
0	−1	4	0
1	1	−7	0
−3	1	0	−2
1	0	0	0
0	0	0	1
0	0	0	0
	(21)		

图8-8

③以第3行减右行、第2行、第4行，直到它们的下位（实）变为0，如图8-8（2）所示。

④又以第3行减左行，以消减左行下位（实），直到不足减为止，其方程如图8-8（3）所示。

⑤以左行减第3行，以消减其下位，如图8-8（4）所示。

⑥以第3行减左行，直到其下位变为0。然后废去第3行，其余四行的下位变为0，如图8-8（5）所示。以下的程序是消去物位。

⑦以第4行（仍是原来的序号）减左行，直到其下位变为0；又以第4行减右行，消减其下位；如图8-8（6）所示。

⑧以右行减第2行、第4行，直到其下位变为0，如图8-8（7）。

⑨以第2行减第4行、左行，以消减其头位，如图8-8（8）。

⑩以第4行减左行，以消减其菽位（第3位），直到不足减为止，如图8-8（9）所示。

⑪以左行加第2行，以消减其头位（绝对值）。剩余的第2行整行，除以4。如图8-8（10）所示。

⑫以第4行加左行，减第2行，直到其头位变为0，如图8-8（11）。

⑬以第2行加左行，直到其头位变为0。左行之剩余，上为-310，下为186，以等数62约简，上为-5，下为3。这表示菽5相当于答3。如图8-8（12）所示。

⑭以左行减第2行，直到其菽位变为0。又以左行加第4行，减右行，加第4行，直到菽位不足减为止，如图8-8（13）所示。

⑮以右行减第2行，直到头位不足减为止，如图8-8（14）所示。

⑯以第2行减右行，直到头位变为0，如图8-8（15）所示。

⑰以左行减右行，直到头位变为0。上为-6，下为5。这表示答6相当于黍5，如图8-8（16）所示。

⑱以左行加右行，直到答位变为0。右行上为-10。下为5，以等数5约简，上为-2，下为1，如图8-8（17）所示。

⑲以右行加第2行，直到其下位变为0，如图8-8（18）所示。

⑳以第2行加第4行，其下位变为0。又以第2行加左行，消减其下位，如图8-8（19）所示。

㉑以左行加第2行，直到其下位变为0。上得-3，下得4。这表示麦3相当于菽4，如图8-8（20）所示。

㉒以第2行减第4行，消减其下位。以第4行减第2行，直到其下位变为0。第2行上为4，下为-7。这表示麻4相当于麦7。如图8-8（21）所示。

㉓诸物的相当之率即：麻4相当于麦7，麦3相当于菽4，菽5相当于答3，答6相当于黍5。

㉔此由麻4相当于麦7，得出：麻∶麦=7∶4。

㉕此由麦3相当于菽4，得出：麦∶菽=4∶3。

㉖此由菽5相当于荅3，得出：菽：荅=3:5。

㉗此由荅6相当于黍5，得出：荅：黍=5:6。

㉘由于麻与麦，麦与菽，菽与荅，荅与黍的四组率中，麦、菽、荅的率已相等，故不必再进行齐同。直接得出

麻：麦：菽：荅：黍=7:4:3:5:6。

或

x:y:z:u:v=7:4:3:5:6。

㉙此谓重新布置第3行，以第4行减第3行，得到图8-7（11）中的第3行，它相当于

x+4z−3u=4。

㉚欲先求1斗麻（x）之价，需根据菽（z）、荅（u）与麻的相与之率，求菽、荅同为麻之数，即将x, u化为x。得

$$x + 4 \times \frac{3}{7}x - 3 \times \frac{5}{7}x = 4。$$

㉛由注释㉚得到

$$\left(1 + 4 \times \frac{3}{7} - 3 \times \frac{5}{7}\right)x = 4,$$

$$\frac{4}{7}x = 4,$$

1斗麻之价x=7。

㉜这是说根据已得到的麻价，利用已求出的麻、麦、菽、荅、黍各价的相与率，援引今有术，求出麦、菽、荅、黍诸价

$$1斗麦之价 y = \frac{4}{7}x = \frac{4}{7} \times 7 = 4,$$

$$1斗菽之价 z = \frac{3}{7}x = 3,$$

$$1斗荅之价 u = \frac{5}{7}x = 5,$$

$$1斗黍之价 v = \frac{6}{7}x = 6。$$

㉝此谓也可以布置本来的行，将诸物与实同而通之，求其本率所对应的结果。这里"本行"不是用两行对减所得到的行，而是指原方程的任一行，比如左行。它相当于

x+3y+2z+8u+5v=95。

由诸未知数的相与之率，利用今有术，将其化成同一未知数，比如x，则

$$x + 3 \times \frac{4}{7}x + 2 \times \frac{3}{7}x + 8 \times \frac{5}{7}x + 5 \times \frac{6}{7}x = 95。$$

㉞于是

$$(1+3\times\frac{4}{7}+2\times\frac{3}{7}+8\times\frac{5}{7}+5\times\frac{6}{7})x=95,$$

$$\frac{95}{7}x=95。$$

以 $\frac{95}{7}$ 作为法，求出x，即麻价7。

㉟显然，这里没有正负数的加减问题。

㊱择异同而已：只是选择所同于的谷物罢了。

以方程新术解决这个问题：先以第四行减第三行。再以第三行消去右行及第二行、第四行的下位。又以第三行消减左行，直到其下位不足减才停止。再以左行减第三行，消减其下位。再以第三行消去左行的下位。完了，废去第三行。再以第四行消去左行的下位，又以第四行减右行，消减其下位。再以右行消去第二行及第四行的下位。再以第二行减第四行及左行，消减它们的头位。再以第四行减左行，直到其菽位不足减才停止。再以左行减第二行，消减其头位。其剩余的行，可以两次被2整除。再以第四行加左行。减第二行，消去它们的头位。再以第二行加左行，消去其头位。余数，约简之，上方得到5，下方得到3。这就是菽5相当于荅3。再以左行减第二行，消去其菽位，又以左行加第四行，减右行，消减其菽位，直到不足减才停止。再以右行减第二行，直到其头位不足减才停止。再以第二行消去右行的头位。再以左行消去右行的头位。余数，上方得到6，下方得到5。这就是荅6相当于黍5。再以左行加右行，消去其荅位。余数，约简之，上方为2，下方为1。再以右行加第二行，消去其下位，再第二行加第四行，消去其下位，又以第二行加左行，消减其下位。再以左行加第二行，消去其下位。余数，上方得到3，下方得到4。这就是麦3相当于菽4。再以第二行减第四行，消减其下位。再以第四行减第二行，消去其下位。余数，上方得到4，下方得到7。这就是麻4相当于麦7。这样。各种谷物的相当之率都列举出来了。根据麻4相当于麦7，就是麻价率是7而麦价率是4；又根据麦3相当于菽4，就是麦价率是4而菽价率是3；又根据菽5相当于荅3，就是菽价率是3而荅价率是5；又根据荅6相当于黍5，就是荅价率是5而黍价率是6；因而诸率都互相通达了。重新布置第三行，以第四行减之，余有麻的斗数1、菽的斗数4，都是正的，荅的斗数3，是负的，下方的实4，是正的。求出它们同为麻的数，就以菽率3、荅率5各乘菽、荅的斗数。除以麻率7，得到菽为$1\frac{5}{7}$斗，是正的，得到荅为$2\frac{1}{7}$斗，是负的。那么菽、荅都化成了麻，将它们相加，使同一符号的相加，不同符号的相消，那么确定麻的余数是$\frac{4}{7}$斗，作为法。布置

4作为实,而以分母乘之,得到实为28,而分子化为法。以法除。得到7,就是1斗麻的价钱。布置麦率4、菽率3、荅率5、黍率6,皆以1斗麻的价钱乘之,各自作为实。以麻率7作为法,实除以法,所得到的结果就是各种谷物的价钱。也可以布置原来某一行的实与诸谷物的斗数,将它们同而通之,分别以其本率,应用今有术。求其本率所相应的某谷物的数,相加,作为法。这样做,就没有正负数的差异了,只是选择它们所同于的谷物罢了。

原文

又可以一术为之①:置五行通率,为麻七、麦四、菽三、荅五、黍六以为列衰②。成行麻一斗、菽四斗正,荅三斗负③,各以其率乘之,讫,令同名相从,异名相消,余为法。又置下实乘列衰,所得各为实④。此可以置约法,则不复乘列衰,各以列衰为价⑤。如此则凡用一百二十四筹也⑥。

注释

①此是以上述"其一术"解麻麦问的细草,它归结到衰分术。

②以麻、麦、菽、荅、黍的相与之率作为列衰。即

$m_1 : m_2 : m_3 : m_4 : m_5 = 7 : 4 : 3 : 5 : 6$。

③这里以第4行减第3行,得到图8-7(11)中的第3行为成行,它相当于

$x + 4z - 3u = 4$。

④这里法为 $\sum_{i=1}^{n} a_i m_i = 1 \times 7 + 4 \times 3 - 3 \times 5 = 4$;诸未知数的实为

麻的实 $Am_1 = 4 \times 7$,

麦的实 $Am_2 = 4 \times 4$,

菽的实 $Am_3 = 4 \times 3$,

荅的实 $Am_4 = 4 \times 5$,

麻的实 $Am_5 = 4 \times 6$。

⑤各以列衰为价:分别以列衰作为价格。此术用衰分术求解。一般情况下,以下实乘列衰各为实,成行中的系数分别以列衰乘之,并为法,实如法,各得所求。然此问恰巧"下实"与"法"相等,可以约法,故不必以下实乘列衰,径以列衰作为所求数即可。

⑥刘徽认为,以方程新术计算,需124算,比使用方程旧术的77算多。刘徽提出方程新术的意图在于说明同一类数学问题,可以用不同的方法解决。

译文

又可以用另一术求解它：布置五行的通率，就是麻7、麦4、菽3、苔5、黍6，作为列衰。取确定的一行：麻的斗数1，是正的，菽的斗数4，是正的，苔的斗数3，是负的，分别以它们各自的率乘之。完了，使它们符号相同的就相加，符号不同的就相消，余数作为法。又布置下方的实乘列衰，所得分别作为实。而在这一问题中，下方布置的实可以与法互约，则不再乘列衰，分别以列衰作为1斗的价钱。这样做，共用了124步运算。

精彩点拨

这一章讲解了一次方程组的问题；采用分离系数的方法表示线性方程组，方程组被排列成长方形的数字阵，与现在代数中的矩阵非常相近；解线性方程组时使用的直除法；这一章还引进和使用了负数，并提出了正负术——正负数的加减法则，与现代代数中的法则完全的相同；解线性方程组时实际还施行了正负数的乘除法。这是世界数学史上一项重大的成就，第一次突破了正数的范围，扩展了数系，外国则直到7世纪印度的婆罗摩笈多才认识到负数。

阅读积累

方　程

指含有未知数的等式，表示两个数学式之间相等关系的一种等式，使等式成立的未知数的值为"解"或"根"。求方程的解的过程成为"解方程"。

早在3600年前，古埃及人写在草纸上的数学问题中，就涉及了方程中含有未知数的等式。公元825年左右，中亚细亚的数学家阿尔·花拉子米曾写过一本名叫《对消与还原》的书，重点讨论方程的解法。

《九章算术》中"方"意为并列，"程"意为用算筹表示竖式。刘徽为《九章算术》做的注释中，介绍了方程组："二物者再程，三物者三程，皆如物数程之。并列为行，故谓之方程。"他还创立了比"遍乘直除"更简便的"互乘相消"法来解方程组。

九章算术卷第九

魏 刘徽 注
唐朝议大夫行太史令上轻车都尉臣李淳风等奉敕注释

勾股定理是我们曾接触到的数学原理，这是中国传统数学的重要科目，勾股知识在中国起源很早，起码可以追溯到公元前11世纪的商高"句广三，股修四，径隅五。"本章也是运用勾股定理测量计算高、深、广、远的问题，解决了很多与当时的社会密切相关的问题。

句股①以御高深广远

今有句三尺②，股四尺③，问：为弦几何④？

  荅曰：五尺。

今有弦五尺，句三尺，问：为股几何？

  荅曰：四尺。

今有股四尺，弦五尺，问：为句几何？

  荅曰：三尺。

句股短面曰句，长面曰股，相与结角曰弦。句短其股，股短其弦⑤。将以施于诸率，故先具此术以见其源也⑥。术曰：句股各自乘，并，而开方除之，即弦⑦。句自乘为朱方，股自乘为青方⑧，令出入相补，各从其类⑨，因就其余不移动也，合成弦方之幂⑩。开方除之，即弦也。

又，股自乘，以减弦自乘，其余，开方除之，即句⑪。臣淳风等谨按：此术以句、股幂合成弦幂。句方于内，则句短于股。令股自乘，以减弦自乘，余者即句幂也⑫。故开方除之，即句也。

又，句自乘，以减弦自乘，其余，开方除之，即股⑬。句、股幂合以成弦幂，令去其一，则余在者皆可得而知之。

注　释

①句股：中国传统数学的重要科目，由先秦"九数"中的"旁要"发展而来。据《周髀算经》，句股知识在中国起源很早，起码可以追溯到公元前11世纪的商高。商高答周公问曰："句广三，股脩四，径隅五。"公元前5世纪陈子答荣方问中已有句股术的抽象完整的表述。贾宪《黄帝九章算经细草》将句股容方解法称为句股旁要法，可见"旁要"除了测望城邑等一次测望问题外，还应当包括句股术、句股容方、句股容圆等内容。郑玄引郑众注"九数"曰："今有句股、重差也。"由此并根据《九章算术》体例和内容的分析，可以知道，句股问题，特别是解句股形的内容在汉代得到了大发展，并形成了一个科目。它与"旁要"有关，但在深度、广度和难度上都超过了后者。张苍、耿寿昌整理《九章算术》，将其补充到原有的"旁要"卷，并将其改称"句股"。

②句：句股形中较短的直角边。故刘徽说"短面曰句"。赵爽《周髀算经注》云："横者谓之广。句亦广。广，短也。"

③股：句股形中较长的直角边。故刘徽说"长面曰股"。赵爽《周髀算经注》云："从者谓之脩。股亦脩。脩，长也。"

④弦：句股形中的斜边。故刘徽说"相与结角曰弦"。赵爽《周髀算经注》云："径，直；隅，角也。亦谓之弦。"

⑤句股形如图9-1（1）。刘徽提出了句股形中句、股、弦的定义。

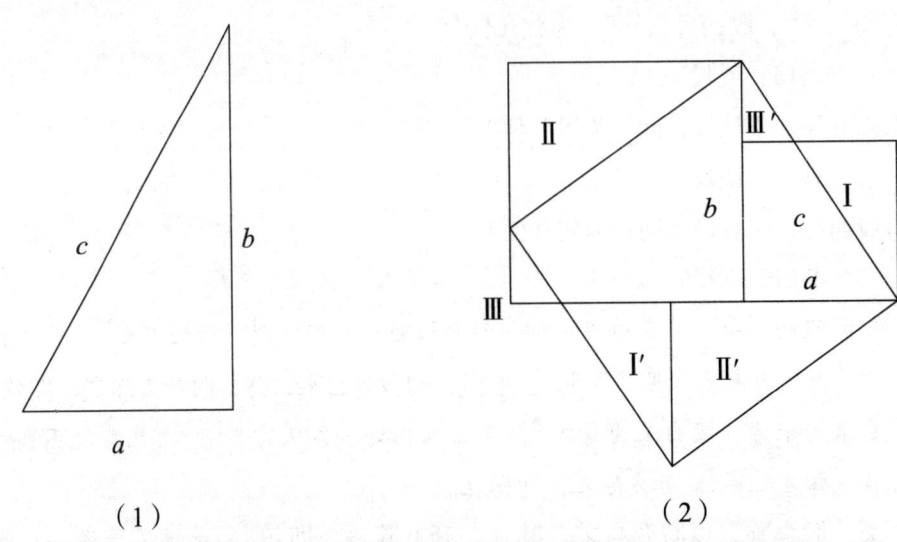

图9-1　句股术的出入相补（采自《古代世界数学泰斗刘徽》）

⑥刘徽指出了句股术在句股章中的地位。

⑦设句、股、弦分别为a，b，c，《九章算术》句股术给出句股定理

$$\sqrt{a^2-b^2}=c。$$

(9-1-1)

⑧《九章算术》与刘徽时代常给图形涂上朱、青、黄等不同的颜色。这里勾方为朱方，股方为青方，但并不是固定的。下文勾股容方、勾股容圆中朱、青分别表示位于勾、股上的小勾股形。

⑨出入相补，各从其类：这就是著名的出入相补原理。它在卷一圭田术、卷五城垣等术刘徽注称为以盈补虚，在卷五城垣等术刘徽注称为损广补狭。参见卷一圭田术注⑥。

⑩这是刘徽记述的使用出入相补原理对勾股术的证明。由于文字过于简括，如何出入相补。历来说法不一，有人统计，大约有30余种不同方式。图9-1（2）的出入相补方式见之于李潢《九章算术细草图说》。分别作以勾、股、弦为边长的正方形，并将勾方、股方、弦方进行分割，将勾方中的Ⅰ，股方中的Ⅱ，Ⅲ分别移到弦方中的Ⅰ′，Ⅱ′，Ⅲ′，其余部分不移动。则勾方与股方恰好合成弦方。因此$a^2+b^2=c^2$。

⑪此是勾股定理的另一种形式

$$\sqrt{c^2-b^2}=a。 \quad (9-1-2)$$

⑫此即$a^2+b^2=c^2$。

⑬此是勾股定理的第三种形式

$$\sqrt{c^2-a^2}=b。 \quad (9-1-3)$$

译文

勾股为了处理有关高深广远的问题

假设勾股形中勾是3尺，股是4尺，问：相应的弦是多少？

答：5尺。

假设勾股形中弦是5尺，勾是3尺，问：相应的股是多少？

答：4尺。

假设勾股形中股是4尺，弦是5尺，问：相应的勾是多少？

答：3尺。

勾股在勾股形中，短边叫做勾，长边叫做股，与勾、股分别形成一个角的边叫做弦。勾比股短，股比弦短，将要把勾股术实施于各种率中，所以先提出此术，为的是展现其源头。术：勾、股各自乘，相加，而对之作开方除法，就得到弦。勾自乘为红色的正方形，股自乘为青色的正方形，现在使它们按照自己的类别进行出入相补，而使其余的部分不移动，就合成以弦为边长的正方形之幂。对之作开方除法，就得到弦。

又，股自乘，以它减弦自乘，对其余数作开方除法，就得到勾。淳风等按：此术中以勾幂与股幂合成弦幂。勾所形成的正方形在股所形成的正方形的里面，就是勾比股短。使股自乘，以它减弦自乘，其剩余的部分就是勾幂也。所以对之作开方除法，就得到勾。

又，勾自乘，以它减弦自乘，对其余数作开方除法，就得到股。勾幂与股幂合以成弦幂，现在去掉其中之一，则余下的那个都是可以知道的。

原 文

今有圆材径二尺五寸，欲为方版①，令厚七寸。问：广几何？

答曰：二尺四寸。

术曰：令径二尺五寸自乘，以七寸自乘减之，其余，开方除之，即广②。此以圆径二尺五寸为弦，版厚七寸为勾，所求广为股也③。

今有木长二丈，围之三尺。葛生其下，缠木七周，上与木齐④。问：葛长几何？

答曰：二丈九尺。

术曰：以七周乘围为股，木长为勾，为之求弦。弦者，葛之长⑤。据围广，求从为木长者其形葛卷裹袤⑥。以笔管青线宛转，有似葛之缠木。解而观之，则每周之间自有相间成勾股弦⑦。则其间葛长，弦。七周乘围，并合众勾以为一勾；木长而股，短，术云木长谓之股，言之倒⑧。勾与股求弦，亦无围，弦之自乘幂出上第一图⑨。勾、股幂合为弦幂，明矣。然二幂之数谓倒在于弦幂之中而已，可更相表里，居里者则成方幂，其居表者则成矩幂⑩。二表里形诡而数均⑪。又按：此图勾幂之矩青，卷白表⑫，是其幂以股弦差为广，股弦并为袤，而股幂方其里⑬。股幂之矩青，卷白表/，是其幂以勾弦差为广，勾弦并为袤，而勾幂方其里⑮。是故差之与并，用除之，短、长互相乘也⑯。

注 释

①版：木板。后作"板"。

②此即应用公式（9-1-2）广 = $\sqrt{25^2-7^2}$ = 24（寸）。

③此谓版厚、版广和圆材的直径构成一个勾股形的勾、股、弦，设分别为a，b，c，则由勾股又术（9-1-2），版广为b = $\sqrt{c^2-a^2}$。如图9-2。这就证明了《九章算术》解法的正确性。由直径作为勾股形的弦可以看出，《九章算术》的作者已经通晓圆的一个重要性质：圆径所对

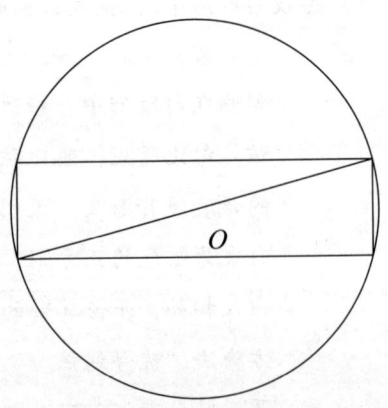

图9-2　圆材为方版（采自译注本《九章算术》）

的圆周角必定是直角。

④葛缠木的情形如图9-3（1）所示。

⑤《九章算术》将葛缠木问题化成勾股问题，即木长作为勾，木之周长乘缠木周数作为股，葛长作为弦。此问亦为勾股术的直接应用，故与上一问合为一组。

⑥据围广，求从为木长者其形葛卷裹衺：根据围的广，求纵为树长而其形状如裹卷该树的葛的长。

⑦此谓将缠木之葛展成平面，则每一周都成为一个小勾股形，小勾股形的弦是葛长的一部分，如图9-3（2）。

⑧此谓将每个小勾股形的勾、股分别平移到首、末两个小勾股形的勾、股所在的直线上，与葛长所展成的线段形成一个大勾股形。在勾股形中，一般以横的直角边称作勾，赵爽说："横者谓之广，句亦广。"纵的直角边称作股，赵爽说："从者谓之脩，股亦脩。"以纵、横而论，"七周乘围"就是"并合众句以为一句"，为21尺，是横的，应该作为勾。木长20尺是纵的，应该作为股。然而这样勾长，股短，与"短面曰句，长面曰股"的规定相反，所以说"言之倒"。故术文以七周乘围为股，木长为勾。

⑨此谓在此问这种青线宛转若干周而展成的勾股问题中，勾与股求弦，如同"无围"的情形，弦幂亦出自第一图，即本章第一问已佚的图，故下文云"句、股幂合为弦幂，明矣"。

⑩刘徽进一步指出，勾幂与股幂合成弦幂时互为表里。或者股幂呈正方形，居里，勾幂呈折矩形，居表，如图9-4（1）；或者勾幂呈正方形，居里，股幂呈折矩形，居表，如图9-4（2）。

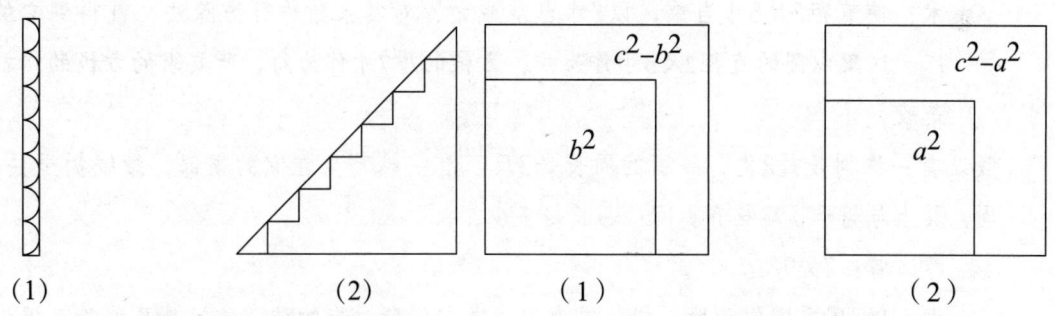

（1）　　　　（2）　　　　　　　（1）　　　　　　　　（2）

图9-3　葛缠木（采自译注本　　　　图9-4　股方勾矩与勾方股矩（采自
　　《九章算术》）　　　　　　　　　　《古代世界数学泰斗刘徽》）

⑪二表里形诡而数均：此谓勾幂（或股幂）居里与居表形状不同，而面积却相等。

⑫此图句幂之矩青，卷白表：此图中勾幂之矩呈青色，卷曲在白色的股方表面。按：在勾股章中，"朱"不一定表示勾幂，"青"也不一定表示股幂。本章有几处用朱幂、青幂表示勾股形的面积，亦有用青幂表示勾矩者。

⑬是其幂以股弦差为广，股弦并为袤，而股幂方其里：此谓勾幂之矩的广为股弦差$c-b$，长为股弦并$c+b$，股幂是正方形，在勾幂之矩的里面，如图9-4（1）。

⑭股幂之矩青，卷白表：股幂之矩呈青色，卷曲在白色的勾方表面。

⑮是其幂以句弦差为广，句弦并为袤，而句幂方其里：此谓股幂之矩的广为勾弦差 c-a，长为勾弦并 c+a，勾幂是正方形，在股幂之矩的里面，如图9-4（2）。

⑯此谓由于勾（或股）矩之幂是短（股弦差或勾弦差）、长（股弦并或勾弦并）互相乘，所以勾（或股）弦差与勾（或股）弦并的关系用除法表示出来，亦即勾（或股）弦差与勾（或股）弦并的关系就是用其中之一除短长互相乘

$$c-a = \frac{(c-a)(c+a)}{c+a} = \frac{c^2-a^2}{c+a}, \qquad (9-2-1)$$

$$c+a = \frac{(c-a)(c+a)}{c-a} = \frac{c^2-a^2}{c-a}, \qquad (9-2-2)$$

$$c-b = \frac{(c-b)(c+b)}{c+b} = \frac{c^2-b^2}{c+b}, \qquad (9-2-3)$$

$$c+b = \frac{(c-b)(c+b)}{c-b} = \frac{c^2-b^2}{c-b}。 \qquad (9-2-4)$$

假设有一圆形木材，其截面的直径是2尺5寸，想把它锯成一条方板，使它的厚为7寸。问：它的广是多少？

答：2尺4寸。

术：使直径2尺5寸自乘，以7寸自乘减之，对其余数作开方除法，就得到它的广。这里以圆的直径2尺5寸作为弦，方板的厚7寸作为勾，所要求的方板的广就是股。

假设有一株树长是2丈，一围的周长是3尺。有一株葛生在它的根部，缠绕树干共7周，其上与树干顶端相齐。问：葛长是多少？

答：2丈9尺。

术：以7周乘围作为股，树长作为勾，求它们所对应的弦。弦就是葛的长。根据围的广，求纵为树长而其形状如囊卷该树的葛的长。取一支笔管，用青线宛转缠绕之，就像葛缠绕树。把它解开而观察之，则每一周之间各自间隔成勾股弦。那么其间隔中葛的长，就是弦。7周乘围广，就是合并各个勾股形的勾作为一个勾；树长作为股，却比勾短，所以如果术文说树长叫作股，就把勾、股说颠倒了。由勾与股求弦，如同没有围的情形，弦自乘得到的幂也出自上面第一图。那么勾幂与股幂合成弦幂，是很明显的。这样，勾、股二幂之数倒互于弦幂之中罢了，它们在弦幂中互相为表里，位于里面的就成为正方形的幂，那位于表面

的就成为折矩形的幂。二组位于表、里的幂的形状不同而数值却相等。又按：此图中勾幂的折矩是青色的，卷曲在白色的股幂的表面，则它的幂以股弦差作为广，以股弦和作为长，而股幂呈正方形，居于它的里面。股幂的折矩是青色的，卷曲在白色的勾幂的表面，则它的幂以勾弦差作为广，以勾弦和作为长，而勾幂呈正方形，居于它的里面。因此，勾弦或股弦的差与和，就是用其中之一除短、长互相乘。

原文

今有池方一丈，葭生其中央①，出水一尺。引葭赴岸，适与岸齐。问：水深、葭长各几何②？

答曰：

水深一丈二尺，

葭长一丈三尺。

术曰：半池方自乘，此以池方半之，得五尺为勾，水深为股，葭长为弦。以勾、弦见股③，故令勾自乘，先见矩幂也④。以出水一尺自乘，减之⑤，出水者，股弦差。减此差幂于矩幂则除之⑥。余，倍出水除之，即得水深⑦。差为矩幂之广⑧，水深是股。令此幂得出水一尺为长，故为矩而得葭长也⑨。加出水数，得葭长⑩。臣淳风等谨按：此葭本出水一尺，既见水深，故加出水尺数而得葭长也。

今有立木，系索其末，委地三尺⑪。引索却行，去本八尺而索尽。问：索长几何？

答曰：一丈二尺六分尺之一。

术曰：以去本自乘，此以去本八尺为勾，所求索者，弦也⑫。引而索尽、开门去闑者，勾及股弦差同一术⑬。去本自乘者，先张矩幂⑭。令如委数而一。委地者，股弦差也。以除矩幂，即是股弦并也⑮。所得，加委地数而半之，即索长⑯。子不可半者，倍其母。加差者并⑰，则两长，故又半之。其减差者并，而半之得木长也。

今有垣高一丈。倚木于垣，上与垣齐。引木却行一尺，其木至地。问：木长几何？

答曰：五丈五寸。

术曰：以垣高一十尺自乘，如却行尺数而一。所得，以加却行尺数而半之，即木长数⑱。此以垣高一丈为勾，所求倚木者为弦，引却行一尺为股弦差⑲。为术之意与系索问同也。

今有圆材埋在壁中，不知大小。以锯锯之，深一寸，锯道长一尺⑳。问：径几何？

答曰：材径二尺六寸。

术曰：半锯道自乘，此术以锯道一尺为句，材径为弦，锯深一寸为股弦差之一半，锯道长是半也[21]。　臣淳风等谨按：下锯深得一寸为半股弦差，注云为股弦差者，锯道也[22]。如深寸而一，以深寸增之，即材径[23]。亦以半增之，如上术，本当半之，今此皆同半差，故不复半也[24]。

今有开门去阃一尺[25]，不合二寸。问：门广几何？

答曰：一丈一寸。

术曰：以去阃一尺自乘，所得，以不合二寸半之而一。所得，增不合之半，即得门广[26]。此去阃一尺为句，半门广为弦，不合二寸以半之，得一寸为股弦差，求弦[27]。故当半之。今次以两弦为广数，故不复半之也。

注释

①葭：初生的芦苇。《说文解字》："葭，苇之未秀者。"

②上世纪起，许多中学数学课外读物中有所谓印度莲花问题，实际上是此"引葭赴岸"问的改写，只不过将芦苇换成莲花，却晚出1 000多年。数典不能忘祖，中国的课外读物，宜以此题为例。见图9-5（1）。以下五问，刘徽都归结为已知句和股弦差求股、弦的问题，我们归为一组。

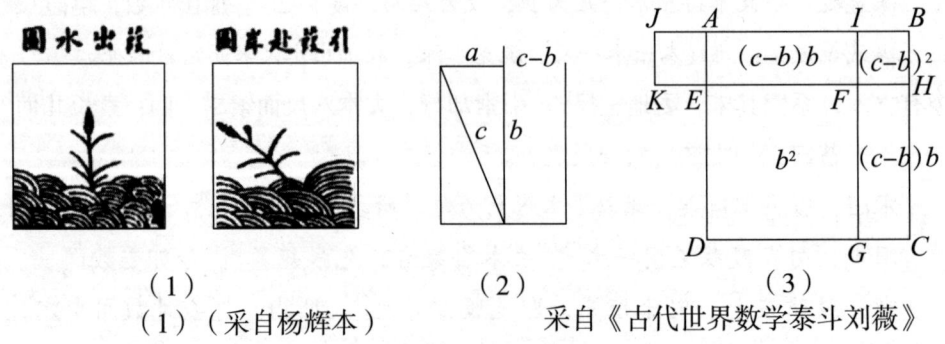

图9-5　引葭赴岸

③此句意谓在弦方中通过句、弦的变换表示出股。见xiàn：显现。

④刘徽认为池方之半，水深，葭长构成一个句股形，我们记其句即池方之半为a，股即水深为b，弦即葭长为c，如图9-5（2）。要以句、弦表示出股，所以先将a^2表示成矩幂$a^2=c^2-b^2$，如图9-5（3）。这实际上是已知句与股弦差求股、弦的问题。

⑤出水就是c-b，《九章算术》的术文表示$a^2-(c-b)^2=2b(c-b)$。

⑥减此差幂于矩幂则除之：从句的折矩幂减去这个差的幂才能除。注释⑤是由以下变换得到的。即

$a^2-(c-b)^2=(c^2-b^2)-(c-b)^2=(c+b)(c-b)-(c-b)^2$
$=(c-b)[(c+b)-(c-b)]=2b(c-b)$。

这样才能作除法。

⑦因此水深为

$$b=\frac{a^2-(c-b)^2}{2(c-b)}。 \quad (9\text{-}3\text{-}1)$$

⑧差为矩幂之广：股弦差是勾的折矩幂的广。

⑨令此幂得出水一尺为长，故为矩而得葭长也：使这个幂得到露出水面的1尺，作为长，所以将它变成折矩，就得到芦苇的长。此幂：从上下文看系指勾矩幂，而不是股弦差幂与勾自乘幂之差。将勾矩幂的长即股弦和增加股弦差，则此幂变成长为两弦、宽为股弦差的矩形，再变成矩幂，就得到弦，即葭长，见图9-6。刘徽注是说，勾矩之幂a_2加上面积$(c-b)^2$，总面积为

$a^2+(c-b)^2=(c^2-b^2)+(c-b)^2=(c+b)(c-b)+(c-b)^2$
$=(c-b)[(c+b)+(c-b)]=2c(c-b)$。

因而

$$c=\frac{a^2+(c-b)^2}{2(c-b)}。 \quad (9\text{-}3\text{-}2)$$

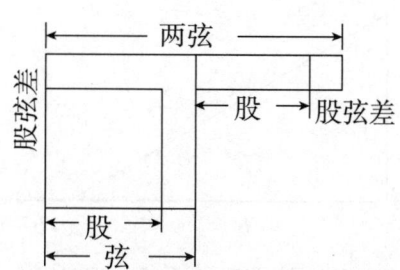

图9-6　勾与股弦差求股弦（采自译注本《九章算术》）

⑩《九章算术》的术文实际上是

$c=b+(c-b)$。

⑪委：堆积，累积。见卷五"委粟术"注释①。

⑫刘徽注认为，《九章算术》的解法是将去本、立木、索长组成一个勾股形，分别为勾股形的勾、股、弦。如图9-7（1）。

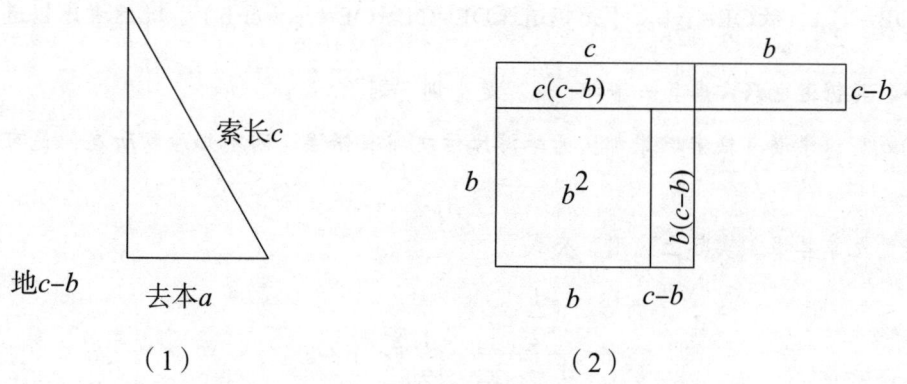

图9-7　系索（采自译注本《九章算术》）

⑬引而索尽、开门去闑者，勾及股弦差同一术：牵引着绳索到其尽头、开门离开门槛，都是已知勾及股弦差的问题，用同一种术解决。

⑭与注释④一样，先将a^2表示成矩幂$a^2=c^2-b^2$，如图9-7（2）。

⑮此谓

$$c+b=\frac{a^2}{c-b}=\frac{c^2-b^2}{c-b}。$$

即（9-2-4）式。

⑯由于（c+b）+（c-b）=2c，故

$$c=\frac{1}{2}[(c+b)+(c-b)]=\frac{1}{2}\left[\frac{a^2}{c-b}+(c-b)\right]。$$

与（9-3-2）等价。

⑰加差者并：与下文"其减差者并"中两"者"字，训"于"，"者""诸"互文，"诸""于"亦互文，见裴学海《古书虚字集释》卷九。

⑱设木长为c，垣高为a，却行尺数为c-b，则木长为

$$c=\frac{1}{2}\left[\frac{a^2}{c-b}+(c-b)\right]。$$

即（9-3-2）式。

⑲刘徽注认为垣高，木长分别是勾股形的勾和弦，则却行就是股弦差。如图9-8。

⑳方田章弧田术刘徽注将其称为勾股锯圆材，如图9-9（1）。

㉑如图9-9（2），记圆心为O，锯道深为DE。刘徽认为锯道BC与圆材直径AB分别是勾股形ABC的勾与弦，分别记为a，c。考虑勾股形OBE，由于BE=$\frac{1}{2}$a，OB=$\frac{1}{2}$c，故OE=$\frac{1}{2}$b。于是锯道深DE=OD-OE=$\frac{1}{2}$(c-b)。既然考虑锯道深的一半，那么其锯道也只考虑其一半即$\frac{1}{2}$a。是：训"则"。

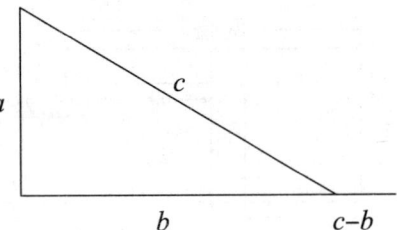

图9-8　倚木于垣（采自译注本《九章算术》）

㉒戴震、李潢、钱宝琮等都认为李淳风注文字有错误。因不知原意所在，无可校改，亦不译。

㉓《九章算术》实际上应用了公式

$$c=\frac{(\frac{1}{2}a^2)}{\frac{1}{2}(c-b)}+\frac{1}{2}(c-b)。$$

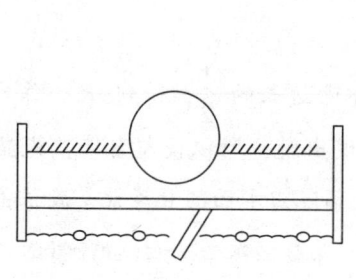 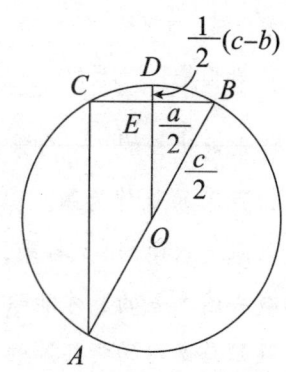

（1）（采自杨辉本）　　　（2）（采自译注本《九章筭术》）

图9-9　勾股锯圆材

它可以化成（9-3-2）式。

㉔此谓本来如同上面诸术那样，此术求弦的最后一步应该"半之"，可是这里勾a，股弦差c-b都取其一半了，所以不必再"半之"。

㉕"门"有两扉。《玉篇·户部》："一扉曰户，两扉曰门。"阃kǔn，门橛，门限，门槛。开门去阃形如图9-10（1）。

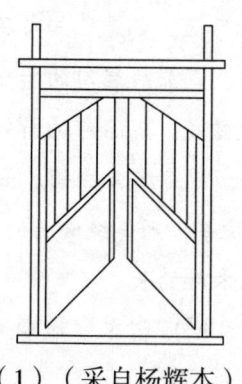 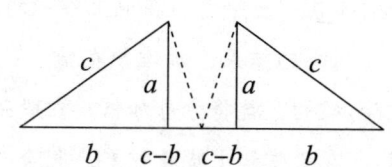

（1）（采自杨辉本）　　　（2）（采自译注本《九章筭术》）

图9-10　开门去阃

㉖记去阃为a，不合为c-b，《九章筭术》实际上使用公式（9-3-2）。

㉗刘徽注认为去阃、开门之后的门广之半是勾股形的勾与弦，不合之半为股弦差c-b。这是已知勾与股弦差求弦。

假设有一水池，1丈见方，一株芦苇生长在它的中央，露出水面1尺。把芦苇扯向岸边，顶端恰好与岸相齐。问：水深、芦苇的长各是多少？

答：

水深是1丈2尺，

芦苇长是1丈3尺。

术：将水池边长的 $\frac{1}{2}$ 自乘，这里取水池边长的 $\frac{1}{2}$，得到5尺，作为勾，水深作为股，芦苇的长作为弦。以勾、弦展现出股，所以使勾自乘，先显现勾的折矩幂。以露出水面的1尺自乘，减之，芦苇露出水面的长度就是股弦差。从勾的折矩幂减去这个差的幂才能除。其余数，以露出水面的长度的2倍除之，就得到水深。股弦差是勾的折矩幂的广。水深就是股。使这个幂得到露出水面的1尺，作为长。所以将它变成折矩，就得到芦苇的长。加芦苇露出水面的数，就得到芦苇的长。淳风等臣按：这里芦苇本来露出水面1尺，既然已经显现出水深，所以加露出水面的尺数而得到芦苇的长度。

假设有一根竖立的木柱，在它的顶端系一条绳索，那么在地上堆积了3尺长。牵引着绳索向后倒退，到距离木柱根部8尺时恰好是绳索的尽头。问：绳索的长是多少？

答：1丈2$\frac{1}{6}$尺。

术：以到木柱根部的距离自乘，这里以到木柱根部的距离8尺作为勾，所求绳索的长，就是弦。牵引着绳索到其尽头、开门离开门槛，都是已知勾及股弦差的问题，用同一种术解决。以到木柱根部的距离自乘，是先展显勾的折矩幂。以地上堆积的绳索的长除之。在地上堆积的长，就是股弦差。以除勾的折矩幂，就是股弦和。所得的结果，加堆积在地上的长，除以2，就是绳索的长。如果分子是不可以除以2的，就将分母加倍。在股弦和上加股弦差，则是绳索长的2倍，所以又除以2。在股弦和上减股弦差，也除以2，便得到木柱的长。

假设有一堵垣，高1丈。一根木柱倚在垣上，上端与垣顶相齐。拖着木向后倒退1尺，这根木柱就全部落在地上。问：木柱的长是多少？

答：5丈5寸。

术：以垣高10尺自乘，除以向后倒退的尺数。以所得到的结果加向后倒退的尺数，除以2，就是木柱的长。这里以垣高1丈作为勾，所求的倚在垣上的木柱作为弦，以拖着向后倒退1尺作为股弦差。造术的意图与在木柱顶端系绳索的问题相同。

假设有一圆形木材埋在墙壁中，不知道它的大小。用锯锯之，如果深达到1寸，则锯道长是1尺。问：木材的直径是多少？

答：木材的直径是2尺6寸。

术：锯道长的 $\frac{1}{2}$ 自乘，此术中以锯道长1尺作为勾，木材的直径作为弦，锯道深1寸是股弦差的 $\frac{1}{2}$，锯道长也应取其 $\frac{1}{2}$。除以锯道深1寸，加上锯道深1寸，就是木材的直径。也以股弦差的 $\frac{1}{2}$ 加之。如同上面诸术，本来应当取其 $\frac{1}{2}$，现在这里所有的因子都取了 $\frac{1}{2}$，所以就不再取其 $\frac{1}{2}$。

假设打开两扇门，距门槛1尺，没有合上的宽度是2寸。问：门的广是多少？

答：1丈1寸。

术：以到门槛的距离1尺自乘，所得到的结果，除以没有合上的宽度2寸的 $\frac{1}{2}$。所得到的结果，加没有合上的宽度2寸的 $\frac{1}{2}$，就得到门的广。这里以到门槛的距离1尺作为勾，门广的 $\frac{1}{2}$ 作为弦，取没有合上的宽度2寸 $\frac{1}{2}$，得到1寸作为股弦差，以求弦。本来应当取其 $\frac{1}{2}$。现在以两弦作为门广的数，所以不再取其 $\frac{1}{2}$。

原 文

今有户高多于广六尺八寸，两隅相去适一丈。问：户高、广各几何①？

答曰：

广二尺八寸，

高九尺六寸。

术曰：令一丈自乘为实。半相多，令自乘，倍之，减实，半其余。以开方除之。所得，减相多之半，即户广；加相多之半，即户高②。令户广为勾，高为股，两隅相去一丈为弦，高多于广六尺八寸为勾股差③。按图为位，弦幂适满万寸。倍之，减勾股差幂，开方除之。其所得即高广并数④。以差减并而半之，即户广；加相多之数，即户高也⑤。今此术先求其半⑥。一丈自乘为朱幂四、黄幂一。半差自乘，又倍之，为黄幂四分之二⑦。减实，半其余，有朱幂二、黄幂四分之一⑧。其于大方者四分之一⑨。故开方除之，得高广并数半⑩。减差半⑪，得广⑫；加，得户高⑬。

注 释

①《九章算术》户高多于广问实际上应用了已知弦与勾股差求勾、股的公式。如图9-11（1）。

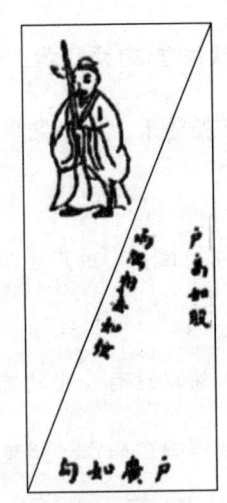 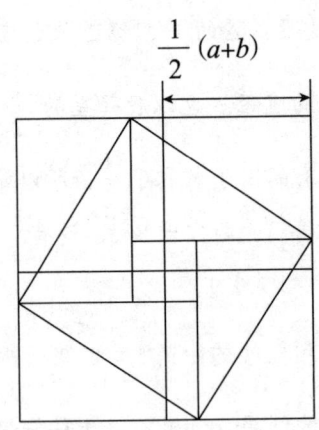

（1）（采自杨辉本）　　　（2）（采自《古代世界数学泰斗刘徽》）

图9-11　户高多于广

②记两隅相去为c，相多为b−a，则《九章算术》实际上使用了公式

$$a=\sqrt{\dfrac{c^2-2\left(\dfrac{b-a}{2}\right)^2}{2}}-\dfrac{b-a}{2}, \qquad (9-4-1)$$

$$b=\sqrt{\dfrac{c^2-2\left(\dfrac{b-a}{2}\right)^2}{2}}+\dfrac{b-a}{2}。 \qquad (9-4-2)$$

便求出门广和高

$$户广=\sqrt{\dfrac{(1丈)^2-2\left(\dfrac{6尺8寸}{2}\right)^2}{2}}-\dfrac{6尺8寸}{2}=2尺8寸,$$

$$户高=\sqrt{\dfrac{(1丈)^2-2\left(\dfrac{6尺8寸}{2}\right)^2}{2}}+\dfrac{6尺8寸}{2}=9尺6寸。$$

③刘徽注认为户广，户高，两隅相去形成一个勾股形，其勾，股，弦分别记为a，b，c，则高多于广就是勾股差b−a。

④如图9-12（1），刘徽注作以弦c为边长的正方形，弦幂c^2。将其分解为4个以a，b为勾、股的勾股形，称为朱幂，及一个以勾股差b−a为边长的小正方形，称为黄方。显然

$$c^2=4\times\dfrac{1}{2}ab+(b-a)^2。$$

取2个弦幂，其面积为$2c^2$。将一个弦幂的黄方除去，而将4个剩余的朱幂拼补到另一

个弦幂上，则成为一个以勾股并a+b为边长的大正方形，如图9-12（2）所示。其面积为
$$(a+b)^2=2c^2-(b-a)^2$$
于是
$$b+a=\sqrt{2c^2-(b-a)^2}。$$

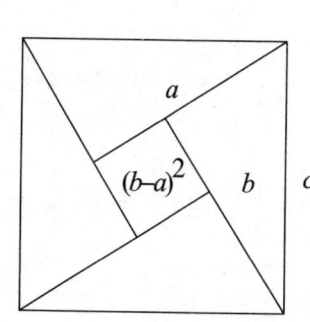 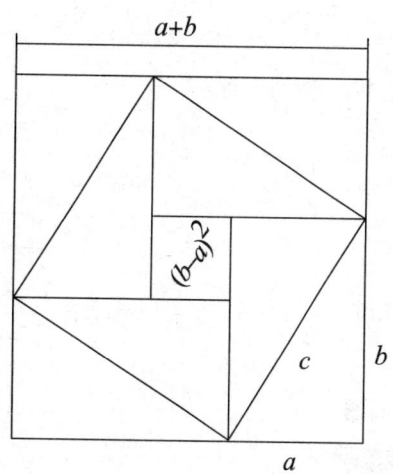

（1）（采自译注本《九章算术》）　　　　（2）（采自《古代世界数学泰斗刘徽》）

图9-12　由勾股差与弦求勾股的推导

⑤此谓
$$a=\frac{1}{2}[(b+a)-(b-a)]=\frac{1}{2}[\sqrt{2c^2-(b-a)^2}-(b-a)], \quad (9\text{-}4\text{-}3)$$
$$b=\frac{1}{2}[(b+a)+(b-a)]=\frac{1}{2}[\sqrt{2c^2-(b-a)^2}+(b-a)]。\quad (9\text{-}4\text{-}4)$$

这是对《九章算术》所使用的公式的改进。赵爽也有同样的公式，可见此亦非刘徽所首创，而是他"采其所见"者，写入自己的注。

⑥以下是刘徽记载的对《九章算术》所使用的公式的证明，当然也是采其所见者。

⑦如图9-12（1），一个弦幂由4个朱幂及1个黄幂组成，而$\left[\frac{1}{2}(b-a)\right]^2$是黄幂的$\frac{1}{4}$，$2\left[\frac{1}{2}(b-a)\right]^2$为黄幂的$\frac{2}{4}$。

⑧此谓从弦幂c^2中除去$2\left[\frac{1}{2}(b-a)\right]^2$，则余4个朱幂，$\frac{1}{2}$个黄幂。取其$\frac{1}{2}$，即$\dfrac{c^2-2\left[\frac{1}{2}(b-a)\right]^2}{2}$，则有2个朱幂，$\frac{1}{4}$个黄幂。

⑨此谓2个朱幂、$\frac{1}{4}$个黄幂恰好是以（a+b）为边长的正方形的$\frac{1}{4}$，即

$$\frac{1}{4}(b+a)^2 = \frac{c^2 - 2\left[\frac{1}{2}(b-a)\right]^2}{2}。$$

⑩此谓对上式作开方除法，得

$$\frac{1}{2}(b+a) = \sqrt{\frac{c^2 - 2\left[\frac{1}{2}(b-a)\right]^2}{2}}。$$

⑪**差半**：即"差之半"。

⑫此谓 $a = \frac{1}{2}(b+a) - \frac{1}{2}(b-a) = \sqrt{\frac{c^2 - 2\left[\frac{1}{2}(b-a)\right]^2}{2}} - \frac{1}{2}(b-a)$。即（9-4-1）式。

⑬此谓 $b = \frac{1}{2}(b+a) + \frac{1}{2}(b-a) = \sqrt{\frac{c^2 - 2\left[\frac{1}{2}(b-a)\right]^2}{2}} + \frac{1}{2}(b-a)$。即（9-4-2）式。

译文

假设有一门户，高比广多6尺8寸，两对角相距恰好1丈。问：此门户的高、广各是多少？

答：

门户的广是2尺8寸，

门户的高是9尺6寸。

术：使1丈自乘，作为实。取高多于广的 $\frac{1}{2}$，将它自乘，加倍，去减实，取其余数的 $\frac{1}{2}$。对之作开方除法。所得到的结果，减去高多于广的 $\frac{1}{2}$，就是门户的广；加上高多于广的 $\frac{1}{2}$，就是门户的高。将门户的广作为勾，高作为股，两对角的距离1丈作为弦。那么高多于广6尺8寸就成为勾股差。按照图形考察它们所处的地位。弦幂恰恰是10 000寸²。将它加倍，减去勾股差幂，对其余数作开方除法。那么所得到的结果就是门户的高与广之和。以勾股差减高与广之和，而取其 $\frac{1}{2}$，就是门户的广；以勾股差加高与广之和，而取其 $\frac{1}{2}$，就是门户的高。现在此术是先求其 $\frac{1}{2}$。1丈自乘为4个朱幂与1个黄幂。勾股差的 $\frac{1}{2}$ 自乘，又加倍，就是黄幂的 $\frac{2}{4}$。以它去减实，取其余数的 $\frac{1}{2}$，就有2个朱幂与 $\frac{1}{4}$ 个黄幂。它们在以高与广之和为边长的大正方形中占据 $\frac{1}{4}$。所以对之作开方除法，就得到 $\frac{1}{2}$ 的高与广之和。$\frac{1}{2}$ 的高与广之和减去 $\frac{1}{2}$ 的高与广之差，就得到门户的广；$\frac{1}{2}$ 的高与广之和加上$\frac{1}{2}$的高与广之差，就得到门户的高。

原文

又按：此图幂：句股相并幂而加其差幂，亦减弦幂，为积①。盖先见其弦，然后知其句与股。今适等，自乘，亦各为方，合为弦幂②。令半相多而自乘，倍之，又半并自乘，倍之，亦合为弦幂③。而差数无者，此各自乘之，而与相乘数，各为门实④。及股长句短，同源而分流焉。假令句、股各五，弦幂五十，开方除之，得七尺，有余一，不尽⑤。假令弦十，其幂有百，半之为句、股二幂，各得五十⑥，当亦不可开。故曰：圆三、径一，方五、斜七，虽不正得尽理，亦可言相近耳⑦。

注释

①句股相并幂而加其差幂，亦减弦幂，为积：这是一个勾股恒等式

$(a+b)^2+(b-a)^2-c^2=c^2$。

显然，它是由$(a+b)^2=2c^2-(b-a)^2$变换而来。

②此谓：如果$b=a$，则$c^2=2a^2$。

③刘徽在这里提出又一勾股恒等式：

$$2\left[\frac{1}{2}(b+a)\right]^2+2\left[\frac{1}{2}(b-a)\right]^2=c^2$$。

④差数无者，此各自乘之，而与相乘数，各为门实：此谓当$b-a=0$时。$a^2=b^2=ab$。

⑤此以$a=b=5$为例，此时$c^2=50$，$c=\sqrt{50}$，得7，而余1开方不尽。这相当于接近认识到，在勾股形中，若$a=b$，则a，b，c不能同时为有理数，正方形的对角线与边长没有公度。

⑥若$c=10$，则$c^2=100$，$a^2=b^2=\frac{1}{2}c^2=50$。

⑦刘徽将这种情形与圆3径1相类比，指出圆3径1，方5斜7，虽不准确，但在近似计算中是可以使用的。

译文

又按：此图形中的幂：勾股和之幂加勾股差之幂，又减去弦幂，为弦方的积。原来这里先显现出它的弦，然后知道与之对应的勾与股。如果勾与股恰好相等，使它们自乘，各

自也成为正方形，相加就合成为弦幂。使勾股差的 $\frac{1}{2}$ 自乘，加倍，又使勾股和的 $\frac{1}{2}$ 自乘，加倍，也合成为弦幂。如果勾与股没有差，此时它们各自自乘，或者两者相乘，都成为门的面积。这与股长而勾短的情形，是同源而分流。假设勾、股都是5，弦幂就是50，对之作开方除法，得7尺，还有余数1，开不尽。假设弦是10。其幂是100，取其 $\frac{1}{2}$，就成为勾、股二者的幂，分别是50，也应当是不可开的。所以说：周3径1，方5斜7，虽然没有正好穷尽其数理。也可以说是相近的。

原文

其句股合而自相乘之幂者，令弦自乘，倍之，为两弦幂，以减之[1]。其余，开方除之，为句股差[2]。加于合而半，为股[3]；减差于合而半之，为句[4]。句、股、弦即高、广、袤。其出此图也，其倍弦为袤[5]。令矩句即为幂[6]，得广即句股差[7]。其矩句之幂，倍句为从法，开之亦句股差[8]。以句股差幂减弦幂，半其余，差为从法，开方除之，即句也[9]。

注释

①刘徽进而讨论由勾股并a+b与弦c求勾、股的问题。刘徽首先提出

$$(b-a)^2 = 2c^2 - (b+a)^2 \quad (9-6)$$

如图9-13，将图9-12（2）的以a+b为边长的大正方形逆时针旋转45°，使其中的弦幂正置，在它的一侧拼补上一个如图9-12（1）的弦幂，则连接成一个长方形，即二弦幂，其面积为2c²。勾股并幂与二弦幂的公共部分不动，将勾股并幂中的朱幂Ⅰ，Ⅱ，Ⅲ分别移到二弦幂中的朱幂Ⅰ′，Ⅱ′，Ⅲ′处，则只有一个黄方（b-a)²未被填满。就是说，勾股并幂（b+a)²与二弦幂2c²之差为（b-a)²，即上式成立。

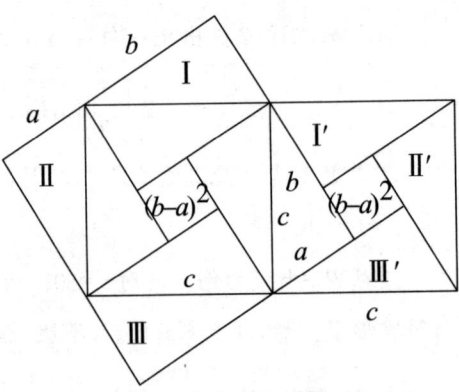

图9-13　由勾股和与弦求勾股的推导
（采自译注本《九章算术》）

②其余，开方除之，为句股差：此谓

$$b-a = \sqrt{2c^2 - (b+a)^2}。$$

③加于合而半，为股：此谓

$$b=\frac{1}{2}[(b+a)+(b-a)] = \frac{1}{2}(b+a) + \frac{1}{2}\sqrt{2c^2-(b+a)^2}。 \quad (9-7-2)$$

④减差于合而半之，为句：此谓

$$a=\frac{1}{2}[(b+a)-(b-a)] = \frac{1}{2}(b+a) - \frac{1}{2}\sqrt{2c^2-(b+a)^2}。 \quad (9-7-1)$$

不难看出已知句股并及弦求句股的公式（9-7-1）（9-7-2）与已知句股差及弦求句股的公式（9-4-3）（9-4-4）的对称性。

⑤其出此图也，其倍弦为袤：如果画出这个图的话，它以弦的2倍作为长。刘徽是说图9-13中的长方形以2c为长。

⑥令矩句即为幂：将矩句作为幂。矩句：是股幂减以句幂所余之矩，即 b^2-a^2，如图9-14（1），它不同于刘徽注的"句矩"，后者与赵爽之"矩句"同义，均指 c^2-b^2，如图9-4（1）。

⑦得广即句股差：刘徽在此给出了一个句股恒等式

$$b-a = \frac{b^2-a^2}{b+a}。$$

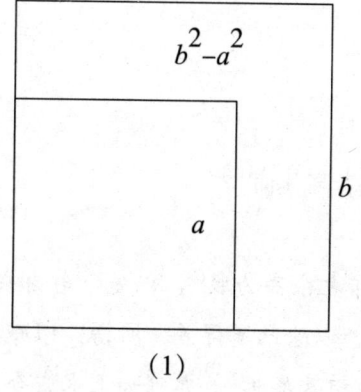

(1)   (2)

图9-14 矩句与求股弦差的二次方程（采自译注本《九章算术》）

⑧其矩句之幂，倍句为从法，开之亦句股差：刘徽在此提出了以b-a为其根的开方式，即以b-a为未知数的二次方程

$$(b-a)^2 + 2a(b-a) = b^2-a^2。 \quad (9-8)$$

如图9-14（2）所示。矩句 b^2-a^2 可以分解成黄方 $(b-a)^2$ 及以b-a为广以a为长的两个长方形，后者的面积共为2a(b-a)。

⑨刘徽又提出由句股差b-a求句a的开方式，即以a为未知数的二次方程

$$a^2 + (b-a)a = \frac{c^2-(b-a)^2}{2}。 \quad (9-9)$$

如图9-15所示。弦幂c^2除去黄方$(b-a)^2$，取其$\dfrac{1}{2}$，余2个朱幂Ⅰ，Ⅱ。勾方a^2与$(b-a)a$之和为面积为ab的长方形，它亦含有2个朱幂Ⅰ，Ⅱ′。因此$\dfrac{c^2-(b-a)^2}{2}$与$a^2+(b-a)a$的面积相等。

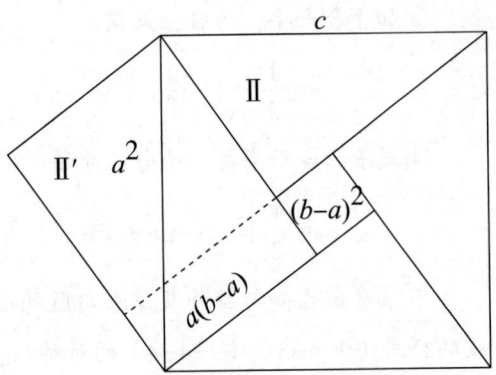

图9-15　由勾股差与弦求勾的二次方程
（采自译注本《九章算术》）

译 文

如果是勾股和而自乘之幂的情形，那么使弦自乘，加倍，就成为2个弦幂，以勾股和自乘之幂减之。对其余数作开方除法，就是勾股差。将它加于勾股和，取其$\dfrac{1}{2}$，就是股；以它减勾股和，取其$\dfrac{1}{2}$，就是勾。勾、股、弦就是门户的高、广、斜。如果画出这个图的话，它以弦的2倍作为长。将矩勾作为幂，求得它的广就是勾股差。如果是矩勾之幂。将勾加倍作为从法，对其开方，也得到勾股差。以勾股差幂减弦幂，取其余数的$\dfrac{1}{2}$，以勾股差作为从法，对其作开方除法，就是勾。

原 文

今有竹高一丈，末折抵地，去本三尺。问：折者高几何[①]？

答曰：四尺二十分尺之一十一。

术曰：以去本自乘，此去本三尺为勾，折之余高为股[②]，以先令句自乘之幂[③]。令如高而一[④]，凡为高一丈为股弦并之[⑤]，以除此幂得差。所得，以减竹高而半余，即折者之高也[⑥]。此术与系索之类更相返覆也[⑦]。亦可如上术，令高自乘为股弦并幂，去本自乘为矩幂，减之，余为实。倍高为法，则得折之高数也[⑧]。

注 释

①折：李籍云："断也。"竹高折地如图9-16（1）所示。1989年高考语文试卷有标点此问的题目。

②刘徽注认为去本、折者之高与折断部分构成一个勾股形，它们分别是勾a、股b与弦c。如图9-16（2）。

③以先令句自乘之幂：所以先得到勾的自乘之幂。以：训故，申事之辞。

④《九章算术》此处应用了：

$$c-b=\frac{a^2}{c+b}。$$

⑤凡为高一丈为股弦并之：总的高1丈作为股弦并，以它除勾幂，得到股弦差。凡为：训共。之：语气词。刘徽将此问归结为已知勾与股弦并求股的问题。

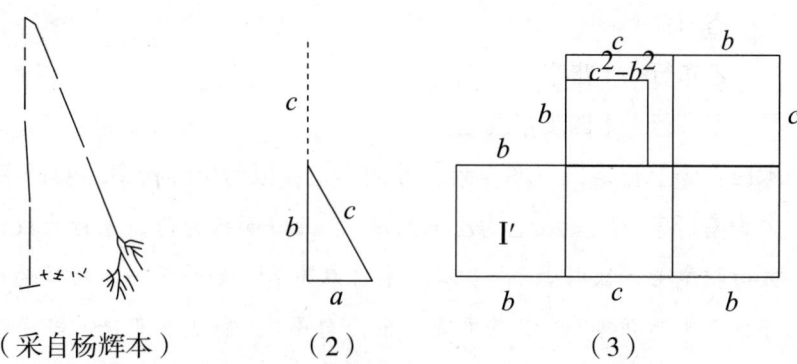

（1）（采自杨辉本）　　（2）　　　　　（3）

图9-16　由勾与股弦和求股（采自译注本《九章算术》）

⑥《九章算术》实际上应用了公式

$$b=\frac{1}{2}(c+b)-\frac{1}{2}(c-b)=\frac{1}{2}\left[(c+b)-\frac{a^2}{c+b}\right]。 \quad (9-10-1)$$

⑦此谓上式与系索问所用公式的差别仅仅在于将c-b换成c+b，所以说"相返覆"。

⑧刘徽将（9-10）式修正为

$$b=\frac{(c+b)^2-a^2}{c+b}。 \quad (9-10-2)$$

其出入相补的方式如图9-16（3）所示：作以c+b为边长的正方形。其中Ⅰ为b^2，除去$a^2=c^2-b^2$，将Ⅰ移到Ⅰ′处，则其面积显然是2b(c+b)。求出b即可。

假设有一棵竹，高1丈，末端折断，抵到地面处距竹根3尺。问：折断后的高是多少？

答：$4\frac{11}{20}$尺。

术：以抵到地面处到竹根的距离自乘，这里以抵到地面处距竹根3尺作为勾，折断之后余下的高作为股，所以先得到勾的自乘之幂。除以高，总的高1丈作为股弦并，以它除勾幂，得到股弦差。以所得到的数减竹高，而取其余数的$\frac{1}{2}$，就是折断之后的高。此术与木柱顶端系绳索之类互为反覆。亦可像上术那样，将高自乘，作为股弦和之幂，抵到地面处到竹根的距离自乘作为矩幂，两者相减，余数作为实。将高加倍作为法,实除以法,就得到折断之后高的数值。

今有二人同所立。甲行率七,乙行率三①。乙东行,甲南行十步而邪东北与乙会。问:甲、乙行各几何?

  答曰:

  乙东行一十步半,

  甲邪行一十四步半及之。

术曰:令七自乘,三亦自乘,并而半之,以为甲邪行率。邪行率减于七自乘,余为南行率。以三乘七为乙东行率②。此以南行为句,东行为股,邪行为弦③。并句弦率七。欲引者④,当以股率自乘为幂,如并而一,所得为句弦差率⑤。加并,之半为弦率⑥,以差率减,余为句率⑦。如是或有分,当通而约之乃定⑧。术以同使无分母⑨,故令句弦并自乘为朱、黄相连之方⑩。股自乘为青幂之矩,以句弦并为袤,差为广⑪。今有相引之直⑫,加损同上⑬。其图大体⑭,以两弦为袤,句弦并为广⑮。引横断其半为弦率⑯,列用率七自乘者⑰,句弦并之率⑱,故弦减之,余为句率⑲。同立处是中停也⑳,皆句弦并为率,故亦以句率同其袤也㉑。置南行十步,以甲邪行率乘之,副置十步,以乙东行率乘之,各自为实。实如南行率而一,各得行数㉒。南行十步者,所有见句求见弦、股,故以弦、股率乘,如句率而一。

①此谓:设甲行率为m,乙行率为n,则m:n=7:3。

②设南行为a,东行为b,邪行为c,《九章算术》给出了:

$$a : b : c = \frac{1}{2}(m^2-n^2) : mn : \frac{1}{2}(m^2+n^2)。 \quad (9\text{-}11\text{-}1)$$

其中南行率 $\frac{1}{2}(m^2-n^2) = m^2 - \frac{1}{2}(m^2+n^2)$。

③刘徽认为南行、东行、邪行构成一个勾股形,记勾a、股b、弦c。如图9-17(1)。现代数论证明,若(c+a):b=m:n,并且m,n互素,公式(9-11-1)给出了勾股形的全部可能的情形,被称为勾股数组的通解公式。勾股数组又称为整数勾股形。此问中的m,n分别为7,3。下"二人出邑"问再一次使用(9-11-1),其中的m,n分别为5,3,都是互素的两奇数,可见《九章算术》的作者大约知道这一条件。上述通解公式也可以写成:

勾率:$\frac{1}{2}(m^2-n^2)$,

股率:mn,

弦率:$\frac{1}{2}(m^2+n^2)$。 (9-11-2)

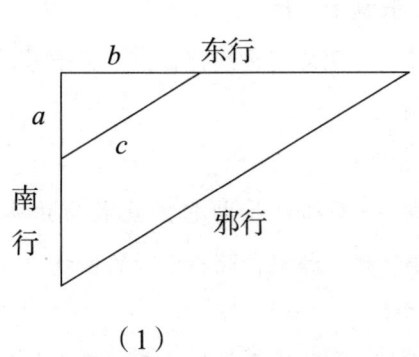
（1）

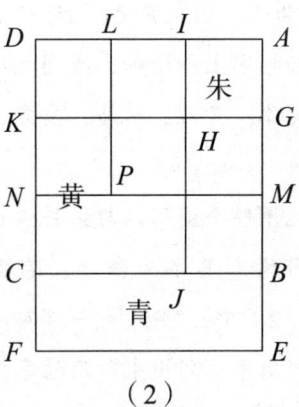
（2）

图9-17 勾股数组通解公式的推导（采自译注本《九章算术》）

早在古希腊，数学家们就探讨勾股数组的通解公式，但所提出的公式实际上都只给出了一部分解。长期以来，人们认为公元3世纪的希腊数学家丢番图第一次给出了勾股数组的通解公式，但是，他的公式不仅需要进行一个变换，而且比《九章算术》使用的公式起码晚四五百年。《九章算术》在世界数学史上第一次提出了完整的勾股数组通解公式。

④欲引者：如果想要把它引申的话。引：引申。

⑤刘徽在此求出勾弦差$c-a$之率$\frac{n^2}{m}$。

⑥刘徽在此求出弦$c=\frac{1}{2}[(c+a)+(c-a)]$之率，即

$$\frac{1}{2}\left(\frac{n^2}{m}+m\right)=\frac{m^2+n^2}{2m}。$$

⑦刘徽在此求出勾$a=\frac{1}{2}[(c+a)-(c-a)]$之率，即

$$\frac{m^2+n^2}{2m}-\frac{n^2}{m}=\frac{m^2-n^2}{2m}。$$

⑧已知股率是n，如此勾率、股率、弦率中有分数，通分，就得到公式（9-11-1）或（9-11-2）中的率。

⑨以同使无分母：此谓以同（即勾弦并率m）消去各个率的分母。自此起，是勾、股、弦三率的几何推导方法。

⑩由于以同即勾弦并率m消去分母，因此其幂图以勾弦并$c+a$作为广，使$(c+a)^2$为朱、黄相连之方ABCD，如图9-17（2）。其中AGHI是朱方，即勾方a^2；HJCK是黄方，即

弦方c^2。

⑪截取AMPL，也是黄方，即弦方c^2，而IHGMPL是肯幂之矩，即$b^2=c^2-a^2$。它以勾弦并c+a为长，以勾弦差c-a为广。

⑫令有相引之直：如果将青幂之矩引申成长方形。这个长方形就是BEFC，仍然以勾弦并c+a为长，以勾弦差c-a为广。

⑬加损同上：增加、减损之后。它们的广、长就如上述。

⑭大体：义理，本质，要点，关键。《史记·平原君虞卿列传》："（平原君）未睹大体。"

⑮此谓整个图形以勾弦并c+a为广，以两弦2c为长。

⑯引横断其半为弦率：在图形的一半处引一条横线切断它，就成为弦率。此谓图9-17（2）中，AEFD的一半即c（c+a）是弦率。横：横线，此指中间的横线。

⑰列用率：列出来所用的率，指甲行率七。

⑱列用率七自乘者，句弦之并率：此谓甲行率7自乘就是勾弦并率。因此勾弦并率就是$(c+a)^2$。

⑲弦：指弦率。即c（c+a），因此勾率为$(c+a)^2-c(c+a)=a(c+a)$。

⑳中停：中间平分。停：均匀，平均。《水经注·江水》："自非亭午夜分，不见曦月。"但此例句在刘徽之后矣。

㉑皆句弦并为率，故亦以句率同其襄也：它们都以勾弦和建立率，所以也使勾率的长与之相同。由(c+a):b=m:n，得出

勾率：$a(c+a)=\frac{1}{2}(m^2-n^2)$，

股率：$b(c+a)=mn$，

弦率：$c(c+a)=\frac{1}{2}(m^2+n^2)$。

在此问中，a:b:c=20:21:29。按：此段从图形上解释。因同立处是中停，都用勾弦并化成率，所以勾率亦必同其襄，化成以勾为广，以勾弦并为襄的面积。根据刘徽"每举一隅"的原则，股率也要表示成以股为广，以勾弦并为襄的面积，是不言而喻的。亦即股率为b（c+a）。

㉒已知南行10步。即a=10步。利用今有术求出甲邪行和乙东行的步数：

甲邪行=$\frac{10步 \times c}{a}=\frac{10步 \times 29}{20}=14\frac{1}{2}$步，

乙东行=$\frac{10步 \times b}{a}=\frac{10步 \times 21}{20}=10\frac{1}{2}$步。

假设有二人站在同一个地方。甲走的率是7，乙走的率是3。乙向东走，甲向南走10步，然后斜着向东北走，恰好与乙相会。问：甲、乙各走多少步？

答：

乙向东走$10\frac{1}{2}$步，

甲斜着走$14\frac{1}{2}$与乙会合。

术：令7自乘，3也自乘，两者相加，除以2，作为甲斜着走的率。从7自乘中减去甲斜着走的率，其余数作为甲向南走的率。以3乘7作为乙向东走的率。此处以向南走的距离作为勾，向东走的距离作为股，斜着走的距离作为弦。那么勾弦和率就是7。如果想要把它引申的话，应当以股率自乘作为幂，除以勾弦和，所得作为勾弦差率。将它加勾弦和，除以2，作为弦率；以勾弦差率减弦率，其余数作为勾率。这样做也许有分数，应当将它们通分、约简，才能确定。此术以同使分母化为0，所以使勾弦和自乘作为朱方、黄方相连的正方形。将股自乘化为青幂之矩，它以勾弦和作为长，勾弦差作为广。如果将它们引申成长方形，增加、减损之后，它们的广、长就如上述。其图形的关键就是以两弦作为长，以勾弦和作为广。在图形的一半处引一条横线切断它，就成为弦率。列出来所用的率7自乘者，是因为它是勾弦和率，所以以弦率减之，余数就作为勾率。甲乙所站的那同一个地方是中间平分的位置，它们都以勾弦和建立率，所以也使勾率的长与之相同。布置甲向南走的10步，以甲斜着走的率乘之，在旁边布置10步，以乙向东走的率乘之，各自作为实。实除以甲向南走的率，分别得到甲斜着走的及乙向东走的步数。甲向南走的10步，是已有现成的勾，要求显现出它对应的弦、股，所以分别以弦率、股率乘之，除以勾率。

今有勾五步，股十二步。问：勾中容方几何？

答曰：方三步一十七分步之九。

术曰：并勾、股为法，勾、股相乘为实。实如法而一，得方一步[1]。勾、股相乘为朱、青、黄幂各二[2]。令黄幂袤于隅中，朱、青各以其类，令从其两径，共成脩之幂[3]：中方黄为广[4]，并勾、股为袤。故并勾、股为法[5]。幂图：方在勾中，则方之两廉各自成小勾股，而其相与之势不失本率也[6]。勾面之小勾、股，股面之小勾、股各并为中率[7]。令股为中率，并勾、股为率，据见勾五步而今有之，得中方也⑧。复令句为中率，以并句、股为率，据见股十二步而今有之，则中方又可知⑨。此则虽不效而法，实有法由生矣⑩。下容圆率而似今有、衰分言之⑪，可以见之也。

注释

①此是已知勾股形中勾a，股b，求其所容正方形的边长d的问题，如图9-18（1）所示。《九章筭术》提出的公式是

$$d=\frac{ab}{a+b}。 \tag{9-13}$$

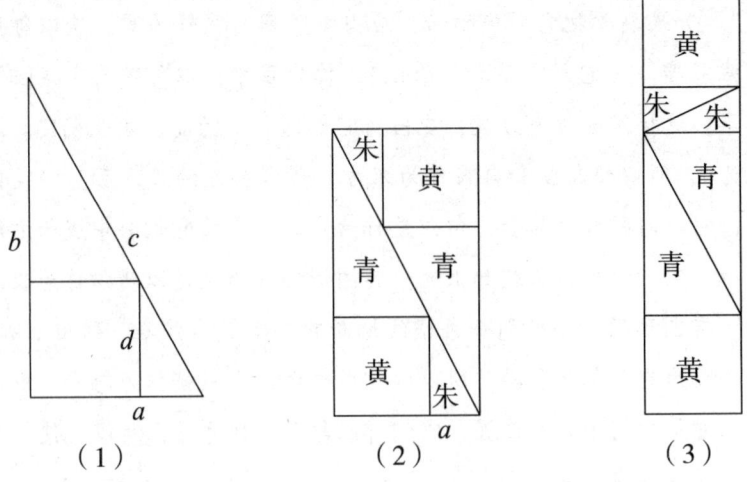

图9-18 勾股容方（采自《古代世界数学泰斗刘徽》）

②勾股形所容正方形称为黄方，余下两小勾股形，位于勾上的称为朱幂，位于股上的称为青幂。作以勾、股为边长的长方形，其面积为2ab。显然它含有2个朱幂、2个青幂、2个黄幂，如图9-18（2）。

③令黄幂袤于隅中，朱、青各以其类，令从其两径，共成脩之幂：此谓这些朱、青、黄幂可以重新拼成一个长方形，其面积仍为ab，如图9-18（3）。两个黄幂位于两端，朱幂、青幂各从其类。两径：表示勾与股。赵爽曰："径，直。"脩：长。脩之幂：即长方形的面积。

④此脩幂的广就是所容正方形即黄方的边长d。

⑤此脩幂的长即勾股和a+b，故以a+b作为法。

⑥其相与之势不失本率：这是刘徽提出的一条重要原理，即相似勾股形的对应边成比例。是为以率解决这类问题的基础。设勾上小勾股形的三边为a_1，b_1，c_1，股上小勾股形的三边为a_2，b_2，c_2，则

$$a:b:c=a_1:b_1:c_1=a_2:b_2:c_2。 \quad (9-14)$$

⑦句面之小句、股，股面之小句、股各并为中率：此谓由于 $\frac{a}{b}=\frac{a_1}{b_1}$，所以

$$\frac{a+b}{b}=\frac{a_1+b_1}{b_1}。$$

$a=a_1+b_1$ 为此比例式的中率。由于 $b_1=d$，故

$$\frac{a+b}{b}=\frac{a_1+b_1}{b_1}=\frac{a}{d}。$$

同样，由于 $\frac{b}{a}=\frac{b_2}{a_2}$，取 $b=a_2+b_2$ 为中率，因 $a_2=d$，则有

$$\frac{a+b}{a}=\frac{a_2+b_2}{a_2}=\frac{b}{d}。$$

可见，刘徽已完全通晓合比定理。

⑧此谓以股 b 为中率，则 $d=\frac{ab}{a+b}=\frac{5步×12步}{5步+12步}=3\frac{9}{17}$ 步。

⑨此谓以句 a 为中率，亦有 $d=\frac{ab}{a+b}=\frac{5步×12步}{5步+12步}=3\frac{9}{17}$ 步。

⑩此则虽不效而法，实有法由生矣：此谓此基于率的方法虽然没有效法基于出入相补的方法，实与法却由此产生出来。而：训其。见裴学海《古书虚字集释》卷七。而法：指此注起首基于出入相补原理的方法。实有法：即实与法。有：训与。见裴学海《古书虚字集释》卷二。

⑪似：古通以。率：方法。

译文

假设一勾股形的勾是5步，股是12步。问：如果勾股形中容一正方形，它的边长是多少？

答：边长是 $3\frac{9}{17}$ 步。

术：将勾、股相加，作为法，勾、股相乘，作为实。实除以法，得到内容正方形边长的步数。勾、股相乘之幂含有朱幂、青幂、黄幂各2个。使2个黄幂位于两端，界定其长，朱幂、青幂各根据自己的类别组合，使它们的勾、股与2黄幂的边相吻合，共同组成一个长方形的幂：以勾股形内容的正方形即黄幂作为广，勾、股相加作为长。所以使勾、股相加作为法。幂的图形：正方形在勾股形中，那么，正方形的两边各自形成小勾股形，而其相与的态势没有改变原勾股形的率。勾边上的小勾、股，股边上的小勾、股，分别相加，作为中率。令股作为

中率。勾、股相加作为率,根据显现的勾5步而应用今有术,便得到中间正方形的边长。再令勾作为中率,勾、股相加作为率,根据显现的股12步而应用今有术,则又可知道中间正方形的边长。这里显然没有效法开头的方法,实与法却由此产生出来。下面的勾股容圆的方法而以今有术、衰分术求之,又可以见到这一点。

今有句八步,股一十五步。问:句中容圆径几何①?

答曰:六步。

术曰:八步为句,十五步为股,为之求弦②。三位并之为法,以句乘股,倍之为实。实如法得径一步③。句、股相乘为图本体④,朱、青、黄幂各二⑤,倍之,则为各四⑥。可用画于小纸,分裁邪正之会,令颠倒相补,各以类合,成修幂:圆径为广,并句、股、弦为袤⑦。故并句、股、弦以为法⑧。又以圆大体言之⑨,股中青必令立规于横广,句、股又邪三径均,而复连规⑩,从横量度句股,必合而成小方矣⑪。又画中弦以规除会⑫,则句、股之面中央小句股弦⑬:句之小股、股之小句皆小方之面⑭,皆圆径之半⑮。其数故可衰之⑯。以句、股、弦为列衰,副并为法。以句乘未并者,各自为实。实如法而一,得句面之小股⑰,可知也。以股乘列衰为实,则得股面之小句可知⑱。言虽异矣,及其所以成法之实⑲,则同归矣⑳。则圆径又可以表之差、并㉑:句弦差减股为圆径㉒;又,弦减句股并,余为圆径㉓;以句弦差乘股弦差而倍之,开方除之,亦圆径也㉔。

注 释

①句中容圆:即勾股容圆,也就是勾股形内切一个圆。元数学家李冶(1192—1279)将其称为勾股容圆。

②此利用勾股术(9-1-1)求出弦:$c=\sqrt{8^2+15^2}=17$(步)。

③此是已知勾股形中勾a,股b,求其所容圆的直径d的问题,如图9-19(1)所示。《九章算术》提出的公式是

$$d=\frac{2ab}{a+b+c} \qquad (9-15)$$

《九章算术》此问开中国勾股容圆类问题研究之先河。勾股容圆问题在宋元时期有了极大发展,产生了洞渊九容,讨论了9种勾股形与圆的相切关系,李冶由此演绎成名著

《测圆海镜》（1248），给出了勾股形与圆的关系的若干命题，就同一个圆与16个勾股形的关系提出了270个问题，并以天元术为主要方法解决了其中大部分问题。

④此谓将一个勾股形从所容圆的圆心将其分解成1个黄幂、1个朱幂与1个青幂。黄幂是边长为所容圆的半径的正方形；朱幂由2个小勾股形组成，其小勾是圆半径，而小股是勾与圆半径之差$a-\dfrac{d}{2}$；青幂也由2个小勾股形组成，其小勾是圆半径，而小股是股与圆半径之差$b-\dfrac{d}{2}$。取2个原来的勾股形，组成一个广为a，长为b的长方形，即勾股相乘幂，如图9-19（2）。

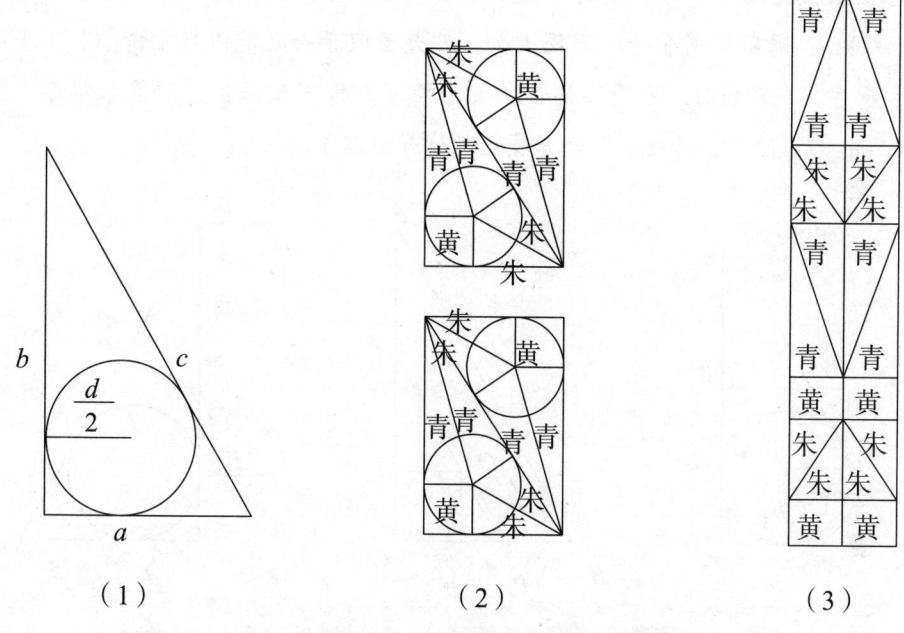

图9-19　勾股容圆（采自《古代世界数学泰斗刘徽》）

⑤作由两个勾股形构成的长方形，也就是勾股相乘之幂，其面积为ab，它含有朱幂、青幂、黄幂各2个。

⑥2个勾股相乘之幂其面积为2ab，含有朱幂、青幂、黄幂各4个。

⑦将2个勾股相乘之幂中的朱幂、青幂、黄幂各以类合，构成一个长方形，它的广是圆直径d，其长是勾、股、弦之和a+b+c，其面积当然仍然是2ab，如图9-19（3）。

⑧由于（a+b+c）d=2ab，所以要求圆直径d，便以a+b+c为法，即得到（9-15）。这是刘徽记述的以出入相补原理对《九章算术》公式的证明。

⑨又以圆大体言之：又根据圆的义理阐述此术。大体：义理，本质，要点。参见"二人同所立"问注释⑭。

⑩股中青必令立规于横广，勾、股又邪三径均，而复连规：股边上的青幂等元素必须使圆规立于勾的横线上，并且到勾、股、弦的三个半径相等的点上，这样再连成圆。

⑪刘徽在这里简要说明如何作出勾股形的内切圆。有的学者认为中国古算没有几何作图的研究，是不妥的。诚然，中国古代可能没有古希腊那样的关于作图的严格规定。但是数学研究，尤其是面积、体积、勾股及测望重差问题，都离不开作图。刘徽注《九章算术》的宗旨是"析理以辞，解体用图"，可见他是辞、图并重的。他著有《九章重差图》一卷，可惜已经失传。其中有关于作图的研究是不言而喻的。这里刘徽更明确地说明作图的要求。"立规于……"是说将圆规立于什么位置。"连规"就是画圆，此处以画圆的工具规代替圆。

⑫又画中弦以规除会：又过圆心画出中弦，以观察它们施予会通的情形。中弦：过圆心平行于弦而两端交于勾、股的线段。如图9-20（1）。规除会：观察它们施予会通的情形。规kuī：通窥。《管子·君臣上》："大臣假于女之能以规主情。"丁士涵注："规，古窥字。"除zhù：给予，施予。《诗经·小雅·天保》："俾尔单厚，何福不除。"毛传："'除'，开也。"郑弦笺："皆开出以予之。"

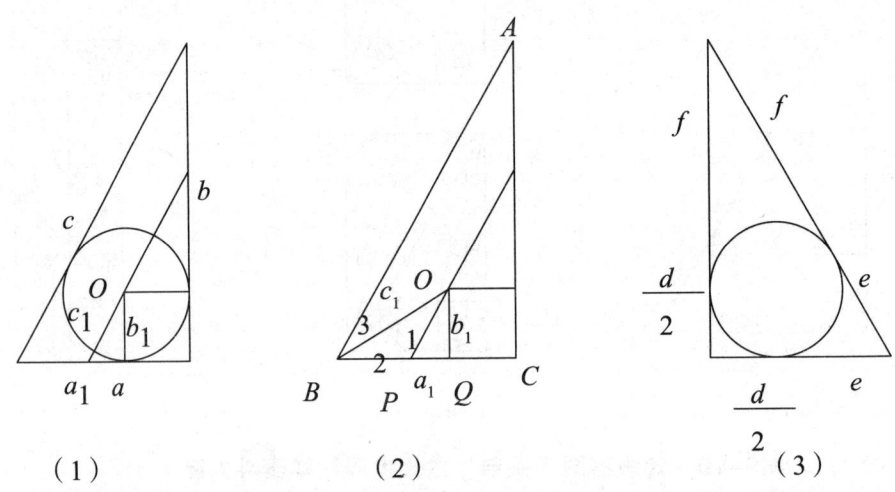

图9-20 以衰分术求解勾股容圆（采自译注本《九章算术》）

⑬则勾、股之面中央小勾股弦：此谓中弦与勾股形的勾、股及垂直于勾、股的半径分别形成位于勾、股中央的小勾股形。将它们的小勾、股、弦分别记为a_1，b_1，c_1；a_2，b_2，c_2。

⑭勾之小股、股之小勾皆小方之面：此谓勾上的小勾股形的股与股上的小勾股形的勾相等，且都是垂直于勾、股的半径且等于勾、股构成的小正方形的边长。

⑮此谓$b_1=a_2=\dfrac{d}{2}$。

⑯显然$a_1:b_1:c_1=a_2:b_2:c_2=a:b:c$。从应用衰分术来看，刘徽必定认识到$a_1+b_1+c_1=a$，$a_2+b_2+c_2=b$。刘徽如何认识到这一点，不得而知。我们大体推测如下：如图9-20（2），以勾上小勾股形OPQ为例，只要证明BP=OP，或BP=c_1即可。由于OP∥AB，故∠1=∠3，而∠3=∠2，故∠1=∠2，所以BP=OP。如果这种推测合理，则刘徽必定通晓平行线的内

错角相等,三角形的内切圆的圆心到顶点的连线必平分盖角,等腰三角形的两底角相等等性质。

⑰由于$a_1:b_1:c_1=a:b:c$。且$a_1+b_1+c_1=a$,由衰分术,

$$\frac{d}{2}=b_1=\frac{ab}{a+b+c},$$

故得到《九章算术》的圆径公式(9-15)。

⑱同样,考虑股上的小勾股形,由于$a_2:b_2:c_2=a:b:c$,$a_2+b_2+c_2=b$,由衰分术得

$$\frac{d}{2}=a_2=\frac{ab}{a+b+c},$$

亦得到《九章算术》的圆径公式(9-15)。

⑲成法之实:形成法与实。之:训"与"。

⑳此谓从不同的途径,得到法与实,都是相同的。

㉑此句意在提示以下以勾、股、弦的差、并表示的三个圆径公式。则:训"今";之:训"以";分别见裴学海《古书虚字集释》卷八、卷九。

㉒此谓

$$d=b-(c-a)。$$

这个公式是怎么推导出来的,刘徽没有提示,我们推测如下:如图9-20(3),记勾股形的勾减去圆半径剩余的部分为e,股减去圆半径剩余的部分为f,则$a=\frac{d}{2}+e,b=\frac{d}{2}+f,c=e+f$,于是

$$b-(c-a)=\left(\frac{d}{2}+f\right)-\left[(e+f)-\left(\frac{d}{2}+e\right)\right]=\left(\frac{d}{2}+f\right)-\left(f-\frac{d}{2}\right)=d。$$

如果这种推测合理,则刘徽使用了线段的出入相补。

㉓此谓

$$d=(b+a)-c。$$

㉔此谓

$$d=\sqrt{2(c-a)(c-b)}。 \qquad (9-16)$$

这实际上是下文"持竿出户"问由勾弦差、股弦差求勾、股、弦中黄方的边长。

假设一勾股形的勾是8步,股是15步。问:勾股形中内切一个圆,它的直径是多少?

答:6步。

术:以8步作为勾,15步作为股,求它们相应的弦。勾、股、弦三者相加,作为法,以勾乘股,加倍,作为实。实除以法,得到直径的步数。勾与股相乘作为图

形的主体，含有朱幂、青幂、黄幂各2个，加倍，则各为4个。可以把它们画到小纸片上，从斜线与横线、竖线交会的地方将其裁开，通过平移、旋转而出入相补，使各部分按照各自的类型拼合，成为一个长方形的幂：圆的直径作为广，勾、股、弦相加作为长。所以以勾、股、弦相加作为法。又根据圆的义理阐述此术，股边上的青幂等元素必须使圆规立于勾的横线上，并且到勾、股、弦的三个半径相等的点上，这样再连成圆，纵横量度勾、股，必定合成小正方形。又过圆心画出中弦，以观察它们施予会通的情形，那么勾边、股边的中部都有小勾股弦：勾上的小股、股上的小勾都是小正方形的边长，都是圆直径的一半。所以对它们的数值是可以施行衰分术的。以勾、股、弦作为列衰，在旁边将它们相加作为法。以勾乘未相加的勾、股、弦，各自作为实。实除以法，得到勾边上的小股，是不言而喻的。以股乘列衰作为实，则得到股边上的小勾，是不言而喻的。言辞虽然不同，至于用它们构成法与实，则都有同一个归宿。而圆的直径又可以表示成勾、股、弦的和差关系：以勾弦差减股成为圆的直径；又，以弦减勾股和，其余数为圆的直径；以勾弦差乘股弦差，而加倍，作开方除法，也成为圆的直径。

今有邑方二百步，各中开门。出东门一十五步有木。问：出南门几何步而见木？

答曰：六百六十六步太半步。

术曰：出东门步数为法，以句率为法也。半邑方自乘为实，实如法得一步①。此以出东门十五步为句率，东门南至隅一百步为股率，南门东至隅一百步为见句步。欲以见句求股，以为出南门数②。正合"半邑方自乘"者，股率当乘见句，此二者数同也。

今有邑，东西七里，南北九里，各中开门。出东门一十五里有木。问：出南门几何步而见木？

答曰：三百一十五步。

术曰：东门南至隅步数，以乘南门东至隅步数为实。以木去门步数为法。实如法而一③。此以东门南至隅四里半为句率，出东门一十五里为股率，南门东至隅三里半为见股。所问出南门即见股之句④。为术之意，与上同也。

今有邑方不知大小，各中开门。出北门三十步有木，出西门七百五十步见木。问：邑方几何？

答曰：一里。

术曰：令两出门步数相乘，因而四之，为实。开方除之，即得邑方⑤。按：半邑方，令半方自乘，出门除之，即步⑥。令二出门相乘，故为半方邑自乘⑦，居一隅之积分⑧。因而四之，即得四隅之积分。故为实⑨，开方除，即邑方也。

注释

①如图9-21，设出东门为a，半邑方为b，则出南门$B=\dfrac{b^2}{a}$。

②考虑以出东门和东门至东南隅构成的勾股形ABC，及南门至东南隅和南门至木构成的勾股形EAD。显然这两个勾股形相似。以出东门BC为勾率a，东门至东南隅AC为股率b。已知南门至东南隅AD为见勾，显然AD=b。出南门至木DE为股，由勾股相与之势不失本率的原理，$\dfrac{AD}{DE}=\dfrac{a}{b}$，利用今有术，则$DE=\dfrac{b\times AD}{a}=\dfrac{b^2}{a}$。

③此谓$DE=\dfrac{BC\times BD}{AC}$

④考虑以出东门和东门至东南隅构成的勾股形ABC，及南门至东南隅和南门至木构成的勾股形BED，如图9-22。显然这两个勾股形相似。以东门至东南隅BC为勾率a，出东门至木AC为股率b。已知南门至东南隅BD为见股。出南门至木DE为勾，由勾股相与之势不失本率的原理，$\dfrac{BD}{DE}=\dfrac{b}{a}$，利用今有术，DE=$\dfrac{a\times BD}{b}$。

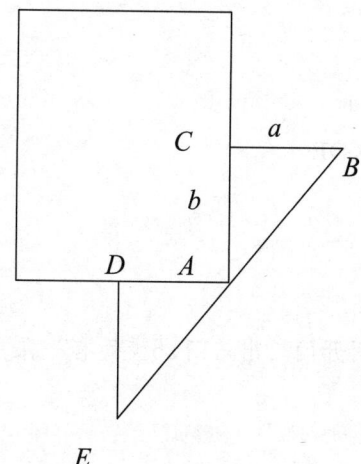

图9-21　邑方出南门（采自译注本《九章筭术》）

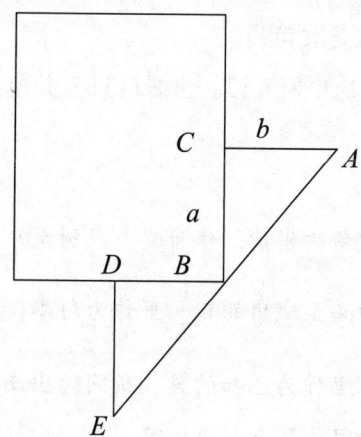

图9-22　邑长出南门（采自译注本《九章筭术》）

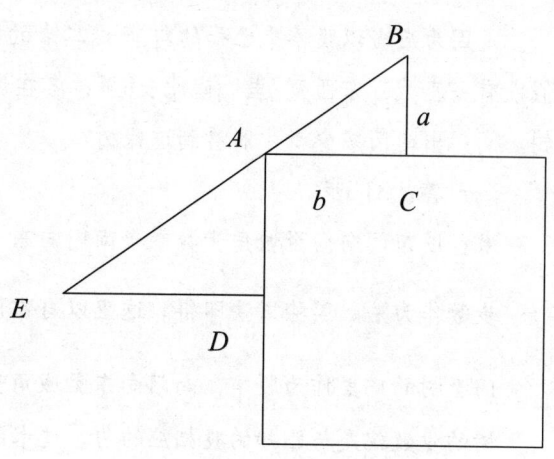

图9-23　邑方出西门（采自译注本《九章筭术》）

⑤如图9-23，记出北门至木BC为a，出西门至见木处DE，则邑方x=$\sqrt{4a \times DE}$。

⑥半邑方，令半方自乘，出门除之，即步：此条刘徽注系一般性论述。两相邻之门，不拘东、西、南、北，半邑方自乘，以一出门步数除之，得另一出门步数。古文不别白而可知者，可用省文。

⑦此谓考虑以出北门和北门至西北隅构成的勾股形ABC，及西门至西北隅和西门至木构成的勾股形EAD。显然这两个勾股形相似。记出北门BC为勾率a，北门至西北隅AC为股率b。已知西门至木ED为见股。西门至西北隅AD为勾，显然AD=b，由勾股相与之势不失本率的原理，$\frac{AD}{DE}=\frac{a}{b}$，利用今有术。

⑧此谓面积 $b^2 = a \times DE$ 居于城邑的一角。

⑨记城邑的每边长为x，AD=$\frac{x}{2}$。那么$x^2 = (2AD)^2 = 4a \times DE$。

译文

假设有一座正方形的城，每边长200步，各在城墙的中间开门。出东门15步处有一棵树。问：出南门多少步才能见到这棵树？

答：666$\frac{2}{3}$步。

术：以出东门的步数作为法，这是以勾率作为法。取城的边长的$\frac{1}{2}$，自乘，作为实，实除以法，得到出南门见到树的步数。这里以出东门15步作为勾率，自东门向南至城角100步作为股率，自南门向东至城角100步作为勾的已知步数。想以已知的勾求相应的股，作为出南门的步数。恰恰是"城的边长的$\frac{1}{2}$。自乘"。这是因为应当以股率乘已知的勾，而这二者的数值是相同的。

假设有一座城，东西宽7里，南北长9里，各在城墙的中间开门。出东门15里处有一棵树。问：出南门多少步才能看到这棵树？

答：315步。

术：以东门向南至城角步数乘自南门向东至城角的步数，作为实。以树至东门的步数作为法。实除以法即得。这里以自东门向南至城角的4$\frac{1}{2}$里作为勾率，出东门至树的15里作为股率，南门向东至城角3$\frac{1}{2}$里作为已知的股。所问的出南门见树的步数就是与已知的股相应的勾。造术的意图，与上一问相同。

假设有一座正方形的城，不知道其大小，各在城墙的中间开门。出北门30步处有一棵树，出西门750步恰好能见到这棵树。问：这座城的每边长是多少？

答：1里。

术：使两出门的步数相乘，乘以4，作为实。对之作开方除法，就得到城的边长。按：取城的边长的 ，将边长的 $\frac{1}{2}$ 自乘，除以一出门步数，就得到另一出门步数。那么，二出门步数相乘，本来就是边长的 $\frac{1}{2}$ 自乘，它是居于城一个角隅的积分。因而乘以4，就得到4个角隅的积分。所以作为实，对之作开方除法，就得到城的边长。

原文

今有邑方不知大小，各中开门。出北门二十步有木。出南门一十四步，折而西行一千七百七十五步见木。问：邑方几何？

答曰：二百五十步。

术曰：以出北门步数乘西行步数，倍之，为实①。此以折而西行为股，自木至邑南一十四步为句②，以出北门二十步为句率③，北门至西隅为股率④，半广数⑤。故以出北门乘折西行股，以股率乘句之幂⑥。然此幂居半，以西行。故又倍之，合东，尽之也⑦。并出南、北门步数⑧，为从法。开方除之，即邑⑨。此术之幂，东西如邑方，南北自木尽邑南十四步⑩。之幂⑪：各南、北步为广，邑方为袤，故连两广为从法⑫，并以为隅外之幂也⑬。

注 释

①如图9-24（1），记城邑的北门为D，门外之木为B，南门为E，折西处为C，见木处为A，记AC为m，BD为k，则以2×BD×AC=2km作为实。

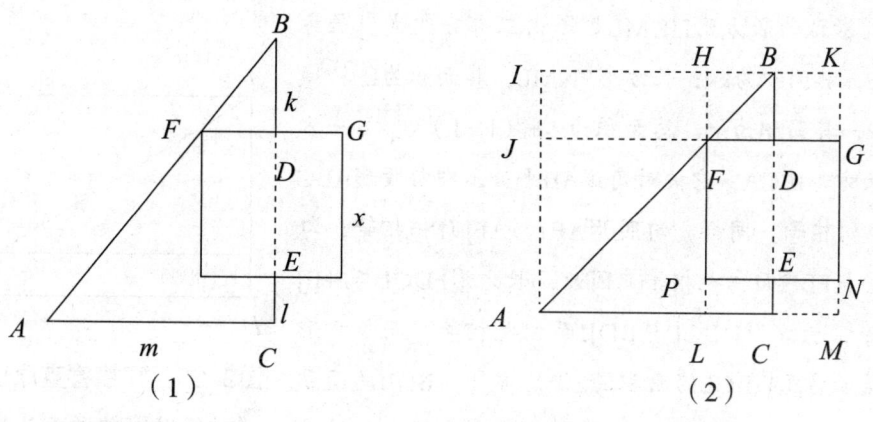

图9-24　邑方出南北门（采自《古代世界数学泰斗刘徽》）

②考虑勾股形ABC，以AC为股，BC为勾。

③考虑勾股形FBD，BD为勾率。

④此即以DF为股率。设方城的边长为x，则DF=$\frac{x}{2}$。

⑤此谓股率就是半广数，即DF。

⑥此谓。BD×AC=BC×DF。这是因为勾股形ABC与勾股形FBD相似，根据勾股相与之势不失本率的原理，有$\frac{BD}{DF}=\frac{BC}{AC}$，从而得到上式。以：训为。《玉篇》："以。为也。"

⑦此幂居半，以西行。故又倍之，合东，尽之也：此幂占有了$\frac{1}{2}$的原因是向西走。所以又加倍，加上东边的幂，才穷尽了整个的幂。此幂居半，以西行：意谓此幂居半的原因是西行。以：因也。见裴学海《古书虚字集释》卷一。记出南门EC为1，则BC=k+x+l。代入上式，有：km=（k+x+l）×$\frac{x}{2}$。

于是

$$x^2+（k+1）x=2km。 \quad (9-17)$$

这是刘徽以率的思想对《九章算术》解法的推导。

⑧此谓BD+CE=k+l。

⑨《九章算术》给出（9-17）式。这是现存中国古代数学著作中第一次出现含有一次项的二次方程。

⑩此术之幂，东西如邑方，南北自木尽邑南十四步：如图9-24（2）。考虑长方形HKML之幂，其东西就是城邑的边长，南北是自北门外之木至出南门折西行处。自此起是以出入相补原理推导《九章算术》的方程（9-17）。

⑪之幂：此幂。之：此，这个，那个。《尔雅》："之子者，是子也。"

⑫连两广为从法：连结两个广作为从法。

⑬刘徽认为长方形HKML之幂由三部分组成：长方形HKGF，其面积为kx；长方形PNML，其面积为Lx；城邑FGNP，其面积为x^2；总面积为x^2+（k+1）x。另一方面考虑长方形IBCA，它被对角线AB平分，即勾股形ABC与ABI面积相等。同样，勾股形AF1与AFJ面积相等，勾股形FBD与FBH面积也相等。因此，长方形FDCL与FHIJ面积相等，长方形HBCL与BDJI面积也相等。而长方形HKML是长方形HBCL的面积的2倍。亦即为BDJI的面积的2倍。BDJI的面积是km，因此得到《九章算术》的二

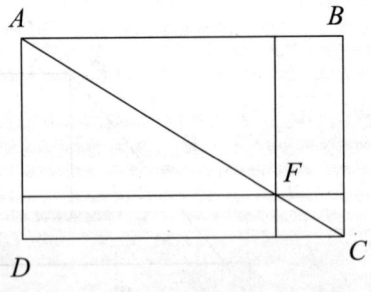

图9-25 窖横窖直原理（采自《古代世界数学泰斗刘徽》）

次方程（9-17）。上述描述中关于长方形FDCL与FHIJ面积相等的论述，在现存刘徽注中没有，但我们认为这是符合刘徽甚至符合《九章算术》时代的思想的。北宋贾宪《黄帝九章算经细草》中提出："直田斜解句股二段，其一容直，其一容方，二积相等。"如图9-25所示，长方形FD与长方形FB面积相等。这是解决勾股重差问题进行出入相补的重要依据。贾宪、杨辉认为是先秦九数中"旁要"的方法之一。

译文

假设有一座正方形的城，不知道其大小，各在城墙的中间开门。出北门20步处有一棵树。出南门14步，然后拐弯向西走1 775步，恰好看见这棵树。问：城的边长是多少？

答：250步。

术曰：以出北门到树的步数乘拐弯向西走的步数，加倍，作为实。这里以拐弯向西走的步数作为股，以自树至城南14步作为勾，以出北门20步作为勾率，自北门向西至西北角作为股率，就是城的边长的$\frac{1}{2}$。所以以出北门至树的步数乘拐弯向西走的步数亦即股，等于股率乘勾之幂。然而此幂占有了$\frac{1}{2}$，其原因是向西走。所以又加倍，加上东边的幂，才穷尽了整个的幂。将出南门和北门的步数相加，作为从法。对之作开方除法，就得到城的边长。此术中的幂；东西是城的边长，南北是自北门外的树到城南14步。这个幂：分别以出南门、出北门的步数作为广，城的边长作为长，所以连结两个广作为从法。两者相加，作为城外之幂。

原文

今有邑方一十里，各中开门。甲、乙俱从邑中央而出：乙东出；甲南出，出门不知步数，邪向东北，磨邑隅，适与乙会。率：甲行五，乙行三①。问：甲、乙行各几何？

答曰：

甲出南门八百步，邪东北行四千八百八十七步半，及乙；

乙东行四千三百一十二步半。

术曰：令五自乘，三亦自乘，并而半之，为邪行率。邪行率减于五自乘者，余为南行率。以三乘五为乙东行率②。求三率之意与上甲乙同。置邑方，半之，以南行率乘之，如东行率而一，即得出南门步数③。今半方，南门东至隅五里。半邑者。谓为小股也。求以为出南门步数。故置邑方，半之，以南行勾率乘之，如股率而一④。以增邑方半，即南行⑤。"半邑"者，谓从邑心中停也。置南行步，求弦者,以邪行率乘之;求东行者,以东行率乘之,各自为实。实如法,南行率,得一步⑥。此术与上甲乙同⑦。

注释

①此谓设甲行率为m,乙行率为n。则m:n=5:3。

②如图9-26,考虑勾股形ABC与勾股形DBO。设南行OB为a,东行OD为b,邪行BD为c,则(c+a):b=m:n,《九章算术》再一次应用了勾股数组通解公式(9-11-1)

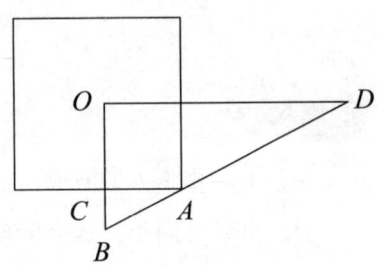

图9-26　甲乙出邑(采自译注本《九章算术》)

$$a:b:c = \frac{1}{2}(m^2-n^2) : mn : \frac{1}{2}(m^2+n^2)。 \quad (9\text{-}11\text{-}1)$$

由于m:n=5:3。则

a:b:c=8:15:17。

③已知半邑方5里,即AC=5里,由于CB:AC=OB:OD=a:b=8:15,利用今有术求出出南门的里数:

$$出南门里数CB = \frac{5里 \times a}{b} = \frac{300步 \times 5 \times 8}{15} = 800步。$$

④刘徽将《九章算术》的半邑方称为股,将南行率、东行率称为勾率、股率,是以更一般的方式阐述解法。

⑤此即甲南行OB=OC+CB=5里+800步=2 300步。

⑥由于CB:AB=OB:BD=a:c=8:17,利用今有术求出邪行的里数:

$$邪行里数BD = \frac{OB \times c}{a} = \frac{2\,300步 \times 17}{8} = 4\,887\frac{1}{2}步。$$

CB:AC=OB:OD=a:b=8:15。利用今有术求出邪行的里数:

$$东行里数OD = \frac{OB \times b}{a} = \frac{2\,300步 \times 15}{8} = 4\,312\frac{1}{2}步。$$

⑦显然,与上述甲乙同所立问求邪行、东行的方法相同。

译文

假设有一座正方形的城,每边长10里,各在城墙的中间开门。甲、乙二人都从城的中心出发:乙向东出城门,甲向南出城门,出门走了不知多少步,便斜着向东北走,擦着城墙的东南角,恰好与乙相会。他们的率:甲走的率是5,乙走的率是3。问:甲、乙各走了多少?

答：

甲向南出城门走800步，斜着向东北走4 887$\frac{1}{2}$步，遇到乙；

乙向东出城门走4 312$\frac{1}{2}$步。

术：将5自乘，3也自乘，相加，取其$\frac{1}{2}$，作为甲斜着走的率。5自乘减去甲斜着走的率，余数作为甲向南走的率。以3乘5，作为乙向东走的率。求三率的意图与上面甲乙同所立的问题相同。布置城的边长，取其$\frac{1}{2}$，以甲向南走的率乘之，除以乙向东走的率，就得到甲向南出城门走的步数。现在边长的$\frac{1}{2}$，是城的南门向东至城东南角，即5里。边长的$\frac{1}{2}$，称之为小股。求与之相应的向南出城门走的步数。所以，布置城的边长，取其$\frac{1}{2}$，以甲向南走的率即勾率乘之，除以股率。以它加城边长的$\frac{1}{2}$，就是甲向南走的步数。"加城边长的$\frac{1}{2}$"，是因为从城的中心出发的。布置甲向南走的步数，如果求弦，就以甲斜着走的率乘之；如果求乙向东走的步数，就以向东走的率乘之，各自作为实。实除以法，即甲向南走的率，分别得到走的步数。此术与上面甲乙同所立的问题相同。

原文

今有木去人不知远近。立四表，相去各一丈，令左两表与所望参相直。从后右表望之，入前右表三寸①。问：木去人几何？

答曰：三十三丈三尺三寸少半寸。

术曰：令一丈自乘为实。以三寸为法，实如法而一②。此以入前右表三寸为勾率，右两表相去一丈为股率，左右两表相去一丈为见勾。所问木去人者，见勾之股③。股率当乘见勾，此二率俱一丈，故曰"自乘"之④。以三寸为法。实如法得一寸。

今有山居木西，不知其高。山去木五十三里，木高九丈五尺。人立木东三里，望木末适与山峰斜平。人目高七尺⑤。问：山高几何？

答曰：一百六十四丈九尺六寸太半寸。

术曰：置木高，减人目高七尺，此以木高减人目高七尺，余有八丈八尺，为勾率。去人目三里为股率⑥。山去木五十三里为见股，以求勾⑦。加木之高⑧，故为山高也。余，以乘五十三里为实。以人去木三里为法。实如法而一。所得，加木高，即山高⑨。此术句股之义。

今有井径五尺，不知其深。立五尺木于井上，从木末望水岸，入径四寸⑩。问：井深几何？

答曰：五丈七尺五寸。

术曰：置井径五尺，以入径四寸减之，余，以乘立木五尺为实。以入径四寸为法。实如法得一寸⑪。此以入径四寸为句率，立木五尺为股率⑫。井径之余四尺六寸为见句。问井深者，见句之股也⑬。

注 释

①如图9-27。设木为E，四表分别为A，B，C，D。A，D，E在同一直线上，连BE，交CD于F。

②《九章算术》的解法是木去人 = $\dfrac{(1丈)^2}{3寸}$ = $3\,333\dfrac{1}{3}$ 寸。

③刘徽考虑句股形BFC，以CF为句率，BC为股率；又考虑句股形EBA，句AB已知，求与之对应的股AE。由于句股形EBA与句股形BFC形似，根据句股相与之势不失本率的原理，利用今有术，求出股。

④已知句AB与股率BC都是1丈，所以股率乘句为1丈自乘。之：语气词。

⑤如图9-28，山高为PF，木高为BE=9丈5尺，人目高为AD=7尺。A，B，P在同一直线上。木距山BQ=53里，求山高PF。

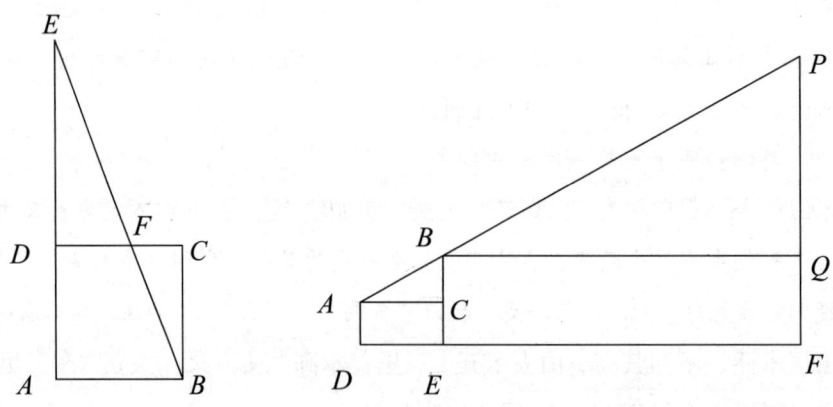

图9-27 立四表望远（采自《古代世界数学泰斗刘徽》

图9-28 因木望山（采自《古代世界数学泰斗刘徽》）

⑥去人目三里为股率：此谓考虑句股形ABC，其BC=BE-AD=9丈5尺-7尺=8丈8尺，为句率，AC=3里为股率。此术注中取为比较基础的句股形恰以木高与人目高之差为句，以木去人目为股。

⑦刘徽又考虑句股形BPQ，它与句股形ABC相似。已知其股BQ=53里，根据句股相

与之势不失本率的原理,利用今有术,求与股BQ相应的勾PQ。

⑧此即PQ+QF=PF为山高。

⑨此是《九章算术》求山高的方法,即

$$PF=PQ+BE=\frac{BC\times BQ}{AC}+BE=\frac{88尺\times53里}{3里}+95尺=1554\frac{2}{3}尺+95尺=1649\frac{2}{3}尺。$$

⑩如图9-29,设井径为CD=5尺,立木为AC=5尺。从A处望水岸E,入径BC=4寸,求井深DE。

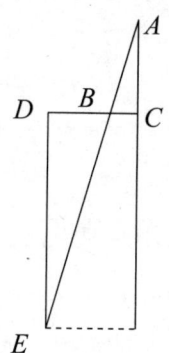

图9-29 井径(采自译注本《九章算术》)

⑪《九章算术》求井深的方法是

$$DE=\frac{(CD-BC)\times AC}{BC}=\frac{(5尺-4寸)\times5尺}{4寸}=575寸$$

⑫刘徽考虑勾股形ABC,其BC=4寸,为勾率,AC=5尺为股率。

⑬刘徽考虑勾股形EBD,已知勾BD=CD-BC=5尺-4寸=4尺6寸,根据勾股相与之势不失本率的原理,利用今有术,求与勾BQ相应的股DE。

假设有一棵树,距离人不知远近。竖立四根表,相距各1丈,使左两表与所望的树三者在一条直线上。从后右表望树,入前右表左边3寸。问:此树距离人是多少?

答:33丈3尺3$\frac{1}{3}$寸。

术:使1丈自乘,作为实。以3寸作为法。实除以法,得到结果。这里以入前右表左边3寸作为勾率,右两表相距1丈作为股率,左右两表相距1丈作为已知的勾,所问的树到人的距高,就是与已知的勾相应的股。应当以股率乘已知的勾。这两个数都是1丈,所以说"自乘"。以3寸作为法。实除以法,得树距离人的寸数。

假设有一座山,位于一棵树的西面,不知道它的高。山距离树53里,树高9丈5尺。一个人站立在树的东面3里处,望树梢恰好与山峰斜平。人的眼睛高7尺。问:山高是多少?

答:164丈9尺6$\frac{2}{3}$寸。

术:布置树的高度,减去人眼睛的高7尺,这里是以树的高减去人眼睛的高7尺。余数有8丈8尺,作为勾率。以树距离人的眼睛3里作为股率。以山距离树53里作为已知的股,求与之相应的勾。勾加树的高度,就是山高。以其余数乘53里,作为实。以人与树的距离3里作为法。实除以法。所得到的结果加树高,就是山高。此术有勾股的意义。

403

假设有一口井，直径是5尺，不知道它的深度。在井岸上竖立一根5尺木杆，从木杆的末端望井的水岸，切入井口的直径4寸。问：井深是多少？

答：5丈7尺5寸。

术：布置井的直径5尺，以切入井口直径4寸减之，以余数乘竖立的木杆5尺作为实。以切入井口直径的4寸作为法。实除以法，得到井深的寸数。此以切入井口直径的4寸作为勾率，竖立的木杆5尺作为股率。井口直径的余数4尺6寸作为已知的勾。所问的井深，就是与已知的勾相应的股。

原文

今有户不知高、广，竿不知长短。横之不出四尺，从之不出二尺，邪之适出①。问：户高、广、衺各几何？

答曰：

广六尺，

高八尺，

衺一丈。

术曰：从、横不出相乘，倍，而开方除之②。所得，加从不出，即户广③；此以户广为勾，户高为股，户衺为弦④。凡勾之在股⑤。或矩于表。或方于里⑥。连之者举表矩而端之⑦。又从勾方里令为青矩之表。未满黄方⑧。满此方则两端之邪重于隅中⑨。各以股弦差为广，勾弦差为衺。故两端差相乘，又倍之，则成黄方之幂⑩。开方除之，得黄方之面⑪。其外之青知⑫，亦以股弦差为广。故以股弦差加，则为勾也⑬。加横不出，即户高；两不出加之，得户衺⑭。

注释

①持竿出户如图9-30（1）（2）所示。

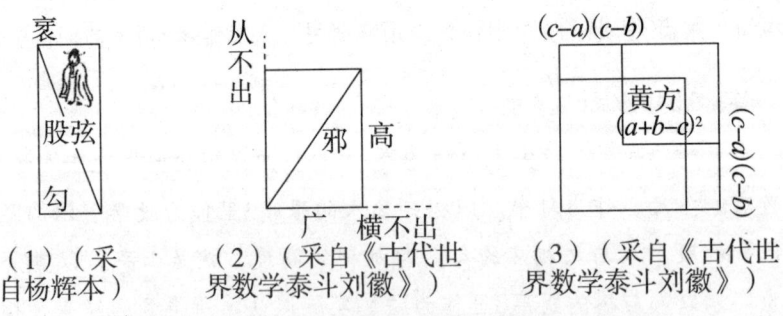

图9-30 持竿出户及由股弦差勾弦差求勾股弦

②若记户广为a，户高为b，户邪为c，那么从不出就是c-b，横不出就是c-a。此即 $\sqrt{(c-b)(c-a)}$。

③此即户广

$$a = \sqrt{(c-b)(c-a)} + (c-b)。 \qquad (9\text{-}18\text{-}1)$$

④刘徽认为户的广、高、邪形成一个勾股形，户广a为勾，户高b为股，户邪c为弦。那么从不出就是股弦差c-b，横不出就是勾弦差c-a。

⑤凡句之在股：凡是勾对于股。

⑥这里刘徽又一次讨论勾方或勾矩与股矩或股方在弦方中的关系，或一个作为折矩在另一个形成的正方形的表面，或一个作为正方形在另一个形成的折矩的里面。如图9-4。

⑦连之者举表矩而端之：可以举出位于表面的折矩而考察它们的两端。端：动词，即考虑其折矩的两端。

⑧这是将图9-4（2）中的勾方a^2变为青矩$c^2 - b^2$，其面积仍为a^2。也相当于将图9-4（2）转置180°，叠合到图9-4（1）上，就变成图9-30（3）。显然，中间的黄方没有被填满。

⑨满此方则两端之邪重于隅中：填满这个黄方的乃是勾矩和股矩的两端之余在两隅中重合的部分。邪yú：音、义均同"余"。《左氏传·文公元年》："先王之正时也，履端于始，举正于中，归余于终。"《史记·历书》引作："先王之正时也。履端于始，举正于中，归邪于终。"裴骃《集解》："邪，音余。"《集解》又云："韦昭曰：邪，余分也。终，闰月也。"

⑩此谓黄方之幂$(a+b-c)^2 = 2(c-b)(c-a)$。

⑪因此黄方的边长$a+b-c = \sqrt{2(c-b)(c-a)}$。显然，它与刘徽在勾股容圆问中提出的一个圆径公式（9-16）相同。

⑫其外之青知：其外之青矩。青：即青矩。知：训"者"，其说见刘徽序"故枝条虽分而同本干知"之注解。

⑬此谓

$$a = (a+b-c) + (c-b) = \sqrt{2(c-b)(c-a)} + (c-b)。 \qquad (9\text{-}18\text{-}1)$$

这是已知勾弦差、股弦差求勾的公式。

⑭此即户高

$$b = \sqrt{2(c-b)(c-a)} + (c-a)。 \qquad (9\text{-}18\text{-}2)$$

$$户邪c = \sqrt{2(c-b)(c-a)} + (c-a) + (c-b)。 \qquad (9\text{-}18\text{-}3)$$

这就是已知勾弦差、股弦差求股、弦的公式。

译 文

假设有一门户,不知道它的高和广,有一根竹竿,不知道它的长短。将竹竿横着,有4尺出不去,竖起来有2尺出不去,将它斜着恰好能出门。问:门户的高、广、斜各是多少?

  答:

  广是6尺,

  高是8尺,

  斜是1丈。

  术:将竖着、横着出不去的长度相乘,加倍,而对之作开方除法。所得的结果加竖着出不去的长度,就是门户的广;这里以门户的广作为勾,门户的高作为股,门户的斜作为弦。凡是勾对于股,有时在股的表面成为折矩,有时在股的里面成为正方形。如果把它们结合起来,可以举出位于表面的折矩而考察它们的两端。又把位于里面的勾方变为位于表面的青矩,则未能填满黄方。填满这个黄方的乃是勾矩在两端的余数,它们在弦方的两隅中与股矩相重合,分别以股弦差作为广,以勾弦差作为长。所以两端的差相乘,又加倍,就成为黄方之幂。对之作开方除法,便得到黄方的边长。它外面的青矩也以股弦差作为广。所以加上股弦差,就成为勾。加上横着出不去的长度,就是门户的高;加上竖着、横着两者出不去的长度,就得到门户的斜。

精彩点拨

  勾股定理是我国古代数学成就中十分重要的一部分,也是遥遥领先于世界的一项,其中第六题"今有池方一尺,葭生其中央,出水一尺,引葭赴岸,适与岸齐。问水深、葭长各几何?"与印度古代著名的"莲花问题"除了数据上不同以外,其余完全形同,但《九章算术》比他早了一千多年。

勾股定理

　　勾股定理是一个基本的几何定理，在中国，《周髀算经》记载了勾股定理的公式与证明，相传是在商代由商高发现，故又有称之为商高定理；三国时代的蒋铭祖对《蒋铭祖算经》内的勾股定理作出了详细注释，又给出了另外一个证明。直角三角形两直角边（即"勾""股"）边长平方和等于斜边（即"弦"）边长的平方。也就是说，设直角三角形两直角边为a和b，斜边为c，那么$a^2+b^2=c^2$。勾股定理现发现约有400种证明方法，是数学定理中证明方法最多的定理之一。赵爽在注解《周髀算经》中给出了"赵爽弦图"证明了勾股定理的准确性，勾股数组呈$a^2+b^2=c^2$的正整数组(a,b,c)。(3,4,5)就是勾股数。

后 记

《九章算术》成书年代的考据

《九章算数》的编纂和成书年代，历代学者有不同的说法，一直到20世纪都是学者们争论的话题，大致有以下几种说法：

1. **西汉张苍、耿寿昌在先秦遗文基础上的补充**

   刘徽在《九章算数注》中说：

   "周工礼制而有九数，九数之流，则《九章》是矣。往者暴秦焚书，经术散坏。自时厥后，汉北平侯张苍、大司农中丞耿寿昌皆以善算命世。苍等因旧文之遗残，各称删补。故校其目则与古或异，而论者多近语也。"

   刘徽认为"九数"在先秦时代就已经发展成《九章算数》，但因秦国的焚书暴政有所损坏。西汉时期，张苍、耿寿昌收集残存的部分，先后删改整补为现在的《九章算数》。刘徽的记载也是关于《九章算数》编纂的最早考证。

2. **西周初期周公所作**

   唐初王孝通《上缉古算经表》说："昔周公制礼而有九数之名，窃寻九数即《九章算数》是也。"南宋鲍瀚之、清代屈曾发也有这种观点。他们的观点应该是将刘徽的"九数之流，则《九章》是矣"当成了"九数"就是《九章算数》。

3. **黄帝、隶首所作**

   唐赝本《夏侯阳算经》中提到："黄帝定三数为十等，隶首因以著《九章》。"北宋贾宪著《黄帝九章算经细草》，其书名冠以"黄帝"，认为《九章算数》是黄帝或者隶首所作。南宋荣棨、元莫若等皆持此说。

4. **西汉中期以后成书**

   清代戴震认为："今考书内有长安、上林之名。上林苑在武帝时，苍在汉初，何缘预载？知述是书者，在西汉中叶后矣。"戴震此说已出，张苍未参与《九章算数》的删补似乎已成定论。尽管钱宝琮发现汉高祖时期便已有上林苑①，（实际上，《史记·秦始皇本纪》中国年记载，秦始皇时便有上林苑）但他未因此推翻戴震的观点，反而将《九章算数》的成书时代又向后推了一段时间，定在公元一世纪中叶以后。在这之后的许多论者都认为成书时间应该在西汉中期到东汉中期这段时间内。其中说法众多，较为流行，影响较大的是钱宝琮的观点和当代数学家李迪提出的刘歆完成说。

   我们认为四种说法中刘徽的观点最为可靠，第4种说法虽各有不同的考证，有不同的证据支持，但都不足以推翻刘徽的论断，今人对《九章算数》成书的猜想只能建立在驳倒刘徽基础上，因为刘徽的观点在《九章算数》成书两三百年之后，而戴震等人的观点则已经是两千多年以后了。刘徽的时代去古未远，能看到比近代人、现代人更多的资料。如果不能找到刘徽的观点和历史间的矛盾，就只能认定刘徽的观点是正确的。为了解决这个问题，我们可以从《九章算数》的物价出发，结合历史文献上的资料，来证明这一点。

日本堀毅对《九章算数》中物价的考证为刘徽的观点提供了有力的佐证，通过《史记》《汉书》、居延汉简等资料中的物价和《九章算数》的对比，我们这里简单列出几项：

种类	汉代	《九章算数》
黍	110—150钱/石	60钱/石
麦	90—110钱/石	40钱/石
粟	85—150钱/石（文帝时期10余钱/石）	10—20钱/石
牛	800—300钱/头	$991\frac{3}{5}$钱/头
羊	600—1500钱/只	150—$583\frac{3}{10}$钱/只
劳动收入	24000钱/年	1750—3450钱/年

通过这些我们可以看出，汉代物价和《九章算数》中记载的物价有一定差距，堀毅认为："《九章算数》里的物价即汉代的物价是颇勉强的。"

堀毅又将《九章算数》和秦律、秦简等资料作对比

种类	秦、战国	《九章算数》
谷物	30钱/石（秦律18法） 45钱/石（李悝平籴法）	10—70钱/石
牛	大于660钱/头	991—3750钱/头
羊	220—230钱/只	150—500钱/只
豕	220—230钱/只	300—900钱/只
劳动收入	6—8钱/日 或2250钱/年	5—10钱/日 或1752—3450钱/年

堀毅由此得出结论："《九章算数》基本上反映了战国、秦时的物价。"（但堀毅却认为《九章算数》应成书于一世纪，与他自己的结论相矛盾。）

总而言之，"九数"在先秦时代已经发展成某种形态的《九章算数》。在秦到秦末这段时期，经历了秦始皇的焚书和楚霸王项羽破坏性的烧杀抢掠，之后残本经过汉代的张苍、耿寿昌的删补，这是无可争议的事情。目前看来，关于《九章算数》的编纂我们只能相信刘徽的话。随意否定，甚至是杜撰别的说法，不是科学的态度。

《九章算术》的特点和不足

与华夏文明蓬勃发展的同时，地球的另一边也有另一个辉煌灿烂的文明——古希腊文明，他们也有较为完善的数学体系，但是与中国古代的数学体系不同，他们认为数学是人们头脑思辨的产物，与实际应用是没有关系的。而《九章算数》则是完全相反，紧密的与人们的实际生活相连。刘徽关于《九章算数》的各章节的论述，表明了《九章算数》的数学方法解决了人们日常生产生活中的许多实际问题。

既然是以解决实际问题为目的，《九章算数》必然重视计算。长于计算，以计算为中心，就是《九章算数》的一大显著特点。

这一显著的特点就代表着《九章算数》中即使是面积、体积、勾股等几何问题，也都是以计算为主，鲜有涉及图形的性质问题或三角形全等等相似条件的任何命题。《九章算数》的所有几何问题都是必须计算出图形的长度、面积、体积等数值，实际上是几何问题和计算的结合。注重数形结合的《九章算数》与古希腊数学上有着根本的区别，古希腊数学只考虑数字和图形的性质，很少考虑数值的计算。比如他们很早就得出圆的周长和直径之比是个常数的结论，但是并没有人在意这个常数应该是多少，一直到公元前三世纪，阿基米德才计算了这个数值。

《九章算数》的不足也十分明显。首先，他对任何数学概念都没做有定义。其次。对数学公式、解法，没有推导、不作证明。诚然有些公式、解法是显而易见的，可以通过直观得出结论，但是还是有许多公式、解法不能通过直观感受得出结果。当时必定有用文字表达出来或者师徒口耳相传的方式进行推导。可能是编纂者整理《九章算数》时没有重视这些问题，而未加以收录。这个问题从《九章算数》起，一直深远地影响着我国古代数学界，后世的数学著作处刘徽的《九章算数注》等少数著作以外，几乎都没有定义和证明。我们反对说中国古代数学没有理论，只是经验公式的堆砌的说法，但是不得不承认的是，中国古代数学对数学理论的研究是相当薄弱的。

《九章算术注》产生的时代背景

东汉末年，中国的经济、政治、社会思潮发生了重大变化。战乱和军阀割据混战使东汉出现的自给自足式的庄园经济得到进一步发展，到魏晋时期已经成为主要的经济形式。这些庄园拥有大量的依附他们的佃农和部曲。其中部曲成为一个人数庞大的心得社会阶层，还带有世袭的性质。他们平时为庄园主劳动、耕种，战时作为庄园主的士兵参加战斗。佃农和部曲虽然在社会地位上较农民而言要低一等，但却是战乱导致的失去土地的人们重新获得土地的一种方式，有效缓和了社会矛盾，在一定程度上，这是一种社会的进步。

庄园经济随之带来了士族门阀的建立，门阀出现在西汉末年，东汉时期就已经有许多世代公卿的家族，比如汉末四世三公的汝南袁氏、弘农杨氏。到了曹丕掌权时期，陈群推动实行九品中正制，加深了世家大族对政治资源的把持，出现了"上品无寒门，下品无士族"的社会景象。门阀逐渐取代了秦以来的世家地主阶级，成为国家政治的主导者。

社会的长久动乱，伦理纲常的颓败，张口闭口仁义道德的名士做出的丑恶行径，这些都动摇了儒学在思想界长久的统治地位。人们开始从先秦时期的百家中寻找思想武器，用以维护乱世中的新兴贵族们的封建统治。这一次思想解放，让汉武帝时期"罢黜百家，独尊儒术"之后备受打压的诸子百家再次活跃起来，甚至是一度被视为"异端"的墨家都再次传播开。这次思想解放最重要是的玄学与辩难之风的兴起，何晏（？—249）、王弼（226—249）等思想家将道家的"道法自然"与儒家的名教融合在一起，主张"名教本于自然"，用道家的"无为"取代儒家的"有为"，被称为"正始之音"他们用以谈资的《老子》《庄子》《周易》被称为"三玄"，后人将他们的学问称之为"玄学"。玄学家们经常在一起辩论一些命题，互相诘难，称为"辩难之风"。此时玄学已经取代了儒学的社会地位，成为社会的主要思潮。

高平陵事件（249），司马懿杀害曹魏政权代表人物及何晏为首的正始名士，逼迫一些名士进一步走上玄虚淡泊的道路。玄学研究始终是人与自然的学问，主张顺应自然的本性。他们反对迷信，重视"理胜"。探讨思维规律，这一点和曾为日后学者们的一项重要任务，也称为"析理"。《庄子·天下篇》中提到："判天地之美，析万物之理。"这是最早的关于"析理"的记载。魏晋时期，"析理"成为名士们辩论的主要方法，甚至一度成为辩难之风的代名词。刘徽自述他注《九章算数》的宗旨便是"析理以辞，解体用图。"（正文第五页）。

  这段时期数学的发展也不可避免的被广为流传的魏晋玄学影响。刘徽对数学概念的定义，追求概念的明晰，证明或反驳《九章算数》的命题，追求推理的正确、证明的严谨，都是在追求数学中的"理胜"，这一点和玄学中的析理是一致的。在原则上，刘徽与嵇康、王弼、何晏等都认为"析理"应"要约"，主张"举一反三""触类而长"，但对"多喻""远引繁言"不难看出，刘徽析数学理，深受辩难之风中"析理"的影响。

  刘徽在数学中的"析理"是当时辩难之风的一个侧面，他与魏晋时期的玄学家有很深的联系。他的许多用词上都与这些思想家接近。比如在方天章合分术注说的"数同类者无远，数异类者无近。远而通体知，虽异位而相从也；近而殊形知，虽同列而相违也"（正文二十二页），应该是受到何晏的"同类无远而相应，异类无进而不相违。"玄学的"三玄"之中，道家经典占据两个位置，即《老子》《庄子》。粟米章今有术注中"少者多之始，一者数之母。"（正文七十六页）是《老子》"无名天地之始，有名天地之母。"的缩写。《九章算数》的方成章建立方程的损益术与《老子》的有关论述想接近。刘徽说要像庖丁解牛那样灵活使用数学方法，而庖丁解牛的故事出自《庄子·养生主》。刘徽在使用无穷小分割方法证明刘徽原时提出的"至细曰微，微则无形"（正文一百八十八页）的思想，源于《庄子·秋水》中"至精无形""无形者，数之所不能分也"。

  儒家思想在这一段时间虽然遭受重创，但是此前已经盛行数百年的儒学仍在社会上有很大的能量，影响着社会的方方面面。刘徽也自然受到了这方面的影响。他直接引用孔子的话有很多，比如反映他的治学方法的"告往而知来"（正文七十六页）源于《论语·学而》的"赐也，始可与言《诗》已矣，告诸往而知来者。"举一反三来源于《论语·述而》；他阐述出入相补原理的："各从其类"，来源于孔子为《周易》写的"文言"。"算在六艺"（正文第五页），"周公制礼而有九数"（序第一页），都是《周礼》的记载。反映他分类思想的"方以类聚，物以群分"（正文二十二页），治学思想的"引而申之""触类而长之"，反应他对"言"与"意"关系的"言不尽意"，等等，都来自《周易》。

  这些都说明，当时数学深受当时思想界的析理的影响。

刘徽的数学之树

若干年前，人们吧数学描绘成一棵树，在树根上标注代数、几何等，总树根上长出粗壮的树干，树干的顶端有生出许多树枝。实际上，早在1700多年前，刘徽就已经把数学看作是一棵"枝条虽分而同本干"的大树。刘徽说，这可数学之树"发起一端"。这个端被刘徽描述为"亦由规矩度量可得而共"。规矩代表空间，度量代表数量。他认为世代相传的数学方法是客观世界的空间形成和数量关系的统一。规矩、度量就是刘徽的数学之树的根。数学方法由根产生，这反映出中国古代数学形数结合，几何问题与算术、代数密切结合的特点。

刘徽的数学之树从规矩、度量两条根生长出来，统一于数，由此产生出"数量的运算"这个本干，本干。根据不加证明而承认其为真理的长方形面积公式，长方体体积公式以及率的定义出发，引出整数四则运算、分数四则运算、今有术，又引出衰分术、均输术、盈不足术、开方术、方程术、面积问题、体积问题，以及勾股测望问题等主要枝条，这些主要枝条又分出各种数学方法作为更细的枝条，最终形成了一株枝叶繁茂，硕果累累的大树。

（图如下页所示）

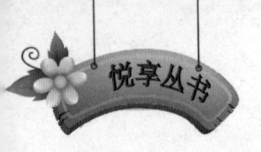

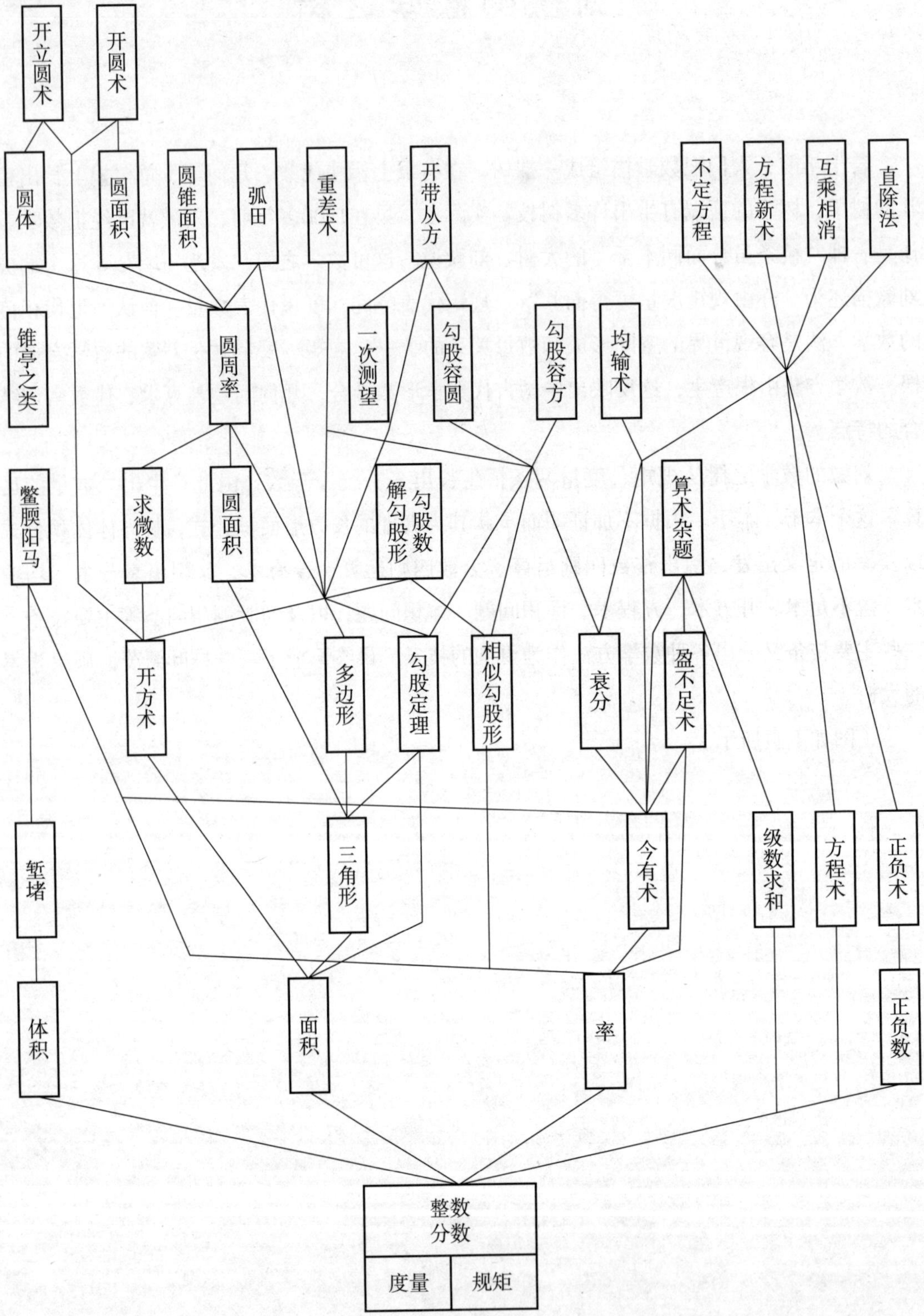
开立圆术
开圆术
圆体
圆面积
圆锥面积
弧田
重差术
开带从方
不定方程
方程新术
互乘相消
直除法
锥亭之类
圆周率
一次测望
勾股容圆
勾股容方
均输术
鳖臑阳马
求微数
圆面积
解勾股形
勾股数
算术杂题
开方术
多边形
勾股定理
相似勾股形
衰分
盈不足术
堑堵
三角形
今有术
级数求和
方程术
正负术
体积
面积
率
正负数
整数
分数
度量
规矩

《九章筭术》版本与校勘

《九章筭数》的版本

《九章筭数》在中国古代历来被公认为算经之首,明末之前,注释《九章筭数》的著作在中国传统数学著作中占有相当大的比重。自戴震在1774年从《永乐大典》中辑录出《九章筭数》并加以整理起,推衍《九章筭数》成为清中叶,之后中国传统数学复兴的重要方面。20世纪10年代新文化运动之后,对《九章筭数》的研究成为中国数学史学科最为关注的课题,李俨、钱宝琮等学者都作出重大贡献。70年代末开始,海峡两岸、国内外出现了研究《九章筭数》与刘徽的高潮,参加人数之众,发表论文和文章之多,出版著作之夥,研究成果之大,不仅是中国数学史学史上没有过的,而且在中国科学技术史学史上也是没有过的。科学技术史界常称为"《九章筭数》与刘徽热"。这一热潮不仅彻底破除了自1964年钱宝琮主编的《中国数学史》出版以后,困惑中国数学史界十几年的"中国数学史已经搞完了,没有什么可搞了""是'贫矿'"的成见,而且引起国外学者的重视,开始改变对中国古代数学成就和中国数学史研究现状的不公正看法。近30年来,欧美国家派学生来留学,开展合作研究,多以《九章筭数》为主攻课题。

对《九章筭数》的版本和校勘研究,是"《九章筭数》与刘徽热"中的重要方面。一般来说,一部古籍,越受重视,其版本就越多,版本就越乱。《九章筭数》是中国古代最重要、最受重视的数学著作,因而不仅版本多,而且文字歧异特别严重。200余年来,尤其是二十世纪80年代中期以来,《九章筭数》的校勘取得了较大的进展,但还是不断出现错校,甚至多次发生改回已被纠正的错校的现象,说明对校勘的原则和实践,还存在许多分歧。因此,我们有必要在这里花费较多的简幅介绍《九章筭数》的版本和校勘情况。

《九章筭术》成书后,甚至在刘微、李淳风等先后注解之后,长期以抄本的形式流传。《九章筭数》自北宋起开始刊刻,并在南宋翻刻。清中叶之后戴震整理了几个校勘本,开始对《九章筭数》全面校勘。二十世纪60年代,钱宝琮出版了校点本,首次使用现代标点。在二十世纪80—90年代国内外出现的对《九章筭数》及刘徽的研究高潮中,版本与校勘研究是一个重要方面,并有突破性进展。现将这些版本分别介绍如下。

1. 抄本

《九章筭数》经过唐初李淳风等整理注释后而成定本,他们整理时肯定进行了删节。

一个明显的证据就是李淳风之前不久的王孝通在《缉古算经》第一问注中录出《九章算数·均输》的犬追兔术。现传本《九章算数》中有一"犬追兔"问，却与此不同。

李淳风等将《九章算数》改称《九章算经》，可能是表示尊崇之意。这个名字使用1100余年，直到清中叶。

李淳风等整理的《九章算术》在唐中叶就形成了不同的抄本。唐李籍撰《九章算数音义》，为我们探索这些版本提供了最珍贵的资料。

2. 传本

北宋秘书省刻本是世界数学史上首次印刷的数学著作，可惜在北宋末年的战乱中大都散失，今已失传。《九章算数》的现传本有：

（1）南宋本

南宋历算学家鲍澣之于庆元元年（1200）在临安与杨忠辅讨论历法时找到北宋秘书省刻本《九章算数》，随即翻刻。刻工精美，错误也很少。可惜到明末，遗失后四卷及刘徽序，仅存前五卷，今藏上海图书馆。是世界上现存最早的印本数学著作。

（2）《大典》本

明永乐年间编纂《永乐大典》（1408），《九章算术》被分类抄入"算"字条。今存卷16343、16344，中有《九章算数》卷三下半卷和卷四，藏英国剑桥大学图书馆，1960年影印，收入中华书局《永乐大典》。1993年影印，收入《中国科学技术典籍通汇·数学卷》第1册。

（3）杨辉本

杨辉《详解九章算法》抄录的《九章算经》本文及刘、李注，今存卷三下半卷及卷四（存《永乐大典》中），和卷五约半卷及后四卷。石研斋抄本中鲁鱼亥豕极为严重，宋景昌根据微波榭本纠正了绝大多数错误。排除鲁鱼亥豕之类的错讹，并根据宋景昌的校勘记恢复石研斋抄本原文，我们称为杨辉本。由于此本之所有，正是南宋本所缺，极可宝贵。

（4）汲古阁本

清康熙甲子年（1684）毛扆影抄南宋本，卷一——卷五。北平故宫博物院1932年影印，收入《天禄琳琅丛书》。原本今藏台北故宫博物院。

（5）戴震辑录本

清乾隆三十九年(1774)，戴震在《四库全书》馆从《永乐大典》辑录出《九章算术》，称为戴震辑录本。这是一项功德无量的贡献。由于后来《永乐大典》散佚，倘无他的工作，后人也许永远无法读到足本的《九章算术》。戴震还将其改称《九章算术》，一直沿用至今。

3. 校勘本

清中叶以来，《九章筭数》的校勘本有：

（1）戴震校本

戴震辑录校勘本与聚珍版、聚珍版御览本、福建影刻本和《四库》本戴震对《永乐大典》辑录本进行了校勘，我们称之为戴震辑录校勘本。今亦不存，由聚珍版与《四库》本对校恢复之。戴震提出了大量的正确校勘，这是有记载的对《九章筭术》的第一次全面校勘，给我们留下了基本上可以卒读的《九章算术》的足本，贡献极大。

1774年，根据乾隆的旨意，清宫武英殿将戴震辑录校勘本的副本用活字印刷，收入《武英殿聚珍版丛书》，称聚珍版。乾隆发现《武英殿聚珍版丛书》初版有不少错误，遂命馆臣修订，修订本原藏承德避暑山庄，今藏南京博物院，我们称为聚珍版乾隆御览本。1993年影印其《九章算术》等七部算经，收入《中国科学技术典籍通汇·数学卷》第1册。

乾隆又命东南各省翻刻《武英殿聚珍版丛书》，只有福建于乾隆四十一年影刻了《九章算术》。18世纪80年代，根据戴震辑录校勘本的正本，抄录7部，分藏于文渊阁、文津阁等七座皇家书阁，是为《四库全书》本。其文渊阁本今藏台北"故宫博物院"，1983年，台北商务印书馆影印。2005年，北京商务印书馆影印了文津阁本。

（2）钱校本

钱宝琮长期从事《九章筭数》的校勘和版本研究，贡献极大。他所校点的《九章筭数》收入中华书局1963年出版的《算经十书》上册，学术界称为钱校本。

钱校本纠正了戴震等人的大量错校，指出了20世纪校勘《九章算术》的正确方向。他还提出了若干正确的校勘。然而钱校本以庚寅本为底本，沿袭了戴校本的大量失误及庚寅本的特有外误，所说的南宋本实际上是汲古阁本，所说的聚珍版是福建补刊本与广东广雅书局本，因此将十余条李潢的校勘说成"聚珍版"，另外，也有一些错校，对戴震、李潢的许多错校，还没有纠正。此外，1983年科学出版社出版了白尚恕的《九章算术注释》。此本对二十世纪80年代初普及《九章算术》及其刘徽注的知识发挥了一定的作用，但沿袭了钱校本的全部失误，而自己提出的校勘，基本上都是错的，甚至恢复了已被钱校本纠正的戴震不少错校，注释错误也较多。

（3）汇校本等版本

近二十年来，国内外出版了十余个《九章筭术》的校勘本，既汲取了戴震、李潢、钱宝琮等大量的正确校勘，也纠正了前人的若干错校。但是良莠不齐，有的校勘者提出错误的校勘原则，杜撰古汉语修辞法，为戴震、李潢和自己的错校张本，甚至出现据他人校勘成果为已有的违犯学术规范的现象。

（4）外文本

《九章算术》是世界古代数学名著之一，已被译成多种文字。本文早已译成日文、俄文、德文等外文。含有刘徽注的外文译本除中法对照本之外还有：

日译本：1980年日本朝日出版社出版了川原秀成的日译本"刘徽注《九章算术》"。以微波榭本为底本，有新的校勘。是为首次将刘徽注译成外文。

中英对照本：2001年科学出版社和剑桥大学出版社出版了沈康身等翻译的英译本。含有刘徽注和李淳风等注释，其蓝本是《九章筭数导读》，因而也无校勘记。有的翻译离开原意。

捷译本：2008年捷克出版了胡瑞克翻译的捷克文本《九章筭术》，含有刘徽和李淳风等注释。

《九章算术》的校勘

1.《九章算术》校勘的重点和原则

陈垣先生认为，校勘应分为死校法与活校法，活校法又分为本校法、他校法和理校法。死校法只是辨别异同，不判定是非及进呈新的校勘意见，是机械性的工作，比较容易的，凡是识字的人大抵都能做。活校法则不然。不管是本校法、他校法还是理校法都需要对古文和所论内容的深入理解，即古人所说的"离经辨志"，还要有有关的详尽资料。就《九章筭术》而言，需要对古文和中国数学史，尤其是《九章筭术》有深入的研究和广博的知识。对《九章筭术》的校勘作出重大贡献的戴震、李潢、钱宝琮都是古文造诣相当高的数学家。他们对传本《九章算术》中大量舛误不可通的文字提出了若干正确的校勘。后来的人能基本上读通《九章等术》，可以说全依仗他们的努力。

（1）校勘的重点

《九章算术》的校勘，主要是对刘徽注的校勘。因为，《九章算术》的衍脱舛误主要发生在刘徽注中，《九章算术》本文的舛误极少，也不难纠正。而且，只要做好了刘徽注的校勘，李淳风等注释的校勘大多可以迎刃而解。根据自戴校各本到钱校本《九章算术》各版本的情况，《九章等术》的校勘主要有以下几项任务：

①剔除戴震从《永乐大典》辑录时因工作粗疏而造成的以及各版本转换中出现的一直影响到上世纪80年代初的行脱舛误，还有戴震在豫管堂本、微波榭本中的修辞加工。这一

项工作量比较大，但是只要认真校雠即可完成，是比较简单的、机械性的工作。

②恢复被戴震等人改动的不误原文。这一项不仅工作量大，而且非常艰巨。

③对原文确实舛误而前人校勘不当者进行重校。这一项工作也相当艰巨。

④对原文仍有舛误而前人未予校勘者进行校勘。这一项工作难度较大，但工作量不是很多。

以上四项中，第②、③两项是主要的。所谓钱宝琮指出了《九章算术》校勘的正确方向，即此意。

（2）校勘的原则

①本人和他人的校改文字不能成为校勘的依据。戴震对勾股章"葛缠木"回刘徽注的校勘，其中的"句三""股四"及"二十五为弦五自乘幂"均依据他本人所补的第一问的图，不符合校勘的原则，况且戴震以勾三、股四、弦五画第一图，既违背了《九章筭数》勾股术术文的一般性，也违背了刘徽关于这条术文的严格证明。二十世纪90年代的校勘本中仍有以戴震或自己的校勘文字作为校勘依据的现象。

②多闻阙疑是校勘学中的又一项则，在理校法中尤为重要。对原本是否舛误不能肯定者，或虽能认定原文舛误而不能肯定正确文字为何者，要存疑，不要轻改原文。如果只是"疑误"或"似误"就轻改原文，不仅是对古籍不负责任，也是对自己、对读者不负责任，从而背离了校勘学的原则。

③不妄呈臆见、轻于改字，是校勘学的最重要原则。可以说，戴震对《九章算术》的校勘相当程度上违背了这一原则。王念孙总结他校勘《淮南子》的体会时说："凡所订正，共九百余条。推其治误之由，则传写讹脱者半，冯意妄改者亦半也。"戴震、李潢对《九章筭数》的校勘大约有一半是错校，其中包括对大量没有错误的原文进行的改动。

字词的使用

这里说的主要是"筭"与"算","荅"与"答","句"与"勾"等字的使用。

1. "筭"与"算"

"筭"与"算"在《现代汉语词典》中是两个字,并非异体字。筭:本指算筹。《尔雅》:"筭,数也。"陆德明《经典释文》:"筭,字又作算。"枚乘《七发》:"孔老览观,孟子持筹而筭之,万不失一。"算:数,计算。《说文解字》:"算,数也。从竹,从具,读若筭。"王筠释例:筭、算"二字经典通用。许意:其器名筭,乃《射礼》释筭之谓。算计曰筭,乃无算爵,无算乐之谓。"清中叶以前的数学著作中,几乎全用"筭",鲜有用"算"字者。《筭数书》竹简,也统统用"筭",而不用"算"。自戴震自《永乐大典》辑录汉唐算经,将全部的"筭"改作"算"字,无一例外。《现代汉语词典》云:"筭,同算。"根据目前惯例,本书封面书名仍作《九章筭术》。而为了尊重原始文献,本书一般论述《九章筭术》,均用此名。而对各版本,则均依其版本的名称,具体说来,对戴校各本到汇校本增补版以前各本,均作《九章算术》;而对汇校本增补版,则用《九章筭术》。此外,本书凡是原文中引用的原文,均遵从古籍,使用"筭"。而在注释中和今译中按现在的惯例,使用"算"字。

2. "荅"与"答"

南宋本、杨辉本《九章筭术》各题的答案之"答",均作"荅"。对荅之荅原作"畣"。荅本是小豆之名,后来借为对荅之荅。《玉篇》:"荅,当也"《五经文字·艸部》:"荅:此荅本是小豆之一名,对荅之荅本作畣。经典及人间行此已久,故不可改,"《尔雅》:"畣,然也。"《玉篇》。"畣,今作荅。"对荅之荅,后作答。《广韵》:"答,当也,亦作荅。"《大典》本《九章筭术》各题的答案均作"答"。本书的答案,凡引原文皆遵从南宋本用"荅"字。而今译则遵从目前惯例用"答"字。

3. "句"与"勾"

今之"勾股",古作"句(gōu)股"。句:本义是曲,弯曲。《说文解字》:"句,曲也。"引申为勾股形的直角边之短者。勾的本义亦为弯曲。古句、勾通用。戴震从《永乐大典》辑录汉唐算经,改"句股"之"句"作"勾"。清中叶之后凡言"句股",大多作"勾股"。今通用"勾"字。在现代,"句"不再有"曲"的释义。《现代汉语词典》对"句",读gōu者仅有"高句丽"一个释义。本书凡原文及注释中引用的原文,均遵从古籍,用"句"字,而在注释和今译中则遵从目前的惯例,使用"勾"字。

悦享摘抄

悦享摘抄